高等职业教育智能制造领域人才培养系列教材

智能制造装备单元系统集成

主　编　朱志亮　郑道友　陈传周
副主编　曾庆炜　张　豪　吴汉锋
参　编　陈昌安　付　强　潘一雷
李　岩　叶明闯　吕　洋
曾孙忠　邓　波　潘　程
吴锡衡

机械工业出版社

本书依据智能制造装备技术岗位职业能力要求，按照《高等职业学校智能制造装备技术专业教学标准》（2022 版）编写，在编写过程中参考了近三年全国职业院校技能大赛“数控机床装调与技术改造”“机器人系统集成应用”赛项技术要求、国家职业标准“机床装调维修工”“工业机器人系统运维员”理论与技能要求以及“数控设备维护与维修”职业技能等级要求。

本书详细介绍了智能制造装备单元数控机床、工业机器人、可编程控制器连接与调试的基础知识，并对数控机床、工业机器人、可编程控制器等核心控制部件的联调进行图文并茂且详细的讲解，本书语言组织简明扼要、浅显易懂，内容选取贴合实际、突出应用。全书共分六个项目，包括智能制造单元通信配置、智能制造单元虚拟仿真、智能视觉单元功能应用、智能制造单元通信应用、智能制造执行系统应用及智能制造单元功能应用。

本书可作为高等职业院校本科及专科层次装备制造大类智能制造装备技术专业及其相关专业课程的教材，也可用作机床装调与维修岗位工程技术人员的技术培训参考用书。

为便于教学，本书配有电子教案、电子课件、理论试题、操作视频等相关教学资源，凡选用本书作为授课教材的教师可登录机械工业出版社教育服务网（www.cmpedu.com），注册后免费下载。

图书在版编目（CIP）数据

智能制造装备单元系统集成 / 朱志亮，郑道友，陈传周主编 . —北京：机械工业出版社，2024.3
高等职业教育智能制造领域人才培养系列教材
ISBN 978-7-111-75378-0

Ⅰ . ①智… Ⅱ . ①朱… ②郑… ③陈… Ⅲ . ①智能制造系统 – 高等职业教育 – 教材 Ⅳ . ① TH166

中国国家版本馆 CIP 数据核字（2024）第 057217 号

机械工业出版社（北京市百万庄大街 22 号　邮政编码 100037）
策划编辑：赵红梅　　　　责任编辑：赵红梅　王宗锋
责任校对：樊钟英　薄萌钰　　封面设计：马若濛
责任印制：张　博
北京华宇信诺印刷有限公司印刷
2024 年 6 月第 1 版第 1 次印刷
184mm×260mm · 17.75 印张 · 446 千字
标准书号：ISBN 978-7-111-75378-0
定价：49.80 元

电话服务　　　　　　　　网络服务
客服电话：010-88361066　机　工　官　网：www.cmpbook.com
　　　　　010-88379833　机　工　官　博：weibo.com/cmp1952
　　　　　010-68326294　金　　书　　网：www.golden-book.com
封底无防伪标均为盗版　机工教育服务网：www.cmpedu.com

序

职业教育是国民教育体系和人力资源开发的重要组成部分。党中央、国务院高度重视职业教育改革发展，把职业教育摆在更加突出的位置，优化职业教育类型定位，深入推进育人方式、办学模式、管理体制、保障机制改革，增强职业教育适应性，加快构建现代职业教育体系，培养更多高素质技术技能人才、能工巧匠、大国工匠，为促进经济社会发展和提高国家竞争力提供优质人才和技能支撑。

《国家职业教育改革实施方案》（以下简称“职教 20 条”）的颁布实施是《中国教育现代化 2035》的根本保证，是建设社会主义现代化强国的有力举措。“职教 20 条”提出了 7 方面 20 项政策举措，包括完善国家职业教育制度体系、构建职业教育国家标准、促进产教融合校企“双元”育人、建设多元办学格局、完善技术技能人才保障政策、加强职业教育办学质量督导评价、做好改革组织实施工作，被视为“办好新时代职业教育的顶层设计和施工蓝图”。职业教育的重要性也被提高到“没有职业教育现代化就没有教育现代化”的地位。

2022 年 5 月 1 日《中华人民共和国职业教育法》颁布并实施，再次强调“职业教育是与普通教育具有同等重要地位的教育类型”，是培养多样化人才、传承技术技能、促进就业创业的重要途径。

“职教 20 条”要求专业目录五年一修订、每年调整一次。因此，教育部在 2021 年 3 月 17 日印发《职业教育专业目录（2021 年）》（以下简称《目录》）。《目录》是职业教育的基础性教学指导文件，是职业教育国家教学标准体系和教师、教材、教法改革的龙头，是职业院校专业设置、用人单位选用毕业生的基本依据，也是职业教育支撑服务经济社会发展的重要观测点。

《目录》不仅在强调人才培养定位、强化产业结构升级、突出重点技术领域、兼顾不同发展需求等方面做出了优化和调整，还面向产业发展趋势，充分考虑中高职贯通培养、高职扩招、面向社会承接培训、军民融合发展等需求。为服务国家战略性新兴产业发展，在 9 大重点领域设置对应的专业，如集成电路技术、生物信息技术、新能源材料应用技术、智能光电制造技术、智能制造装备技术、高速铁路动车组制造与维护、新能源汽车制造与检测、生态保护技术、海洋工程装备技术等专业。

在装备制造大类的 64 个专业教学标准修（制）订中，“智能制造装备技术”专业课程体系的构建及其配套教学资源的研发是重点之一。该专业整合了机械、电气、软件等智能制造相关专业，是制造业领域急需人才的高端技术专业，是全国机械行业特色专业和教育部、财政部提升产业服务能力重点建设专业。“智能制造装备技术”专业课程体系的构建及其配套教学资源的建设由校企合作联合研发，在资源整合的基础上编写了《智能制造概论》《智能制造装备电气安装与调试》《智能制造装备机械安装与调试》《智能制造装备故障诊断与维修》《智能制造装备单元系统集成》系列化教材。

这套教材按照工作过程系统化的思路进行开发，全面贯彻党的教育方针，落实立德树人根本任务，服务高精尖产业结构，体现了“产教融合、校企合作、工学结合、知行合一”的职教特点。内容编排上利用企业实际案例，以工作过程为导向，结合形式多样的资源，在学生学习的同时，融入企业的真实工作场景；同时，融合了目前行业发展的新趋势以及实际岗位的新技术、新工艺、新流程，并将教育部举办的“全国职业院校技能大赛”以及其他相关技能大赛的内容要求融入教材内容中，以开阔学生视野，做到“岗、课、赛、证”教、学、做一体化。

工作过程系统化课程开发的宗旨是以就业为导向，伴随需求侧岗位能力不断发生变化，供给侧教学内容也不断发生变化，工作过程系统化课程开发同样伴随着技术的发展不断变化。工作过程系统化涉及“学习对象—学习内容”结构、“先有知识—先有经验”结构、“学习过程—行动过程”结构之间的关系，旨在回答工作过程系统化的课程“是否满足职业教育与应用型教育的应用性诉求？”“是否能够关注人的发展，具备人本性意蕴？”“是否具备由专家理论到教师实践的可操作性？”等问题。

殷切希望这套教材的出版能够促进职业院校教学质量的提升，能够成为体现校企合作成果的典范，从而为国家培养更多高水平的智能制造装备技术领域的技能型人才做出贡献！

姜大源

前言

本书为落实《高等职业学校智能制造装备技术专业教学标准》的相关要求，培养学生对智能制造装备单元集成应用基本专业知识的理解及应用，提高学生的岗位职业技能与创新创造能力，依据校企合作共同开发职业教育高质量教材的理念，亚龙智能装备集团股份有限公司联合温州大学、芜湖职业技术学院、武汉船舶职业技术学院、宁波职业技术学院等高校和高职双高院校，并参照近三年全国职业院校技能大赛“数控机床装调与技术改造”“机器人系统集成应用”赛项的技术要求、国家职业标准“机床装调维修工”“工业机器人系统运维员”中的相关理论与技能要求编写而成。

本书内容选材新颖、案例丰富、图文并茂，语言组织通俗易懂、深入浅出。本书的编写遵循岗位职业能力的要求，体现“做、学、教”一体化的特色。内容编排上根据智能制造装备典型部件自身的特点，全书共分六个项目，详细介绍了智能制造单元通信配置、智能制造单元虚拟仿真、智能视觉单元功能应用、智能制造单元通信应用、智能制造执行系统应用及智能制造单元功能应用等内容。

本书主要特点如下：

1）弘扬社会主义核心价值观，体现科教兴国的爱国情怀，书中配有延伸阅读材料，并以二维码的形式穿插其中。

2）每个项目均配套任务实施环节，以培养学生从事本专业领域的创新能力。

3）配套 PPT、动画和视频等教学资源方便教学。

本书由朱志亮（温州大学）、郑道友（浙江工贸职业技术学院）、陈传周（亚龙智能装备集团股份有限公司）担任主编，亚龙智能装备集团股份有限公司的曾庆炜、张豪、吴汉锋担任副主编，亚龙智能装备集团股份有限公司陈昌安、付强、潘一雷、李岩、叶明闯、吕洋、曾孙忠、邓波、潘程、吴锡衡参与了编写，朱强（芜湖职业技术学院）、周兰（武汉船舶职业技术学院）、翟志永（宁波职业技术学院）等专家提出了很多宝贵的修改意见，在此一并表示诚挚的感谢！

由于编者对智能制造理解和认识的局限，书中疏漏在所难免，恳请广大读者批评指正。

编　者

二维码索引

页码	名称	图形	页码	名称	图形
1	FANUC 工业机器人通信设置		193	昆仑通态触摸屏采集机器人数据	
8	FANUC 数控系统通信设置		207	西门子触摸屏采集机器人数据	
13	PLC 通信设置		215	数控机床二次开发	
20	视觉单元通信设置		242	机器人系统规划与调整	
28	ROBOGUIDE 软件应用		1	拓展阅读	
60	CNC GUIDE 软件应用		28	拓展阅读	
73	智能物流虚拟仿真系统应用		83	拓展阅读	
83	智能视觉单元功能应用		108	拓展阅读	
108	数据交互软件的应用		171	拓展阅读	
121	机器人与 PLC 的 Modbus 通信		193	拓展阅读	
171	智能制造执行系统（MES）应用				

目 录

项目一 智能制造单元通信配置

项目引入

在机械行业智能制造应用技术中，多以切削加工智能制造单元为平台，通过机器人为数控车床与加工中心上下料，实现上料、加工、检测、下料等过程自动化。为实现制造产线的自动化和智能化，MES 系统、RFID 读写器、数控车床、加工中心、触摸屏、PLC、工业机器人等设备必须有大量的信息交互，所以必须建立设备之间的通信。

项目目标

1. 掌握工业机器人的通信原理，了解其通信方式。
2. 掌握数控系统通信方式。
3. 掌握 PLC 与各设备间的通信组态、数据采集与传输。
4. 掌握视觉系统在各场景中的应用。

拓展阅读

任务一 FANUC 工业机器人通信设置

学习目标

1. 了解 FANUC 工业机器人的通信方式。
2. 掌握 FANUC 工业机器人的通信设定。

FANUC 工业机器人通信设置

重点和难点

掌握 FANUC 工业机器人各通信协议配置方法。

相关知识

FANUC 工业机器人可以实现与多种 PLC 之间进行通信，其通信方式有 PROFINET 通信、DeviceNet 通信、PROFIBUS-DP 通信、EtherNet/IP 通信和 CC-Link 通信。

1. PROFINET 通信

（1）定义　PROFINET 是基于工业以太网的一种通信方式，可以作为从站与主站（例如 PLC）。机器人做从站时可以支持最多 128B 的输入 / 输出（DI/DO、GI/GO、UI/UO），信号配置时，机架（Rack）号为 102，插槽（Slot）号为 1。其作业流程如图 1-1-1 所示。

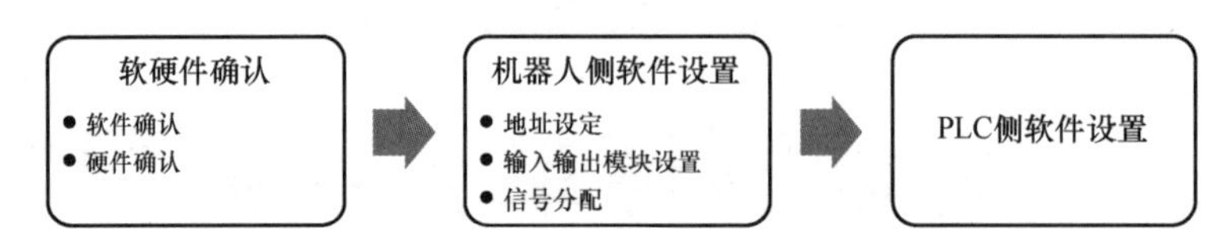

图 1-1-1　PROFINET 通信作业流程

（2）准备工作　如图 1-1-2 所示，需要安装软件“Dual Chan. Profinet（R834）”，在菜单的 I/O 中确认是否安装此软件，如图 1-1-3 所示。

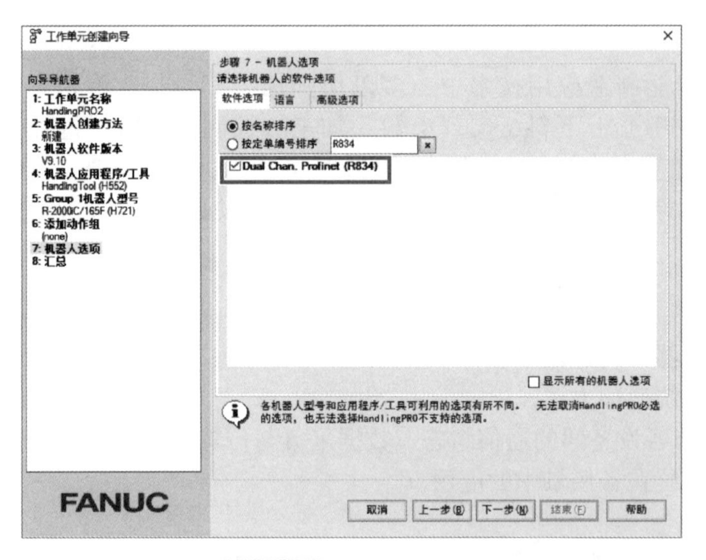

图 1-1-2　软件安装选项

（3）硬件确认　需要安装 Molex 板卡，又称 FANUC PROFINET 板卡。PROFINET 从站通信时，实物板卡连接如图 1-1-4 所示，网口说明如图 1-1-5 所示。PLC 通过 PROFINET 通信线与板卡 Chan 的 Port1 和 Port2 连接。

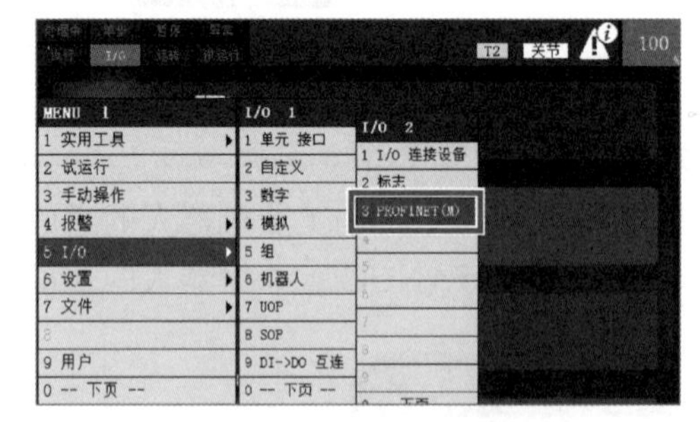

图 1-1-3　软件安装确认

（4）机器人侧软件设置

1）依次选择“MENU → I/O → PROFINET（M）→ 2 频道 -F5”，将通道改为“有效”，“2 频道”图标变亮说明通道启用成功，如图 1-1-6 所示。

2）通过示教器上的“DISP”将光标切换到右侧，更改 IP 地址以及名称，如图 1-1-7 所示。

图 1-1-4 实物板卡连接

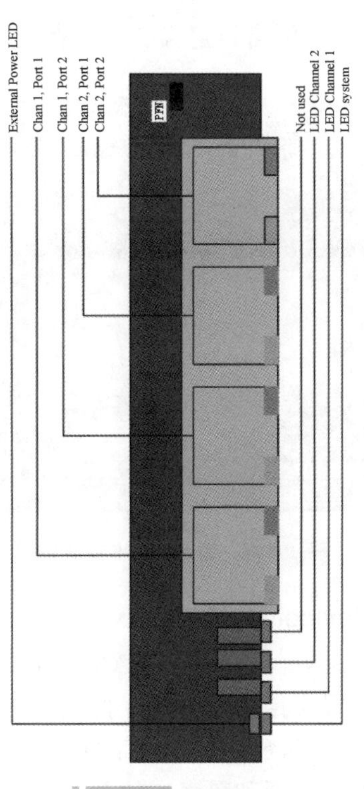

图 1-1-5 网口说明

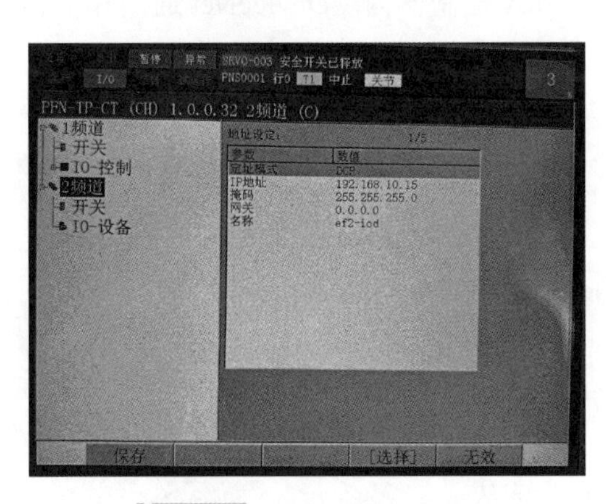

图 1-1-6 机器人侧软件设置

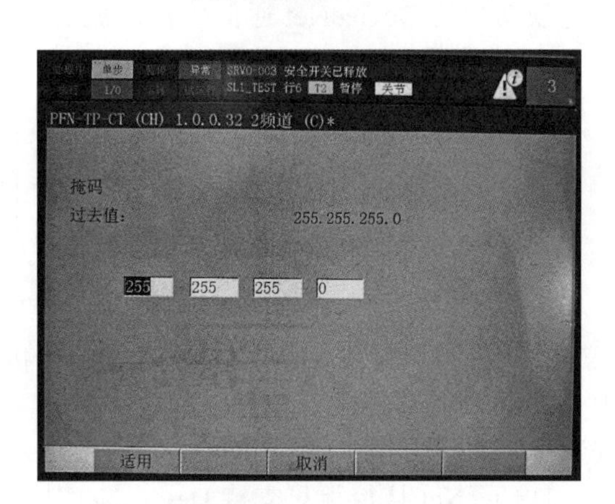

图 1-1-7 IP 地址设置

（5）输入 / 输出模块设置 输入 / 输出模块设置包括插槽类型和插槽大小两部分。单击DISP，将光标移到右面的窗口，通过上下按钮，将光标移到插槽上。按下 F4，打开插槽 1 设定界面，如图 1-1-8 所示，在插槽 1 设定界面中，将光标移到“插槽类型”上，单击“编辑”，弹出型号选择窗口，选择“输入 / 输出插槽”，单击“适用”。将插槽 1 设定成输入 / 输出模块，同理按照相同步骤将插槽大小设置为“8B”（即 DI 和 DO 分别为 8B），回到输入 / 输出模块设置界面，选择［F1］，保存然后重启，设置生效。**注意：**此处以 8B 输入 / 输出插槽为例，实际需要与 PLC 侧设置完全一致。

（6）信号分配 通过菜单键选择 I/O 中需要分配的信号类型，如 DI/DO。若选择“数字输出”，PROFINET 通信机器人做主站的 I/O 分配如图 1-1-9 所示，机架设为 102，插槽设为 1，开始点可自行定义，信号范围也可自行修改。

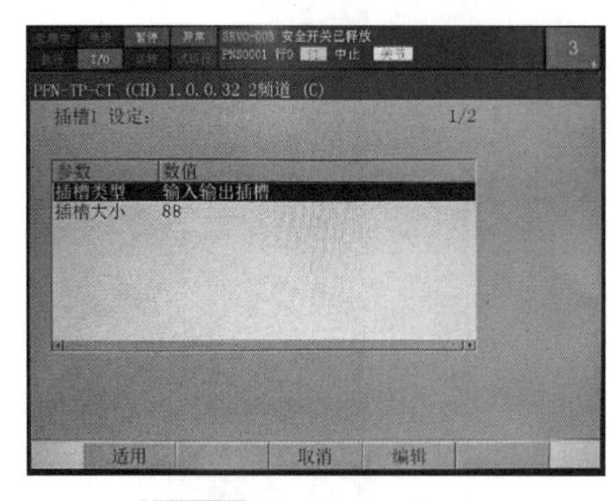

图 1-1-8　输入 / 输出模块设置

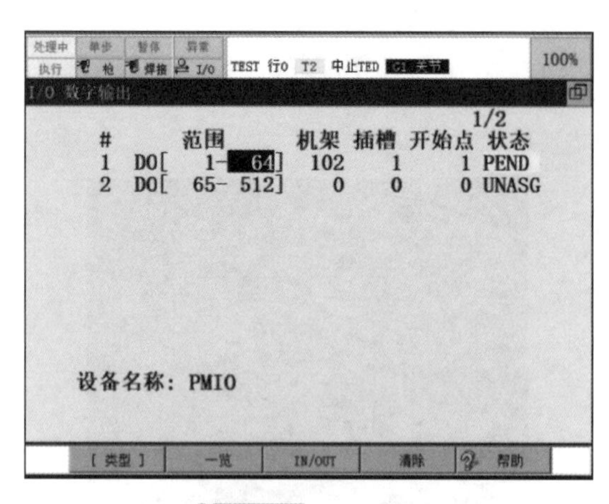

图 1-1-9　I/O 分配

2. DeviceNet 通信

DeviceNet 通信基于 CAN（Controller Area Network）Bus 通信协议，可以简单地将产业用传动装置、传感器和 I/O 控制器连接起来。DeviceNet 通信由将 R–30iA 控制器连接到一个或多个 DeviceNet 网络上的硬件和软件构成。

硬件由母板和最多 4 块子板构成，各子板提供有与 DeviceNet 网络之间的通信功能。作为选项功能的 DeviceNet 通信软件，被安装到 R–30iA 控制器内。DeviceNet 通信作业流程如图 1-1-10 所示。

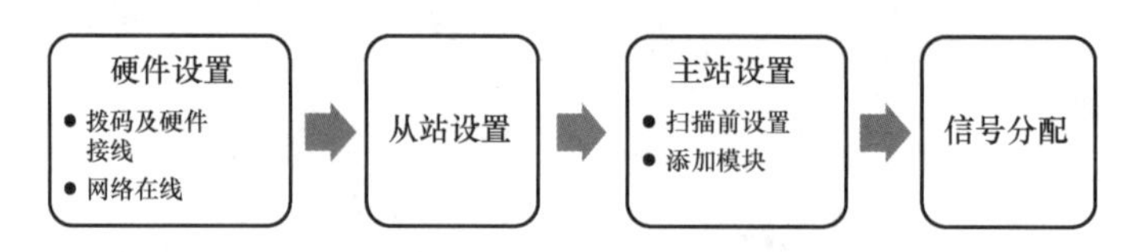

图 1-1-10　DeviceNet 通信作业流程

机器人可以设置 81、82、83、84 四种机架号，通过硬件拨码来决定，板卡需要在断电的情况下拔出。板卡安装位置如图 1-1-11 所示。

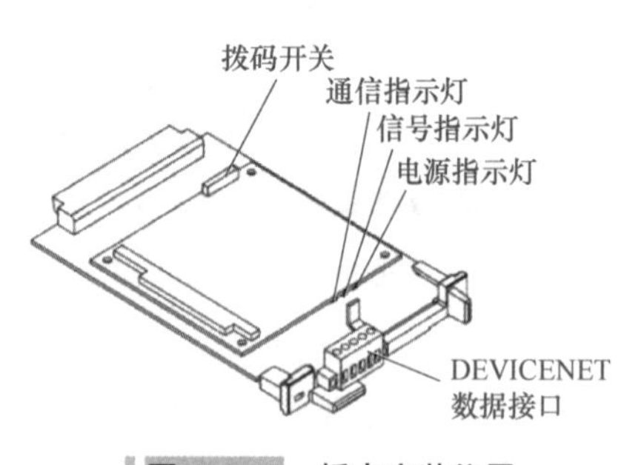

图 1-1-11　板卡安装位置

DeviceNet 从控板只支持 DeviceNet 从控功能，该从控板可以仅作为机架 81 进行 I/O 分配，DeviceNet 从控板只可以使用 1 块。如果机架 81（板 1）上已被分配了 PC/104 DeviceNet 子板，则忽略 PC/104 DeviceNet 子板，优先考虑 DeviceNet 从控板。

补充说明：R–30iA 控制器支持至多 2 块母板。在单通道板和双通道板的任意组合中，最多支持 4 个通道。使用 DeviceNet 从控板的情况下，可以使用剩下的 3 个通道。

3. PROFIBUS–DP 通信

PROFIBUS–DP 在工业自动化中是最通用的协议之一，PROFIBUS 为 Process Field Bus

的缩写，即过程现场总线，DP 为 Decentralized Peripherals 的缩写，即分布式外围设备。

在 PROFIBUS-DP 通信方式下，机器人既可以作为主站 DP master，也可以作为从站 DP slave 使用。作为主站时，输入 / 输出最大为 1024B，可以进行模拟量输入和输出的数据交换，每块设备 16 通道（最多 48 通道），可连接从站数量为 32 个；作为从站时，输入 / 输出最大为 1024B，无模拟量信号。PROFIBUS-DP 通信作业流程如图 1-1-12 所示。

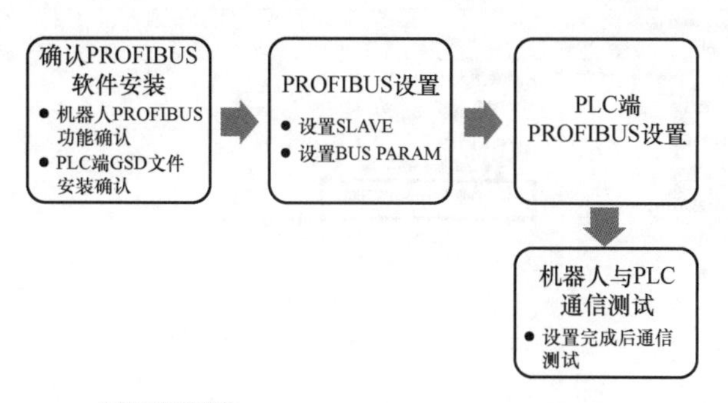

图 1-1-12　PROFIBUS-DP 通信作业流程

4. EtherNet/IP 通信

EtherNet/IP 利用通用工业协议（CIP，Control and Information Protocol），在网络层、传输层和应用层上与 ControlNet 和 DeviceNet 保持兼容。为了传输 CIP 通信信息包，EtherNet/IP 采用标准的 EtherNet 和 TCP/IP 技术。因此，它实现了在开放且广泛使用的 EtherNet 和 TCP/IP 协议之上的共通开放式应用层。为了发送和接收具有时效性的控制数据，EtherNet/IP 提供了生产者 / 消费者模式。在此模式下，一台发送端设备（生产者）可以在多台接收端设备（消费者）之间发送和接收应用信息，而发送端设备无须为每台接收端设备单独发送数据。

在 EtherNet/IP 中，CIP 的网络层和传输层均通过 IP 多点传送来实现，这意味着多台 EtherNet/IP 设备可以接收由一台生产设备生成的相同应用信息的片段。EtherNet/IP 遵循 IEEE 802.3 标准技术，没有添加任何非标准的技术以改善其性能。为了提升决定论的性能，建议在 EtherNet/IP 中使用 100Mbit/s 带宽和能够支持全双工通信的商用交换技术。

为了使 FANUC 工业机器人作为 EtherNet/IP 的节点发挥功能，必须设定有效的 IP 地址和子网掩码。以太网功能支持通信速度 10Mbit/s 及 100Mbit/s 和半双工及全双工通信。初始设定中，通过自动协商来自动判别，与通信速度 100Mbit/s 和支持全双工通信的开关连接。主板的 RJ45 连接器旁边的 LED 有助于确认是否确立了链接。

5. CC-Link 通信

CC-Link（Control & Communication Link）总线是基于 PLC 系统的现场总线，数据容量大，通信速度最高可达 10Mbit/s。当使用 CC-Link 通信时，机器人作为远程设备站（从站）。可以传送的数据类型有 UI/UO、DI/DO、AI/AO 和数值寄存器。CC-Link 通信作业流程如图 1-1-13 所示。

如图 1-1-14 所示，使用 CC-Link 通信时，工业机器人需要安装 CC-Link Interface（JT86）软件，请确认机器人安装有此选项或按照软件添加指导手册进行安装添加。

图 1-1-13　CC-Link 通信作业流程

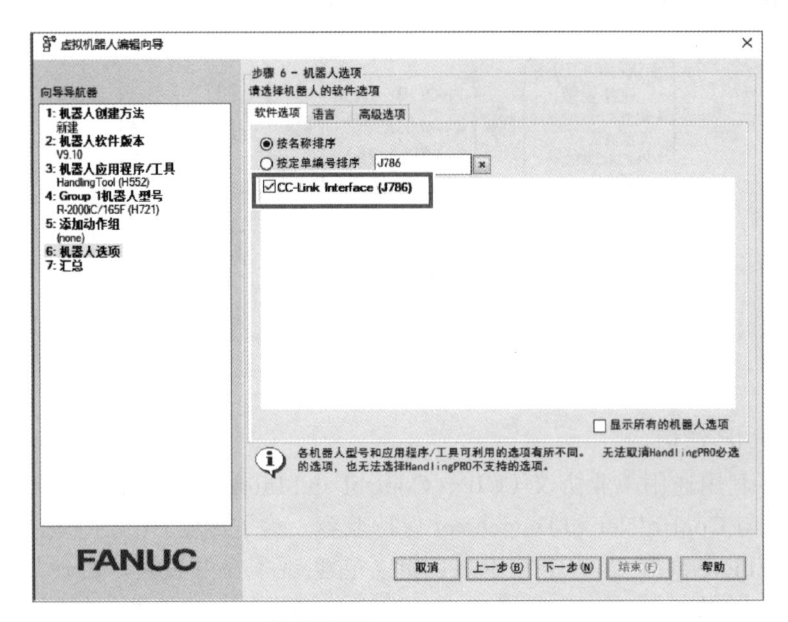

图 1-1-14　软件安装选项

任务实施

本任务以 YL-569F 机器人实训设备作为任务实施对象（见图 1-1-15），该平台配备 FANUC 工业机器人、S7-1200 PLC、昆仑通态触摸屏等实训套件。

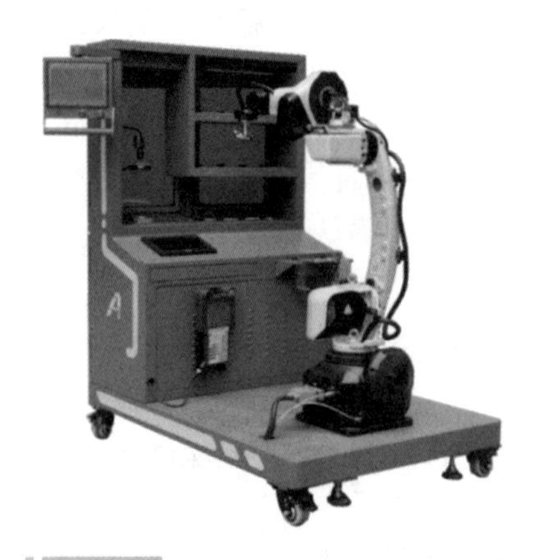

图 1-1-15　YL-569F 机器人实训设备

步骤 1. 如图 1-1-16 所示，按下示教器的“MENU”，进入示教器菜单界面。

步骤 2. 如图 1-1-17 所示，依次选择“6 设置→ 9 主机通信”。

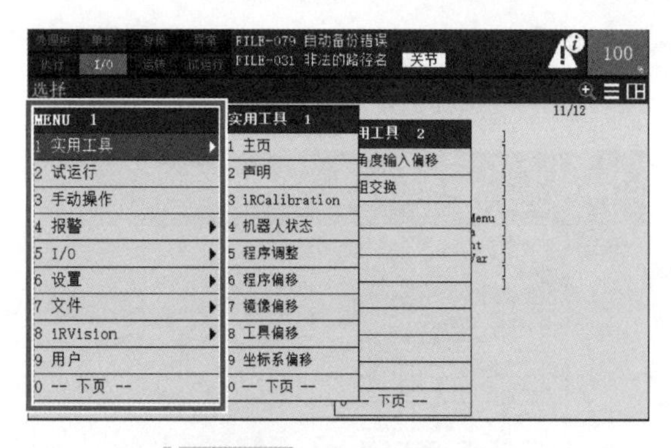

图 1-1-16　示教器菜单界面

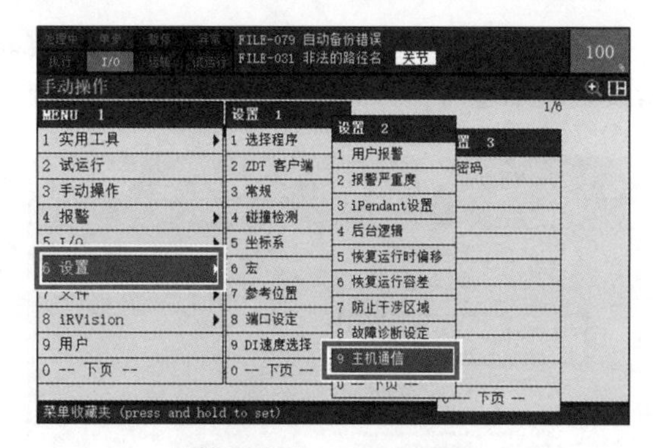

图 1-1-17　主机通信设定

步骤 3. 按下“ENTER”，进入设置协议界面，如图 1-1-18 所示。

步骤 4. 将光标移动到第一个选项“TCP/IP”处，如图 1-1-19 所示。

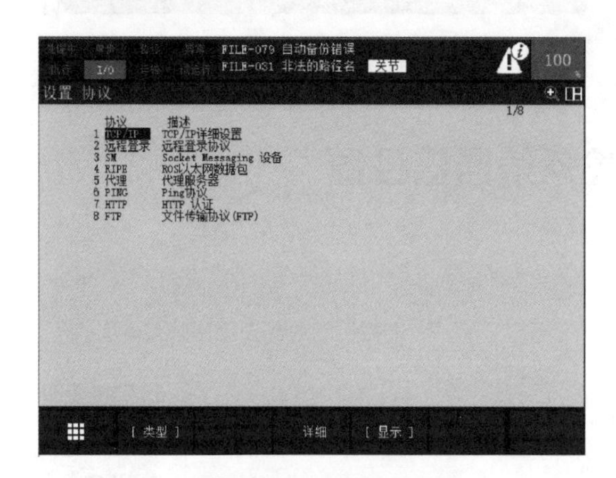

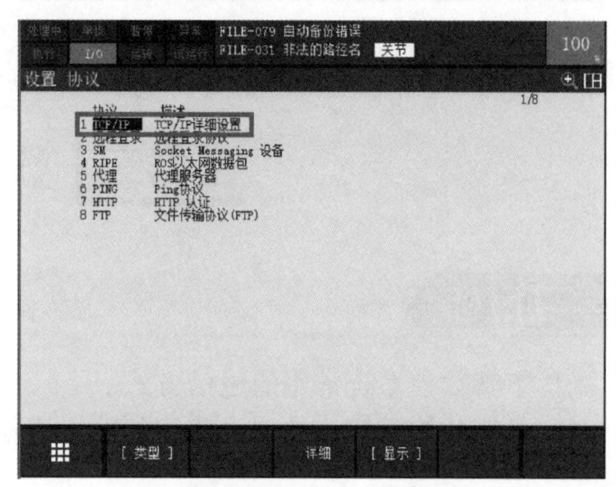

图 1-1-18　设置协议

图 1-1-19　TCP/IP 设置

步骤 5. 如图 1-1-20 所示，按下示教器的“ENTER”或 F3，进入 IP 地址设置界面。

步骤 6. 设置机器人名称、IP 地址、子网掩码，如图 1-1-21 所示。

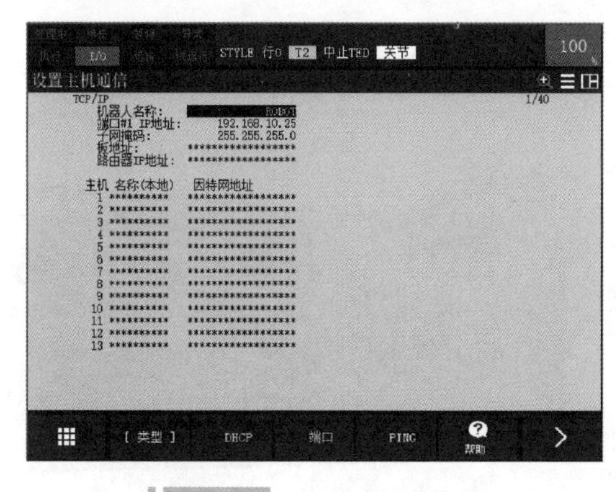

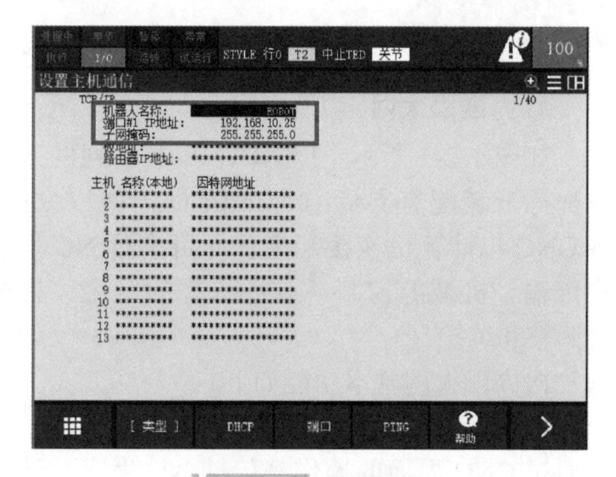

图 1-1-20　IP 地址设置界面

图 1-1-21　设置参数

步骤 7. 在设置主机通信界面中，设置想要 Ping 的 IP 地址，如设置计算机端的地址，如图 1-1-22 所示。

步骤 8. 设置好 IP 地址后，按下 F4，屏幕左下角会提示网络是否连接正确，如果连接错误则提示超时，如图 1-1-23 所示。

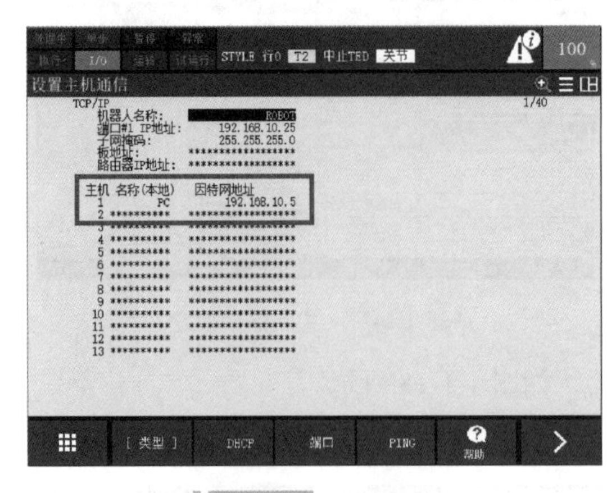

图 1-1-22　测试连接

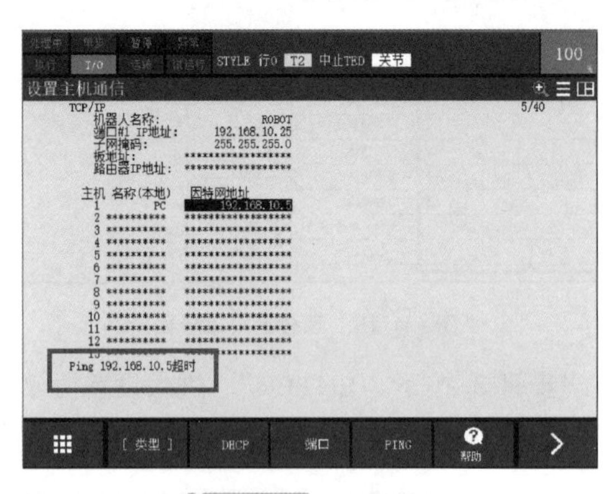

图 1-1-23　连接超时

任务二　数控系统通信设置

学习目标

1. 了解数控系统常用的通信方式。
2. 掌握数控系统与外围设备间的网络通信。

FANUC 数控系统通信设置

重点和难点

掌握数控系统各通信方式配置。

相关知识

1. 内嵌以太网

如图 1-2-1 所示，FANUC 0i–F 系列的系统中都标准装配有支持 100Mbit/s 的内嵌以太网。将 CNC 与计算机连接起来，即可进行 NC 程序的传输、机械的控制、运行状态的监视、机械的调整和维护。

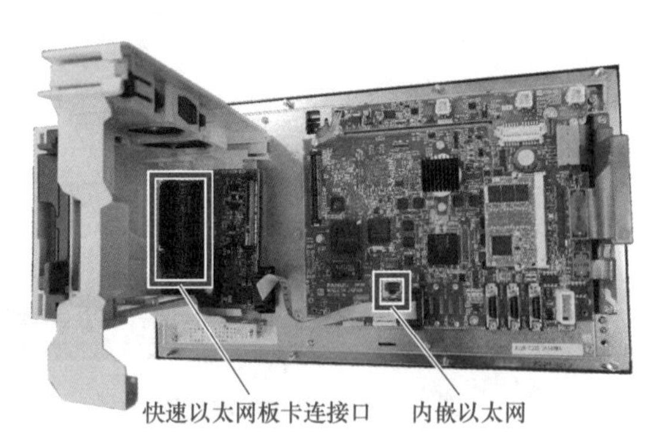

图 1-2-1　内嵌以太网接口

内嵌以太网基本功能如下：

1）基于 FTP 传输功能的 NC 程序传输。可以通过 CNC 界面的操作来传输 NC 程序。计算机侧使用 FTP 服务器软件，可以与 Windows 环境以外的主机一起传输 NC 程序。

2）基于 FOCAS2/EtherNet 的机床控制和监视。可以使用 FOCAS2/EtherNet 功能独立地创建进行机床控制和监视的应用软件。此外，也可通过 CNC 主导信息通知功能，利用 NC 程序或梯形图程序发出的指令，自发地从 CNC 向计算机的应用程序发送通知信息（CNC/PMC 数据）。

3）可以在线进行基于 FANUC LADDER Ⅲ以及伺服向导的机床的调整和维护、梯形图程序的维护和伺服电机的调整。

此外，通过使用 CNC 界面显示功能，可以在 Windows 操作系统上实现与 CNC 相同的显示以及操作。

4）可以利用 CNC 的 FTP 传输功能，借助 C 语言执行器的应用软件来传输数据。

2. 快速以太网和快速数据服务器

使用快速以太网和快速数据服务器时，需要可选板。

（1）快速以太网板　快速以太网板是一个硬件设备（见图 1-2-2），其安装位置如图 1-2-3 所示，是实现以太网通信功能的硬件支持，在实现以太网通信相关的功能时需要专用的 FANUC 软件。所谓快速是针对以太网的传输速率而言，其理论传输速率可以达到 100Mbit/s。

通过快速以太网板可以实现的功能有 FOCAS2/EtherNet function（FANUC 开放式系统应用程序接口规范 / 以太网功能）；CNC screen display function（CNC 屏幕显示功能）；Machine remote diagnosis function（机床远程诊断功能）；Unsolicited messaging function（FOCAS2/EtherNet）（及时通信功能）。

图 1-2-2　快速以太网板

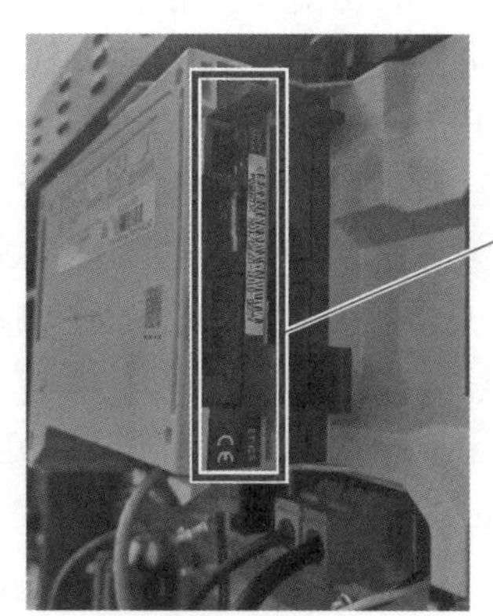

图 1-2-3　快速以太网板安装位置

1）基于 FOCAS2/EtherNet 的机床控制和监视，其与内嵌以太网功能相同。但快速以太网板上具有专用的 CPU 进行通信处理，因此可与多台计算机同时进行高速的数据传输。适用于构建加工生产线与工厂主机之间进行信息交换的生产系统。

2）基于 FTP 传输功能的 NC 程序的传输，与内嵌以太网功能相同。

3）数据服务器功能。可以将大容量程序存储在内置于快速数据服务器的存储卡中。数据服务器可以一边运行，一边使用其他的以太网功能。

（2）数据服务器板　数据服务器板结合了存储卡和快速以太网板的功能。网络接口功能见表 1-2-1。

表 1-2-1　网络接口功能

功能项目	网络接口			
	PCMCIA 网卡	内嵌以太网	快速以太网（选择功能）	数据服务器（选择功能）
FANUC LADDER III	√	√	√	√
SERVO GUIDE	√	√	√	√
FTP 文件传输（PC 端操作）	×	×	×	√
FTP 文件传输（NC 端操作）	√	√	×	√
DNC 文件传输（PC 端操作）	×	×	×	√
DNC 文件传输（NC 端操作）	×	×	×	√
基本操作软件包 2	√	√	√	√
CNC 界面显示功能	×	×	√	√
FANUC 程序传输软件	×	√	√	√
基于 FOCAS2 开发软件	√（*）	√（*）	√	√

注：（*）部分功能限制。

3. 现场网络

现场网络可以将分配给 PMC 地址的 DI/DO 信号向其他的 CNC 和符合相同通信规则的其他公司制造的设备传输。

（1）PROFIBUS-DP 功能（主控 / 从控）　PROFIBUS-DP 是一种开放式、不依赖于生产商的国际标准总线协议。PROFIBUS-DP 中具有主控功能和从控功能，CNC 支持这两个功能，可以与装备有 PROFIBUS-DP 的装置进行 DI/DO 信号的传输。要使用 PROFIBUS-DP 功能（主控 / 从控），需要可选板，如图 1-2-4 所示。

（2）DeviceNet 功能（主控 / 从控）　DeviceNet 是一种通用的工业总线协议。DeviceNet 包括主控功能和从控功能，CNC 支持这两个功能。可以在装备有 DeviceNet 的装置之间传输 DI/DO 信号。要使用 DeviceNet 功能（主控 / 从控），需要可选板。

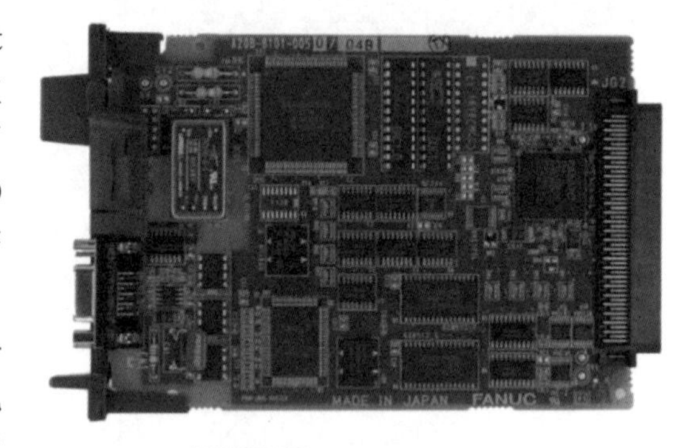

图 1-2-4　PROFIBUS 板

（3）CC-Link 功能（远程设备站）　CC-Link 是开放式的工业自动化网络。CC-Link 包括主控功能和从控功能，CNC 支持从控功能中的远程设备站。可以在装备有 CC-Link 主控功能的装置之间传输 DI/DO 信号。要使用 CC-Link 功能（远程设备站），需要可选板。

4. 工业以太网

CNC 可使用工业用以太网，与对方设备进行 I/O 通信。主要有 FL-net 功能、EtherNet/IP 功能、Modbus-TCP 服务器功能和 PROFINET 功能。

要使用工业用以太网，需要快速以太网板。另外，可以使工业用以太网和以太网功能在相同的可选板（快速以太网板）上动作（PROFINET IO 控制器功能除外）。

（1）FL-net 功能　装备有 FL-net 功能的装置之间可以传输 DI/DO 信号。由于采用了无主控方式，因而全部装置之间均可进行数据交换，确保高传输性能和循环周期，最适合于生产线控制。

若使用基于 FL-net 的安全功能，则可在经由 FL-net 而连接的多台 CNC 之间实时收发相关安全信号。

（2）EtherNet/IP 功能（扫描仪 / 适配器 / 适配器安全）　EtherNet/IP 是面向工业自动化应用的工业应用层协议。CNC 支持扫描仪功能、适配器功能、适配器安全功能，可以在装备有 EtherNet/IP 功能的装置之间传输 DI/DO 信号。

若使用 EtherNet/IP 适配器安全功能，就可以在支持 EtherNet/IP 扫描仪安全功能的设备之间进行安全信号的交换。

（3）Modbus-TCP 服务器功能　Modbus-TCP 是串行通信协议。Modbus-TCP 包括客户机功能和服务器功能，CNC 只支持服务器功能，可以在装备有 Modbus-TCP 客户机功能的装置之间传输 DI/DO 信号。Modbus-TCP 服务器功能在内嵌以太网和可选板上都可以运行。但是，无法在内嵌以太网和可选板这两种方式上同时使用 Modbus-TCP 服务器功能。

（4）PROFINET 功能（I/O 控制器、I/O 设备和 I/O 设备安全）　PROFINET 是新一代基于工业以太网技术的自动化总线标准。CNC 支持 I/O 控制器功能、I/O 设备功能、I/O 设备安全功能，可以在装备有 PROFINET 功能的装置之间传输 DI/DO 信号。

通过使用 PROFINET IO 设备安全功能，便可以在配备了 PROFINET IO 控制器安全功能的设备间可靠地发送和接收相关安全信号。

任务实施

本任务以 YL-569 型 0i MF 数控机床装调与技术改造实训装备为任务实施对象（见图 1-2-5），该平台配备数控机床、系统电气柜、机器人、PLC、触摸屏等实训设备。

图 1-2-5　YL-569 型 0i MF 数控机床装调与技术改造实训装备

步骤 1. 如图 1-2-6 所示，按下 MDI 面板功能中的［SYSTEM］，进入 CNC 系统参数界面。

步骤 2. 按下右扩展键▶，直至找到［内藏口］→［公共］，如图 1-2-7 所示。

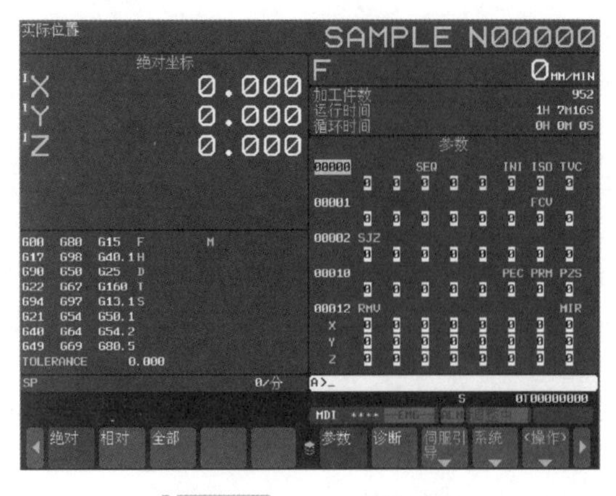

图 1-2-6　CNC 系统界面

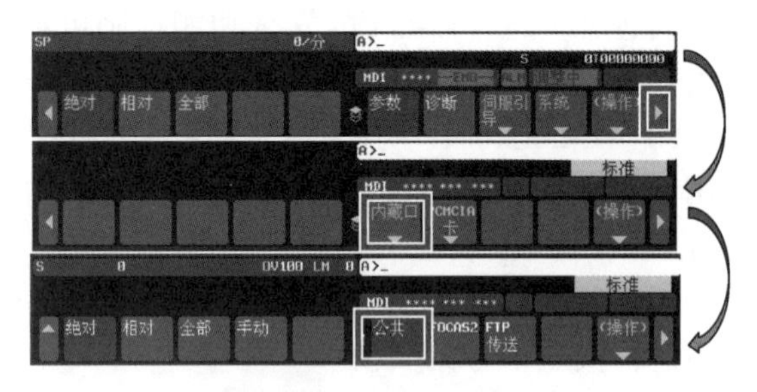

图 1-2-7　IP 设置选项接口

步骤 3. 如图 1-2-8 所示，在公共设定界面中设置 CNC 的 IP 地址与子网掩码。

步骤 4. 如图 1-2-9 所示，在 FOCAS2 界面中设置固定的串口协议，TCP 设置为 8193，UDP 设置为 8192。

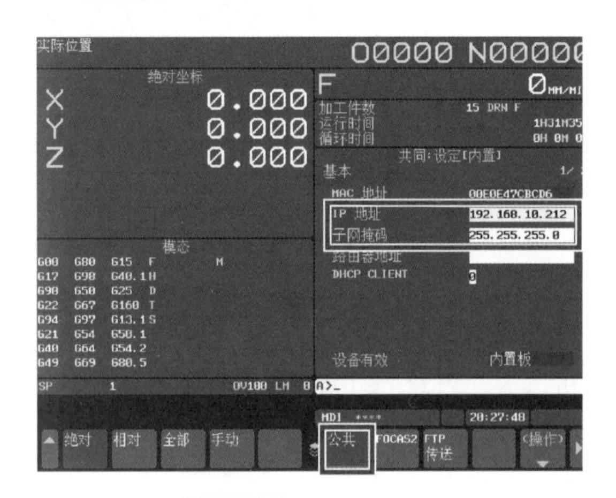

图 1-2-8　IP 地址设置

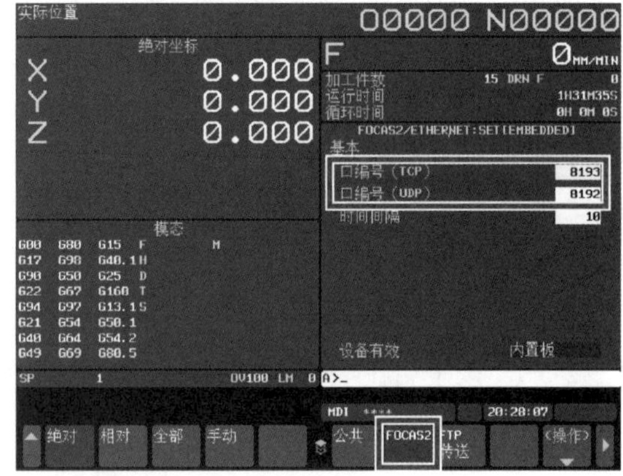

图 1-2-9　口编号设置

步骤 5. 在 CNC 以太网中，设备有效必须设置为“内置板”，如图 1-2-10 所示。

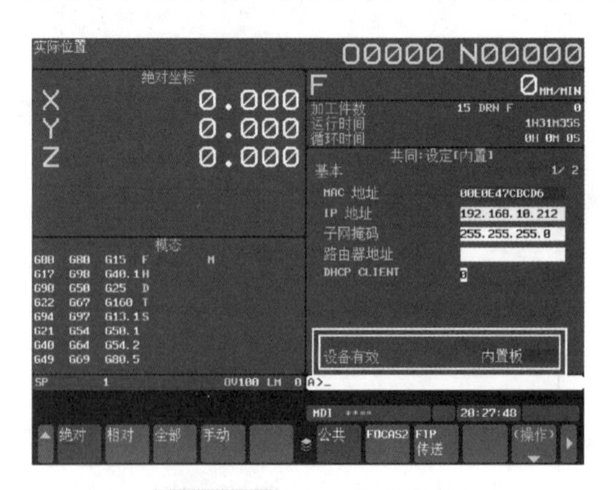

图 1-2-10　板卡接口选择

任务三 PLC通信设置

学习目标

1. 了解通信的基本概念。
2. 熟悉 PLC 的通信联网组态。
3. 掌握 PROFIBUS 的基本参数。
4. 掌握 PROFINET 的基本参数。

PLC 通信设置

重点和难点

1. PLC 工业知识的综合储备。
2. PLC 通信的实际应用。
3. 各版本 PLC 设备进行互联的机制。

相关知识

一、S7 通信

在工业控制现场，一台设备或者一条生产线的控制系统可能由多个控制单元组成，它们在控制设备工作时，要兼顾相关设备的工作状态，根据上位机的数组指令或者下位机的信号状态来决定控制程序的输出，并且把工作状态的相关控制信息传递给其他控制单元，这就涉及到控制单元之间的通信问题，对于 PLC 的通信功能来说，经过多年的发展，通信功能已经非常完善和成熟了，S7-1200 系列 PLC 支持多种通信。通信包含两方面的内容，一方面是物理连接特性，另一方面是通信协议。

S7-1200 系列 PLC 具有全面的网络选项，具体如下：

（1）PROFINET 控制器及智能设备　离散式 PROFINET 架构可连接 I/O、HMI、驱动和其他 PROFINET 现场设备，无需额外的通信模块。

（2）PROFIBUS 主站及从站　离散式 PROFIBUS 架构、可连接 I/O、HMI、驱动和其他 PROFIBUS 站，包括集成进既有的系统网络。

（3）AS-i 主站　完全在 TIA 博途软件中组态 AS-i-Master，并可方便地组态 AS-i 网络，无需额外的软件。

（4）CANopen 主站　允许连接 CANopen 设备，包括运行 Transparent CAN2.A 标准的设备。

（5）Modbus-TCP　允许作为 Modbus 主站或从站进行通信，分别有一个功能块对应主站和从站。

（6）I/O-Link 主站　快速、便利地集成 SIRIUS 紧凑型启动器，M200D 启动器和 SIRIUS 软启动器可用于简单地启动控制。

（7）GPRS/LTE 模块　便于对离散式计算机记录和控制。

（8）TCP/IP　通过开放式的通信指令，可实现与其他 CPU、PC 和使用 TCP/IP 通信协议标准的设备进行通信，无需额外的通信模块。

（9）集成的 Web 服务器　访问系统过程状态、诊断及标识数据、用户定义网页和固件升级。

（10）RS485、RS422 和 RS232　S7-1200 系列 PLC 的 CPU 支持点对点通信，遵循基于字符的串行通信协议，在用户程序中使用点对点通信指令非常灵活方便。

（11）Modbus-RTU　使用 Modbus 指令，可作为 Modbus 主站或从站与其他符合 Modbus-RTU 协议的设备通信。

（12）USS　使用简单的 USS 指令，可控制支持 USS 协议的驱动产品。

S7-1200 CPU 本体上集成了一个 PROFINET 通信接口（见图 1-3-1），支持以太网和基于 TCP/IP 的通信标准。使用这个通信接口可以实现 S7-1200 系列 PLC 的 CPU 与编程设备的通信，与 HMI 触摸屏的通信，以及与其他 CPU 之间的通信。这个 PROFINET 物理接口支持 10M/100M 的 RJ45 口，支持电缆交叉自适应。因此一个标准的或是交叉的以太网线都可以用于该接口。

S7-1200 系列 PLC 集成的 PROFINET 接口，允许与 PG（编程设备）、HMI（人机界面）和其他 SIMATIC 控制器等设备进行通信，支持 S7、OUC（开放式用户通信）、Modbus-TCP（基于以太网连接的 Modbus 通信）和 PROFINET IO（分布式 I/O 模块通信控制）等通信协议。

网络通信是一个复杂的过程，所以把工作分解为若干个子工作，每个子工作由具体的功能模块来完成，各个模块分层次工作，所以也称为层结构，如图 1-3-2 所示，各层结构功能见表 1-3-1。

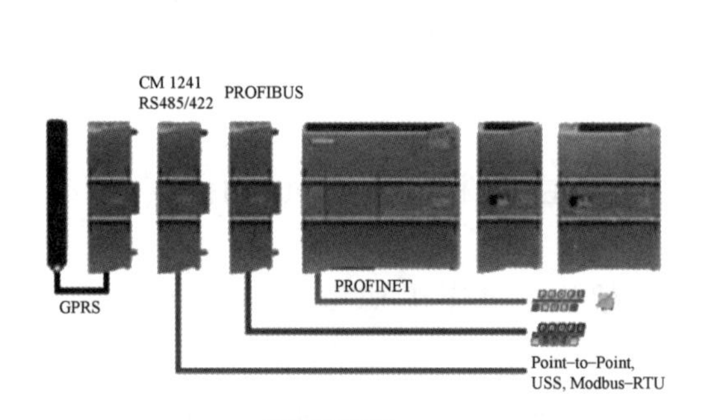

图 1-3-1　PLC 通信

图 1-3-2　层结构

表 1-3-1　各层结构功能

OSI	功能
7 应用层	用户接口、应用程序（文件传输、电子邮件、文件服务、虚拟终端）
6 表示层	数据的表示、压缩和加密（数据格式化、代码转换、数据加密）
5 会话层	会话的建立和结束（解除或建立与别的接点的联系）

（续）

OSI	功能
4 传输层	提供端对端的接口
3 网络层	为数据包选择路由器、寻址
2 数据链路层	保证误差错误的数据链路，传输有地址的帧以及错误检测功能
1 物理层	传输比特流，以二进制数据形式在物理媒体上传输

S7-1200 系列 PLC 与 S7-1200/300/400/1500 系列 PLC CPU 的通信可以采用多种通信方式，但是 S7 通信是最常用的，也是最简单的通信方式。

S7 通信通过客户端 PLC 使用远程读指令 GET 和远程写指令 PUT 实现，S7 通信可以单端组态和双端组态，双端组态指的是建立通信的两个 CPU 模块在一个项目当中，单端组态指的是通信的两个 CPU 不在一个项目当中。

S7-1200 系列 PLC 仅支持 S7 的单向连接，客户机调用 GET 和 PUT 指令读写服务器的存储区，服务器在通信时处于被动，用户不用编写服务器端的通信程序，服务器端的通信程序由操作系统提供。V2.0 以上版本的 S7-1200 系列 PLC CPU 的 PROFINET 通信可以用作 S7 通信的客户机或者服务器。

S7 作为 SIMATIC 的同构通信，用于西门子 CPU 之间相互通信，由于该通信标准未公开，所以不能用于第三方通信。

二、PROFIBUS 通信

1. PROFIBUS 种类

PROFIBUS 是一个用在自动化技术的现场总线标准，是程序总线网络（PROcess FIeld BUS）的简称。PROFIBUS 和用在工业以太网的 PROFINET 是两种不同的通信协议。

PROFIBUS 具有标准化的设计和开放的结构，符合国际标准 IEC6158 和国家标准 GB/T 20540—2006。遵循这一标准的设备即使由不同的公司制造，也能够相互兼容通信。

PROFIBUS 可分为三种协议，分别是大多数人使用的 PROFIBUS-DP、用在过程控制的 PROFIBUS-PA 以及监控级通信任务 PROFIBUS-FMS。

（1）PROFIBUS-DP（Decentralized Peripherals，分布式周边） 应用在工厂自动化系统中，可以用中央控制器控制许多传感器及执行器，也可以利用标准或选用的诊断机能得知各模块的状态。

（2）PROFIBUS-PA（Process Automation，过程自动化） 应用在过程自动化系统中，由过程控制系统监控测量设备，是本质安全的通信协议，可适用于防爆区域。PROFIBUS-PA 的通信速率为 31.25 kbit/s。PROFIBUS-PA 使用的通信协议和 PROFIBUS-DP 相同，只要有转换设备就可以和 PROFIBUS-DP 网络连接，由速率较快的 PROFIBUS-DP 作为网络主干，将信号传递给控制器。在一些需要同时处理自动化及过程控制的应用中就可以同时使用 PROFIBUS-DP 及 PROFIBUS-PA。

（3）PROFIBUS-FMS 适用在车间监控级通信任务中，可提供大量的通信服务。可编程控制器（如 PLC、PC 机等）之间需要比现场通信层更大量的数据传送，用以完成中等传输速度进行的循环与非循环的通信服务，但通信的实时性要求低于现场层，很少使用。

2. 通信协议

PROFIBUS 通信的 OSI 模型见表 1-3-2。

表 1-3-2　PROFIBUS 通信的 OSI 模型

<table>
<tr><th>OSI 模型</th><th>PROFIBUS</th><th>版本 1</th><th>版本 2</th><th>版本 3</th><th></th></tr>
<tr><td>7</td><td>应用层</td><td>DP-V0</td><td>DP-V1</td><td>DP-V2</td><td rowspan="7">网络管理</td></tr>
<tr><td>6</td><td>表示层</td><td colspan="3" rowspan="4">—</td></tr>
<tr><td>5</td><td>会话层</td></tr>
<tr><td>4</td><td>传播层</td></tr>
<tr><td>3</td><td>网络层</td></tr>
<tr><td>2</td><td>数据链路层</td><td colspan="3">FDL</td></tr>
<tr><td>1</td><td>物理层</td><td>EIA-485</td><td>光纤</td><td>MBP</td></tr>
</table>

注：MBP 为曼彻斯特总线电力传输（Manchester Bus Powered）的缩写。

PROFIBUS-DP 的功能经过扩展，一共有 DP-V0、DP-V1 和 DP-V2 三个版本，它们是向前兼容的，每个版本分别对应不同的服务层次。

（1）DP-V0　DP-V0 是 PROFIBUS 的基本通信功能，可以实现主从站之间周期性通信（如分布式 I/O）以及站诊断、模块诊断和特定通道的诊断功能。

（2）DP-V1　在 DP-V0 通信的基础上，DP-V1 增加了主、从站之间的非周期性通信功能及扩展诊断功能，可以进行参数设置、诊断和报警处理。非周期性通信和周期性通信是并行执行的，但是非周期性通信优先级较低。

（3）DP-V2　DP-V2 增加了从站之间的通信、等时同步、时钟控制与时间标记、上传与下载、从站冗余等功能。

三、PROFINET 通信

如图 1-3-3 所示，以 PLC 为上位机，与下位机（车床、加工中心、触摸屏、地轨、机器人）进行 PROFINET 组态，从而实现各站点之间的数据交互。

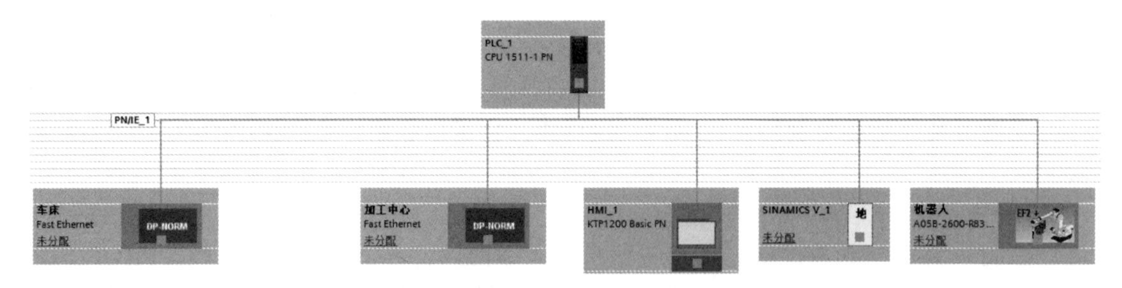

图 1-3-3　PROFINET 网络图

PROFINET 是开放的、标准的、实时的工业以太网标准。作为基于以太网的自动化标准，它定义了跨厂商的通信、自动化系统和工程组态模式。

借助 PROFINET I/O 可实现一种允许所有站随时访问网络的交换技术。作为 PROFINET 的一部分，PROFINET I/O 用于实现模块化、分布式应用的通信。这样，通过多个节点的并行数据传输可更有效地使用网络。PROFINET I/O 以交换式以太网全双工操作和

100 Mbit/s 带宽为基础。

PROFINET I/O 基于 PROFIBUS-DP 的成功应用经验，将常用的用户操作与以太网技术中的新概念相结合，确保 PROFIBUS-DP 向 PROFINET 的平滑转移。

根据响应时间的不同，PROFINET 支持以下三种通信方式：

（1）TCP/IP 标准通信　PROFINET 基于工业以太网技术，使用 TCP/IP 和 IT 标准。TCP/IP 是 IT 领域通信协议标准，尽管其响应时间大概在 100ms 的量级，但对于工厂控制级的应用来说，这个响应时间足以满足需求。

（2）实时（RT）通信　对于传感器和执行器设备之间的数据交换，系统对响应时间的要求更为严格，因此，PROFINET 提供了一个优化的、基于以太网第二层（Layer 2）的实时通信通道，通过该实时通道，极大地减少了数据在通信栈中的处理时间，PROFINET 实时（RT）通信的典型响应时间是 5 ～ 10ms。

（3）同步实时（IRT）通信　在现场级通信中，对通信实时性要求最高的是运动控制（Motion Control），PROFINET 的同步实时（Isochronous Real-Time，IRT）技术可以满足运动控制的高速通信需求，在 100 个节点下，其响应时间要小于 1ms，抖动误差要小于 1μs，以此来保证及时的、确定的响应。

任务实施

如图 1-3-4 所示，以 YL-1509B 设备为例进行现场网络通信的设定。

步骤 1. 如图 1-3-5 所示，进入项目文件，在项目树中找到“项目 1”，在“项目 1”菜单下双击“设备和网络”，进入网络视图界面。

图 1-3-4　YL-1509B

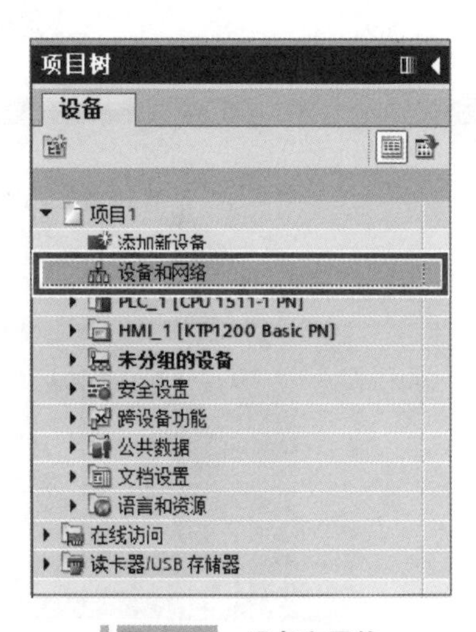

图 1-3-5　设备和网络

步骤 2. 在网络视图界面中，先单击 PLC_1 设备图标再选择“设备视图”或双击 PLC_1 设备图标跳转到设备视图界面，如图 1-3-6 所示。

步骤 3. 图 1-3-7 所示为设备视图界面。

步骤 4. 双击 PLC_1 图标的网络接口，在“属性”对话框中显示“PROFINET 接口 _1［X1］”的接口属性对话框，如图 1-3-8 所示。

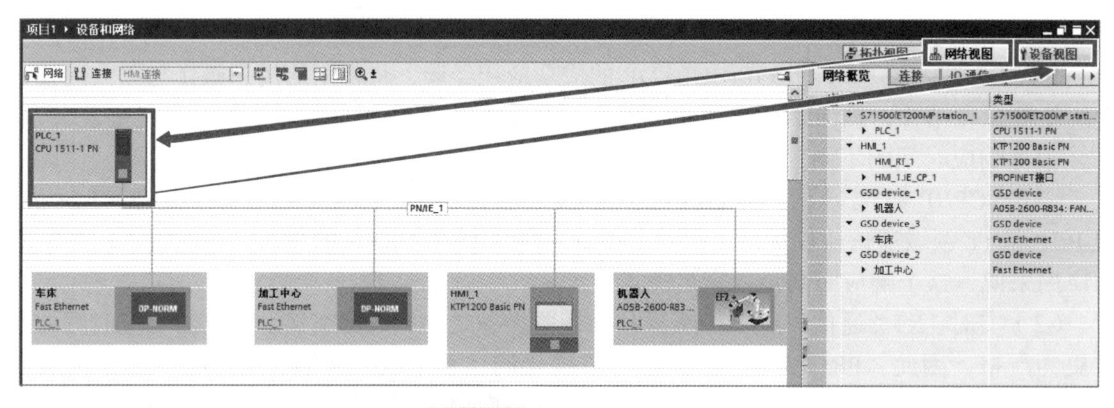

图 1-3-6　网络视图界面

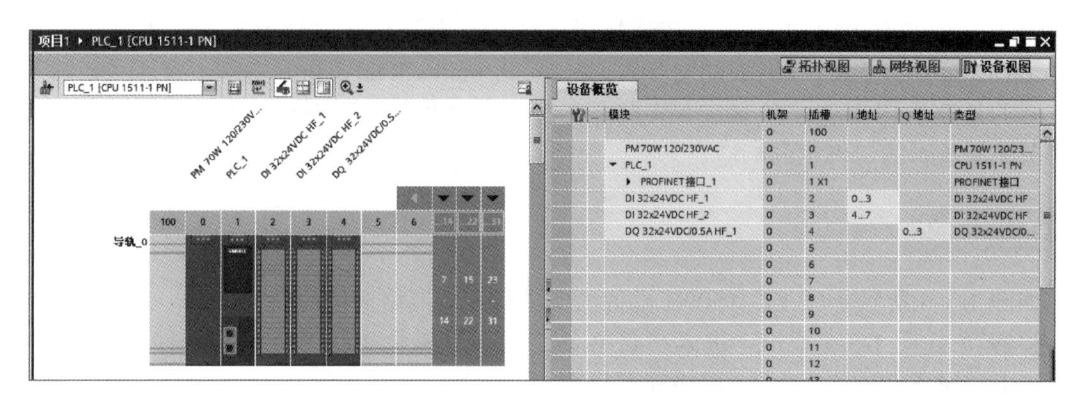

图 1-3-7　设备视图界面

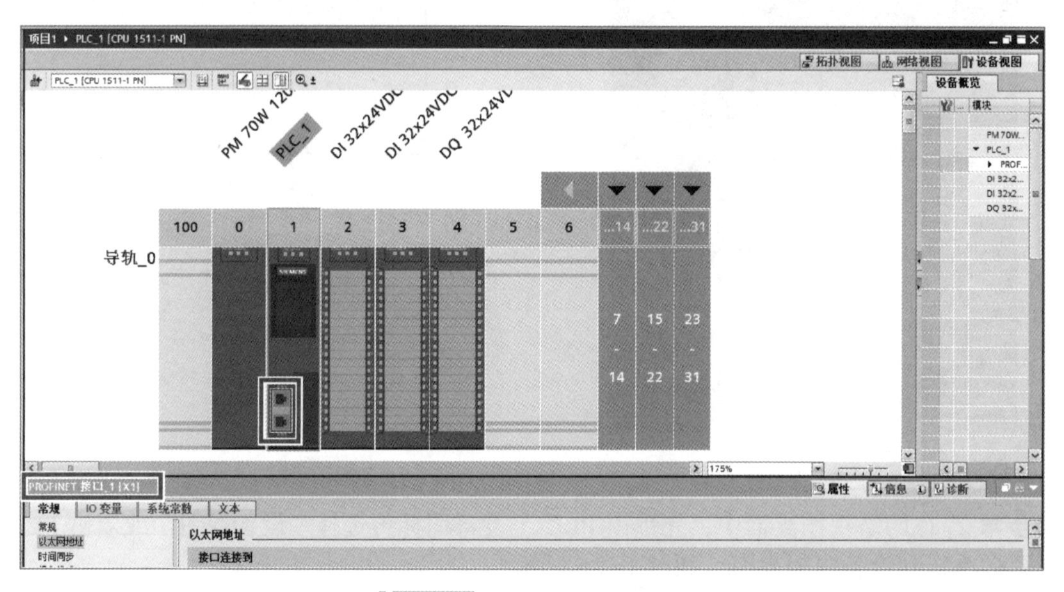

图 1-3-8　设备视图常规选项

步骤 5. 在“常规”选项中，单击“以太网地址”，如图 1-3-9 所示。

步骤 6. 设置以太网地址，将子网接口连接到“PN/IE_1”，在“IP 协议”选项卡中选择

"在项目中设置 IP 地址"，如图 1-3-10 所示。

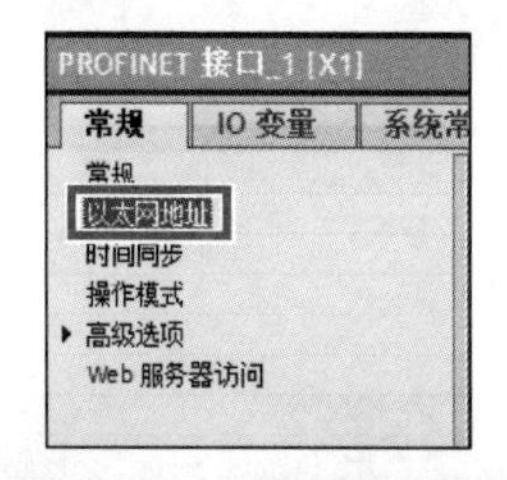

图 1-3-9　进入以太网设置界面

步骤 7. 如图 1-3-11 所示，在项目树中，选择 PLC_1［CPU1511−1PN］扩展菜单下的"设备组态"，在网络视图界面中双击"PLC_1"，在常规对话框中单击"防护与安全→连接机制"，勾选"允许来自远程对象的 PUT/GET 通信访问"。

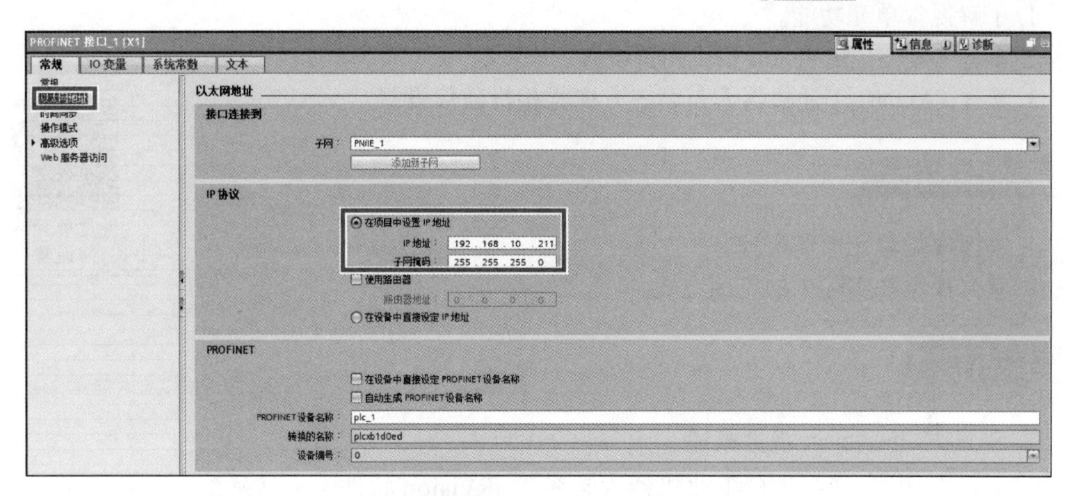

图 1-3-10　PLC IP 地址设置

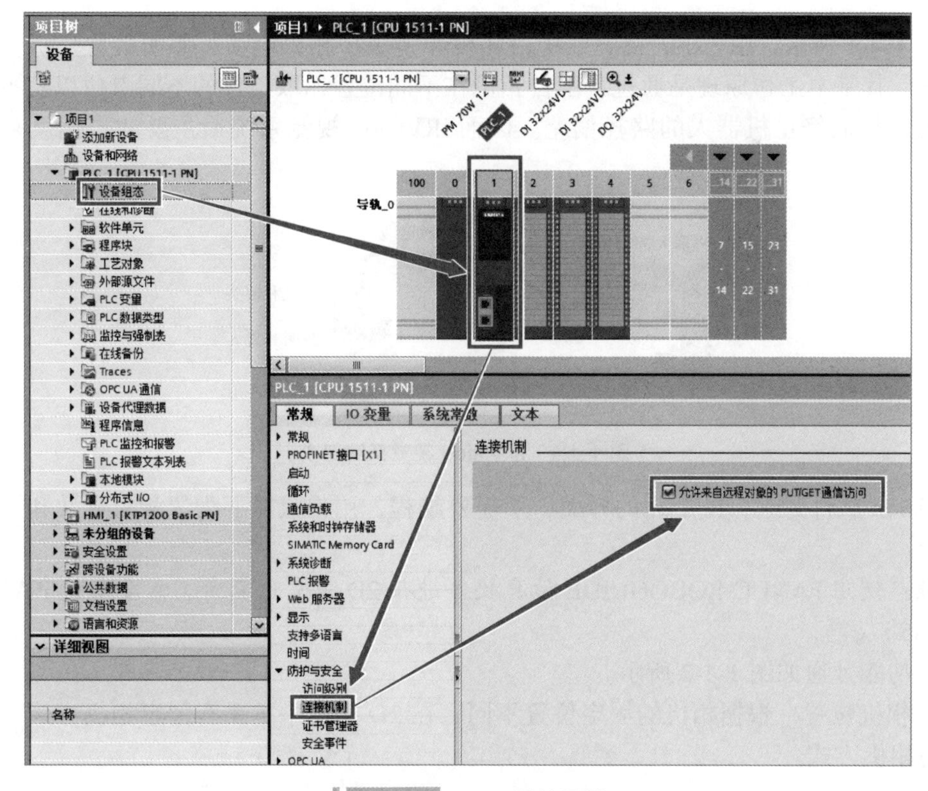

图 1-3-11　PLC 属性设置

任务四 视觉单元通信设置

学习目标

1. 了解视觉单元功能。
2. 掌握 FANUC iRVision 相机相关设置。
3. 掌握 FAUNC 工业机器人与第三方视觉相机通信设置。

视觉单元通信设置

重点和难点

1. 掌握视觉单元通信配置。
2. 掌握视觉在实际中的应用方式。

相关知识

1. FANUC iRVision 视觉概述

（1）基本构成　FANUC 工业机器人自带的 iRVision 软件（不是标配，需要选装），专门用来处理视觉应用，相机介入机器人控制系统后，通过 iRVision 软件可以实现视觉的快速应用。

如图 1-4-1 所示，iRVision 视觉系统由相机和镜头、相机电缆、照明装置、机器人控制装置构成。其基本工作原理是通过若干台相机在不同位置抓取工件的不同点位以获得工件的相对位置，从而修正机器人的路径偏差。因而 iRVision 视觉系统最主要的作用就是机器人偏差补正。

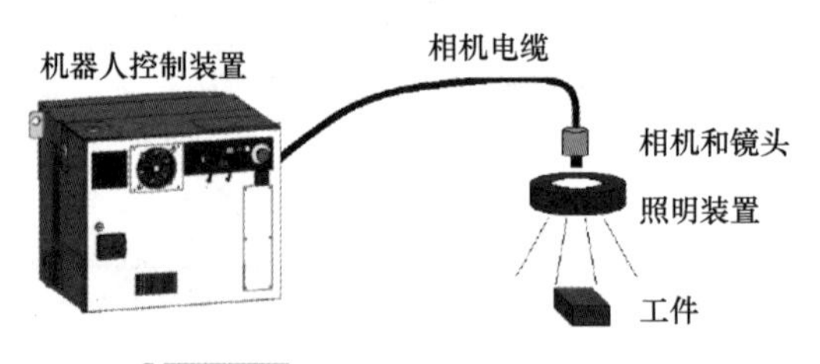

图 1-4-1　iRVision 视觉系统组成

iRVision 软件是一个图形化的界面，不需要编程，用户只需要配置相机参数和视觉处理工具就行。

注意：使用 FANUC ROBOGUIDE 仿真软件进行 2D 视觉仿真时，需要勾选 iRVision 2D Pkg（R685）。

视觉功能开通如图 1-4-2 所示。

（2）相机位置　根据相机的固定位置不同，在 2D 视觉中主要有固定相机方式、固定于机器人的相机方式。

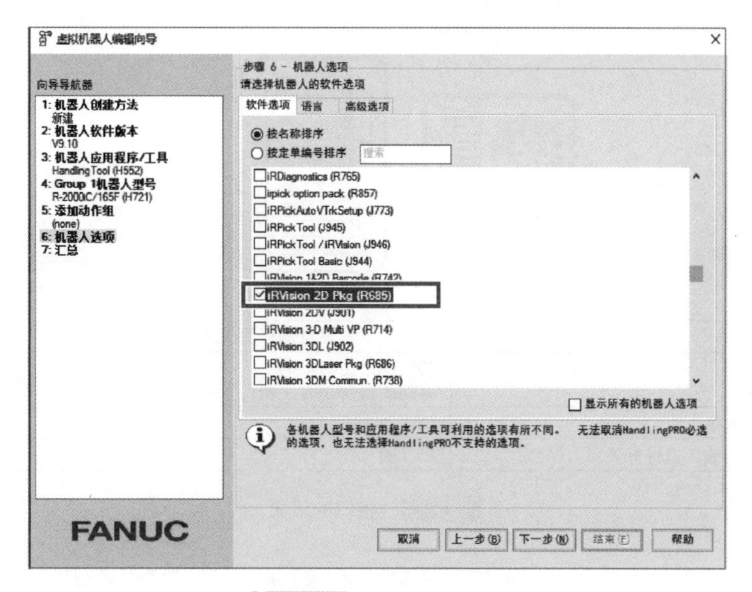

图 1-4-2 视觉功能开通

1）固定相机方式。如图 1-4-3 所示，固定相机方式时，相机被设置在相机支架上，总是从相同的距离拍摄相同的位置。可以在机器人进行其他作业的同时利用 iRVision 软件进行处理，具有可缩短整体作业周期的优点。

① 用固定相机拍摄放置在工作台上的工件，视觉传感器测量偏差量，正确抓住该工件的补正方法称为位置补正。

② 机器人抓住工件，举在固定相机的前面，测量抓取偏差后，将该工件放置在确定的正确位置的补正方法，称为抓取偏差补正。

2）固定于机器人的相机方式。相机设置在机器人的手腕部（见图 1-4-4）。通过移动机器人，可以利用一台相机对不同场所进行测量，或者改变工件与相机的距离。固定于机器人的相机的方式下，iRVision 软件通过考虑机器人移动造成的相机移动部分计算工件的位置。利用固定于机器人的相机观察放置在工作台上的工件而进行机器人动作补正的方法，就是位置补正。

用固定于机器人的相机拍摄放置在工作台上的工件，视觉传感器测量偏差，正确抓住该工件的补正方法称为位置补正。

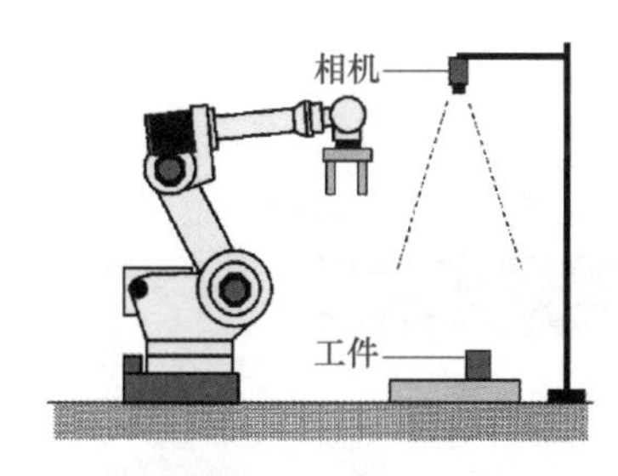

图 1-4-3 固定相机方式

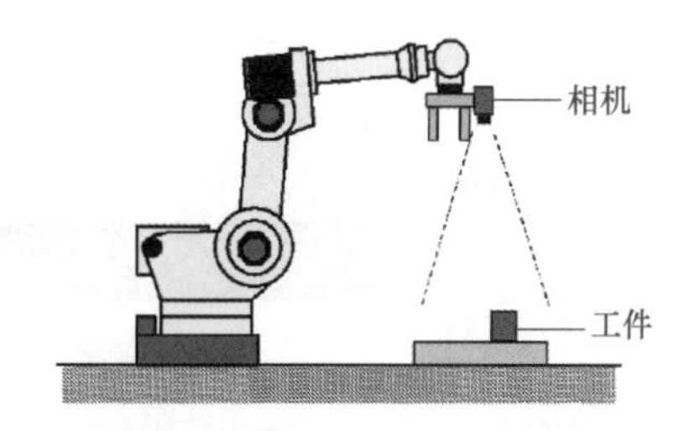

图 1-4-4 固定于机器人的相机方式

（3）连接相机 根据选择的相机型号，要使相机能够正常运行，需对相机的配置进行设定（见图 1-4-5）。如使用 SONY XC–56，其连接方式如图 1-4-6 所示。

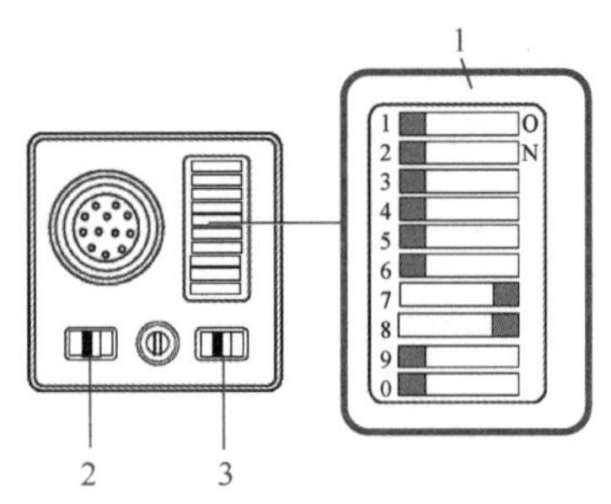

编号	开关	视觉偏移用设置	出货时设置
1	DIP开关	将7、8设在ON(右侧) 其他的设在OFF(左侧)	全都设在OFF(左侧)
2	75Ω终端开关	ON	←
3	HD/VD信号输入选择开关	EXT侧	←

图 1-4-5　相机的设置

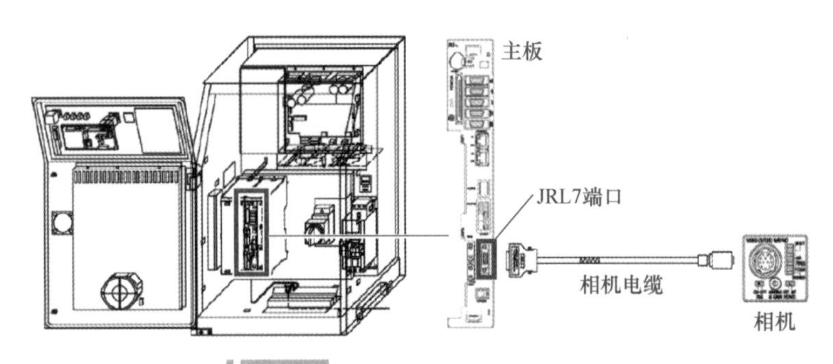

图 1-4-6　SONY XC-56 连接方式

（4）通信设置　工业机器人主机通信设置界面如图 1-4-7 所示。

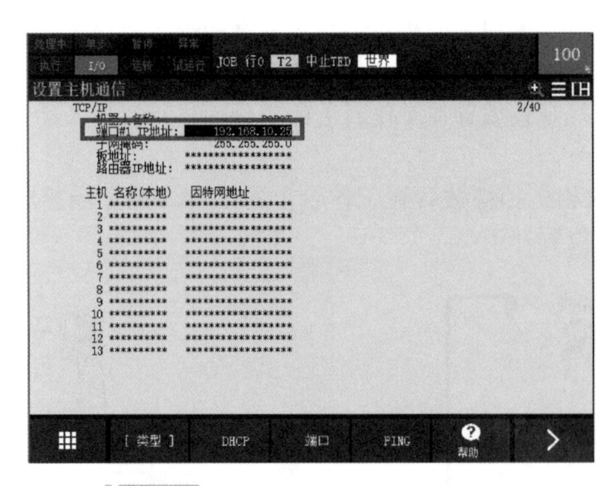

图 1-4-7　工业机器人主机通信设置界面

2. 海康威视视觉系统（VB2200 系列）

VB2200 系列视觉控制器板载 Intel E3845 四核 SoC 处理器，集成机器视觉应用中常用接口，如千兆网口、USB 接口等，专为机器视觉工业应用开发，具有性能稳定、结构紧凑、反应快速等特点，适合在机器人控制的激光设备、数控机床、包装检测设备等应用场景下

使用。

（1）基本构成　如图 1-4-8 所示，海康威视由视觉控制器、摄像头、光源控制器等组成。

（2）远程访问　设备可通过 HDMI 接口连接显示器后进行操作，也可通过局域网内的其他 PC 远程访问进行操作，如图 1-4-9 所示。可利用抓包工具或其他方法获取设备 IP 地址。

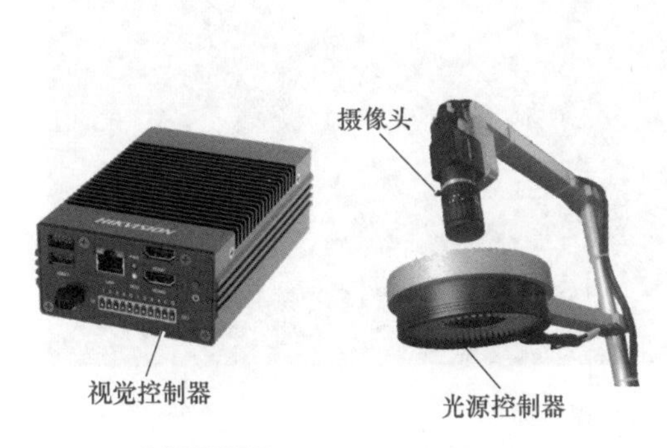

图 1-4-8　海康威视硬件组成

图 1-4-9　远程桌面连接

将计算机和视觉控制器进行网线连接，使用远程桌面连接功能，连接时计算机名称输入 VisionBox，**注意：**大小写不可输入错误。用户名输入 administrator，密码输入 Operation666，即可进行连接。

如图 1-4-10 所示，VisionMaster 中可选的协议类型有多种。根据现场配置选择相应的通信设备。

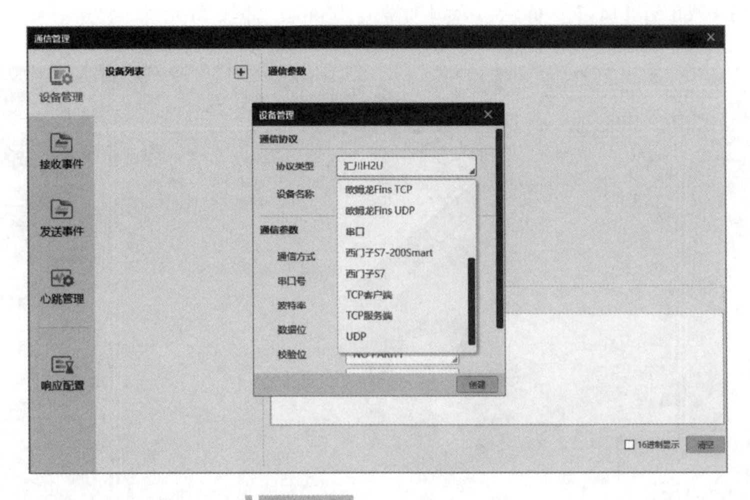

图 1-4-10　通信参数界面

（3）海康威视 MVS 客户端　如图 1-4-11 所示，MVS 是工业相机客户端，是为调试工业相机开发的软件应用程序。适用于 GigE、USB3.0、10GigE 和 CoaXPress 接口工业面阵、线阵相机，支持实时预览、参数配置、抓图和升级相机固件等功能。同时也适用于 Camera Link 接口工业面阵、线阵，支持参数配置和升级固件功能。

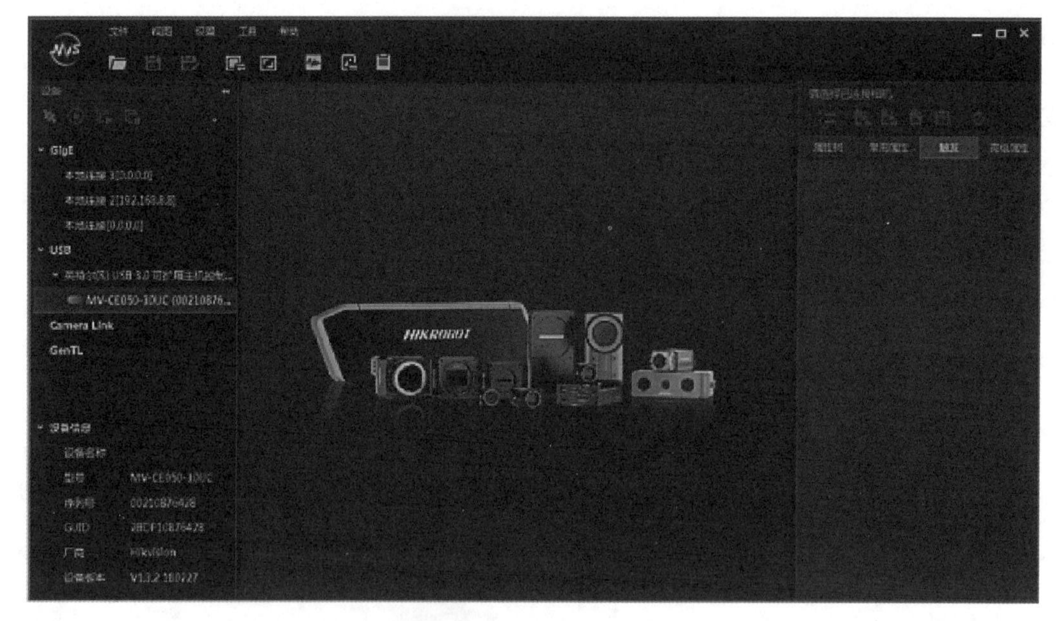

图 1-4-11　MVS 客户端界面

工业相机的参数调节、图像调试和功能测试均可在 MVS 客户端上操作，且由于 MVS 客户端中包含六种工业相机 SDK 包。因此 MVS 客户端是工业相机使用、调试、二次开发等过程中的重要工具，一定要熟练掌握。

1）特性：安装简单、支持多平台运行、使用简单；重点突出相机控制；支持多个相机，并进行采集与预览；最多同时支持 16 个画面，可自由切换画面；集成多个简易性工具，方便快捷地完成相机与 PC 信息的读取及设置。

2）界面划分：如图 1-4-12 所示，客户端主界面共划分为六个区域。

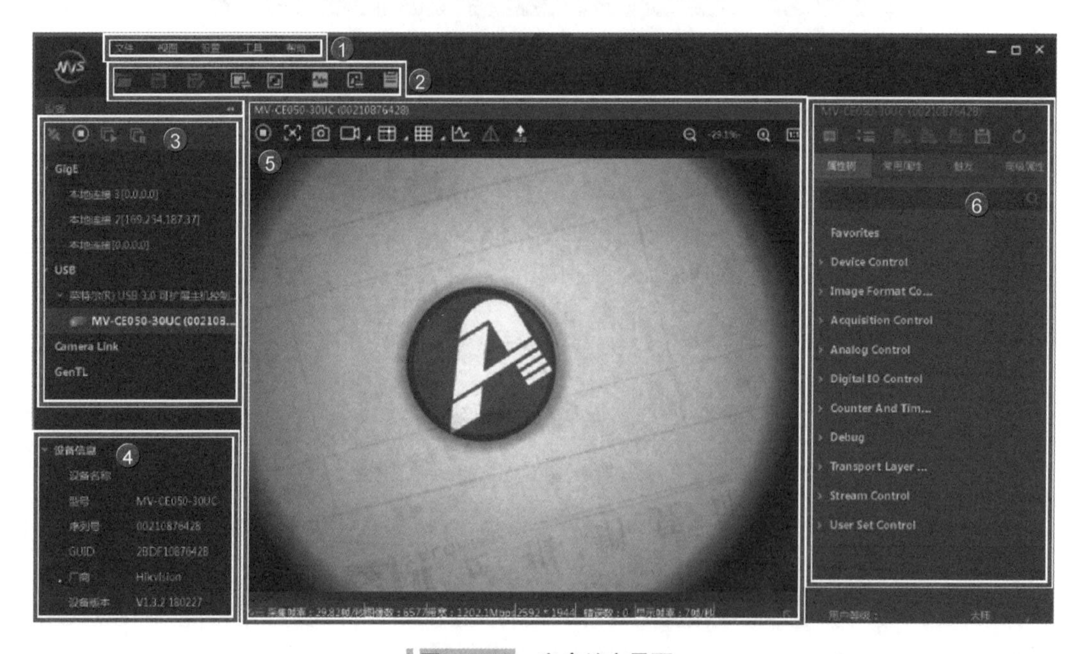

图 1-4-12　客户端主界面

客户端主界面各区域的功能介绍见表 1-4-1。

表 1-4-1　客户端主界面各区域的功能介绍

编号	名称	功能
1	菜单栏	菜单栏包含文件、视图、设置、工具和帮助 5 大功能，可对客户端和相机进行设置
2	控制工具条	可设置客户端的文件功能、图像预览窗口的画面布局，对相机的状态、水印信息和日志信息进行查看
3	设备列表	可分类显示各接口下的相机，分为 GigE、USB、Camera Link 和 GenTL
4	设备信息	可查看选中设备或接口的具体信息
5	图像预览窗口	可对相机实时图像或本地图像进行预览，还可设置十字辅助线、网格，查看直方图等
6	相机属性列表（只有连接到相机后方可显示）	可显示设备列表区域选中相机的属性，可对相机参数进行设置，还可进行文件存取、属性导入 / 导出等功能

（4）海康威视客户端种类

1）工业相机客户端 MVS：MVS 客户端是海康机器人专为标准产品而开发的软件应用程序，适用于面阵相机、线阵相机、板级相机、红外相机等。MVS 客户端基于 GenICam 标准，遵循 GigE Vision、USB3 Vision、Camera Link 以及 CoaXPresst 协议。用户可通过客户端或 SDK 连接工业采集卡和工业相机，采集相机图像，获取并设置采集卡和相机参数。

2）智能读码器客户端 IDMVS：IDMVS 客户端是海康机器人专为读码器全自主开发的应用软件，支持全系列工业读码器、持读码器、读码模组等读码产品的调试。通过 IDMVS 客户端可进行读码器对焦、参数设置和建立通信等一系列调试操作，跟随软件界面七步引导栏即可完成设备设置，轻松完成设备上线前的准备。

3）智能相机客户端 SCMVS：SCMVS 客户端是海康机器人专为智能相机全自主开发的应用软件，支持对设备实时获取的图像或导入设备的图像进行视觉检测，可对设备方案进行编辑、管理和存储等，可以满足定位、测量、识别及深度学习应用等各类机器视觉应用需求。

4）立体相机客户端 3DMVS：3DMVS 客户端是专为海康机器人立体相机开发的软件应用程序，适用于线激光立体相机、3D 激光轮廓传感器和 RGB–D 立体相机。3DMVS 客户端支持实时预览、参数配置、标定、数据保存、升级固件等功能。预览图像类型可选原始图、深度图、轮廓图和点云图。

任务实施

在使用工业相机做日常的数据采集、分析过程中，存图、录像功能必不可少，但是在使用该功能时，会出现丢帧、少图等现象。本任务主要完成对 MVS 客户端网卡的配置。

本任务以 YL–569F 立体库实训设备为任务实施对象（见图 1-4-13），该设备配备昆仑通态触摸屏、FANUC 工业机器人、S7–1200 系列 PLC 和海康威视视觉系统。

步骤 1. 如图 1-4-14 所示，双击桌面上的 MVS 软件图标。

步骤 2. 在菜单栏的设置选项中，选择“网络”，将“自适应网络检测”“自适应丢帧”和“严重丢包提示”选项打开，如图 1-4-15 所示。

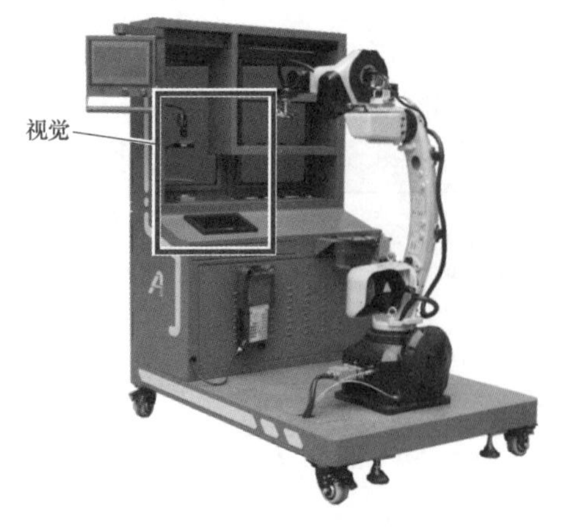

图 1-4-13 YL-569F 立体库实训设备

图 1-4-14 MVS 软件图标

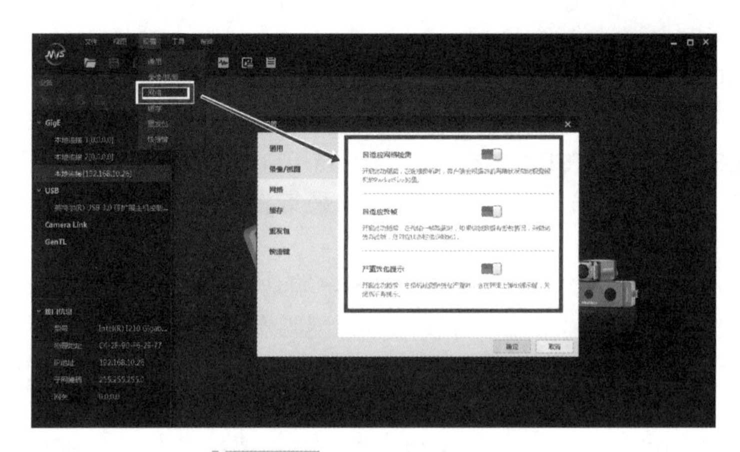

图 1-4-15 “网络设置”对话框

步骤 3. 通过 Windows 系统中的“开始→所有程序→ MVS → Tools → NIC_Configurator”，找到网卡配置工具并打开，如图 1-4-16 所示。

步骤 4. 如图 1-4-17 所示，在弹出的“网卡配置工具”对话框中将“巨型包”选项打开。

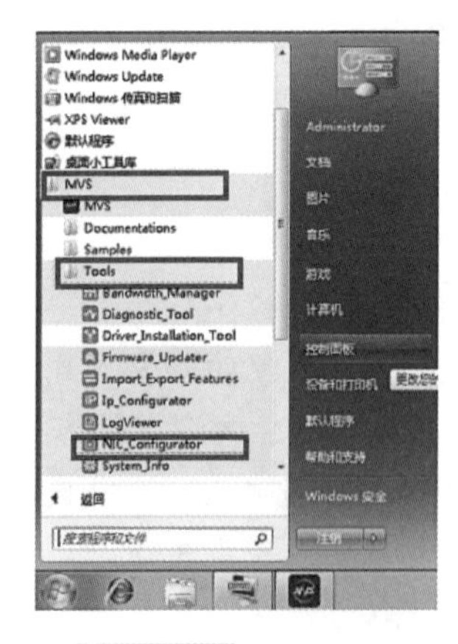

图 1-4-16 网卡配置

图 1-4-17 网卡配置工具

步骤 5. 设置缓存区，即在网卡属性符合要求的情况下，可以设置缓存区值的大小。缓

存区数越大，性能越好，同时也会消耗越多系统内存，如图 1-4-18 所示。

步骤 6. 通过“网卡属性”选项可以查看和更改网卡的配置，有一些选项由设备制造商设置，不允许更改，如图 1-4-19 所示。

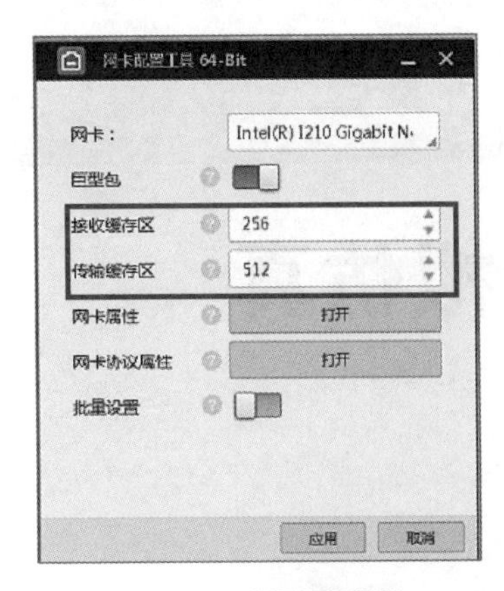

图 1-4-18　设置缓存区

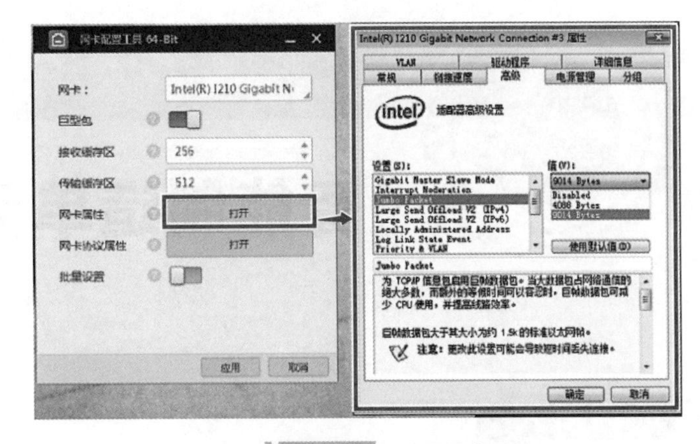

图 1-4-19　设置网卡属性

步骤 7. 设置 PC 端网口的 IP 地址，打开“网络协议属性”选项，设置 IP 地址，如图 1-4-20 所示。

步骤 8. 通过客户端的设备列表搜索 GigE 接口相机，选中需要设置的网口相机。若相机为不可达状态，则双击相机，在弹出的对话框中修改 IP 地址，如图 1-4-21 所示。

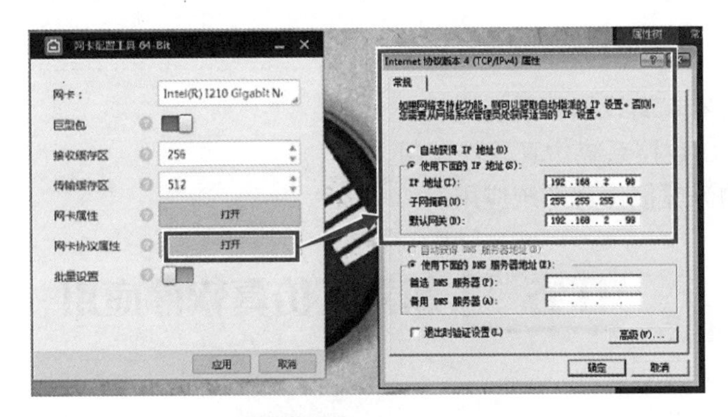

图 1-4-20　设置 IP 地址

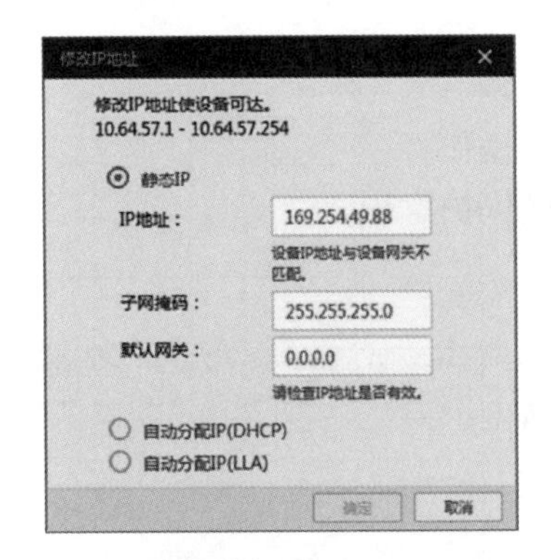

图 1-4-21　修改 IP 地址

项目二 智能制造单元虚拟仿真

项目引入

虚拟仿真技术是一种基于计算机模拟和分析的工程技术，能够模拟真实物理环境中的各种过程和行为。在智能制造领域，虚拟仿真可以通过对人员、设备和工艺进行模拟和分析，并根据模拟结果进行实践操作和调整，以优化产品设计、生产工艺和物流管理等。

项目目标

1. 掌握工业机器人离线编程系统应用。
2. 掌握 FANUC 数控系统仿真软件应用。
3. 掌握智能物流虚拟仿真系统应用。

拓展阅读

任务一 机器人仿真软件应用

学习目标

1. 了解机器人仿真软件。
2. 了解机器人仿真软件的安装。
3. 掌握机器人仿真软件基本操作。
4. 树立安全文明生产和环境保护意识。

重点和难点

掌握机器人仿真软件基本操作。

ROBOGUIDE
软件应用

相关知识

一、机器人仿真软件简介

ROBOGUIDE 是 FANUC 机器人公司提供的一款仿真软件，它围绕一个离线的三维世界进行模拟，在这个三维世界中模拟现实中的机器人和周边设备的布局，通过其中的 TP 示教，进一步来模拟它的运动轨迹。通过模拟可以验证方案的可行性，同时获得准确的运行时间。ROBOGUIDE 是一款核心应用软件，还包括搬运、弧焊、喷涂和点焊等其他模块。ROBOGUIDE 的仿真环境界面是传统的 Windows 界面，由菜单栏、工具栏、状态栏等组成。

二、机器人仿真软件界面介绍

工作单元建立完成后，会进入如图 2-1-1 所示的工作环境。

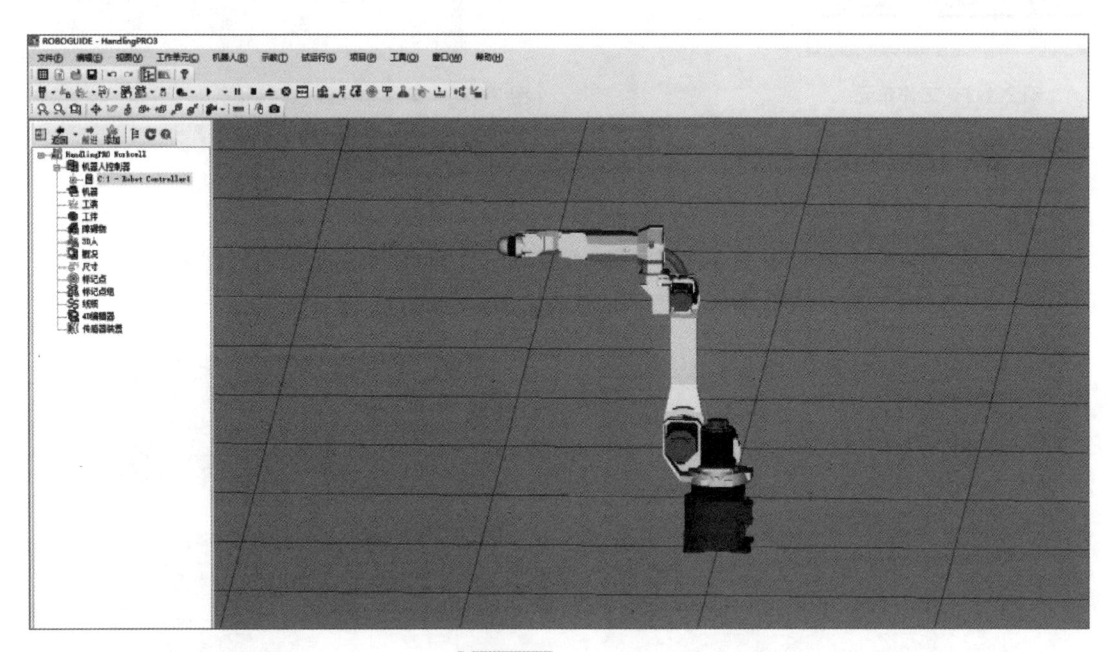

图 2-1-1 工作环境

工作环境画面的中心为创建工作单元时选择的机器人，机器人模型的原点（单击机器人后出现的绿色坐标系）为此工作环境的原点。机器人下方的底板默认为 20m × 20m 的范围，每个小方格为 1m × 1m，这些参数可以修改。如图 2-1-2 所示，单击“工作单元→工作单元属性”，出现工作单元属性对话框，如图 2-1-3 所示。选择“3D 空间”选项卡，便可设置底板的范围和颜色，以及小方格的尺寸和格子线的颜色。

1. 常用工具条功能介绍

（1）

1）：工作环境放大。

2）：工作环境缩小。

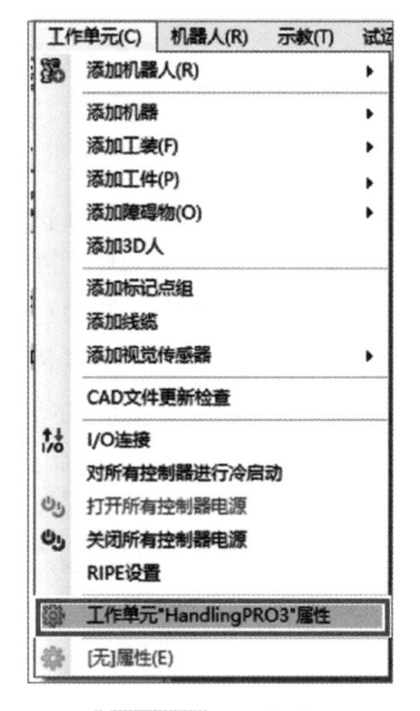

图 2-1-2　工作单元

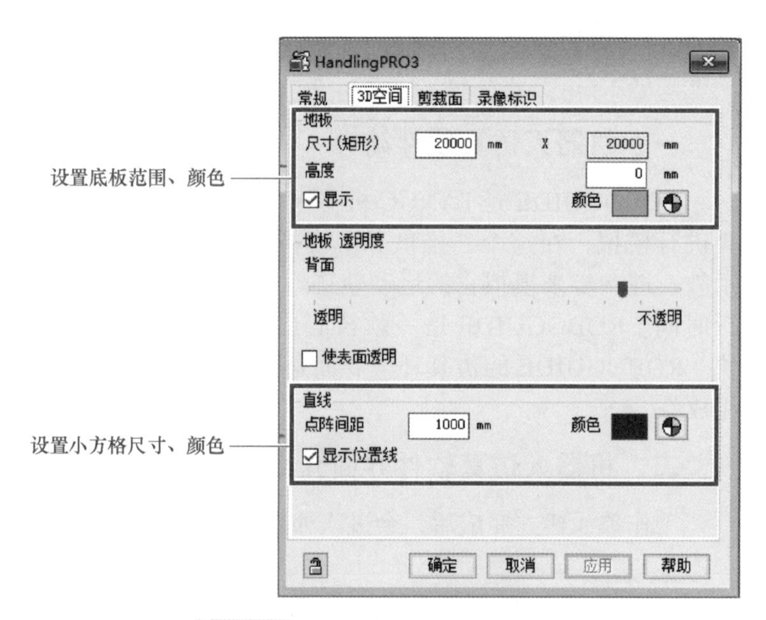

图 2-1-3　工作单元属性对话框

3）：工作环境局部放大。

4）：让所选对象的中心在屏幕正中间。

5）：分别表示俯视图、右视图、左视图、前视图和后视图。

注：若让所有对象以线框图状态显示，如图 2-1-4 所示。

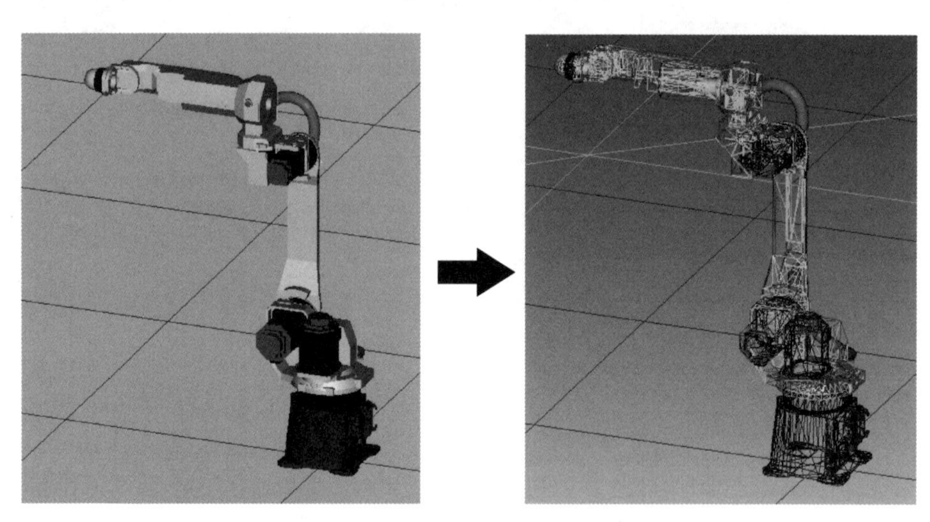

图 2-1-4　让所有对象以线框图状态显示

6）：记录当前 3D 画面的观察点。

7）：此功能可用来测量两个目标位置间的距离，分别在“基准点（固定）”和“测量点（移动）”下选择两个目标位置，即可在“距离”中显示出直线距离、三个轴上的投影距离和三个方向的相对角度。“测量距离”对话框如图 2-1-5 所示。

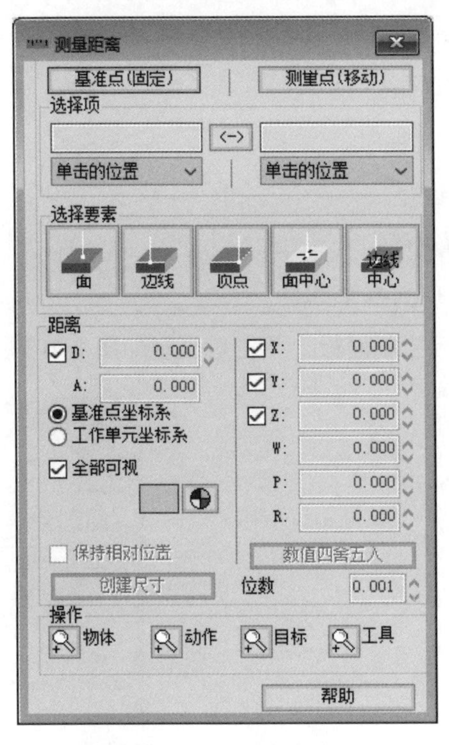

图 2-1-5　“测量距离”对话框

8）：单击会出现如图 2-1-6 所示黑色表格，罗列了所有的通过鼠标操作的快捷菜单。

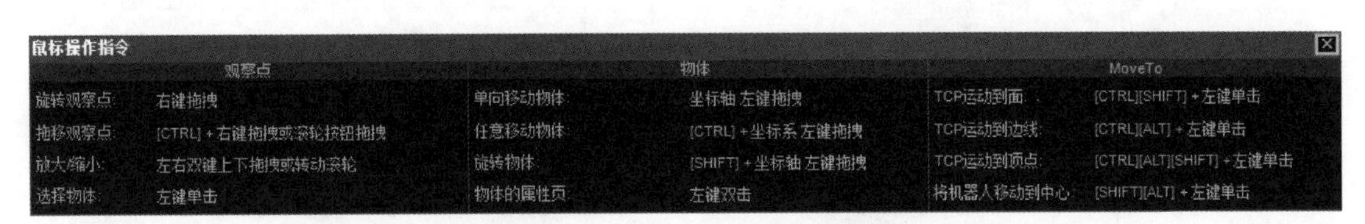

鼠标操作指令

观察点		物体		MoveTo	
旋转观察点:	右键拖拽	单向移动物体:	坐标轴 左键拖拽	TCP运动到面:	[CTRL][SHIFT] + 左键单击
拖移观察点:	[CTRL] + 右键拖拽或滚轮按钮拖拽	任意移动物体:	[CTRL] + 坐标系 左键拖拽	TCP运动到边线:	[CTRL][ALT] + 左键单击
放大/缩小:	左右双键上下拖拽或转动滚轮	旋转物体:	[SHIFT] + 坐标轴 左键拖拽	TCP运动到顶点:	[CTRL][ALT][SHIFT] + 左键单击
选择物体:	左键单击	物体的属性页:	左键双击	将机器人移动到中心:	[SHIFT][ALT] + 左键单击

图 2-1-6　通过鼠标操作的快捷菜单

（2）

1）：显示 / 关闭 TP 控制器进行 TP 示教。

2）：锁定 / 解开示教工具。

3）：Move To 重试。

4）：显示 / 隐藏机器人范围。

5）：显示 / 隐藏各轴点动工具，如图 2-1-7 所示。

在机器人六个轴处都会出现一个绿色的箭头，可以用鼠标拖动箭头来调整对应轴的转动。当绿色的箭头变为红色时，表示该位置超出机器人运动范围，机器人不能达到。

6）：初始姿态。

7）：打开 / 关闭手爪。

（3）

1）：开始 / 停止仿真录像。

2）：运行机器人当前程序。

3）：暂停机器人的运行。

4）：停止机器人的运行。

5）：消除运行时出现的报警。

6）：显示 / 隐藏运行控制面板，单击后出现如图 2-1-8 所示界面。

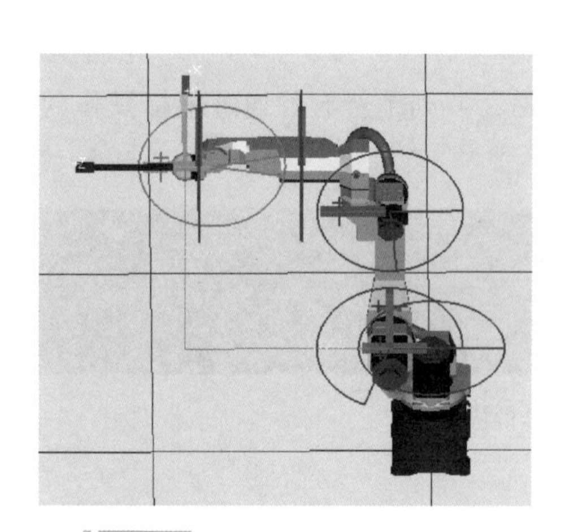

图 2-1-7　显示 / 隐藏各轴点动工具

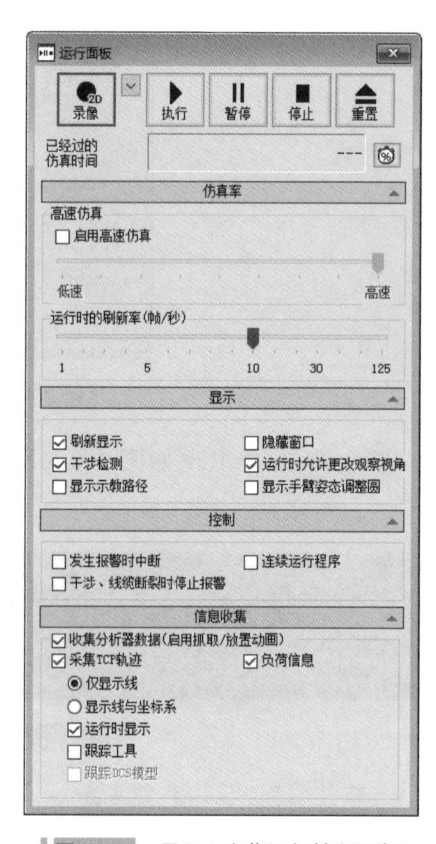

图 2-1-8　显示 / 隐藏运行控制面板

2. 基本操作

（1）对模型窗口的操作　可以对仿真模型窗口进行移动、旋转、放大缩小等操作。

1）移动。按住滚轮，并拖动。

2）旋转。按住右键，并拖动。

3）放大缩小。同时按住左右键，并前后移动，或直接滚动滚轮。

（2）改变模型位置的操作　改变模型的位置有两种方法，一种方法是直接修改其坐标参数，另一种方法是用鼠标直接拖曳（首先要单击选中模型，并显示出绿色坐标轴）。

1）移动。

① 将鼠标指针放在某个绿色坐标轴上，当指针显示为手形并有坐标轴标号 X、Y 或 Z

时，按住左键并拖动，模型将沿此轴方向移动。

② 将鼠标指针放在坐标轴上，按住键盘上的 Ctrl 键，同时按住鼠标左键并拖动，模型将沿任意方向移动。

2）旋转。按住键盘上的 Shift 键，将鼠标指针放在某坐标轴上，按住左键并拖动，模型将沿此轴旋转。

（3）机器人运动的操作　用鼠标可以使机器人 TCP 快速运动到目标面、边、点或中心。

1）运动到面：Ctrl + Shift + 左键。

2）运动到边：Ctrl + Alt + 左键。

3）运动到顶点：Ctrl + Alt + Shift + 左键。

4）运动到中心：Alt + Shift + 左键。

另外，也可直接拖动机器人的 TCP，将机器人运动到目标位置。

三、常用功能介绍

1. ROBOGUIDE 中 TP 的使用

现场工业机器人的运动是通过 TP 示教器来控制，在 ROBOGUIDE 中，工业机器人也有自己的 TP 示教器。选中一台机器人，单击面板上的，可显示出与该机器人对应的 TP 示教器，如图 2-1-9 所示。

由图 2-1-9 可看出，ROBOGUIDE 中的 TP 示教器与现场的 TP 示教器几乎完全一样，而且操作方式也一致。

下面主要介绍两者间不同的地方。

1）ROBOGUIDE 中的 TP 示教器没有 DEADMAN 开关和紧急停止按钮。

2）单击 ROBOGUIDE 中的 TP 示教器右上角按钮，可隐藏或显示 TP 示教器上的按钮面板，如图 2-1-10 所示。

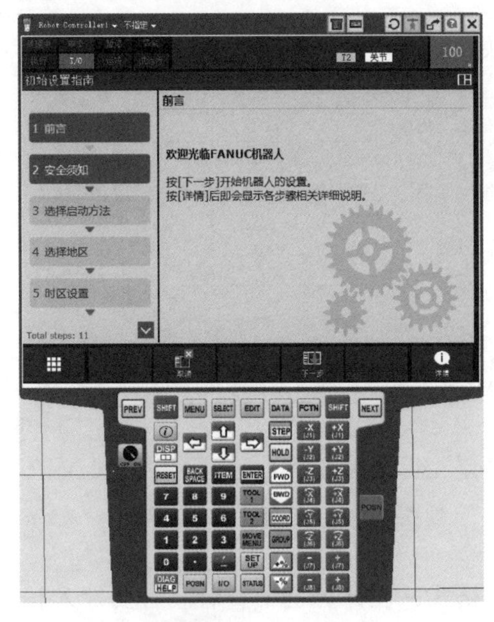

图 2-1-9　TP 示教器

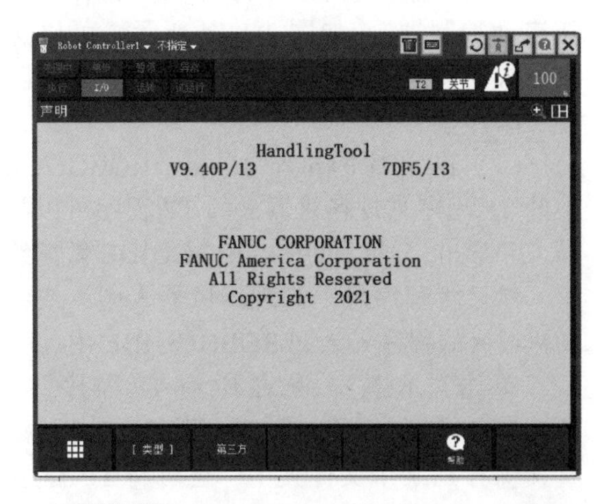

图 2-1-10　隐藏或显示 TP 示教器上的按钮面板

3）单击 ROBOGUIDE 的 TP 示教器右上角按钮，可控制是否让键盘控制 TP 示教器。ROBOGUIDE 中的 TP 示教器不仅可以用鼠标单击按钮来操作，还可以使用键盘操作，TP 示教器上的按钮会与键盘上的按钮对应。将鼠标指针放到 TP 示教器上的某个按键上，就会显示出该按钮与键盘上的哪个按钮对应。

例如：

表示 Prev 对应键盘上的 Esc 键。

表示 Next 对应键盘上的 F6 键。

表示 STEP 对应键盘上的 Insert 键。

表示 POSN 对应键盘上的 Alt+5 键，显示机器人当前的位置，如图 2-1-11 所示。

表示 DATA 对应键盘上的 F11 键，显示数据，如图 2-1-12 所示。

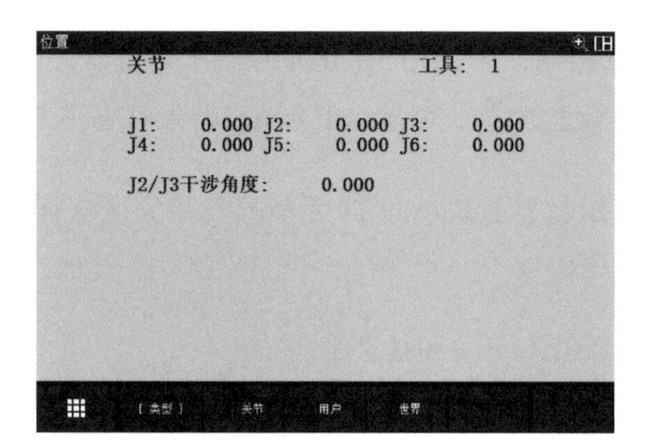

图 2-1-11　显示机器人当前的位置

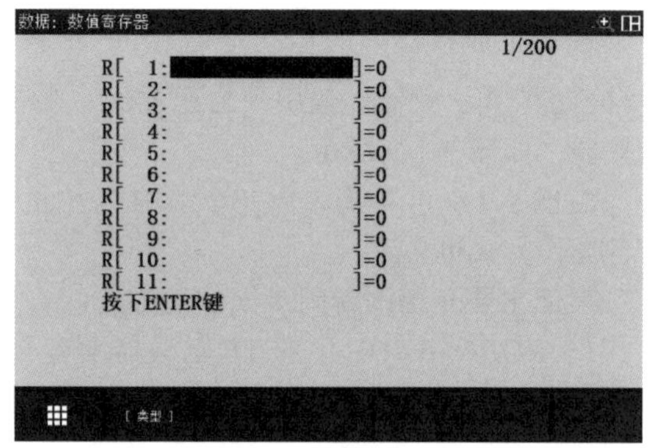

图 2-1-12　显示数据

4）按钮位于示教器右侧，为 TP 独有的坐标快速移动功能，如图 2-1-13 所示。

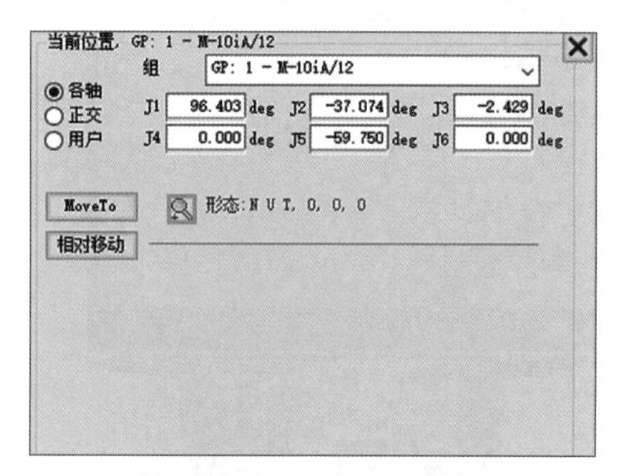

图 2-1-13　坐标快速移动界面

2. 机器人相关功能

（1）机器人启动方式　选择“机器人→重新启动控制器”，如图 2-1-14 所示，可以选择机器人启动模式，最后初始化机器人并清除所有程序。

（2）TP 程序的导入与导出　ROBOGUIDE 中的 TP 程序与现场机器人的 TP 程序可以相互导入和导出，所以可用 ROBOGUIDE 做离线编程，然后将程序导入到现场机器人中，或将现场机器人的程序导入到 ROBOGUIDE 中。

单击“示教→保存所有 TP 程序”，如图 2-1-15 所示，可以将 TP 程序以二进制格式直接保存到某个文件夹中，也可将 TP 程序存为文本格式，在计算机中查看。若要导入程序，则选择“加载 TP 程序”。

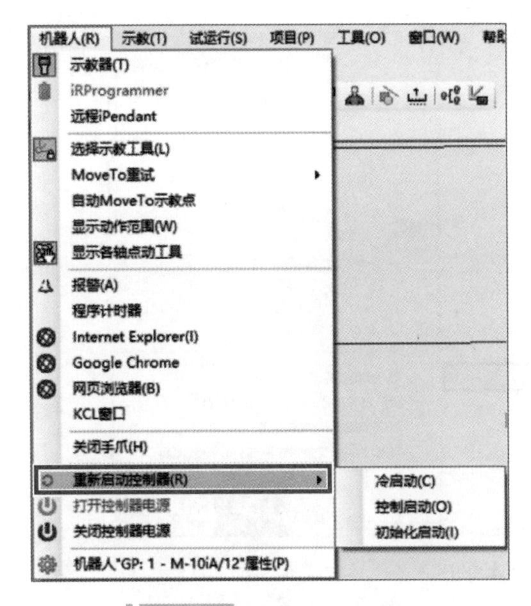

图 2-1-14 重新启动控制器

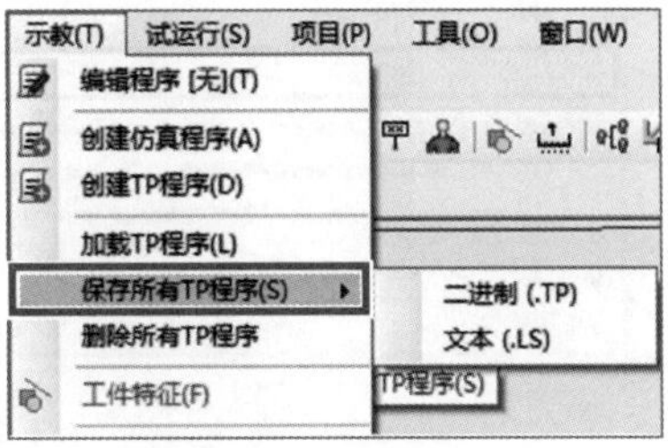

图 2-1-15 保存所有 TP 程序

当然，也可使用和现场机器人同样的方式，用 TP 示教器将程序导出。此时导出的程序保存在对应机器人的 MC 文件夹中。同时，若要将其他 TP 程序导入到机器人中，也要将程序复制到此文件夹下，再执行加载操作。

3. 其他功能介绍

（1）多画面显示 选择“窗口→多画面显示”，如图 2-1-16 所示。

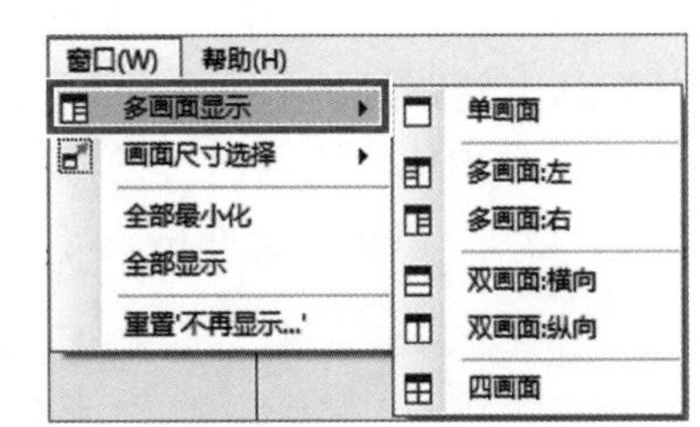

图 2-1-16 多画面显示

多画面显示包括单画面、多画面、双画面和四画面。如图 2-1-17 所示为四画面显示，每个屏幕都可单独进行视角的调整，可以从不同角度同时进行观察。

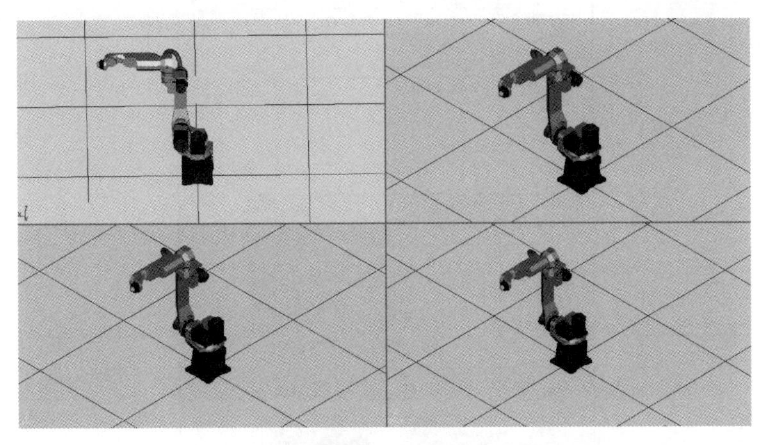

图 2-1-17 四画面显示

（2）导出图片和模型 选择“文件→导出”，如图 2-1-18 所示。

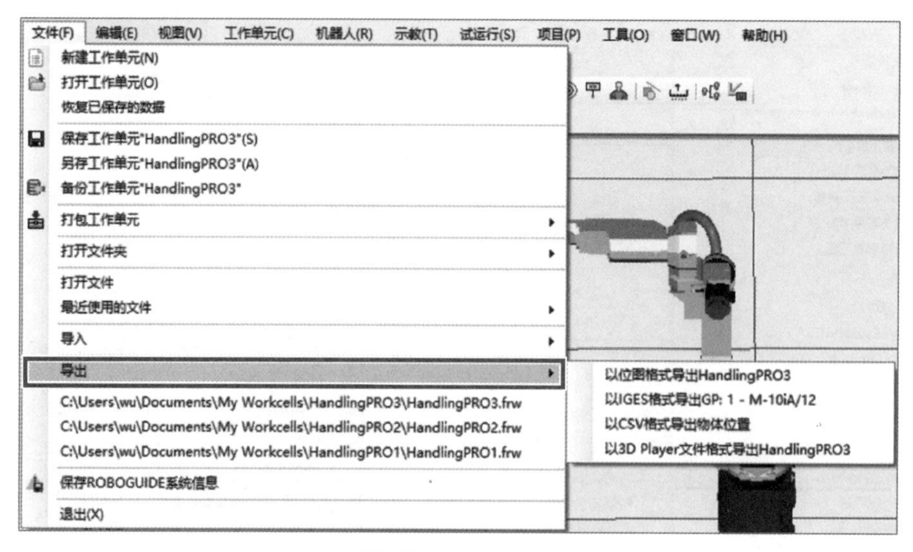

图 2-1-18　文件导出

其中，“以位图格式导出”是将当前工作环境的画面输出为PNG格式的图片，如图2-1-19所示。其中可更改图片的文件名、另存路径和尺寸，若当前是多屏显示，则单击“选择图像”可观察各个图像，单击“全保存”可保存所有图片。

“以IGES格式导出”是将当前选择的三维模型导出为IGES格式。导出的图片和模型的默认存储路径均为该工作环境下的“Exports”文件夹。

“以CSV格式导出”是将当前选择的三维模型导出为CSV格式。

“以3D Player文件格式导出”是将当前选择的三维模型导出为3D Player文件格式。

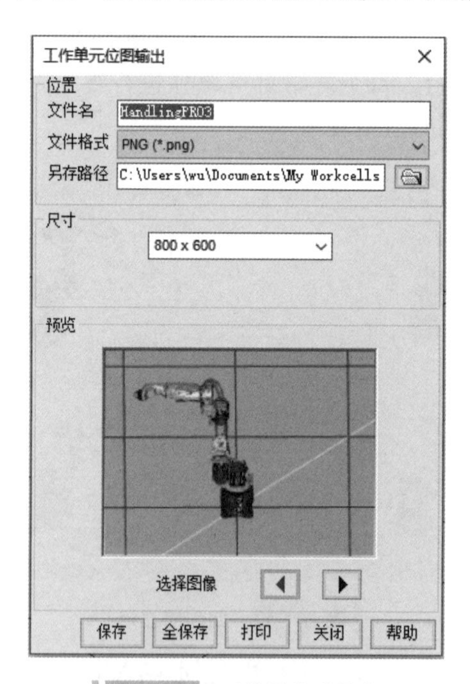

图 2-1-19　以位图格式导出

任务实施

一、ROBOGUIDE 软件安装

步骤 1. 打开“...\Roboguide V9.4”，双击文件夹下的 setup.exe，弹出如图 2-1-20 所示的对话框。

步骤 2. 组件安装后，继续安装 ROBOGUIDE，单击“Next”，如图 2-1-21 所示。

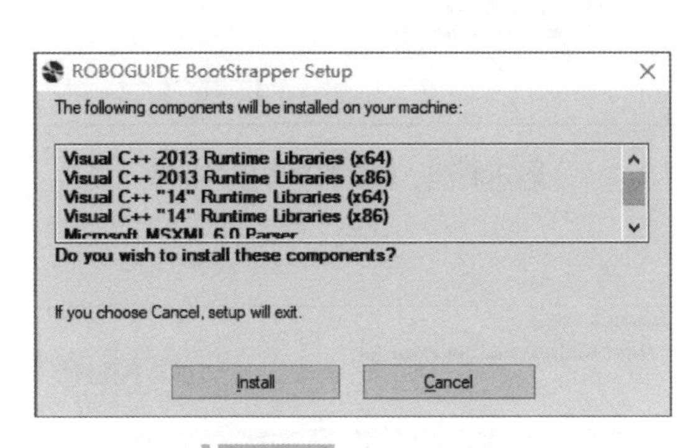

图 2-1-20 安装对话框

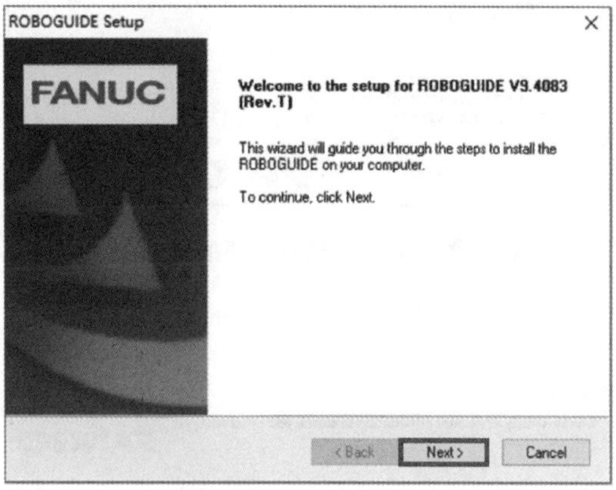

ROBOGUIDE Setup
FANUC
Welcome to the setup for ROBOGUIDE V9.4083 (Rev.T)
This wizard will guide you through the steps to install the ROBOGUIDE on your computer.
To continue, click Next.
< Back
Next >
Cancel

图 2-1-21 单击“Next”

步骤 3. 继续安装，选择“Yes”，如图 2-1-22 所示。

步骤 4. 选择安装路径后单击“Next”，如图 2-1-23 所示。

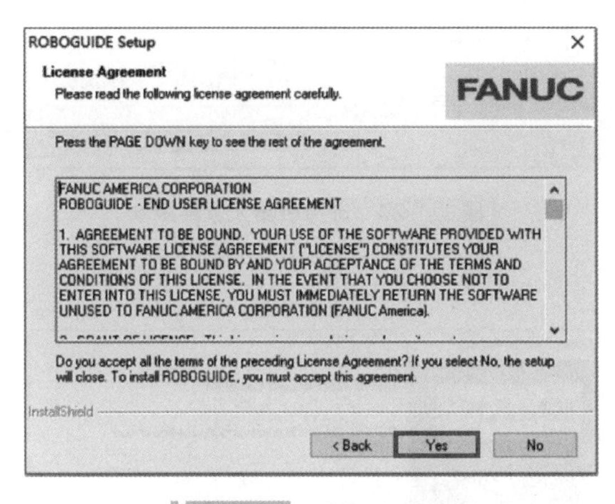

图 2-1-22 选择“Yes”

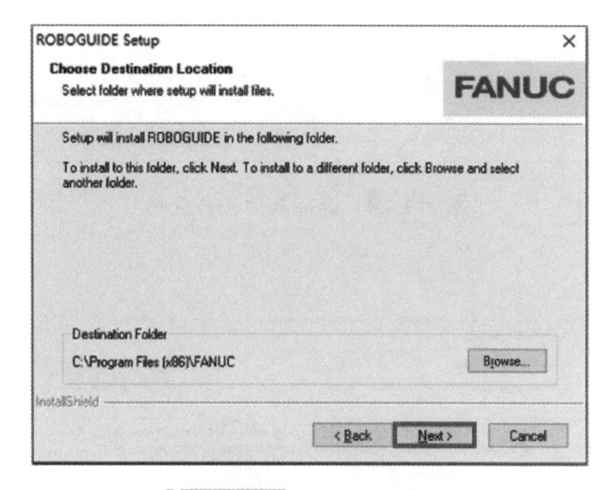

图 2-1-23 选择安装路径

步骤 5. 选择需要的工艺，单击“Next”，如图 2-1-24 所示。

步骤 6. 选择需要的应用程序，单击“Next”，如图 2-1-25 所示。

步骤 7. 选择其他一些应用，如桌面快捷方式等，单击“Next”，如图 2-1-26 所示。

步骤 8. 选择机器人软件版本，单击“Next”，如图 2-1-27 所示。

步骤 9. 列出了之前的选择项，确认无误后单击“Next”，如图 2-1-28 所示。

步骤 10. 单击“Finish”，安装结束，如图 2-1-29 所示。

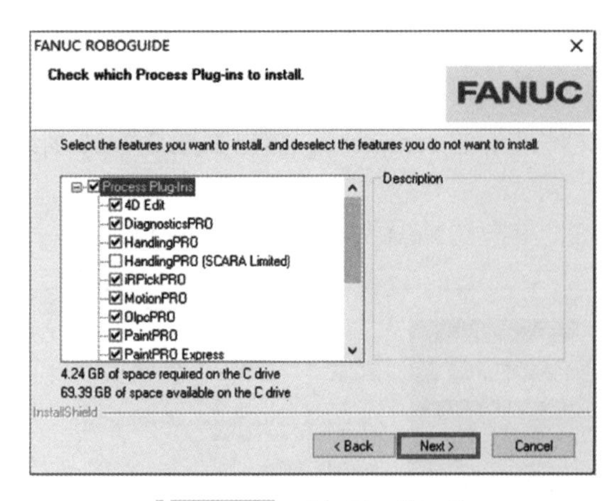

图 2-1-24　选择需要的工艺

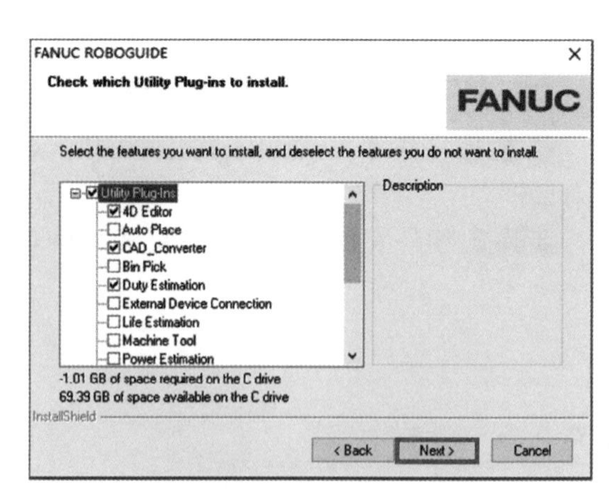

图 2-1-25　选择需要的应用程序

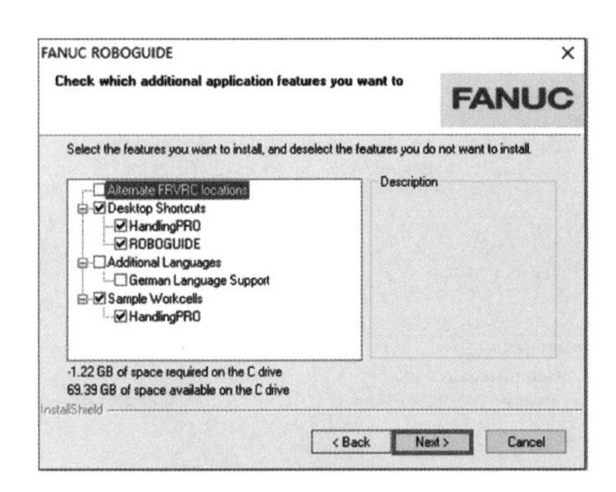

图 2-1-26　选择其他一些应用

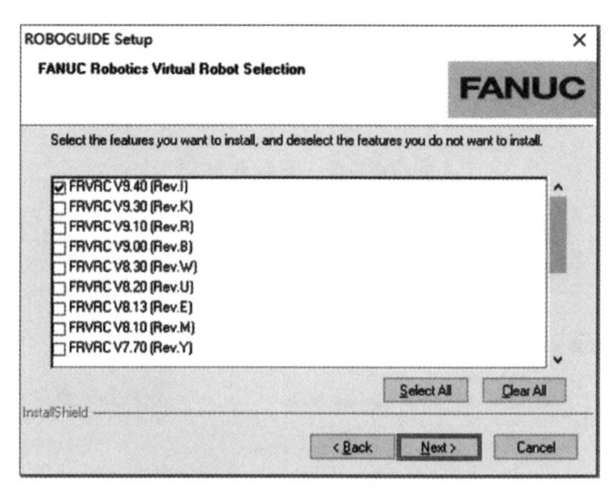

图 2-1-27　选择机器人软件版本

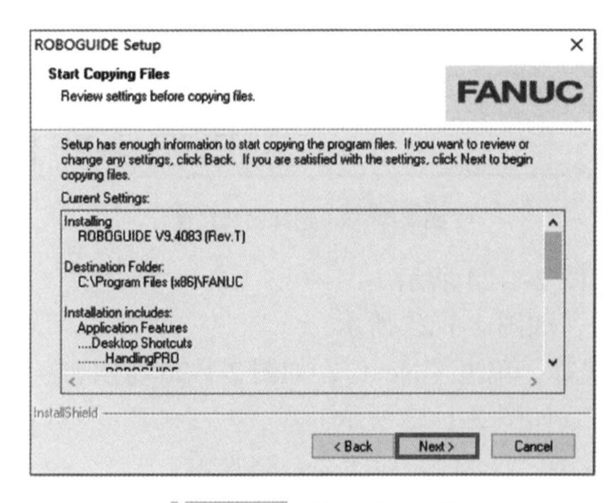

图 2-1-28　执行“Next”

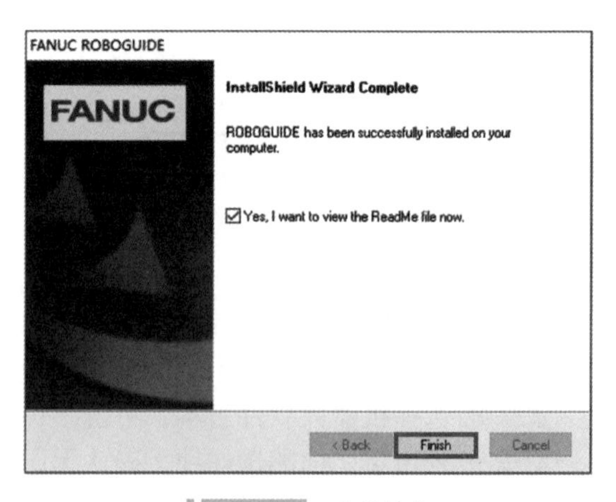

图 2-1-29　安装结束

步骤 11. 单击“Finish”，重启计算机，即可使用 ROBOGUIDE9.4，如图 2-1-30 所示。

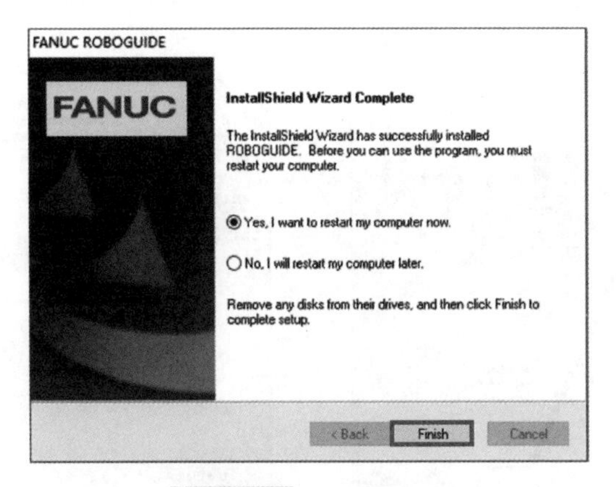

图 2-1-30 重启计算机

二、机床自动上下料控制

步骤 1. 打开 ROBOGUIDE 软件，如图 2-1-31 所示。

步骤 2. 单击“文件→新建工作单元”或单击“新建工作单元”，如图 2-1-32 所示。

图 2-1-31 打开 ROBOGUIDE 软件

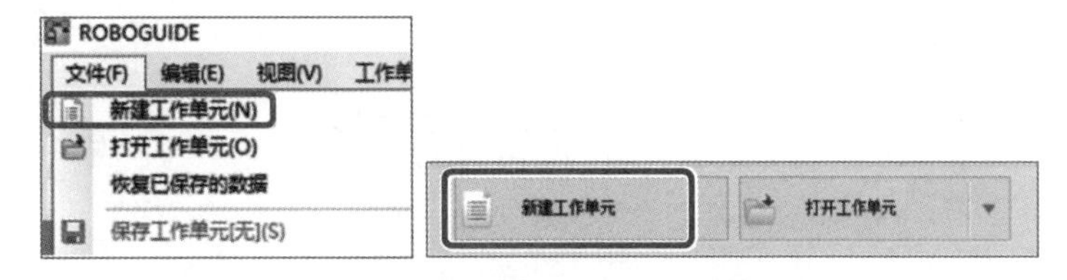

图 2-1-32 新建工作单元

步骤 3. 以 YL–569 型 0i MF 数控机床装调与技术改造实训装备为基础进行建模，首先输入工作单元名称：亚龙实训台模拟，单击“下一步”，如图 2-1-33 所示。

步骤 4. 选择“新建”，单击“下一步”，如图 2-1-34 所示。

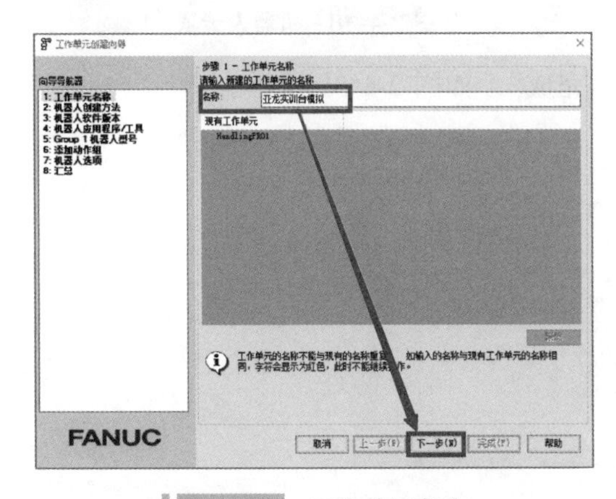

图 2-1-33 工作单元名称

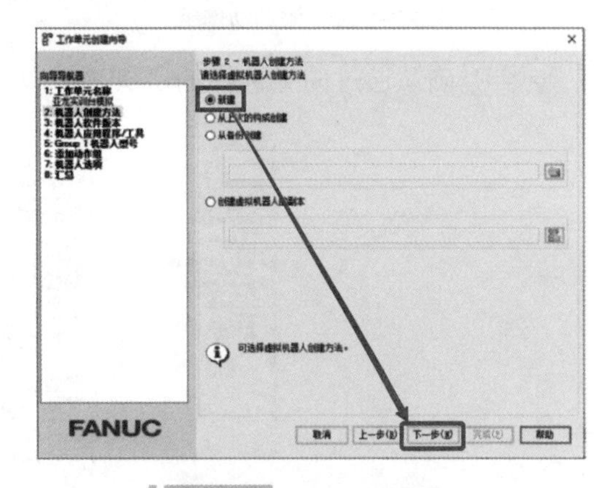

图 2-1-34 机器人创建方法

步骤 5. 在“机器人应用程序 / 工具”中选择“HandlingTool（H552）”，单击“下一步”，如图 2-1-35 所示。

步骤 6. 选择与亚龙实训台相同的机器人型号“机器人 H774 M-10iA/12”，单击“下一步”，如图 2-1-36 所示。

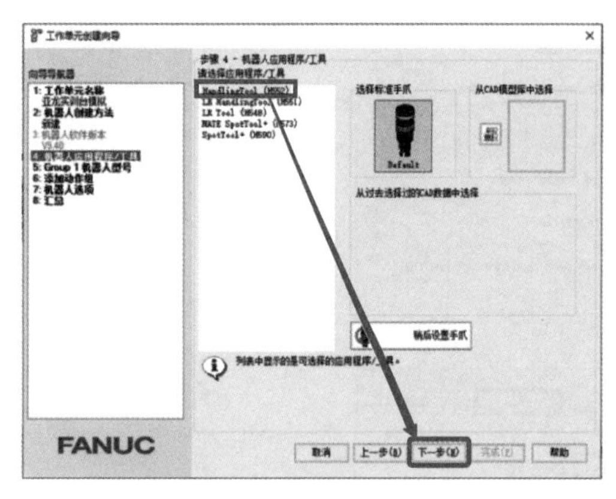

图 2-1-35　机器人应用程序 / 工具

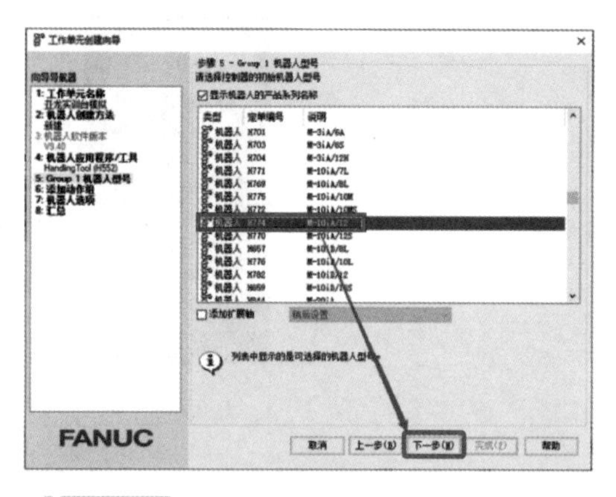

图 2-1-36　选择“机器人 H774 M-10iA/12”

步骤 7. 不添加机器人与变位机，单击“下一步”，如图 2-1-37 所示。

步骤 8. 软件选型按照默认设置，单击“下一步”，如图 2-1-38 所示。

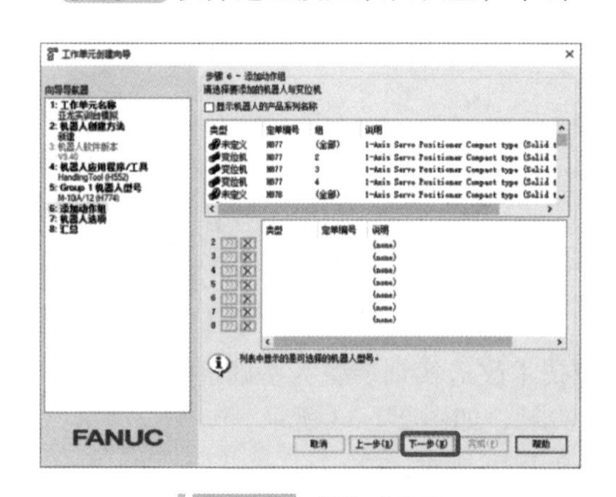

图 2-1-37　添加动作组

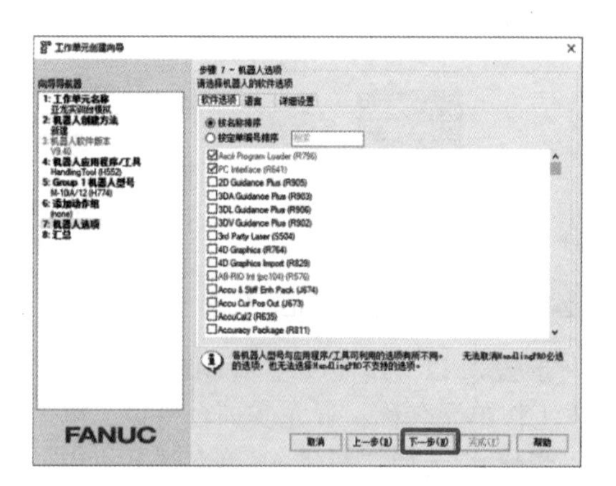

图 2-1-38　机器人选项

步骤 9. 确认通过向导选择的所有项，单击“完成”，如图 2-1-39 所示。

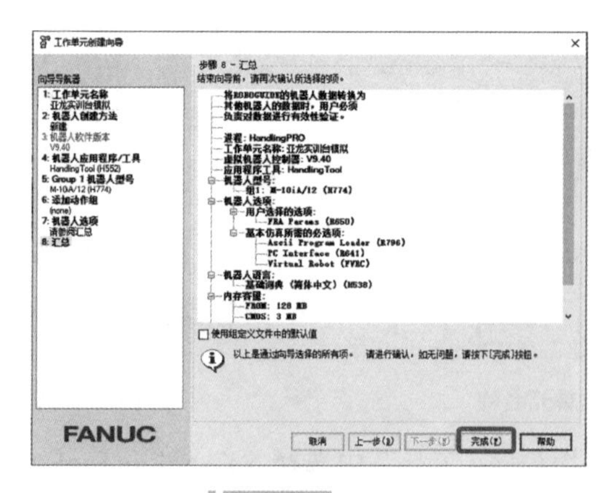

图 2-1-39　汇总

步骤 10. 法兰类型选择“Normal Flange”，输入“1”，按“ENTER”键，如图 2-1-40 所示。

步骤 11. 机器人类型设置为“M–10iA/12”，输入“2”，按“ENTER”键，如图 2-1-41 所示。

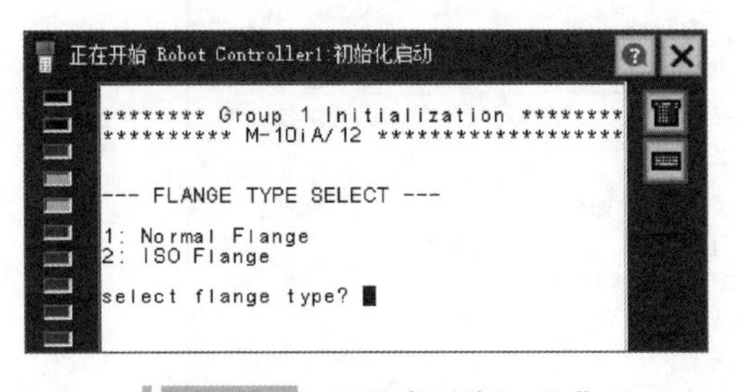

图 2-1-40　法兰类型输入“1”

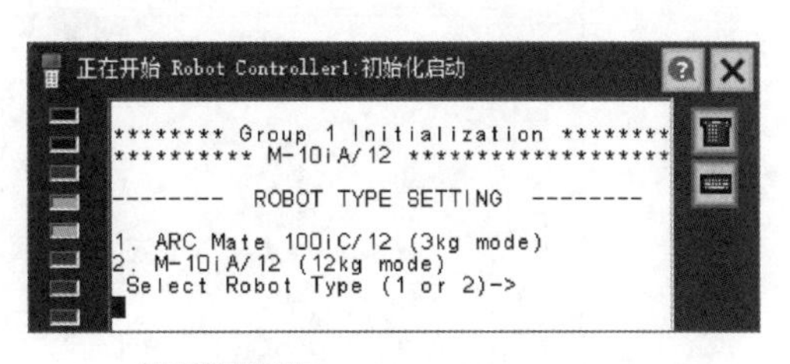

图 2-1-41　机器人类型输入“2”

步骤 12. 关节轴运行范围选择“J5：–190°～190°，J6：–360°～360°”，输入“2”，按“ENTER”键，如图 2-1-42 所示。

步骤 13. J1 电动机角度设置为“–180°～180°”，输入“2”，按“ENTER”键，如图 2-1-43 所示。

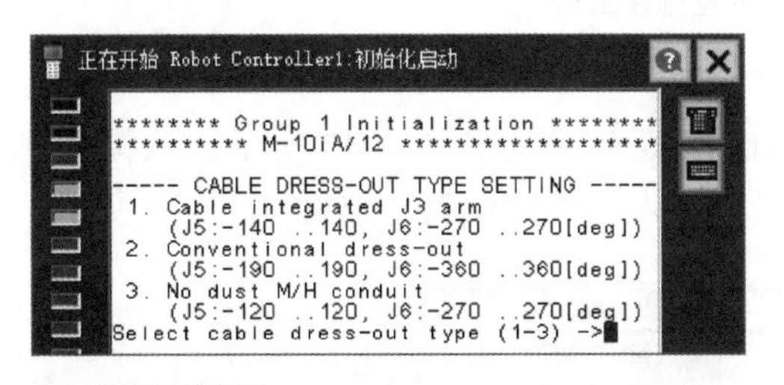

图 2-1-42　关节轴运行范围输入“2”

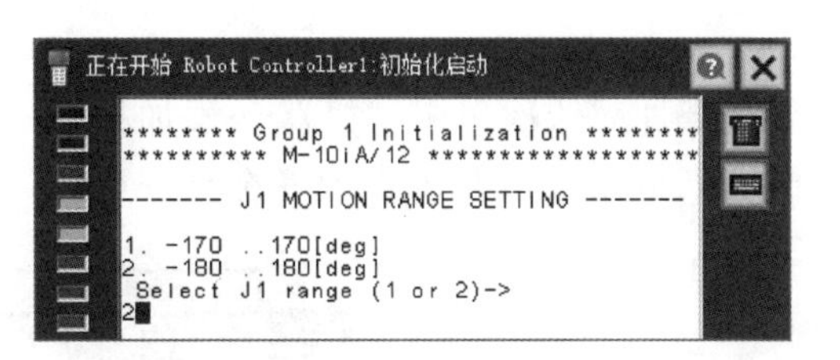

图 2-1-43　J1 电动机角度输入“2”

步骤 14. 依次单击“机器人控制器→ Robot Controller1 → M–10iA/12 →工具→清除 3jaw_Gripper 的设置值”，如图 2-1-44 所示（如果**步骤 5** 选择“稍后设置手爪”，此步骤可省略）。

步骤 15. 双击工具“UT：1”，如图 2-1-45 所示。

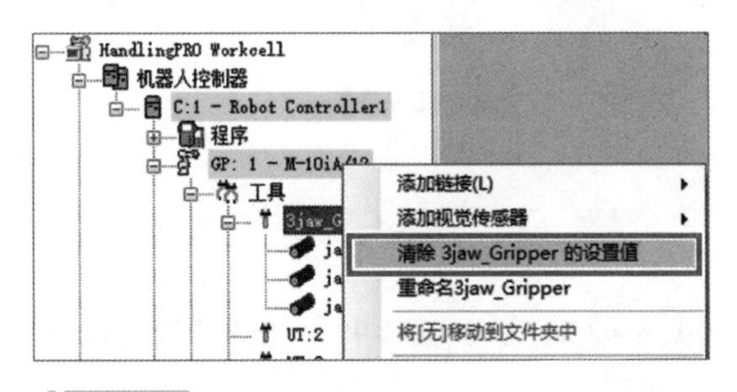

图 2-1-44　选择“清除 3jaw_Gripper 的设置值”

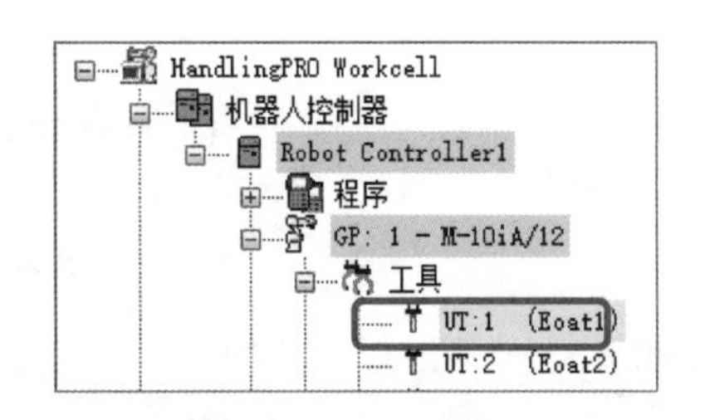

图 2-1-45　双击工具“UT：1”

步骤 16. 在“常规”选项卡中，从模型库里选择工具 36005f–200–2，设置 W=–90、R=90，比例 X=0.4、比例 Y=0.4、比例 Z=0.4，单击“应用”，如图 2-1-46 所示。

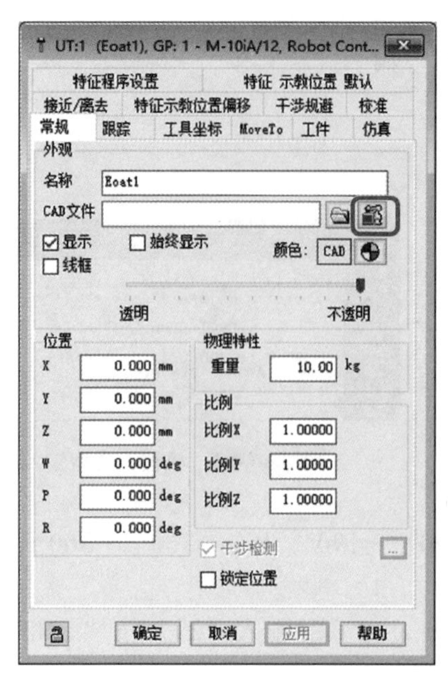

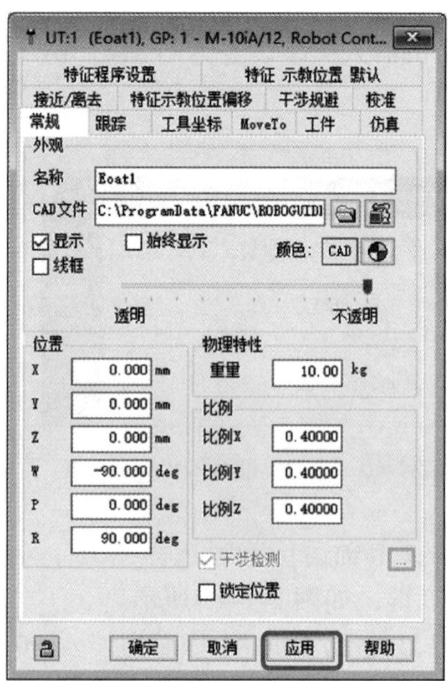

图 2-1-46　从模型库里选择工具

步骤 17. 依次单击“机器→添加机器→ CAD 模型库”，如图 2-1-47 所示，从模型库里选择机床 alpha-T14iFla。或者选择“CAD 文件”，导入“机床模型”，如图 2-1-48 所示。

图 2-1-47　CAD 模型库

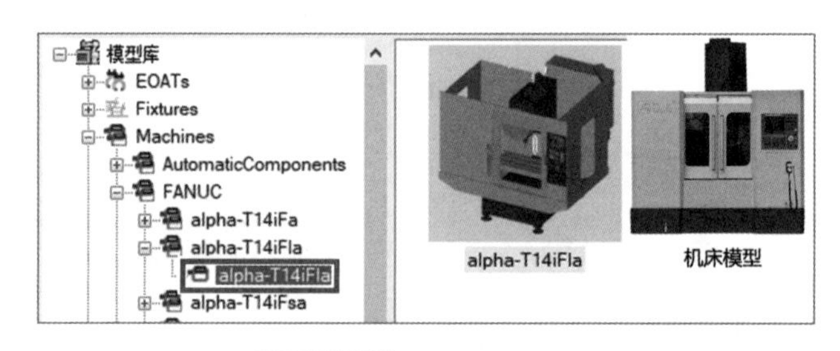

图 2-1-48　选择机床模型

步骤 18. 在“常规”选项卡中，设置 X=1700、Y=250、Z=0、R=-90，勾选“锁定位置”，单击“应用”，如图 2-1-49 所示。

步骤 19. 依次单击“机器→ alpha-T14iFla”，双击“ alpha-T14iFla_XY_TABLE（Y）”和“alpha-T14iFla_XY_TABLE（X）”，如图 2-1-50 所示。

图 2-1-49　设置机床参数

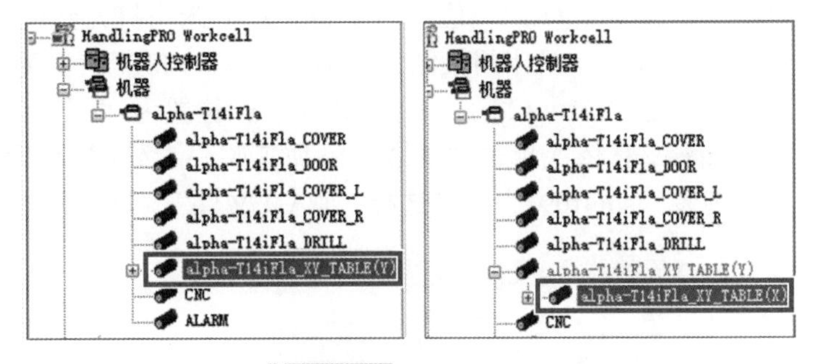

图 2-1-50　双击 X、Y 轴

步骤 20. 在“链接 CAD”选项卡中，设置 Y 轴数据：X=433、Y=-200、Z=514；设置 X 轴数据：X=290、Y=0、Z=0，勾选“锁定位置”，单击“应用”，如图 2-1-51 所示。

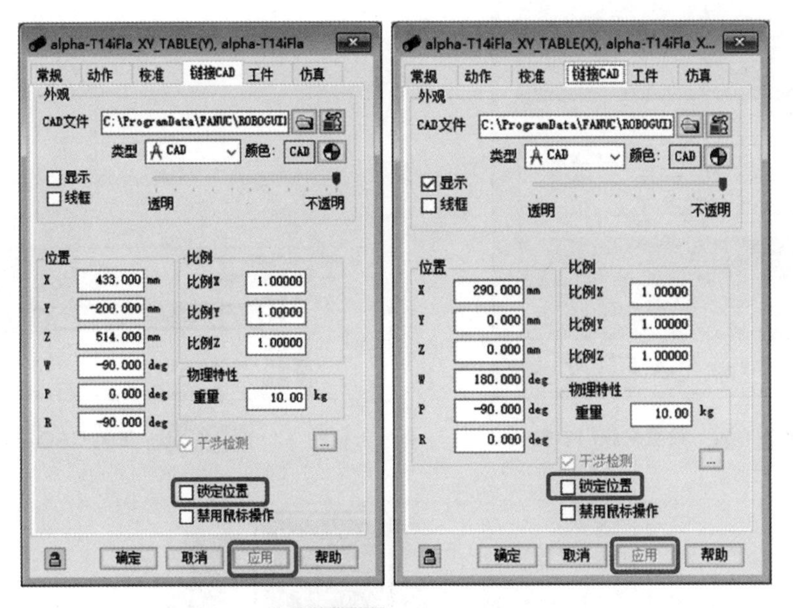

图 2-1-51　设置轴参数

步骤 21. 双击机床门“alpha-T14iFla_DOOR”，如图 2-1-52 所示。

步骤 22. 在“动作”选项卡下拉菜单中选择“通过 I/O 进行控制”，如图 2-1-53 所示。

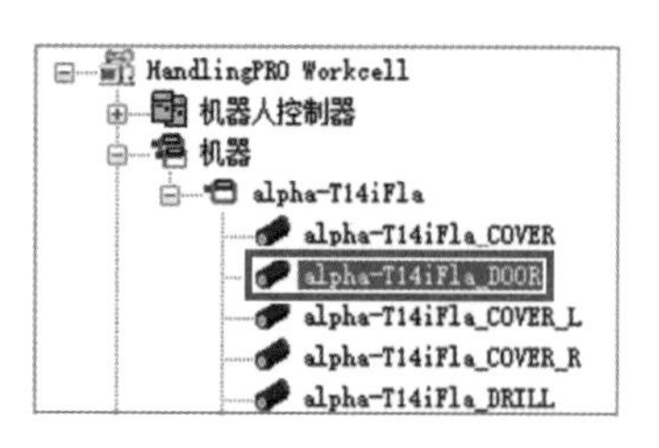

图 2-1-52　双击机床门

图 2-1-53　通过 I/O 进行控制

步骤 23. 设置轴类型为“直动”，速度为“200mm/sec”；机床门打开信号为“DO［101］”，值为“ON”，位置为“800”；机床门打开到位信号为“DI［121］”，值为“ON”，位置为“800”；机床门关闭信号为“DO［102］”，值为“ON”，位置为“0”，机床门关闭到位信号为“DI［123］”，值为“ON”，位置为“0”；单击“应用”，如图 2-1-54 所示。

步骤 24. 依次单击“工装→添加工装→CAD 模型库”，如图 2-1-55 所示。从模型库里选择工装“shelf09”，或者选择“CAD 文件”，导入立体库模型，如图 2-1-56 所示。

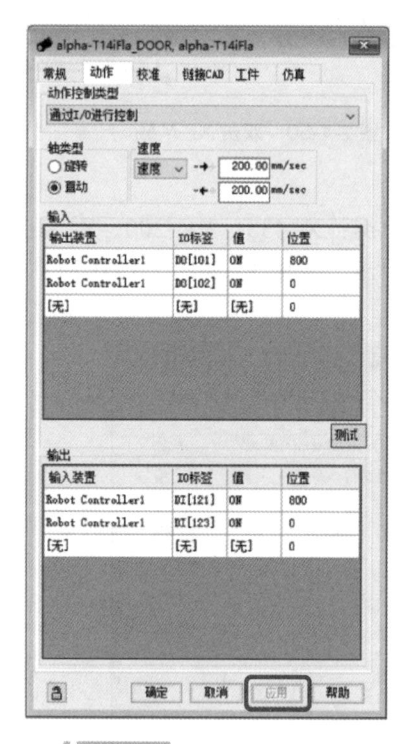

图 2-1-54　设置机床门参数

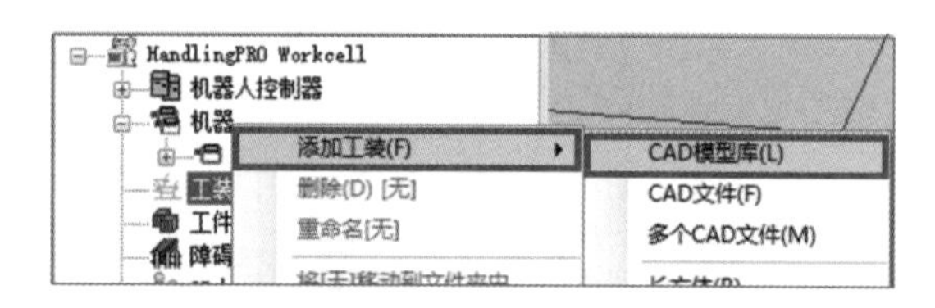

图 2-1-55　工装 CAD 模型库

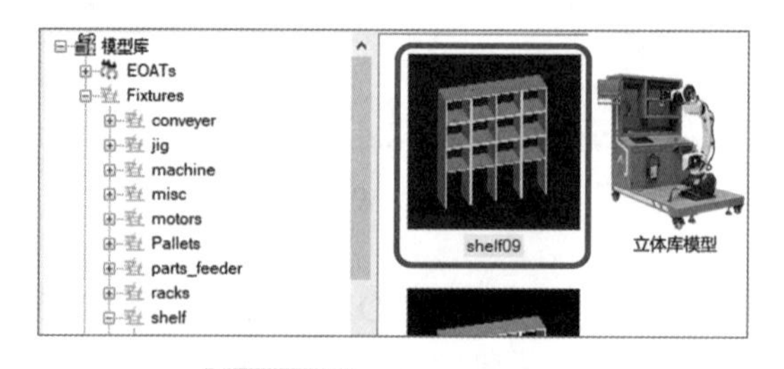

图 2-1-56　选择工装模型

步骤 25. 设置 X=700、Y=900、Z=0、R=90、比例 X=0.8、比例 Y=0.8、比例 Z=0.8，勾选“锁定位置”，单击“应用”，如图 2-1-57 所示。

步骤 26. 依次单击“工件→添加工件→长方体”，如图 2-1-58 所示。

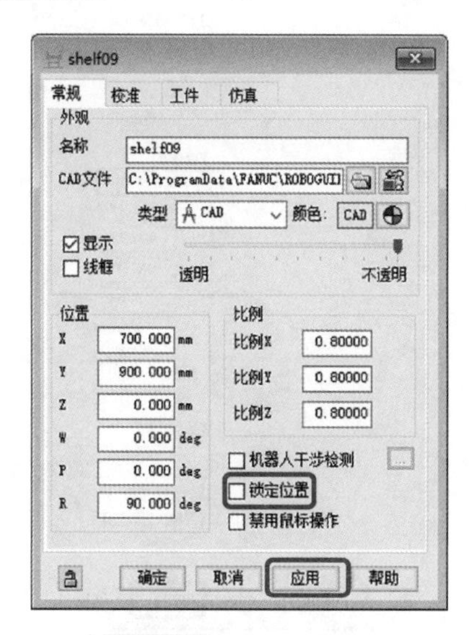

图 2-1-57　设置工装参数

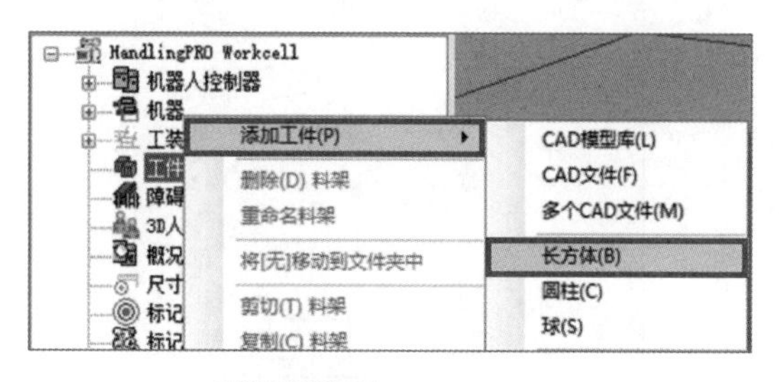

图 2-1-58　工件长方体

步骤 27. 在“常规”选项卡中，设置尺寸 X=60mm、Y=60mm、Z=60mm，单击“应用”，如图 2-1-59 所示。

步骤 28. 双击“shelf09”，如图 2-1-60 所示。

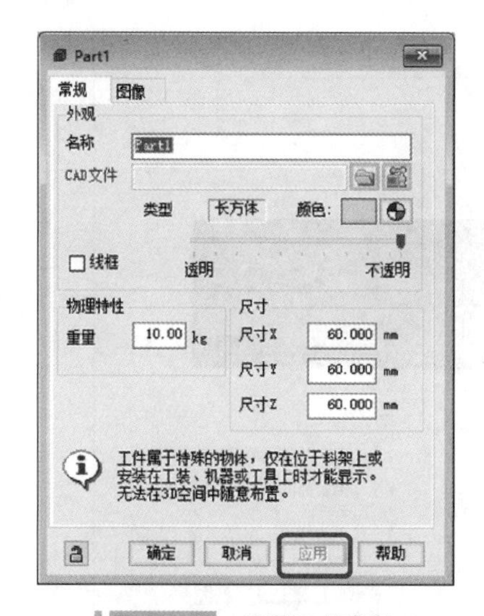

图 2-1-59　设置工件参数

图 2-1-60　双击“shelf09”

步骤 29. 单击“工件”，勾选“Part1”，单击“应用”，如图 2-1-61 所示。

步骤 30. 勾选“编辑工件偏移”，设置 X=160、Y=800、Z=876，单击“应用”，如图 2-1-62 所示。

图 2-1-61　勾选“Part1”

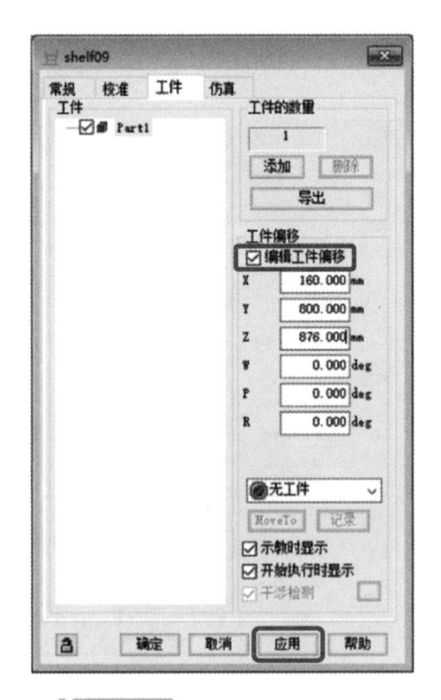
图 2-1-62　设置工件偏移参数

步骤 31. 单击“添加”，设置工件数 Z=2、位置 Z=320，单击“确定”，如图 2-1-63 所示。

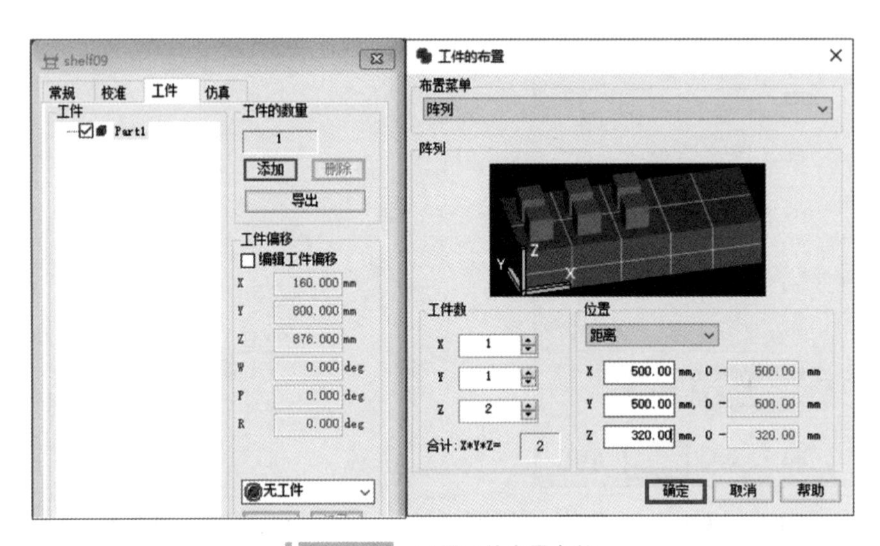
图 2-1-63　设置工件布置参数

步骤 32. 单击“仿真→Part［1］”，勾选“允许抓取工件”，取消勾选“允许放置工件”；单击“Part［2］”，取消勾选“允许抓取工件”，勾选“允许放置工件”，废弃延时时间设置为“2sec”，单击“应用”，如图 2-1-64 所示。

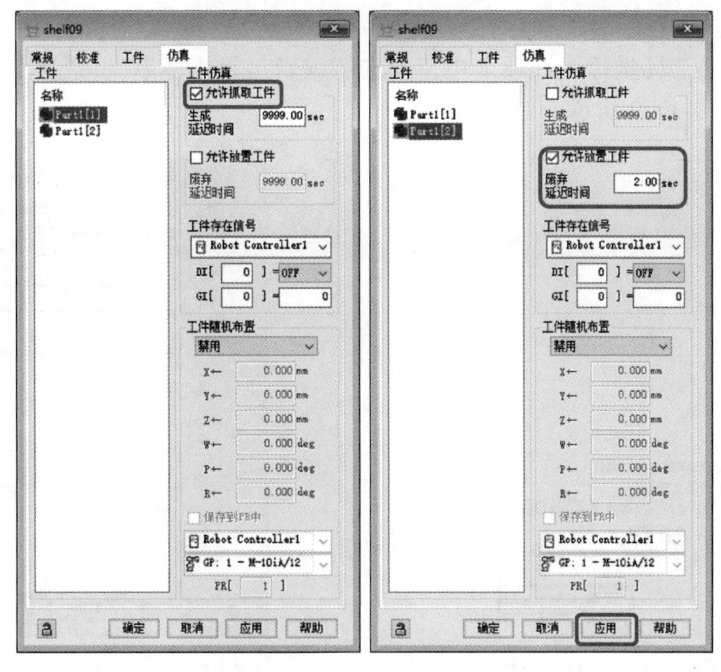

图 2-1-64 设置工件仿真参数

步骤 33. 双击 X 轴“alpha–T14iFla_XY_TABLE（X）”，如图 2-1-65 所示。

步骤 34. 单击“工件”，勾选“Part1”，单击“应用”，如图 2-1-66 所示。

步骤 35. 勾选“编辑工件偏移”，设置 X=0、Y=0、Z=140；在“仿真”选项卡中，废弃延时时间设置为“2sec”，单击“应用”，如图 2-1-67 所示。

图 2-1-65 双击 X 轴

图 2-1-66 勾选“Part1”

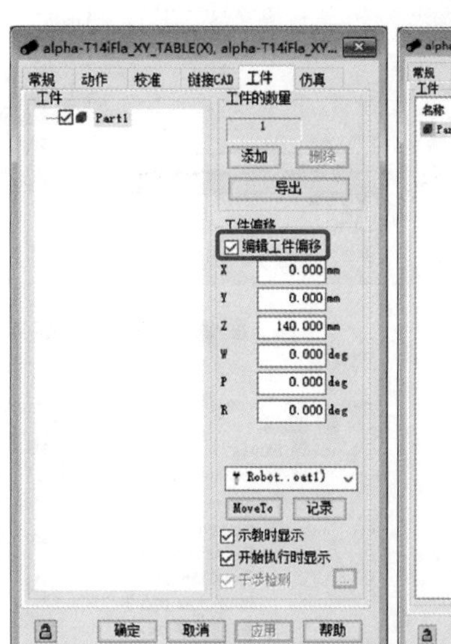

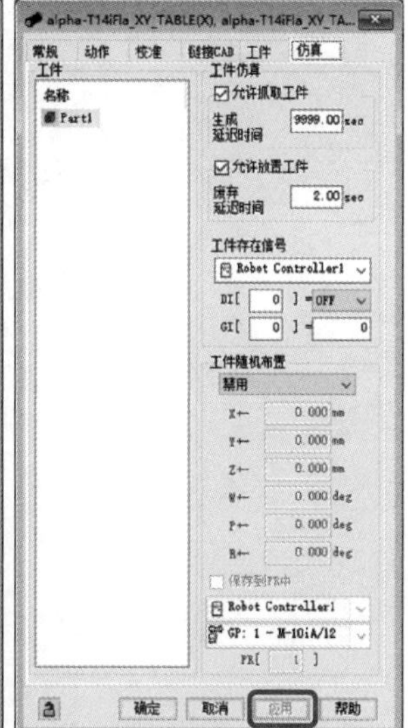

图 2-1-67 设置工件仿真参数

步骤 36. 双击“UT：1”，如图 2-1-68 所示。

步骤 37. 在“工具坐标”选项卡中，勾选“编辑工具坐标系”，设置 Z=374、P=90，单击“应用”，如图 2-1-69 所示。

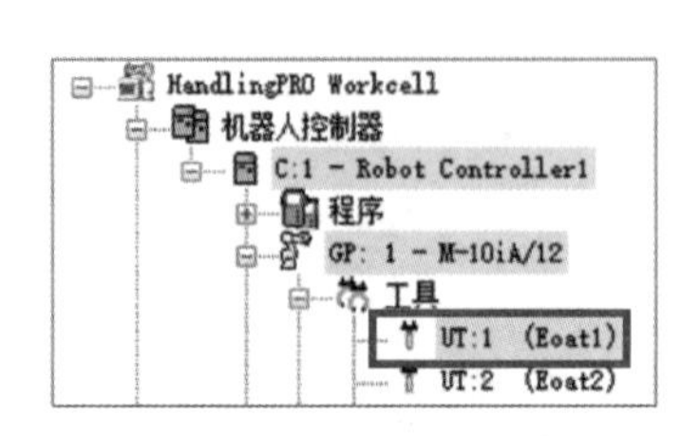

图 2-1-68　双击“UT：1”

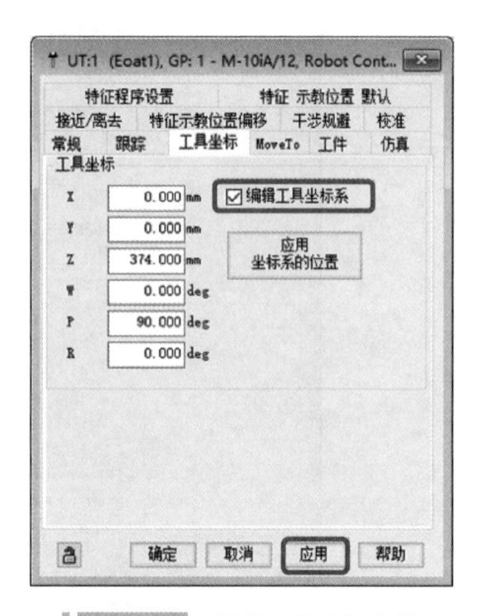

图 2-1-69　设置工件坐标参数

步骤 38. 在“仿真”选项卡下拉功能菜单中选择“搬运－夹紧”，如图 2-1-70 所示；从模型库里选择工具“36005f–200–4”，单击“应用”，如图 2-1-71 所示。

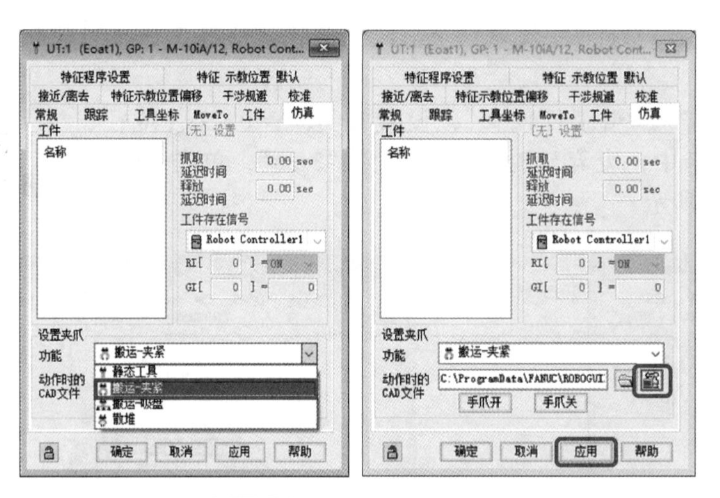

图 2-1-70　设置夹具仿真参数

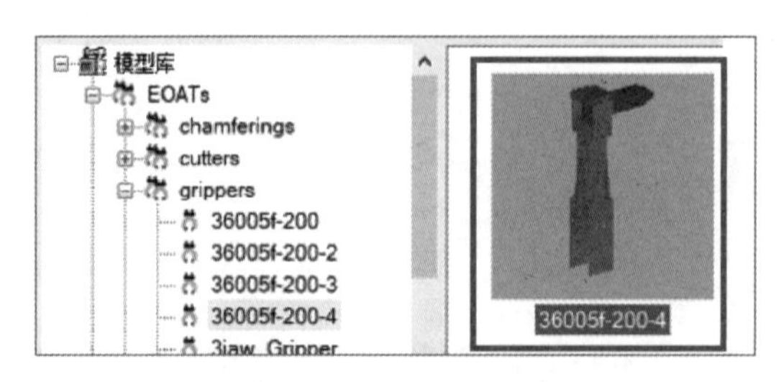

图 2-1-71　选择工具模型

步骤 39. 单击“手爪关”；在“工件”项目卡中，勾选“Part1”，单击“应用”，如图 2-1-72 所示。

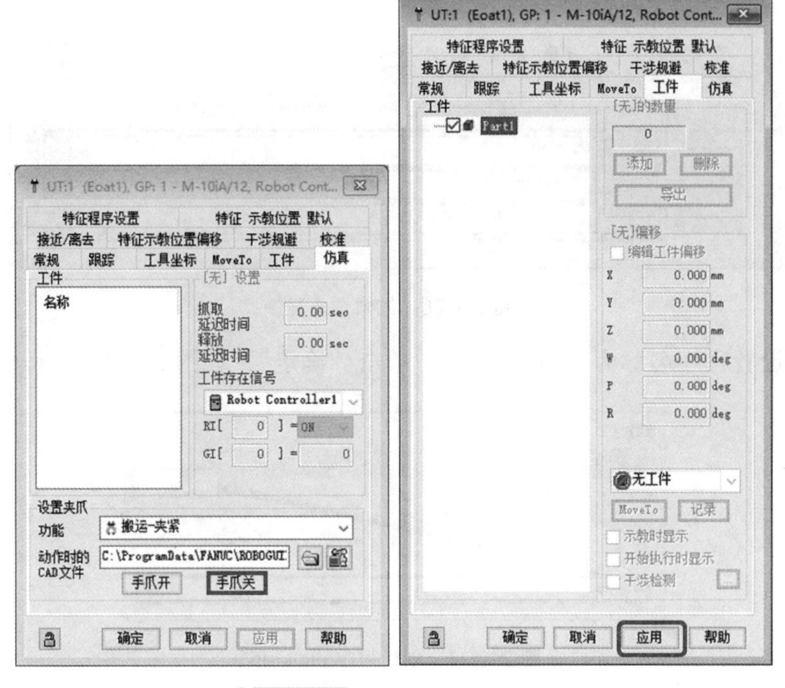

图 2-1-72 设置夹具仿真参数

步骤 40. 依次单击“机器人控制器→ Robot Controller1 →程序→创建仿真程序”，如图 2-1-73 所示。

步骤 41. 设置程序名称为“pick_up”，单击“确定”，如图 2-1-74 所示。

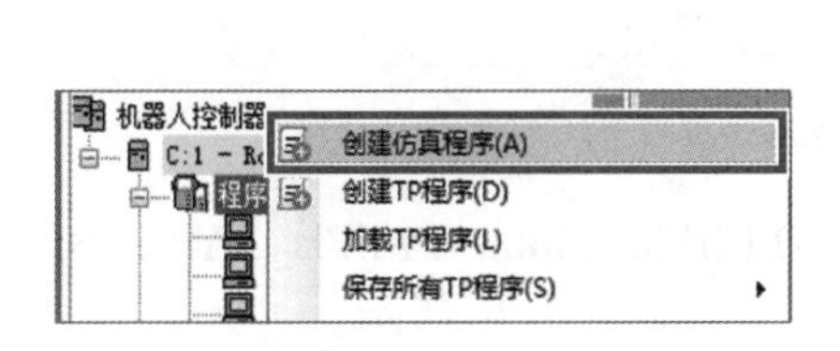

图 2-1-73 创建仿真程序

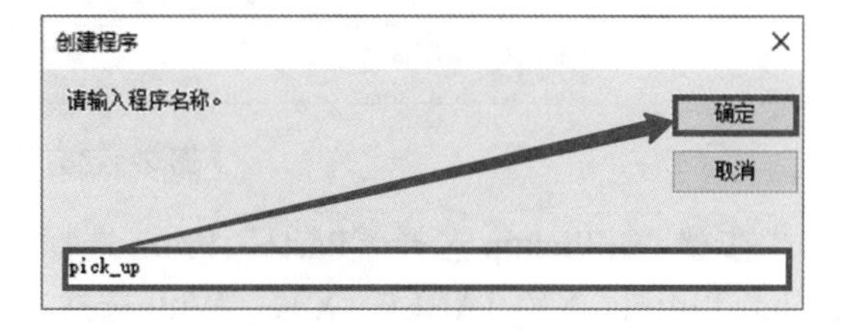

图 2-1-74 创建程序 pick_up

步骤 42. 在下拉指令菜单中选择“Pickup”，如图 2-1-75 所示。

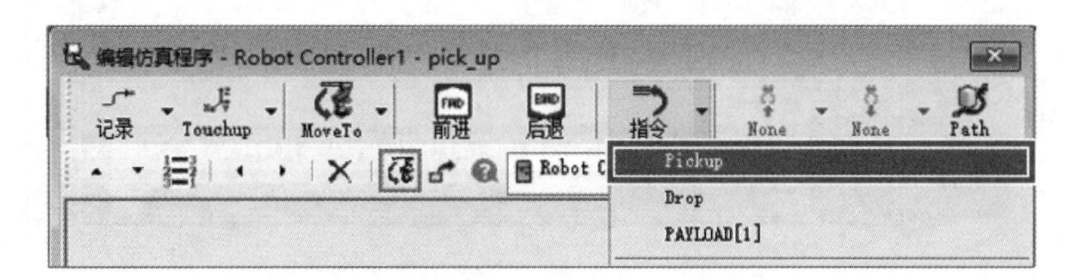

图 2-1-75 选择“Pickup”

步骤 43. Pickup 选择“Part1”, From 选择“shelf09”, With 选择“UT：1”，如图 2-1-76 所示。

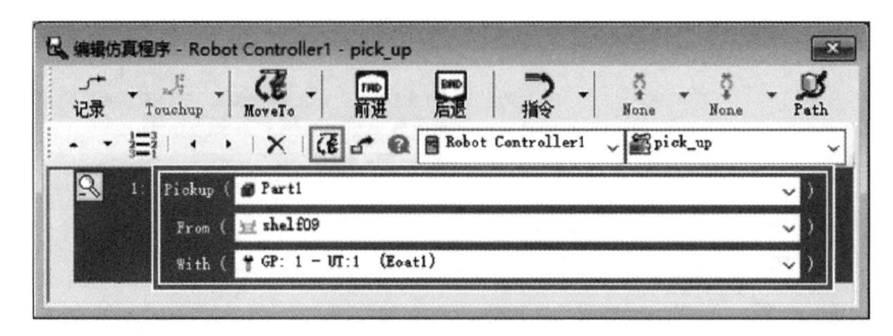

图 2-1-76 编辑仿真程序

步骤 44. 设置程序名称为“pick_up1”，单击“确定”，如图 2-1-77 所示。

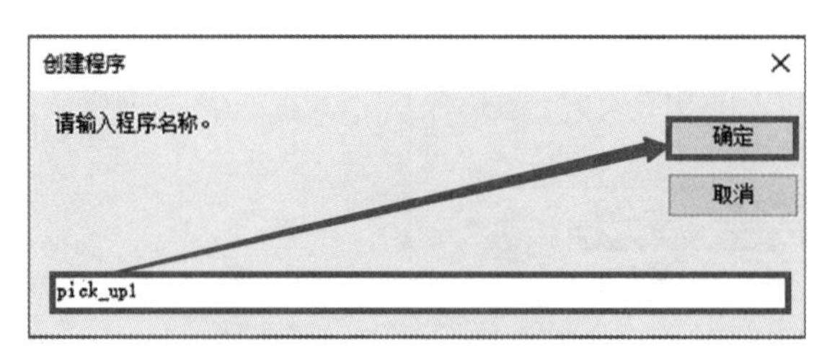

图 2-1-77 创建程序 pick_up1

步骤 45. 在下拉指令菜单中选择“Pickup”，如图 2-1-78 所示。

图 2-1-78 选择“Pickup”

步骤 46. Pickup 选择“Part1”,From 选择“alpha–T14iFla：alpha–T14iFla_XY_TABLE(Y)：alpha–T14iFla_XY_TABLE（X)”，With 选择“UT：1”，如图 2-1-79 所示。

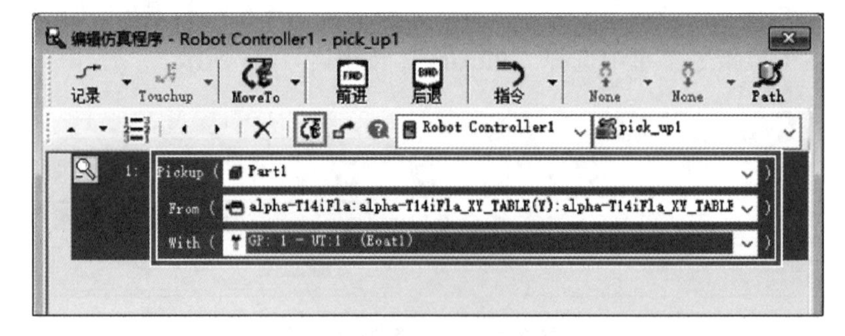

图 2-1-79 编辑仿真程序

步骤 47. 设置程序名称为“put_down”，单击“确定”，如图 2-1-80 所示。

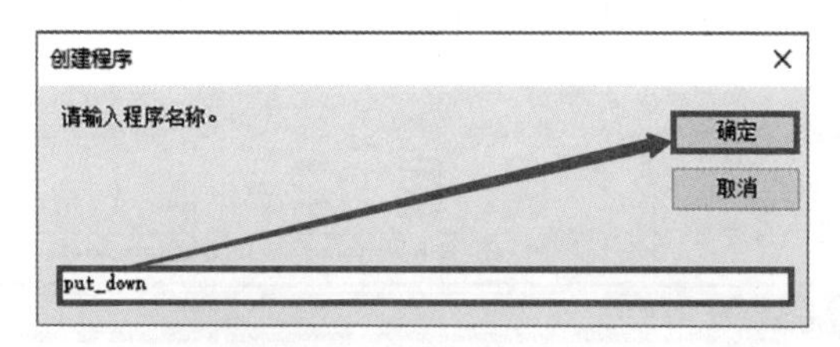

图 2-1-80 创建程序 put_down

步骤 48. 在下拉指令菜单中选择“Drop”，如图 2-1-81 所示。

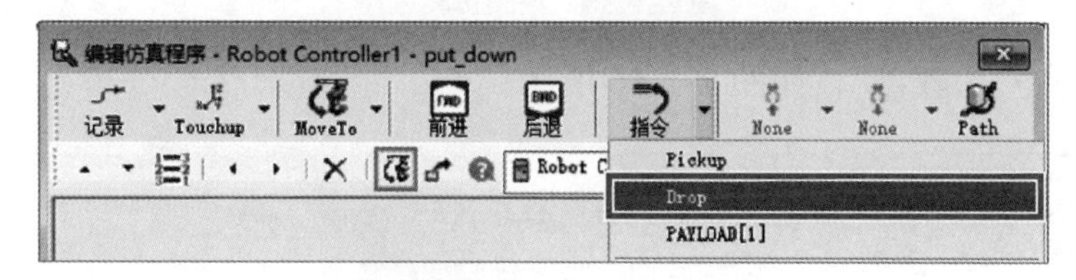

图 2-1-81 选择“Drop”

步骤 49. Drop 选择“Part1”，From 选择“UT：1”，On 选择“shelf09”，如图 2-1-82 所示。

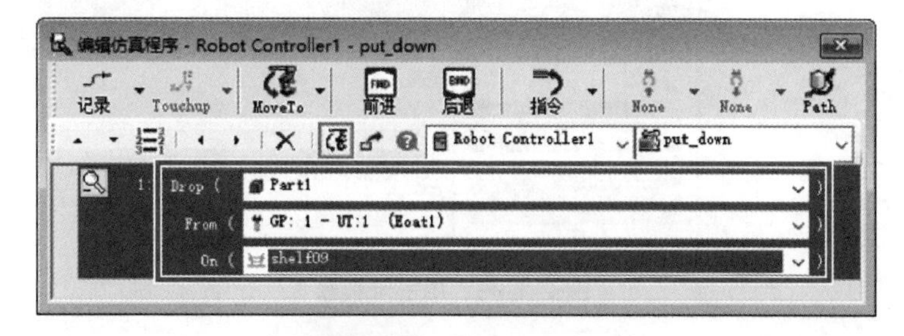

图 2-1-82 编辑仿真程序

步骤 50. 设置程序名称为“put_down1”，单击“确定”，如图 2-1-83 所示。

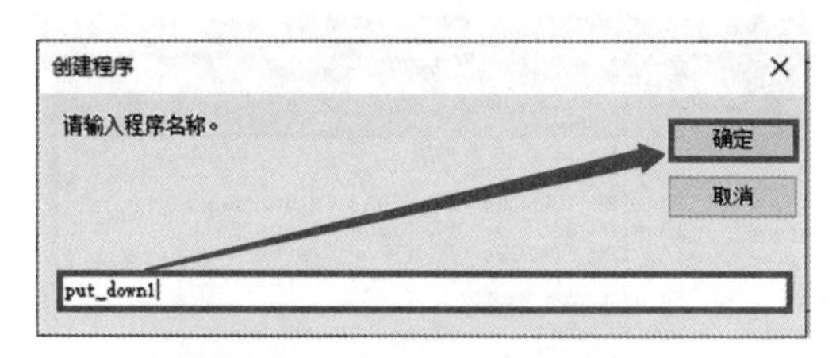

图 2-1-83 创建程序 put_down1

步骤 51. 在下拉指令菜单中选择“Drop”，如图 2-1-84 所示。

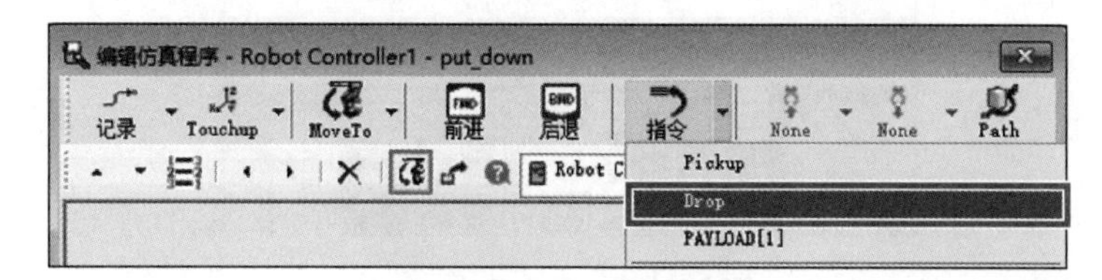

图 2-1-84 选择“Drop”

步骤 52. Drop 选择“Part1”，From 选择“UT：1”，On 选择“alpha-T14iFla：alpha-T14iFla_XY_TABLE（Y）”，如图 2-1-85 所示。

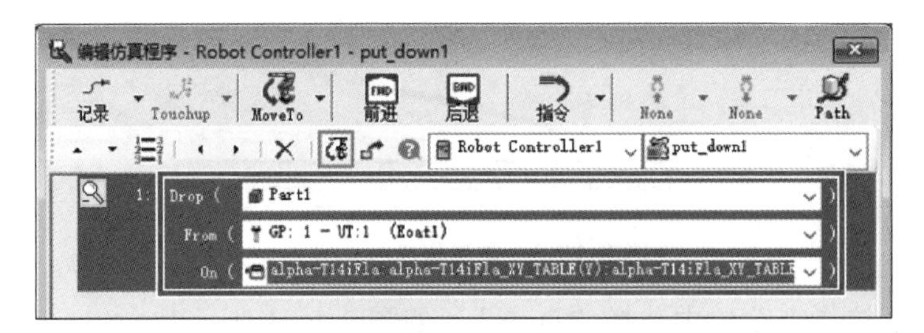

图 2-1-85　编辑仿真程序

步骤 53. 单击“示教器”，如图 2-1-86 所示。

图 2-1-86　单击示教器

步骤 54. 依次单击“SELECT →创建”，设置程序名为“MAIN”，单击“ENTER”，如图 2-1-87 所示。

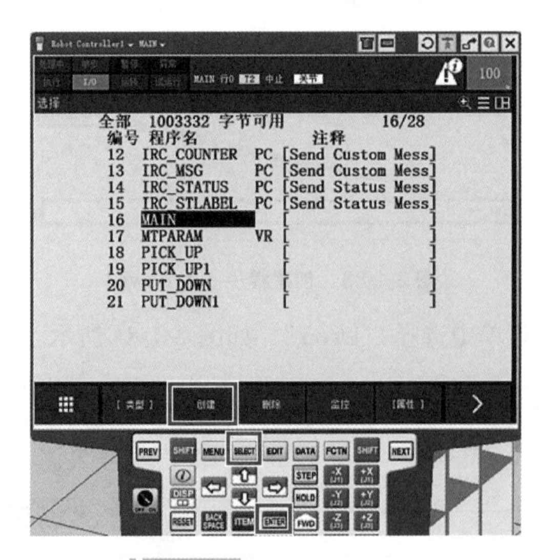

图 2-1-87　创建程序 MAIN

步骤 55. 单击“点”，定义点 P［1］，如图 2-1-88 所示。

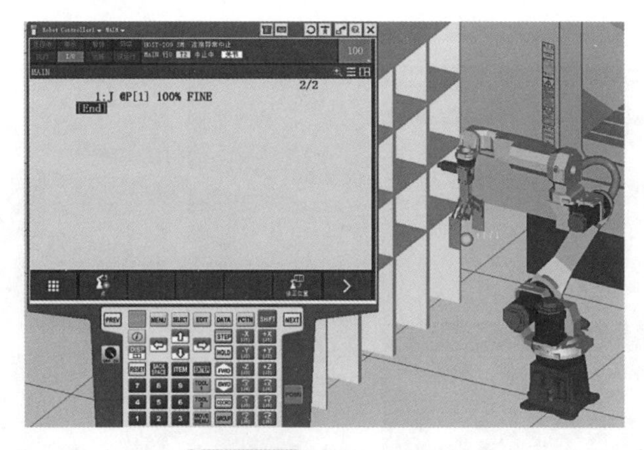

图 2-1-88　定义点 P［1］

步骤 56. 将光标移动到 P［1］上，单击“位置”，如图 2-1-89 所示。

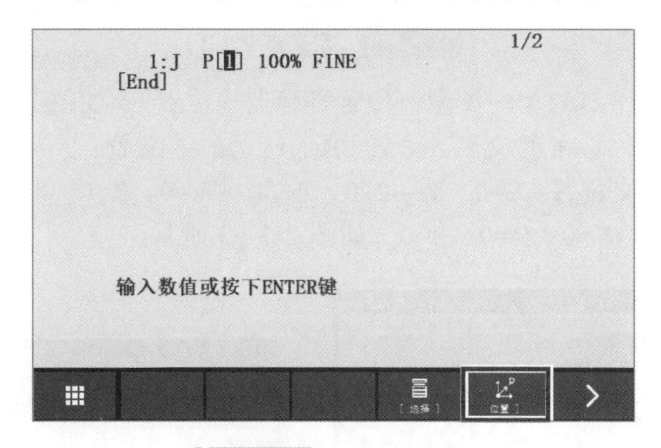

图 2-1-89　单击“位置”

步骤 57. 单击“形式→2 关节”，设置关节坐标：J1=90、J2=–30、J3=0、J4=0、J5=–90、J6=0，如图 2-1-90 所示。

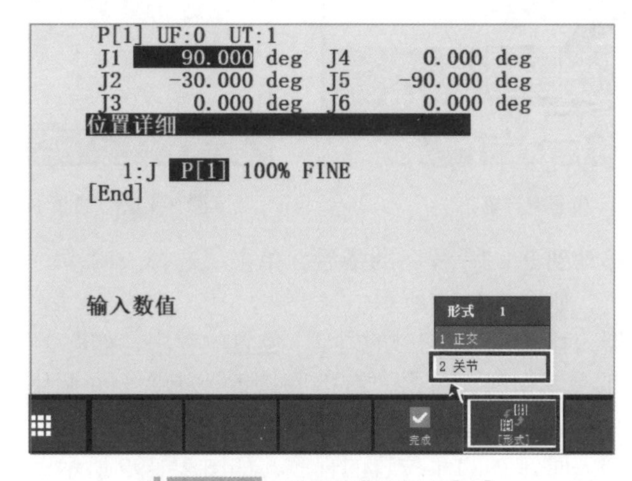

图 2-1-90　设置关节坐标 P［1］

步骤 58. 将手爪移动到工件上方中心位置，单击“点”，定义点 P［2］，如图 2-1-91 所示。

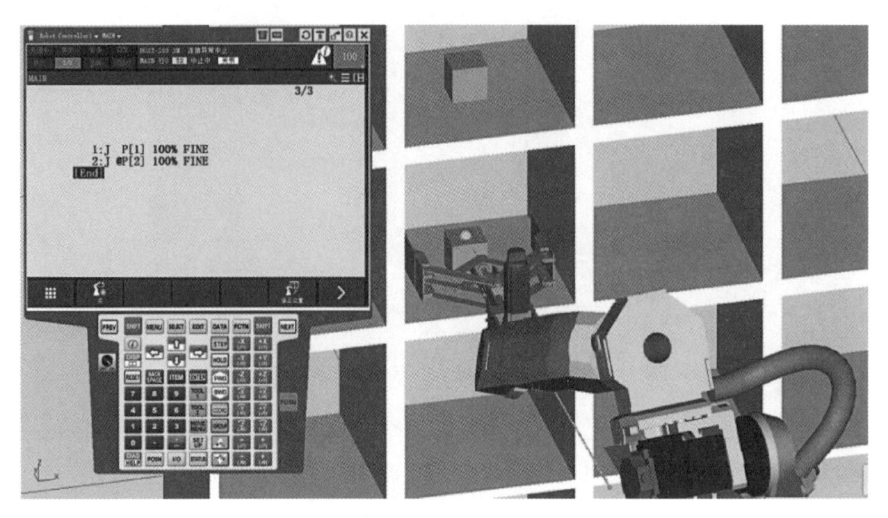

图 2-1-91　定义点 P［2］

步骤 59. 依次单击“DATA →类型→位置寄存器→位置”，如图 2-1-92 所示。

步骤 60. 单击“形式→正交”，设置 PR［1］正交位置：X=0、Y=0、Z=60、W=0、R=0、P=0；PR［2］正交位置：X=0、Y=−220、Z=60、W=0、R=0、P=0；PR［3］正交位置：X=−220、Y=0、Z=60、W=0、R=0、P=0，如图 2-1-93 所示。

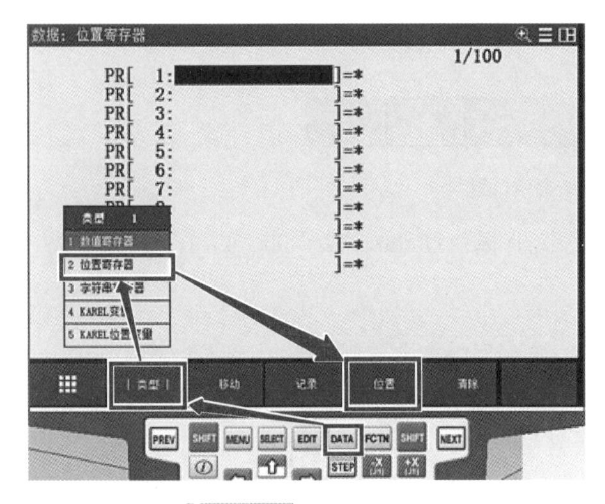

图 2-1-92　位置寄存器

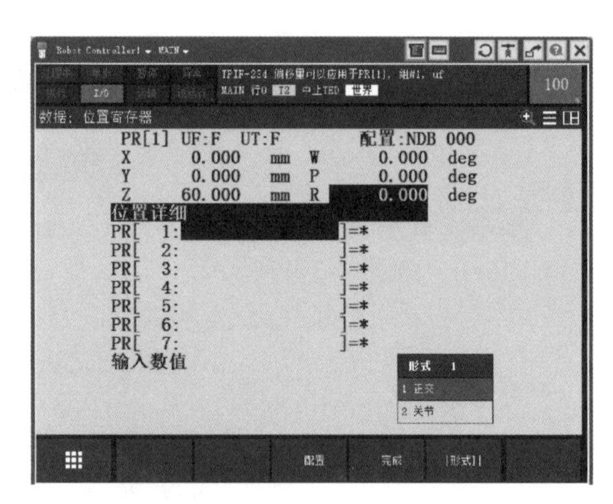

图 2-1-93　设置 PR［1］正交位置

步骤 61. 将光标移动到 P［2］程序的最后，单击“选择→偏移，PR［ ］”，如图 2-1-94 所示，选择“PR［2］”，如图 2-1-95 所示。

步骤 62. 编写机器人移动到工件上方 P［2］位置的程序，如图 2-1-96 所示。

步骤 63. 模拟手爪夹紧物料，单击“右扩展按键→指令→ 6 调用”，如图 2-1-97 所示，选择“调用程序→ PICK_UP”，如图 2-1-98 所示。

步骤 64. 编写机器人回到 P［1］位置的程序，如图 2-1-99 所示。

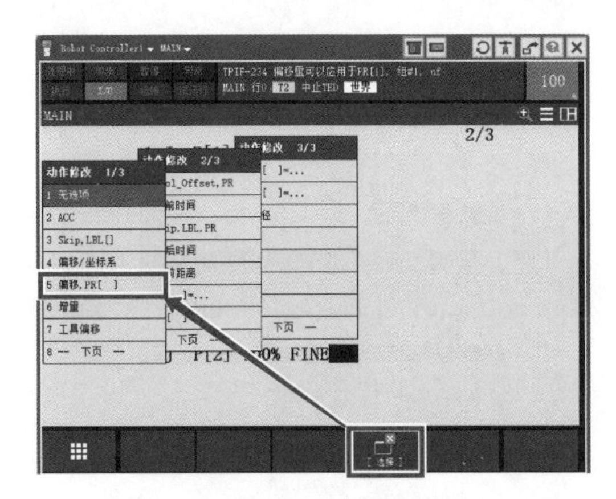

图 2-1-94 偏移指令

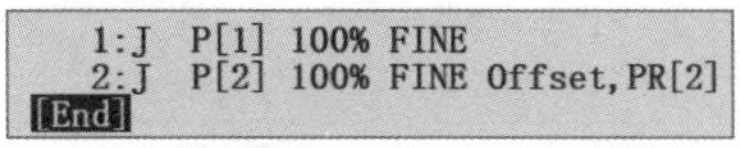

1:J P[1] 100% FINE
2:J P[2] 100% FINE Offset,PR[2]
[End]

图 2-1-95 选择 PR［2］

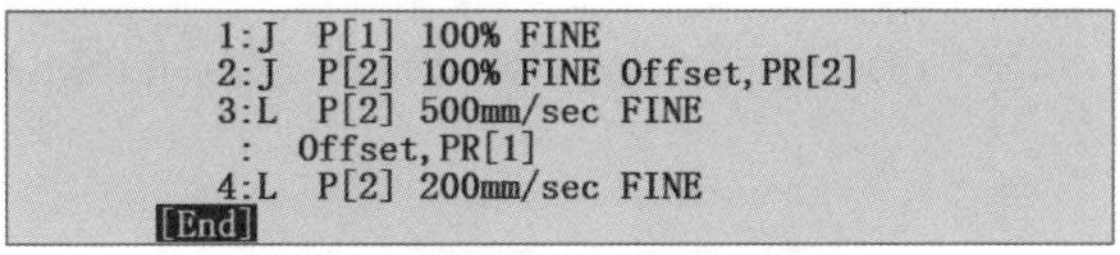

1:J P[1] 100% FINE
2:J P[2] 100% FINE Offset,PR[2]
3:L P[2] 500mm/sec FINE
: Offset,PR[1]
4:L P[2] 200mm/sec FINE
[End]

图 2-1-96 P［2］位置的程序

图 2-1-97 选择“6 调用”

调用指令 1/1
1 调用程序
2 结束
MAIN
PICK_UP
PICK_UP1
PUT_DOWN
PUT_DOWN1
6/6
1:J P[1] 100% FINE
2:J P[2] 100% FINE Offset,PR[2]
3:L P[2] 500mm/sec FINE
: Offset,PR[1]
4:L P[2] 200mm/sec FINE
5: CALL PICK_UP
[End]

图 2-1-98 调用程序 PICK_UP

9/10
2:J P[2] 100% FINE Offset,PR[2]
3:L P[2] 500mm/sec FINE
: Offset,PR[1]
4:L P[2] 200mm/sec FINE
5: CALL PICK_UP
6:L P[2] 500mm/sec FINE
: Offset,PR[1]
7:J P[2] 100% FINE Offset,PR[2]
8:J P[1] 100% FINE
9:J P[3] 100% FINE
[End]

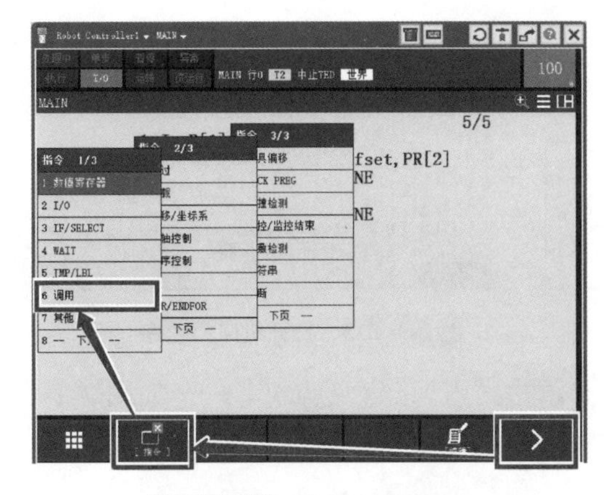

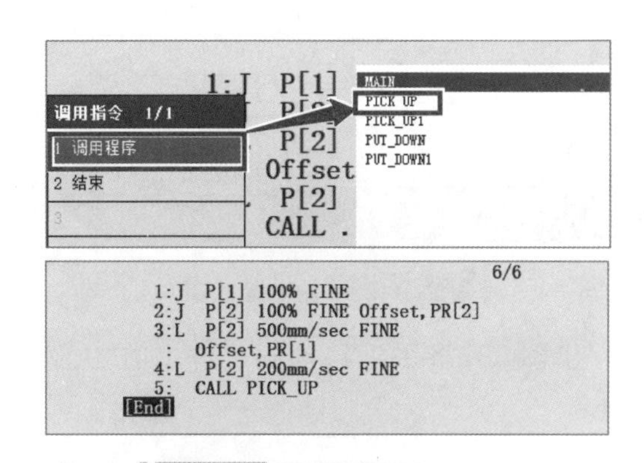

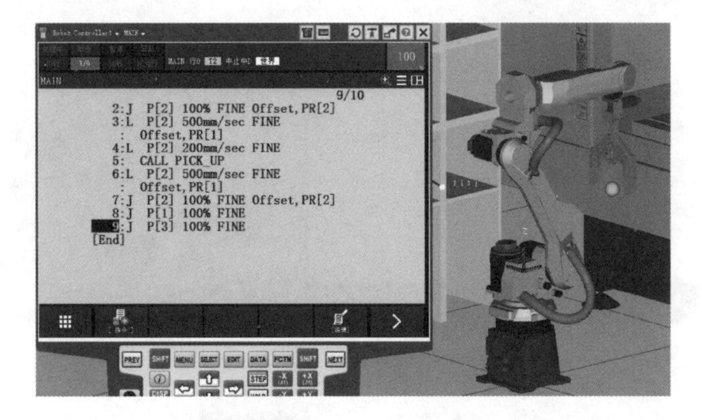

图 2-1-99 P［1］位置的程序

步骤 65. 单击“点”，定义点 P[3]，设置关节坐标 P[3]，如图 2-1-100 所示；设置 P[3] 关节坐标值 J1=0，J2=–30，J3=0，J4=0，J5=–90，J6=0，如图 2-1-101 所示。

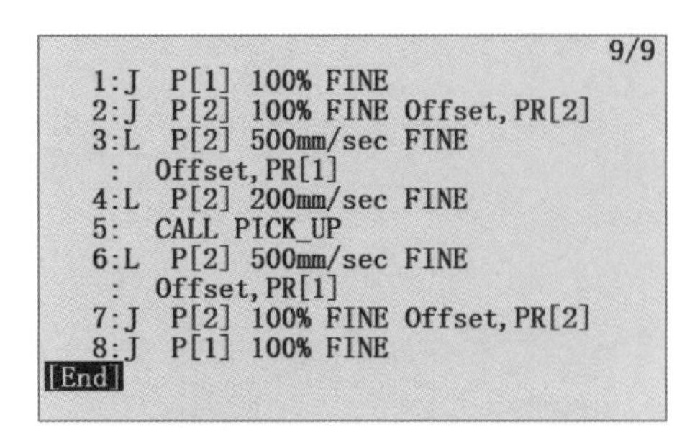

图 2-1-100　定义点 P［3］

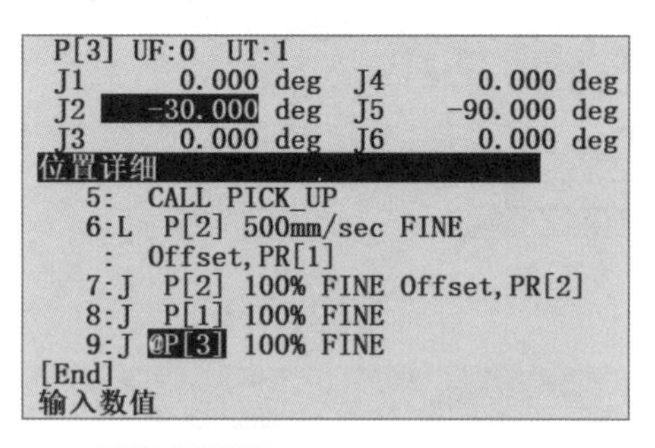

图 2-1-101　P［3］关节坐标值

步骤 66. 依次单击“指令→ 2 I/O → 1 DO［ ］=…”，如图 2-1-102 所示。

步骤 67. 编写打开机床门程序，等待机床门打开到位信号 DI［121］，如图 2-1-103 所示。

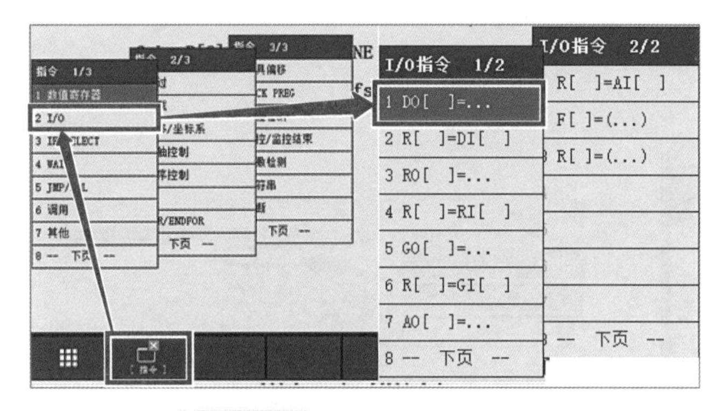

图 2-1-102　输出指令 DO

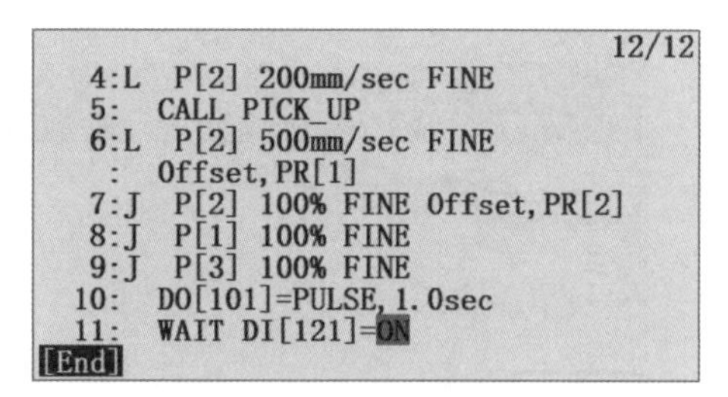

图 2-1-103　打开机床门程序

步骤 68. 将手爪移动到工件上方中心位置，单击“点”，定义点 P［4］，如图 2-1-104 所示。

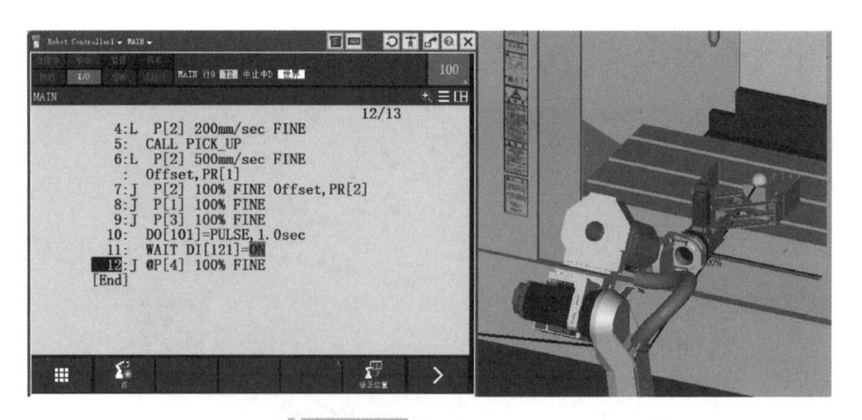

图 2-1-104　定义点 P［4］

步骤 69. 编写机器人移动到工件上方 P［4］位置的程序，如图 2-1-105 所示。

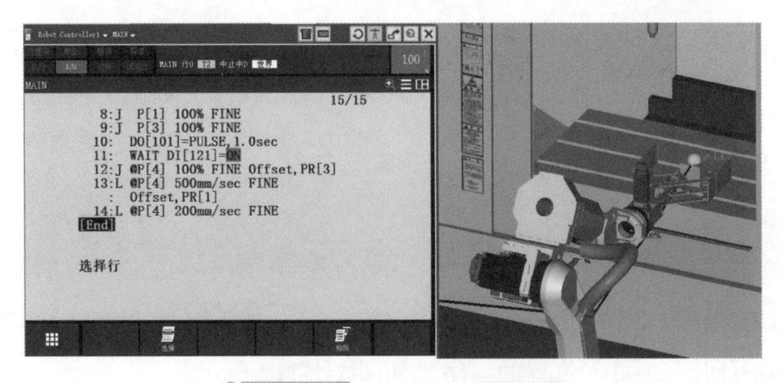

图 2-1-105 P［4］位置的程序

步骤 70. 模拟手爪松开物料，单击“右扩展按键→指令→6 调用→调用程序→PUT_DOWN1”，如图 2-1-106 所示。

步骤 71. 编写机器人移动到 P［3］位置的程序，如图 2-1-107 所示。

```
                                   16/16
  8:J  P[1] 100% FINE
  9:J  P[3] 100% FINE
 10:   DO[101]=PULSE,1.0sec
 11:   WAIT DI[121]=ON
 12:J @P[4] 100% FINE Offset,PR[3]
 13:L @P[4] 500mm/sec FINE
   :   Offset,PR[1]
 14:L @P[4] 200mm/sec FINE
 15:   CALL PUT_DOWN1
[End]
```

图 2-1-106 模拟手爪松开物料程序

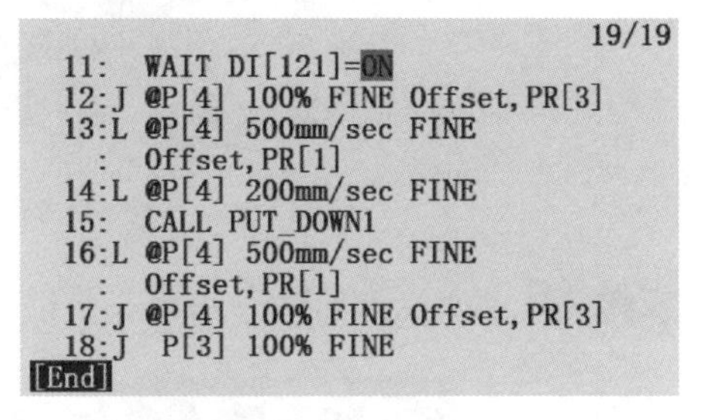

图 2-1-107 P［3］位置的程序

步骤 72. 编写关闭机床门程序，等待机床门关闭到位信号 DI［123］，如图 2-1-108 所示。

步骤 73. 模拟机床加工，等待 5s，如图 2-1-109 所示。

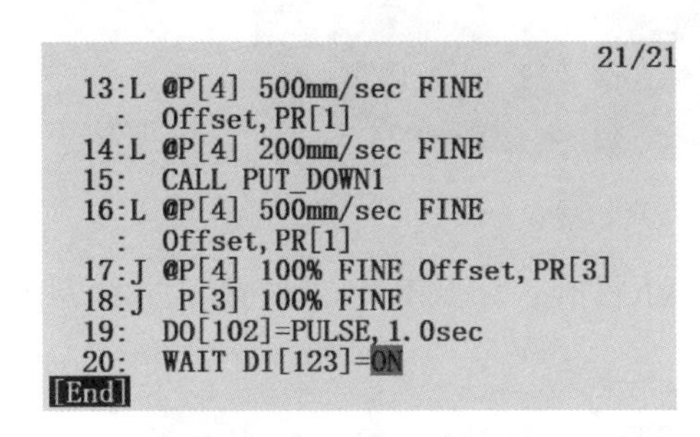

图 2-1-108 关闭机床门程序

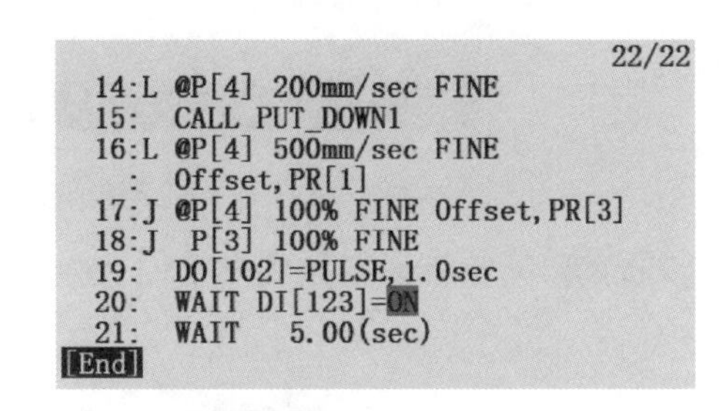

图 2-1-109 模拟机床加工

步骤 74. 编写打开机床门程序，等待机床门打开到位信号 DI［121］，如图 2-1-110 所示。

步骤 75. 编写机器人移动到工件上方 P［4］位置的程序，模拟抓取物料，回到 P［3］位置的程序，如图 2-1-111 所示。

```
                              24/24
 15:   CALL PUT_DOWN1
 16:L @P[4] 500mm/sec FINE
   :   Offset,PR[1]
 17:J @P[4] 100% FINE Offset,PR[3]
 18:J  P[3] 100% FINE
 19:   DO[102]=PULSE,1.0sec
 20:   WAIT DI[123]=ON
 21:   WAIT   5.00(sec)
 22:   DO[101]=PULSE,1.0sec
 23:   WAIT DI[121]=ON
[End]
```

图 2-1-110　打开机床门程序

```
                              31/31
 23:   WAIT DI[121]=ON
 24:J @P[4] 100% FINE Offset,PR[3]
 25:L @P[4] 500mm/sec FINE
   :   Offset,PR[1]
 26:L @P[4] 200mm/sec FINE
 27:   CALL PICK_UP1
 28:L @P[4] 500mm/sec FINE
   :   Offset,PR[1]
 29:J @P[4] 100% FINE Offset,PR[3]
 30:J  P[3] 100% FINE
[End]
```

图 2-1-111　P［3］位置的程序

步骤 76. 编写回到 P［1］位置的程序，如图 2-1-112 所示。

```
                              32/32
 24:J  P[4] 100% FINE Offset,PR[3]
 25:L  P[4] 500mm/sec FINE
   :  Offset,PR[1]
 26:L  P[4] 200mm/sec FINE
 27:   CALL PICK_UP1
 28:L  P[4] 500mm/sec FINE
   :  Offset,PR[1]
 29:J  P[4] 100% FINE Offset,PR[3]
 30:J @P[3] 100% FINE
 31:J  P[1] 100% FINE
[End]
```

图 2-1-112　P［1］位置的程序

步骤 77. 定义点 P［5］，如图 2-1-113 所示。

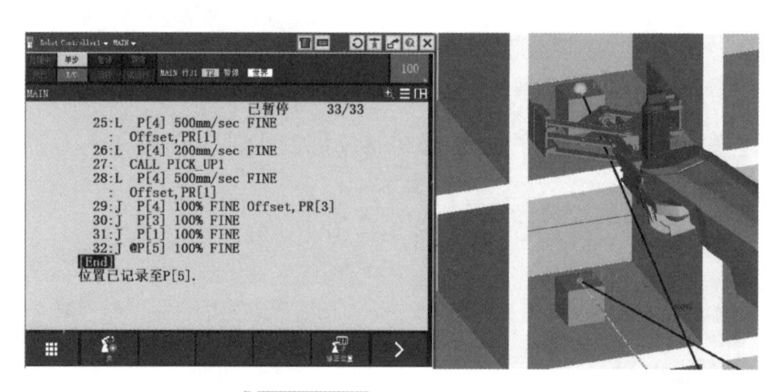

图 2-1-113　定义点 P［5］

步骤 78. 编辑将物料放到 P［5］位置，模拟手爪松开，回到 P［1］位置，如图 2-1-114 所示。

```
                       已暂停      39/39
 31:J  P[1] 100% FINE
 32:J @P[5] 100% FINE Offset,PR[2]
 33:L @P[5] 500mm/sec FINE
   :  Offset,PR[1]
 34:L @P[5] 200mm/sec FINE
 35:   CALL PUT_DOWN
 36:L @P[5] 500mm/sec FINE
   :  Offset,PR[1]
 37:J @P[5] 100% FINE Offset,PR[2]
 38:J  P[1] 100% FINE
[End]
```

图 2-1-114　P［1］位置的程序

步骤 79. 单击“ITEM”，输入“1”，单击“ENTER”，光标回到程序第一行，如图 2-1-115 所示。

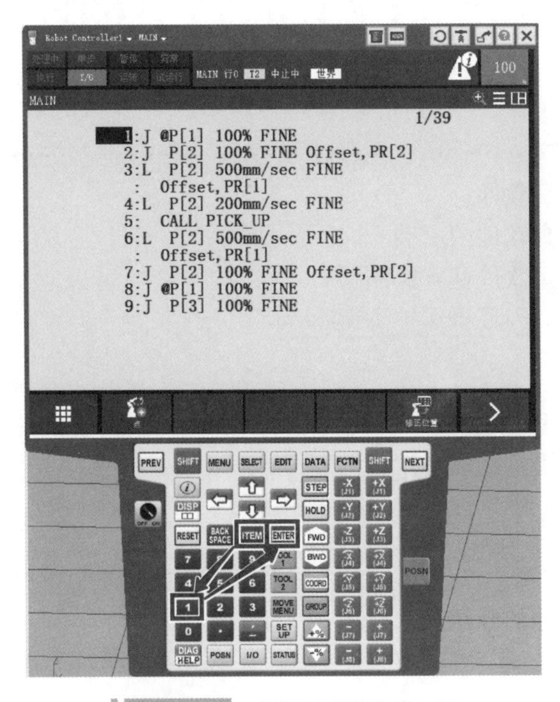

图 2-1-115　光标回到程序第一行

步骤 80. 单击“循环启动”，如图 2-1-116 所示，执行 MAIN 程序，如图 2-1-117 所示。

图 2-1-116　单击“循环启动”

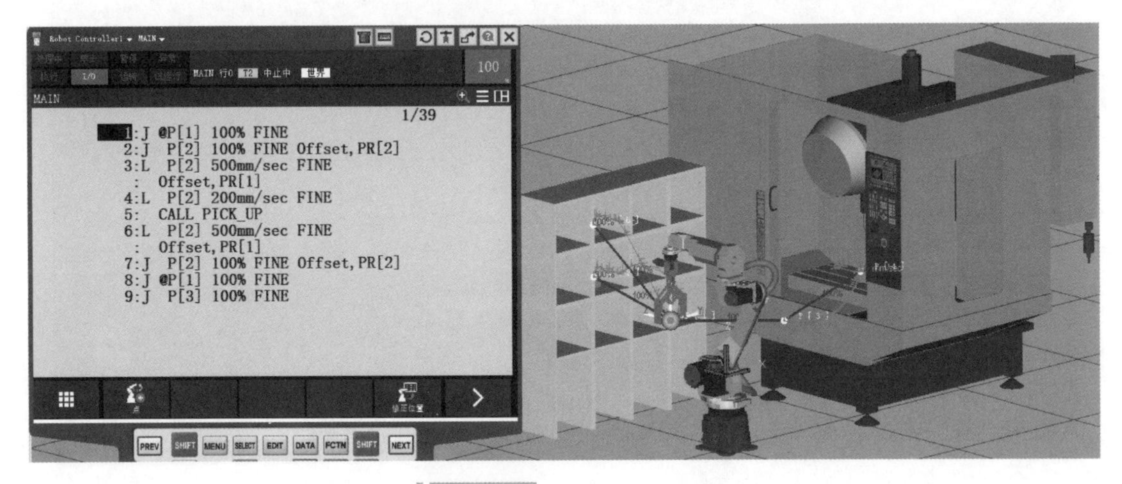

图 2-1-117　执行 MAIN 程序

任务二 数控系统仿真软件应用

学习目标

1. 了解数控系统仿真软件。
2. 了解数控系统仿真软件的安装。
3. 掌握数控系统仿真软件基本操作。
4. 树立安全文明生产和环境保护意识。

CNC GUIDE 软件应用

重点和难点

掌握数控系统仿真软件基本操作。

相关知识

1. 数控系统仿真软件的介绍

1）数控系统。如图 2-2-1 所示，数控（CNC）系统是一种位置控制系统，其控制过程是根据输入的信息（加工程序），进行数据处理、插补运算，获得理想的运动轨迹信息，然后输出到执行部件，加工出所需要的工件。CNC 系统的核心是 CNC 装置。由于采用了计算机，使 CNC 装置的性能和可靠性提高，从而促使 CNC 系统迅速发展。

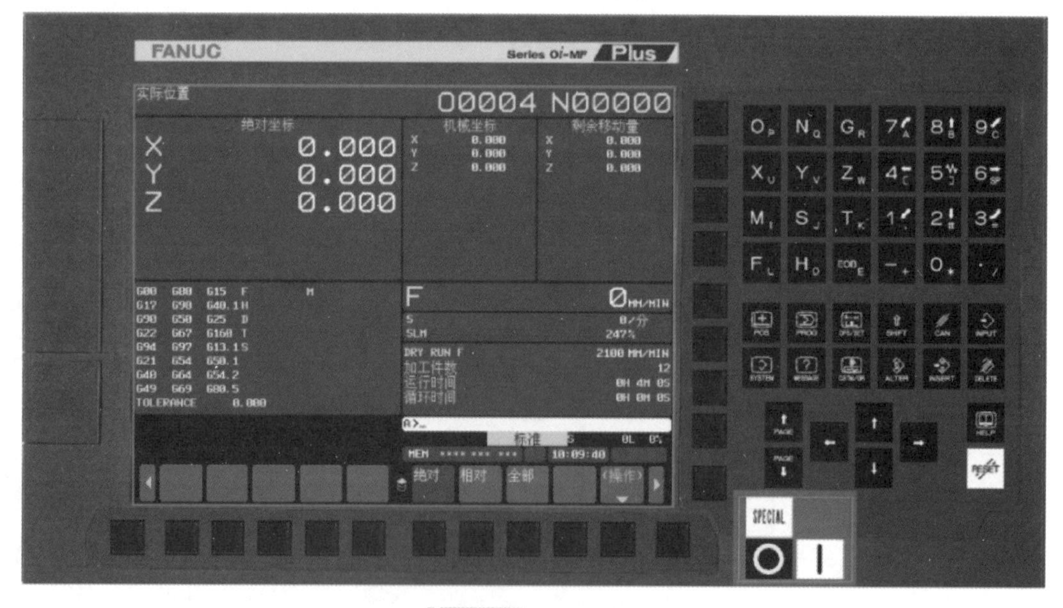

图 2-2-1 数控系统

2）数控机床操作面板。如图 2-2-2 所示，数控机床操作面板是数控机床的重要组成部件，是操作人员与数控机床进行交互的工具，操作人员可以通过它对数控机床进行操作、编

程、调试、对机床参数进行设定和修改，还可以通过它了解、查询数控机床的运行状态，是数控机床特有的一个输入、输出部件。

图 2-2-2　数控机床操作面板

3）数控子操作面板。如图 2-2-3 所示，数控子操作面板是数控机床的重要组成部件，可以控制机床的急停、进给倍率、主轴倍率、程序保护、启动停止等。

4）I/O 操作面板。I/O 操作面板如图 2-2-4 所示。

图 2-2-3　数控子操作面板

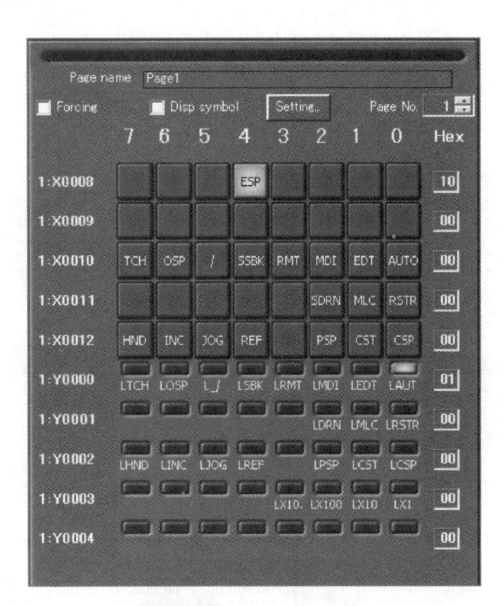

图 2-2-4　I/O 操作面板

2. CNC GUIDE 软件的设置

1）首先需要完成授权许可的设置。授权许可有两种方式，一种使用加密狗授权；另一种是网络授权。在开始菜单中找到并打开“Setting Management Tool”，打开后，选择“Licence”，在选项卡中输入计算机的 IP 地址，然后单击“Diagnosis”，如果弹出的测试结果都是“OK”，单击“确定”，则授权许可设置完成，单击“Close”关闭即可，如图 2-2-5 所示。

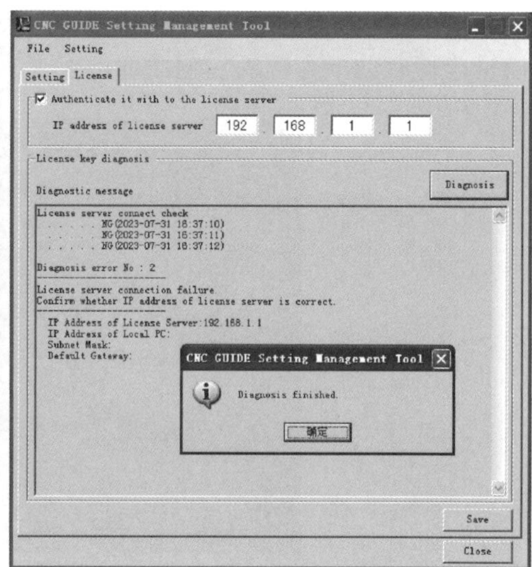

图 2-2-5　完成授权许可的设置

2）授权成功后，进行基础设定。再次打开“Setting Management Tool”，在弹出界面的左侧选择准备设置的系统型号，然后选择“Use following setting”，按照图 2-2-6 所示的内容进行设置即可。其中最后一项“Memory card folder”是选择虚拟 CF 卡的存储路径，可以把该路径下的文件当作 CF 卡上的文件来使用。设置完成后，单击“Save”保存设置，然后单击“Close”关闭窗口。

3）开启 PMC 功能。在“开始”菜单中系统型号文件夹下找到并单击“Machine Composition Setting”，如图 2-2-7 所示，在弹出界面的左侧，把光标移动到准备设置的系统型号上，然后单击右侧的“Edit”，如图 2-2-8 所示，在新弹出的对话框中勾选中“Use CNC Simulation Function”和“Use PMC Simulation Function”，然后单击“OK”完成设置，如图 2-2-9 所示。

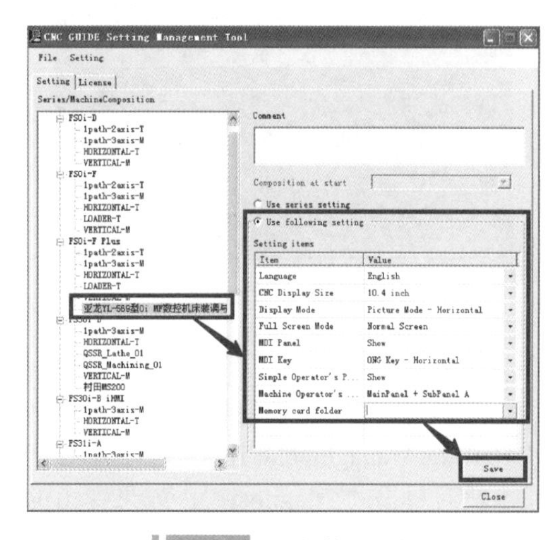

图 2-2-6　进行基础设定

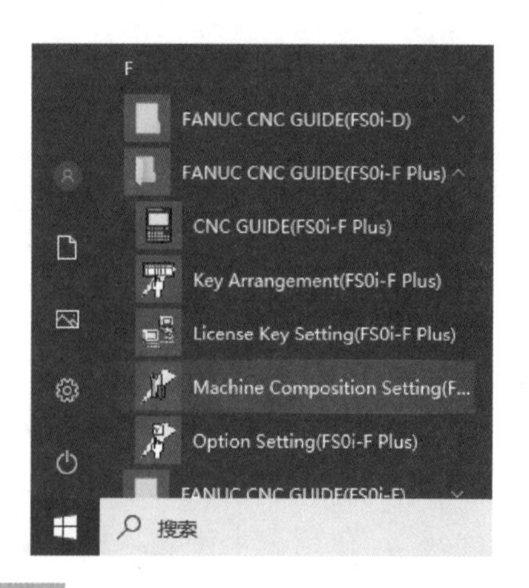

图 2-2-7　选择“Machine Composition Setting”

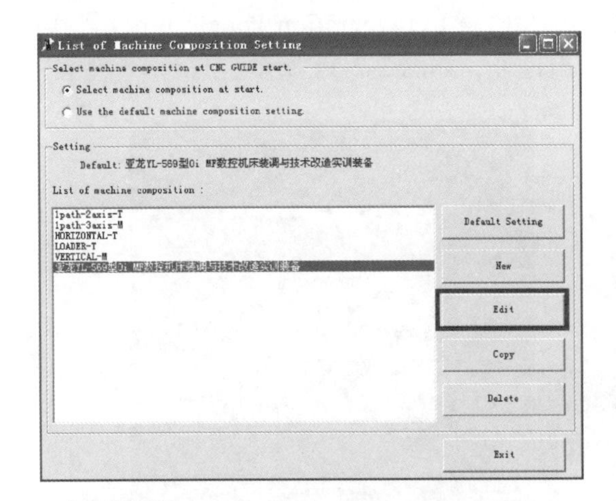

图 2-2-8　选择“亚龙 YL-569 型 0i MF 数控机床装调与技术改造实训装备”

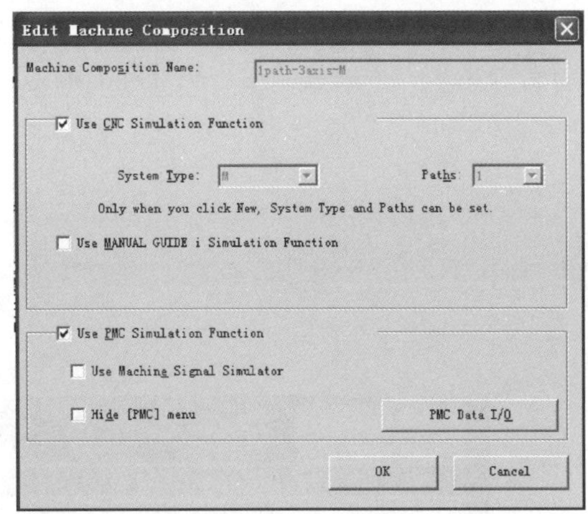

图 2-2-9　勾选“Use CNC Simulation Function”和“Use PMC Simulation Function”

4）设置完成，可以打开软件进行操作了，如图 2-2-10 所示。

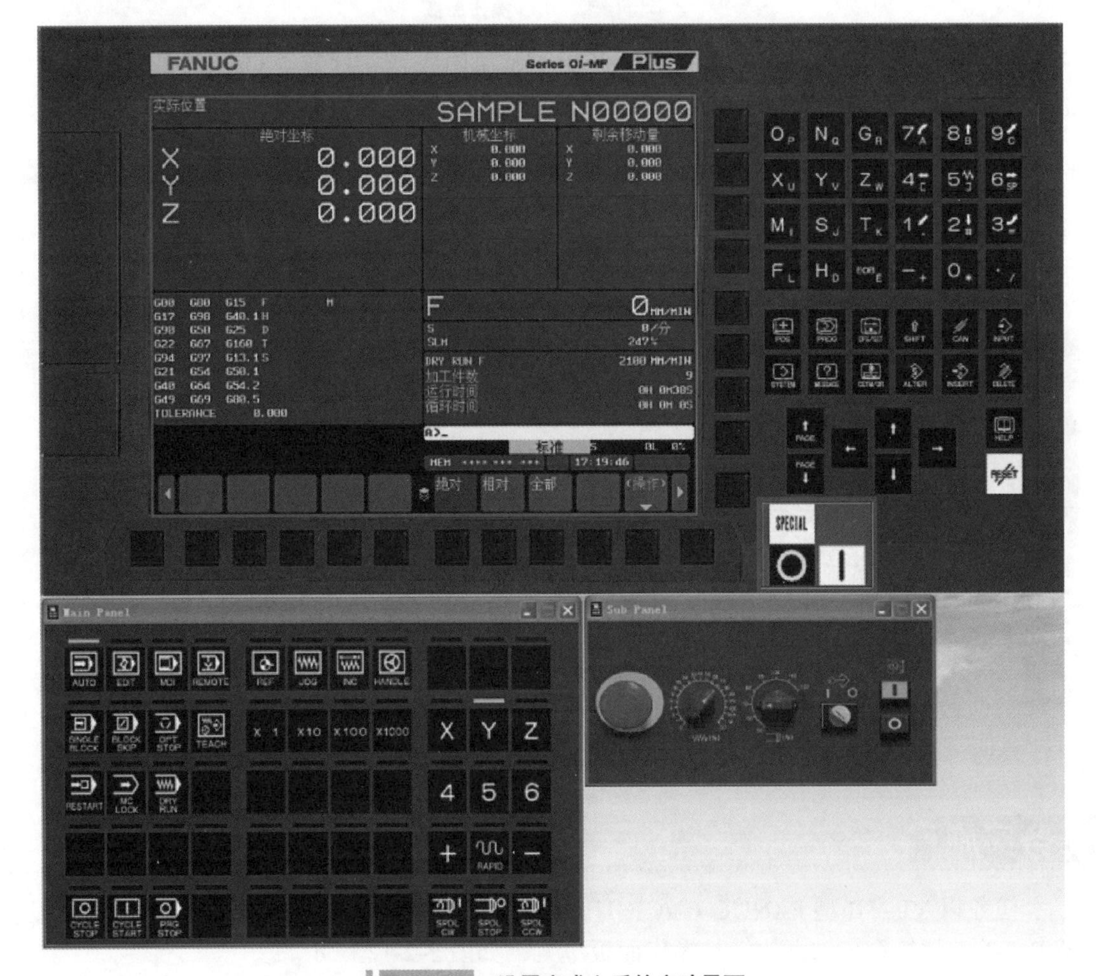

图 2-2-10　设置完成之后的启动界面

5）如果想要使用 PMC 仿真，右击，选择“ PMC → I/O Operation Panel”，I/O 操作面板就会弹出来，界面会显示一些外部的输入和输出地址，如图 2-2-11 所示。

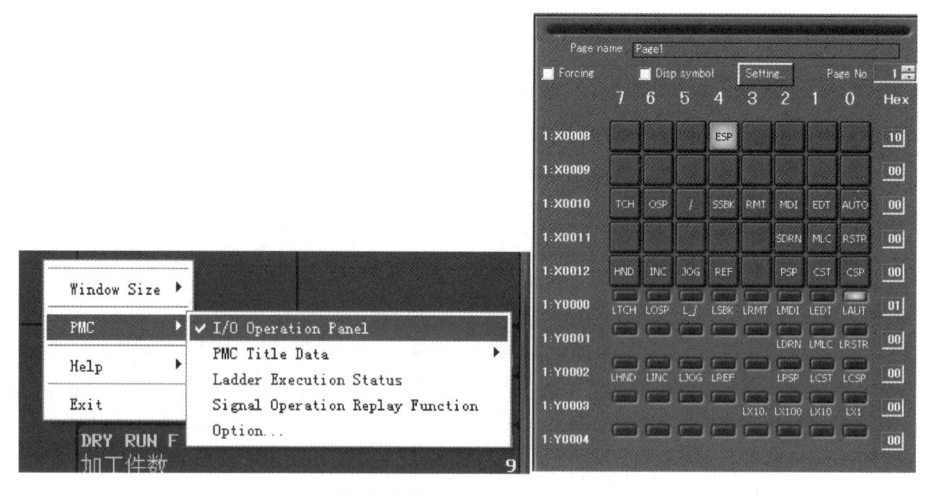

图 2-2-11　I/O 操作面板

6）对于一些系统的选配功能，在“开始”菜单中找到并打开“ Option Setting”，在弹出的对话框中，勾选“CONTROLLABLE AXES EXPANSION”即可，如图 2-2-12 所示。

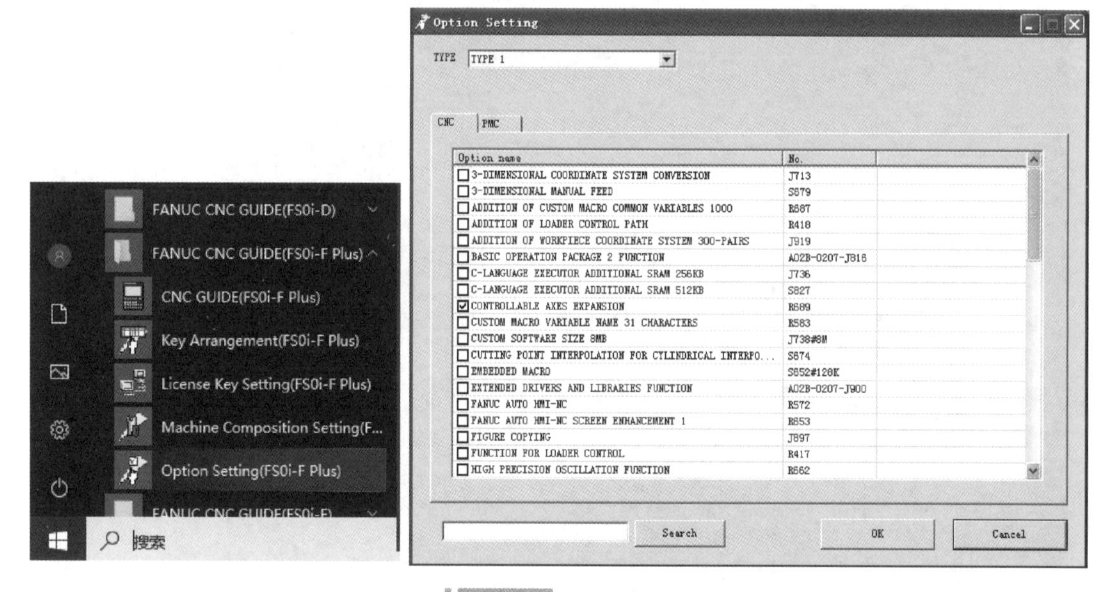

图 2-2-12　选配功能

任务实施

本任务以 YL–5B 型 FANUC CNC GUIDE 仿真面板操作单元为任务实施对象，该设备配备 FANUC 数控系统仿真软件与操作面板单元，如图 2-2-13 所示。

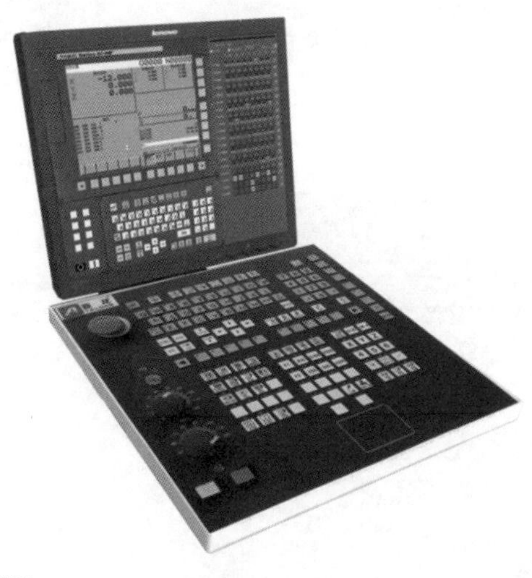

图 2-2-13 YL-5B 型 FANUC CNC GUIDE 仿真面板操作单元

一、CNC GUIDE 软件的安装

步骤 1. 打开软件安装包，双击“AutoRun.exe”文件，开始安装程序，如图 2-2-14 所示。

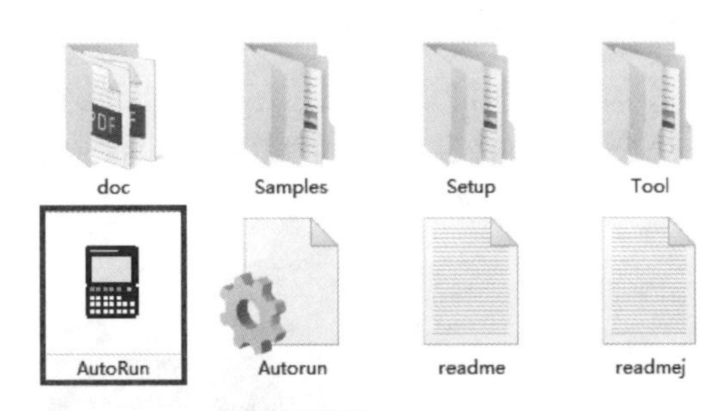

图 2-2-14 启动软件

步骤 2. 继续安装，单击“Next”（下一步），如图 2-2-15 所示。

步骤 3. 选择“Modify”，单击“Next”（下一步），如图 2-2-16 所示。

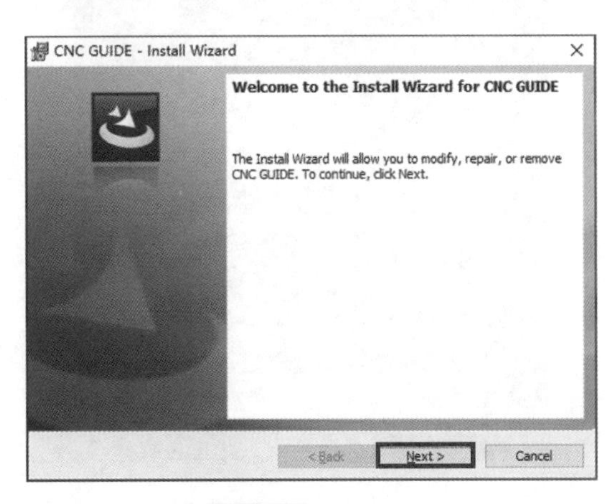

图 2-2-15 继续安装

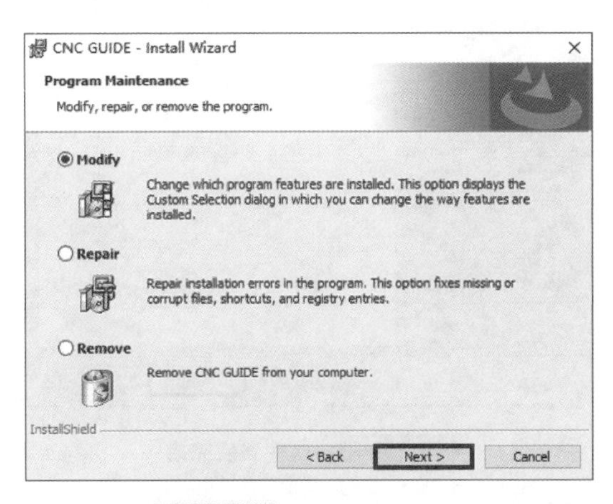

图 2-2-16 选择“Modify”

步骤 4. 选择“FS0i–F Plus”，单击“Next”（下一步），如图 2-2-17 所示。

步骤 5. 单击“Install”（安装），如图 2-2-18 所示。

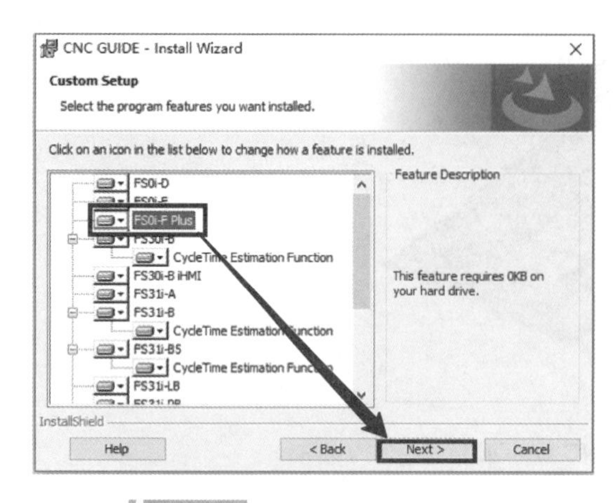

图 2-2-17　选择“FS0i–F Plus”

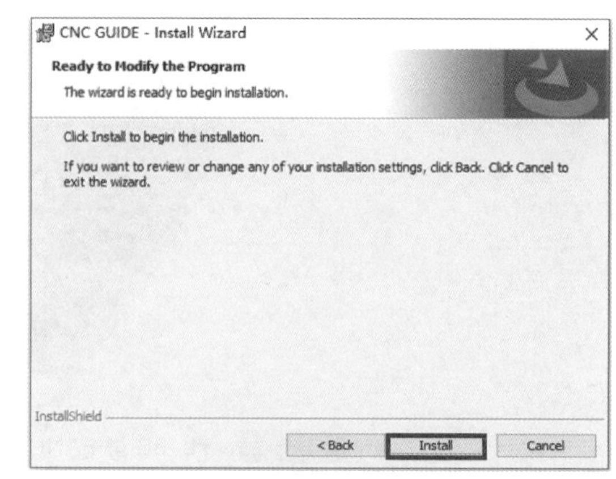

图 2-2-18　继续安装

步骤 6. 软件安装完成，单击“Finish”（完成），完成 CNC GUIDE 的安装，如图 2-2-19 所示。

步骤 7. 软件启动。将加密狗连接到计算机 USB 端口，在“开始”菜单的所有程序里找到 FANUC CNC GUIDE 目录，打开目录，在下方列表中选择需要使用的系统，这里以 FS0i–F Plus 系统为例。在 FANUC CNC GUIDE（FS0i–F Plus）文件夹下选择“CNC GUIDE（FS0i–F Plus）”，启动 CNC GUIDE 软件，如图 2-2-20 所示。软件启动界面如图 2-2-21 所示。

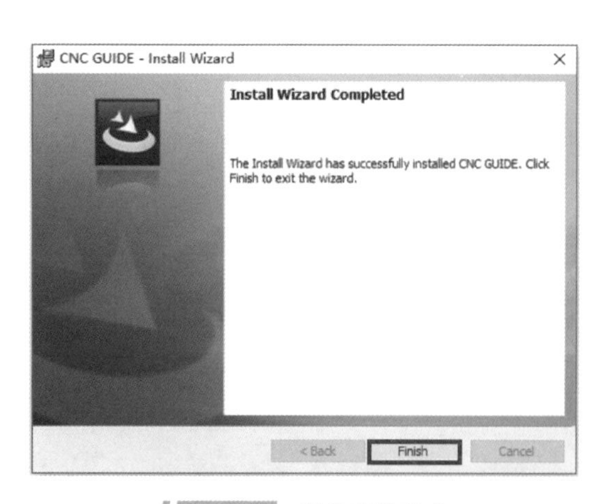

图 2-2-19　软件安装完成

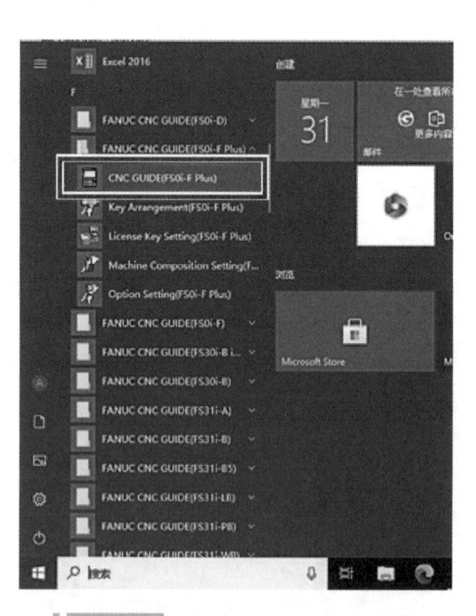

图 2-2-20　启动 CNC GUIDE 软件

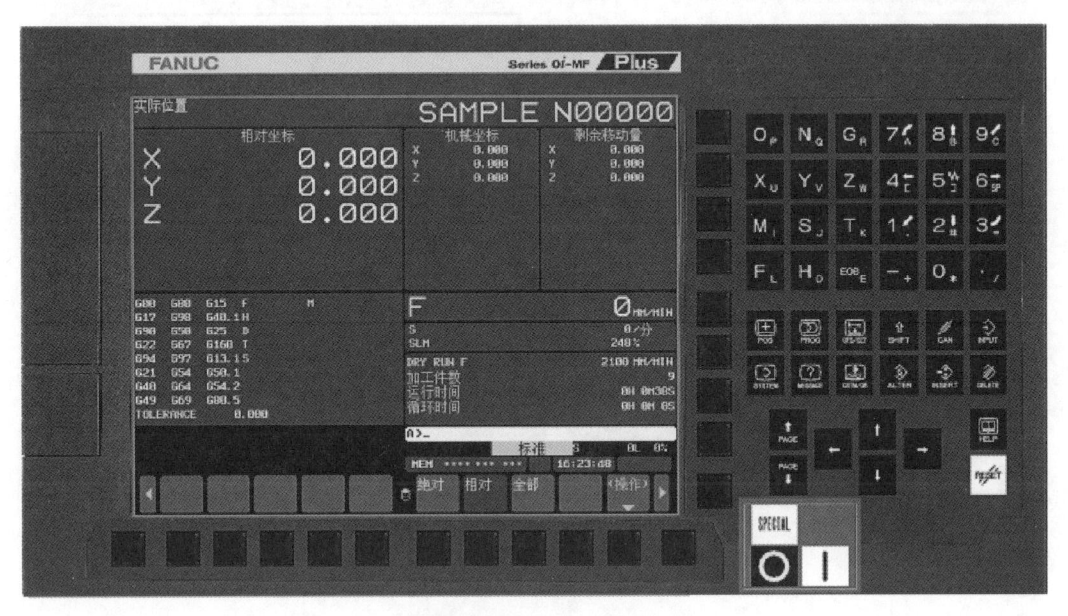

图 2-2-21　软件启动界面

步骤 8. 要退出 CNC GUIDE 软件，单击左下角的退出按钮；或者右击，在弹出菜单中单击“Exit”（退出），如图 2-2-22 所示。

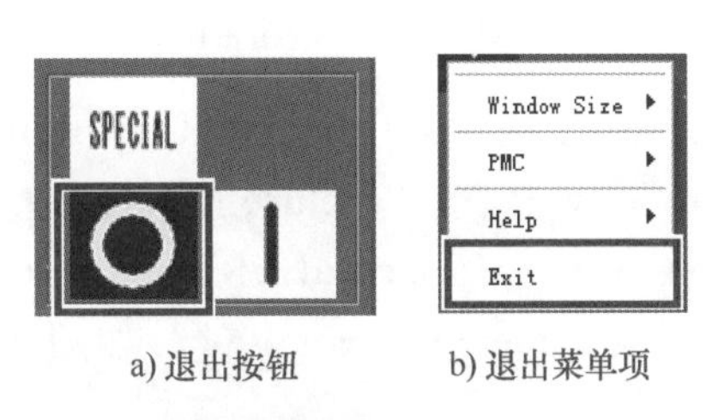

a) 退出按钮　　b) 退出菜单项

图 2-2-22　退出软件

二、零件的仿真加工

步骤 1. 单击“FANUC CNC GUIDE（FS0i–F Plus）→ Machine Composition Setting（FS0i–F Plus）”，如图 2-2-23 所示。

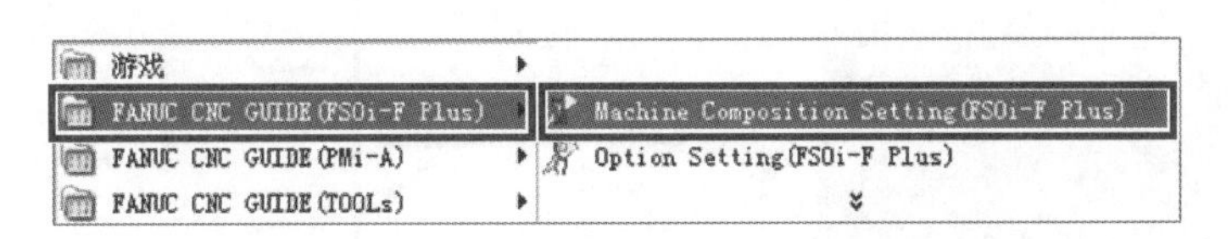

图 2-2-23　选择“Machine Composition Setting”

步骤 2. 单击“New”（新建），设置 Machine Composition Name 为“亚龙 YL–569 型 0i MF 数控机床装调与技术改造实训装备”，System Type 为“M”，Paths 为“1”，单击“OK”（确定）和“Exit”（退出），如图 2-2-24 所示。

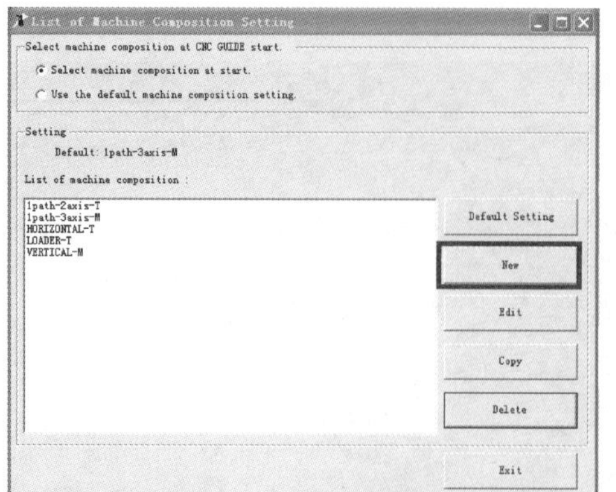

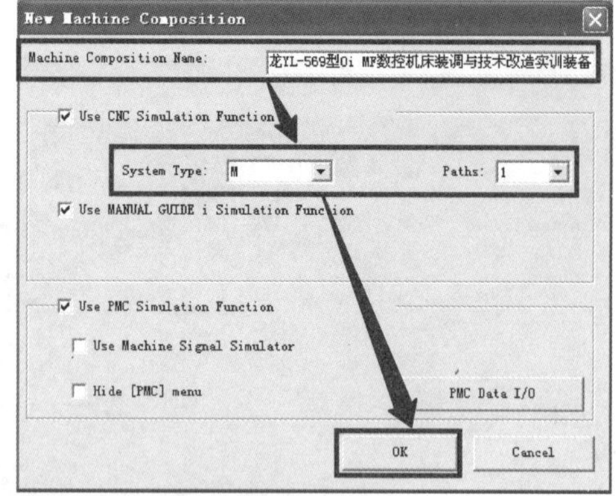

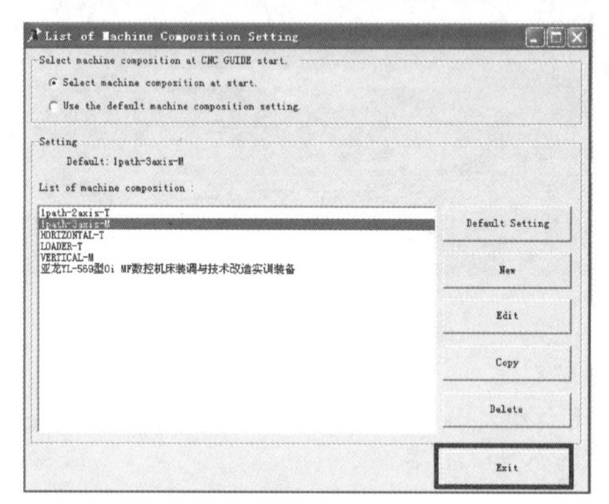

图 2-2-24 新建机床

步骤 3. 在“开始”菜单中找到并打开“Setting Management Tool”，选中“Use following setting”，Display Mode 设置为“Picture Mode–Horizontal”，MDI Panel 设置为“Show”，MDI Key 设置为“ONG Key– Horizontal”，Simple Operator’s Panel 设置为“Show”，Machine Operator’s Panel 为“MainPanel+SubPanel A”，如图 2-2-25 所示。

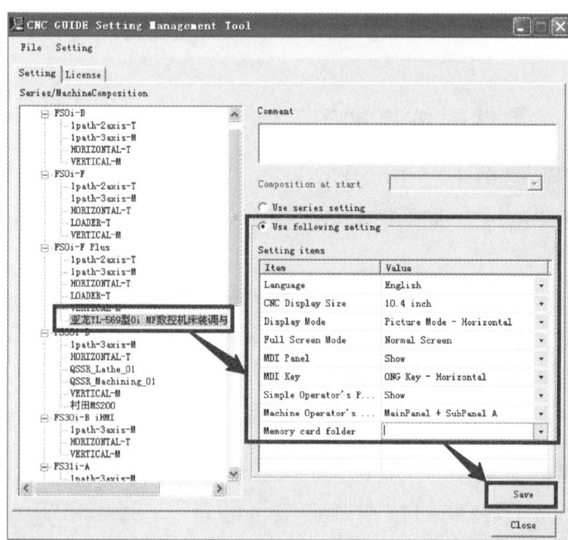

图 2-2-25 CNC GUIDE 软件

步骤 4. 双击并打开 CNC GUIDE 软件，如图 2-2-26 所示。

步骤 5. 选择“亚龙 YL–569 型 0i MF 数控机床装调与技术改造实训装备”，单击“OK”，如图 2-2-27 所示。

图 2-2-26 CNC GUIDE 软件图标

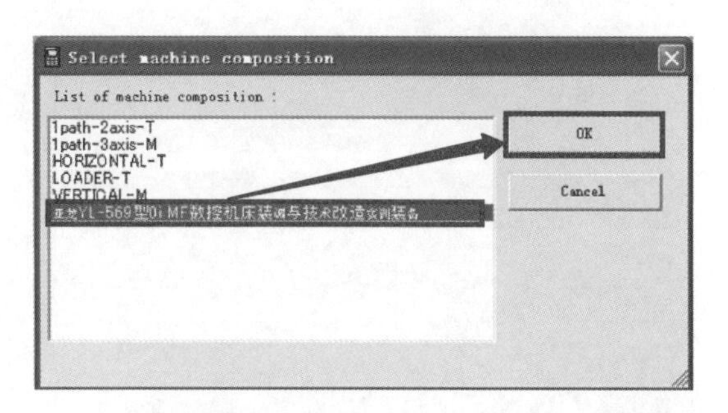

图 2-2-27 选择亚龙 YL–569 型 0i MF 数控机床装调与技术改造实训装备

步骤 6. 单击“OFS/SET(偏置 / 设置)→右扩展键→ LANGUAGE”，选择“SIMPLIFIED CHINESE– 汉字→ OPRT → APPLY”，如图 2-2-28 所示。

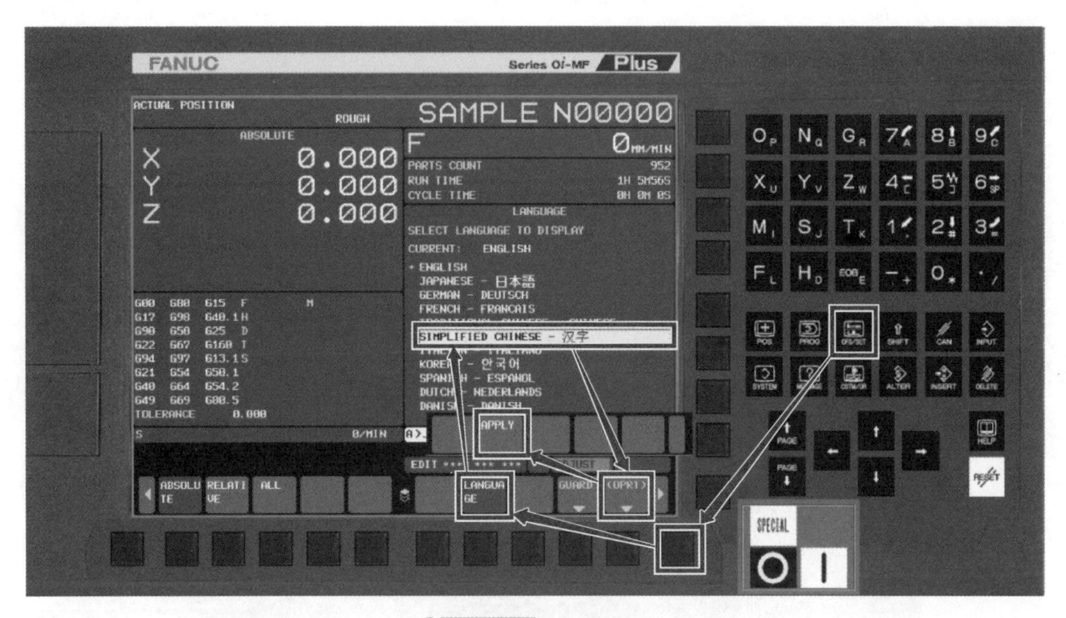

图 2-2-28 设置中文

步骤 7. 依次单击“EDIT（编辑）→ PROG（程序）→目录→操作”，如图 2-2-29 所示。

步骤 8. 输入“O0004”，单击“创建程序”，如图 2-2-30 所示。

步骤 9. 选择“程序 O0004 →主程序→ INPUT（输入)”，如图 2-2-31 所示。

步骤 10. 编写加工程序，如图 2-2-32 所示。

步骤 11. 单击“OFS/SET”，设置刀具参数为 $\phi 14$，如图 2-2-33 所示。

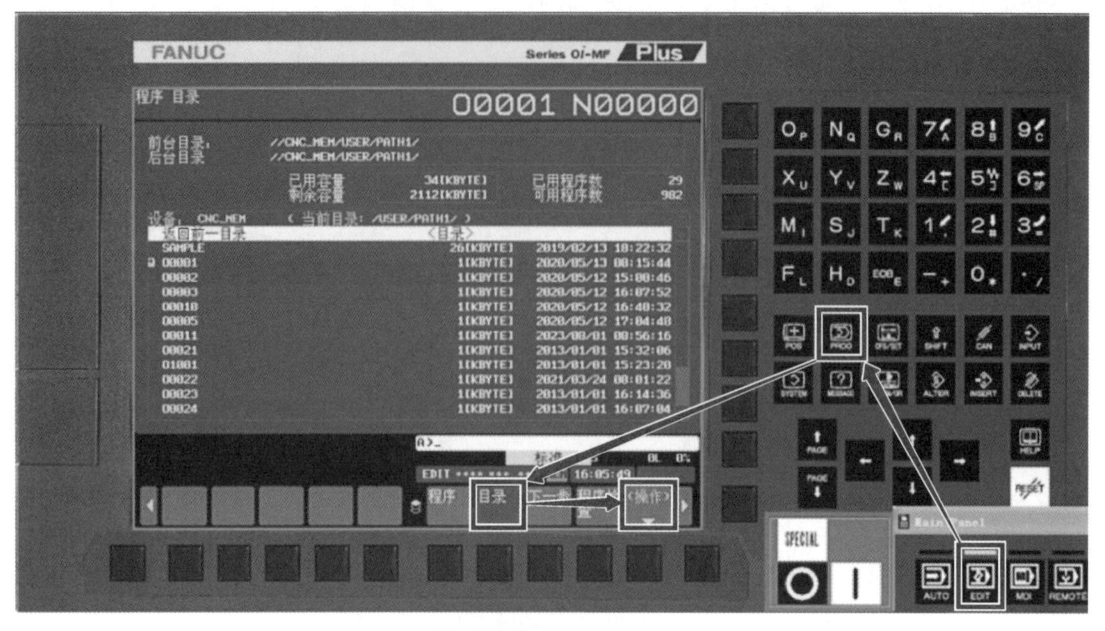

图 2-2-29　程序目录

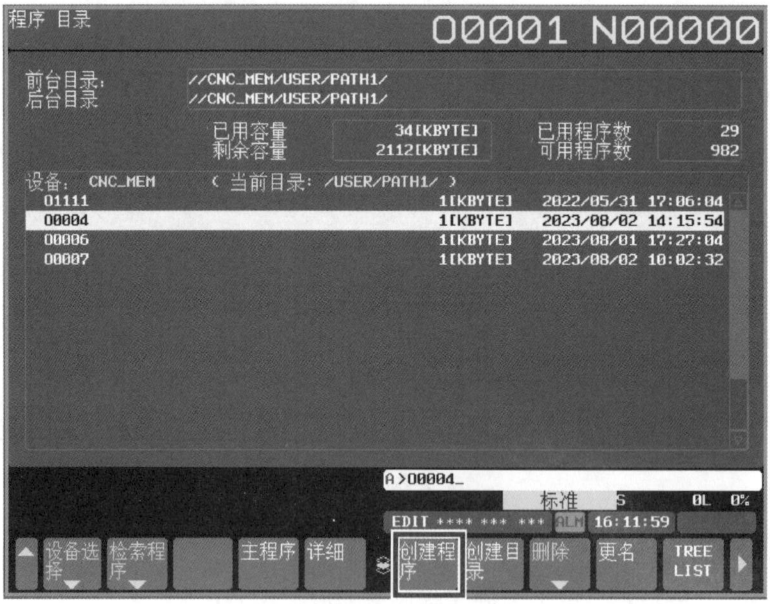

程序 目录　O0001 N00000

前台目录：　//CNC_MEM/USER/PATH1/
后台目录　//CNC_MEM/USER/PATH1/

已用容量　34[KBYTE]　已用程序数　29
剩余容量　2112[KBYTE]　可用程序数　982

设备：CNC_MEM　（当前目录：/USER/PATH1/）

O1111	1[KBYTE]	2022/05/31 17:06:04
O0004	1[KBYTE]	2023/08/02 14:15:54
O0006	1[KBYTE]	2023/08/01 17:27:04
O0007	1[KBYTE]	2023/08/02 10:02:32

A>O0004_

标准　S　0L　0%

EDIT **** *** ***　ALM　16:11:59

设备选择　检索程序　主程序　详细　创建程序　创建目录　删除　更名　TREE LIST

图 2-2-30　创建程序

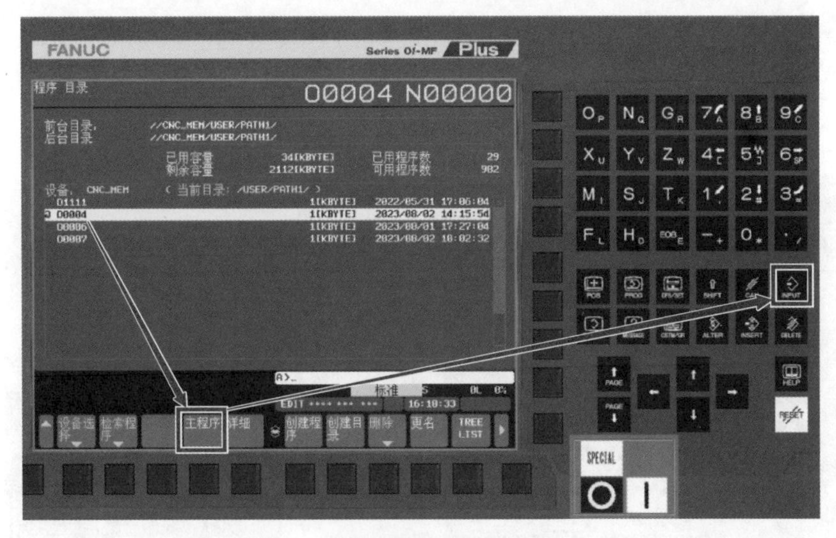

图 2-2-31　主程序

程序（字）　O0004 N00000

```
//CNC_MEM/USER/PATH1/
O0004                    (FG-EDIT)
O0004 ;
M06 T01 ;
G43 H01 ;
G00 G90 G54 X100 Y100 Z100 ;
Z5 ;
X35 Y0 ;
G01 Z-10 F500 ;
G01 G41 D01 X20 F300 ;
G17 G02 I-20 J0 ;
G01 Y-10 ;
X0 ;
G17 G02 I0 J10 ;
G01 X-20 ;
Z5 ;
G00 X45 Y45 ;
G01 Z-20 F300 ;
X20 ;
Y-20 ;
X-20 ;
Y20 ;
X20 ;
G00 G40 Y40 ;
Z100 ;
M05 ;
M30 ;
%
```

图 2-2-32　加工程序

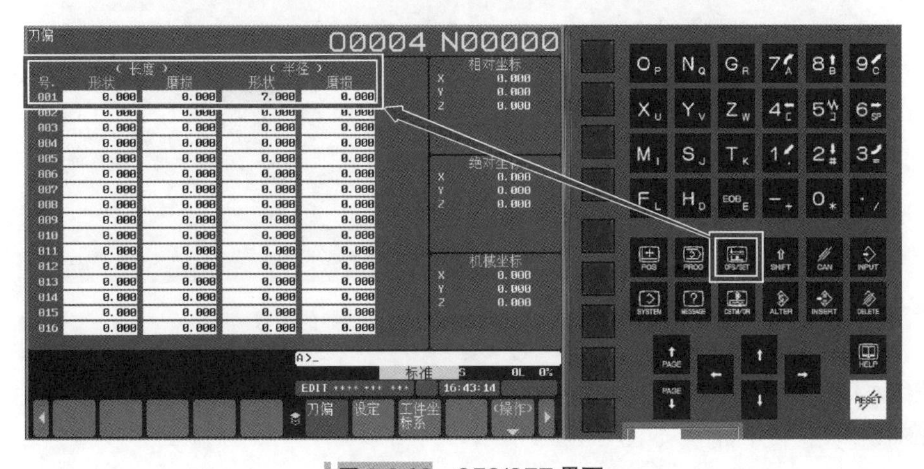

图 2-2-33　OFS/SET 界面

步骤 12. 单击“右扩展→刀具形状尺寸→1 号刀”，选择“平头铣刀”，安装设置为“1”，如图 2-2-34 所示。

步骤 13. 单击“CSTM/GR（图形显示）”，如图 2-2-35 所示。

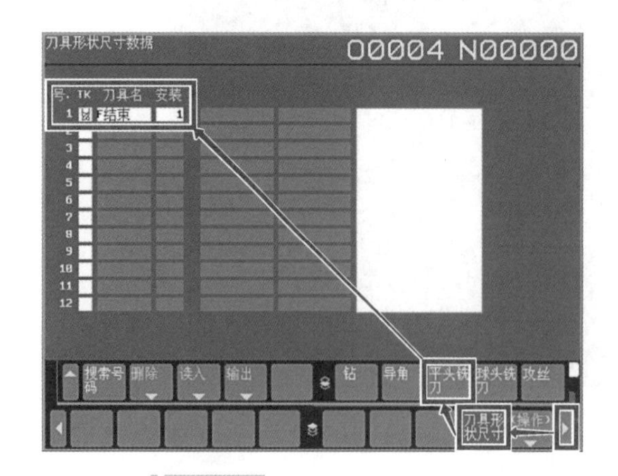

图 2-2-34 设置刀具形状尺寸

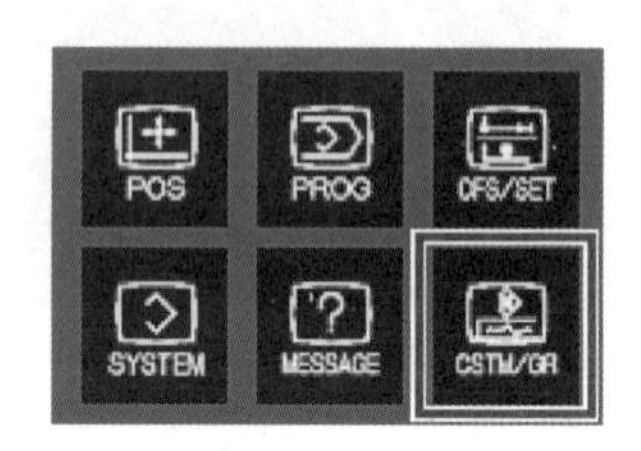

图 2-2-35 单击“CSTM/GR”

步骤 14. 设置动态图形显示功能的参数，如图 2-2-36 所示。

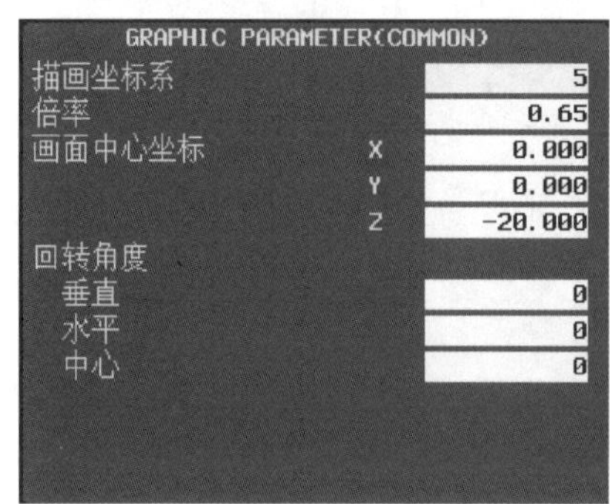

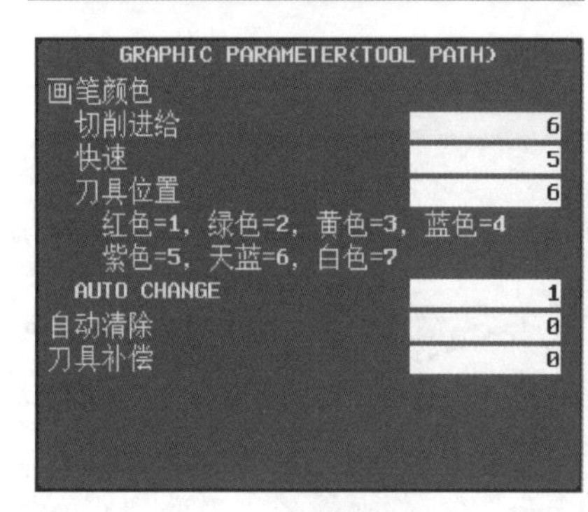

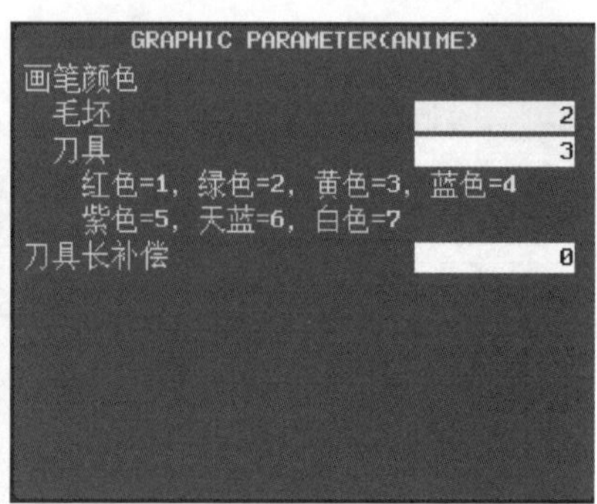

图 2-2-36 设置动态图形显示功能的参数

步骤 15. 单击“路径执行→操作→程序选择→ O0004 →绘图选择”，如图 2-2-37 所示。

步骤 16. 单击“开始”，如图 2-2-38 所示。

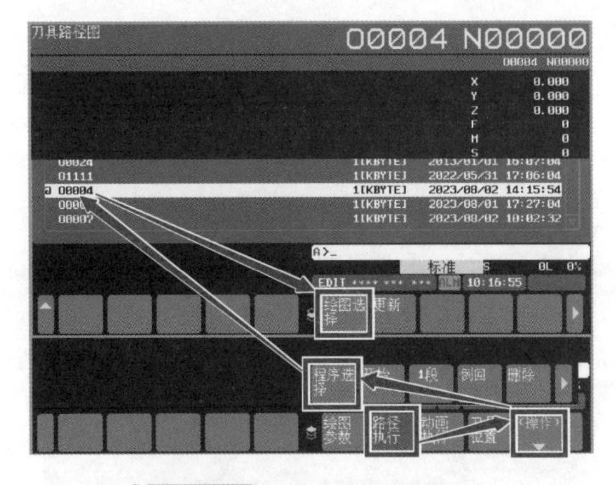

图 2-2-37 选择程序“O0004”

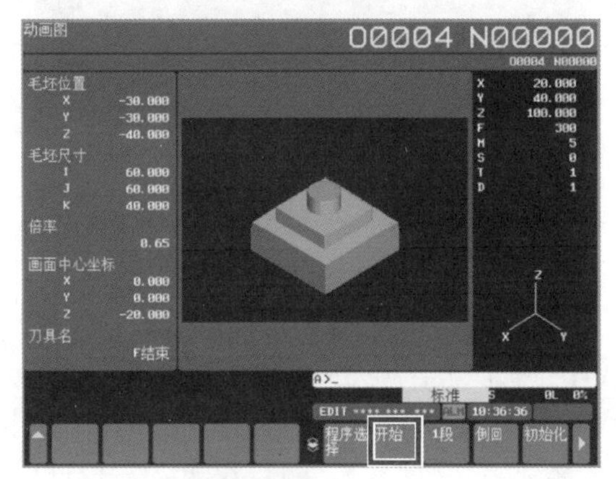

图 2-2-38 单击“开始”

步骤 17. 单击“动画执行→操作→程序选择→ O0004 →绘图选择”，如图 2-2-39 所示。

步骤 18. 单击“开始”，如图 2-2-40 所示。

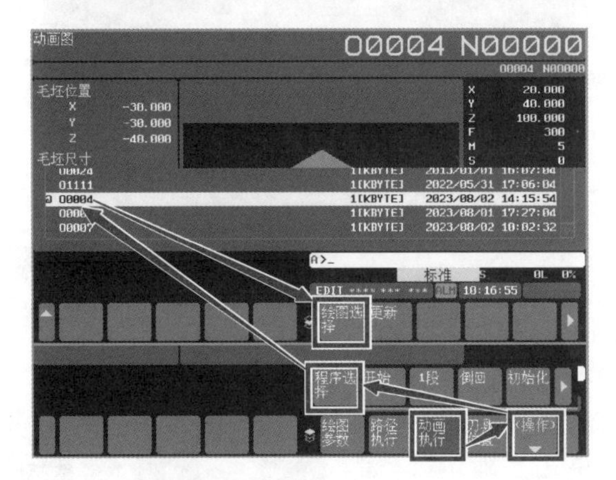

图 2-2-39 选择程序“O0004”

图 2-2-40 单击“开始”

任务三 智能物流虚拟仿真系统应用

学习目标

1. 了解智能物流虚拟仿真软件。
2. 了解智能物流虚拟仿真软件的安装。
3. 掌握智能物流虚拟仿真软件基本操作。
4. 树立安全文明生产和环境保护意识。

重点和难点

掌握智能物流虚拟仿真软件基本操作。

智能物流虚拟仿真系统应用

相关知识

智能物流虚拟仿真软件由 YL–F11C 型智能物流虚拟仿真系统和 YL–F11D 型中心立体库虚拟仿真软件组成。

1. 智能物流虚拟仿真软件的介绍

YL–F11C 型智能物流虚拟仿真系统如图 2-3-1 所示，可以模拟仿真 AGV 小车、机器人、数控系统之间的协同作业，如机器人自动上下料、机床加工、AGV 运输等流程。

YL–F11D 型中心立体库虚拟仿真软件如图 2-3-2 所示，可以模拟仿真立体库与 AGV 小车的协同作业，如智能料仓存放物品流程。

图 2-3-1 YL–F11C 型智能物流虚拟仿真系统

图 2-3-2 YL–F11D 型中心立体库虚拟仿真软件

2. 智能物流虚拟仿真软件的设置

1）以管理员的身份运行 YL–F11C 型智能物流虚拟仿真系统软件，需要注册或者加密狗才能使用，如图 2-3-3 所示。

2）以管理员的身份运行 YL–F11D 型中心立体库虚拟仿真软件，单击“设置”，端口设置为“12111”，单击“确定”，如图 2-3-4 所示。

图 2-3-3 注册

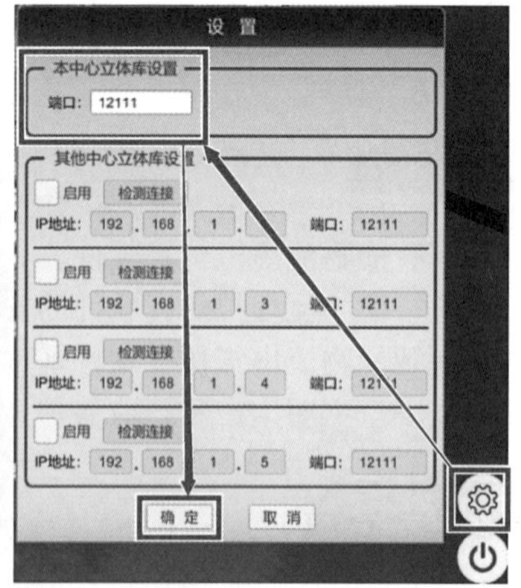

图 2-3-4 设置立体库参数

3）单击“设置”，在弹出对话框中单击“刷新”，选择正确的端口号，单击“测试连接”，在弹出的提示对话框中单击“确定”，最后单击“确定”，如图 2-3-5 所示。

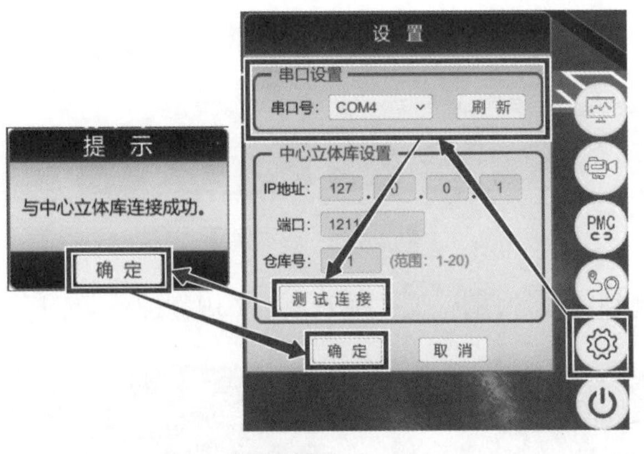

图 2-3-5　设置

3. 智能物流虚拟仿真软件的基本操作

1）单击“显示信号”图标，显示 PMC 输入信号和 PMC 输出信号界面，如图 2-3-6 所示。

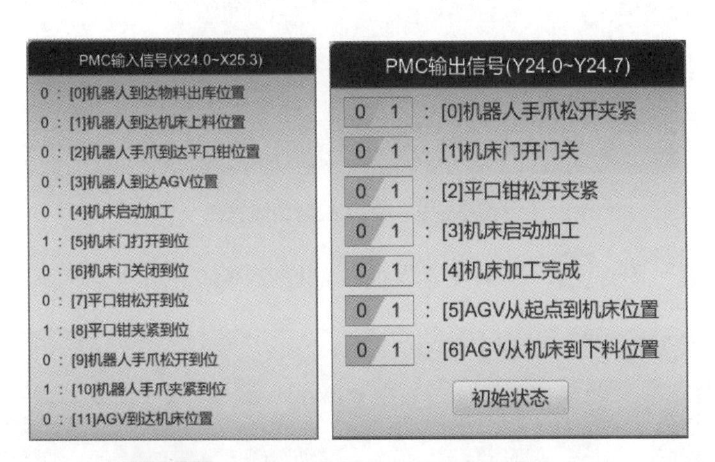

图 2-3-6　PMC 输入信号和 PMC 输出信号界面

2）单击“视图”图标，显示不同视图，如图 2-3-7 所示。

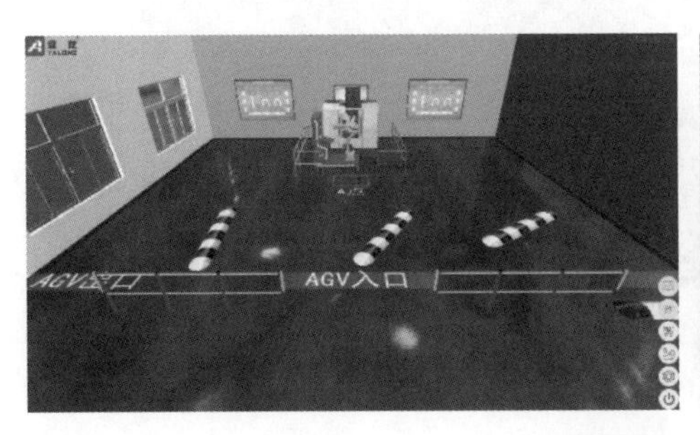

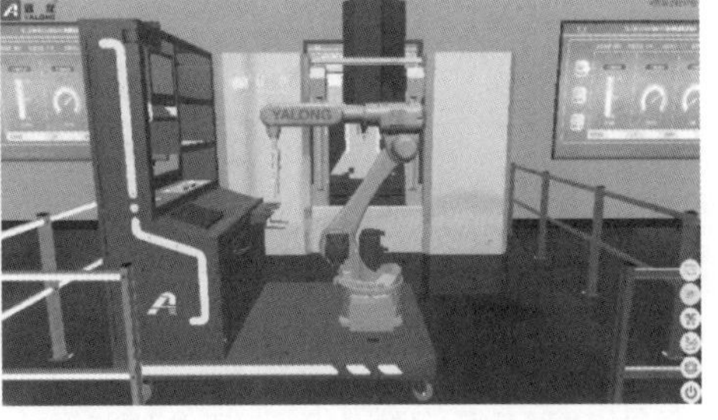

图 2-3-7　不同视图

3）单击“PMC”图标，提示“与PMC连接成功”或“与PMC断开成功”信息，如图2-3-8所示。

图 2-3-8　提示信息

4）单击“AGV规划路线”图标，显示AGV规划路线界面，如图2-3-9所示。

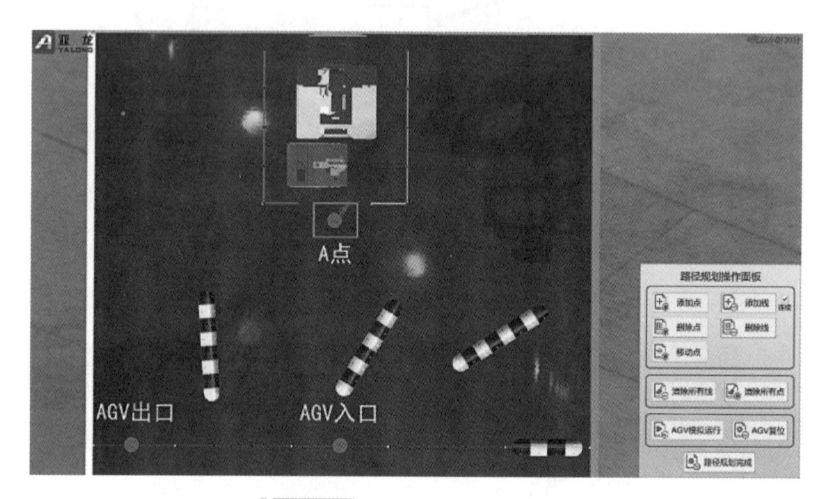

图 2-3-9　AGV 规划路线界面

5）单击“设置”图标，显示设置界面，如图2-3-10所示。

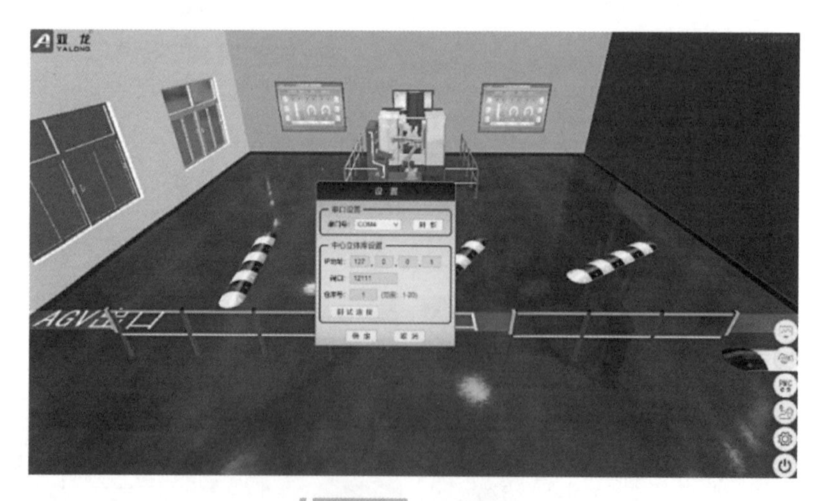

图 2-3-10　设置界面

6）单击“退出”图标，退出软件。

任务实施

一、安装 YL–F11C 型智能物流虚拟仿真系统软件

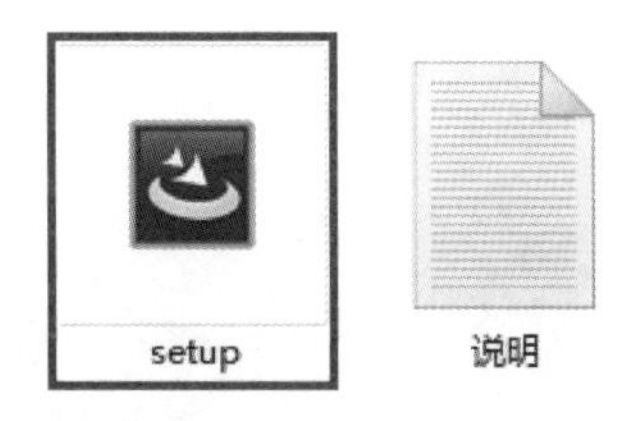

图 2-3-11 双击"setup.exe"

步骤 1. 打开软件安装包，双击"setup.exe"，开始安装程序，如图 2-3-11 所示。

步骤 2. 继续安装，单击"下一步"，如图 2-3-12 所示。

步骤 3. 在默认路径安装文件夹，单击"下一步"，如图 2-3-13 所示。

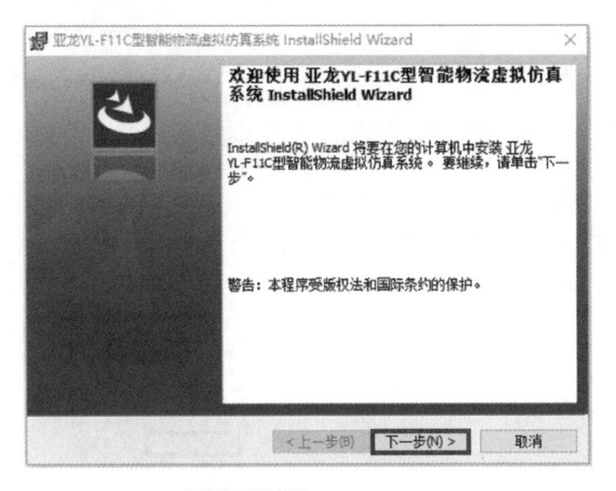

图 2-3-12 继续安装

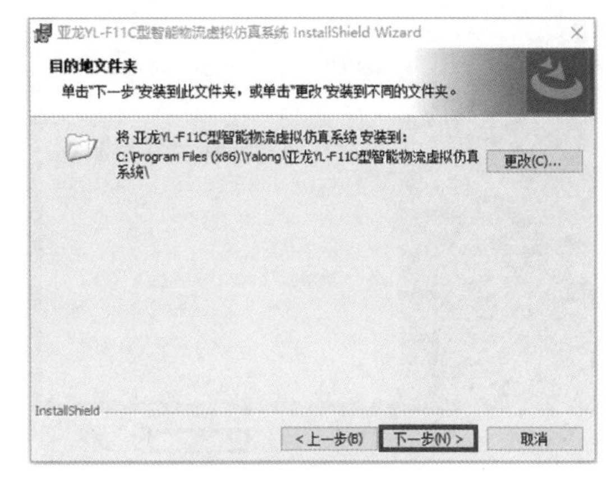

图 2-3-13 安装文件夹

步骤 4. 向导准备开始安装，单击"安装"，如图 2-3-14 所示。

步骤 5. 软件安装完成，单击"完成"，如图 2-3-15 所示。

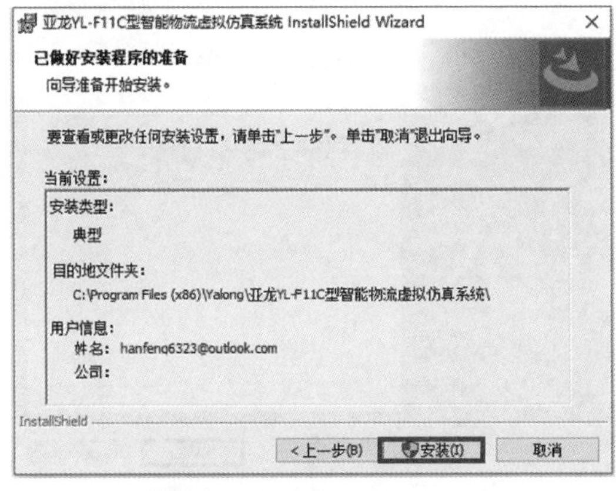

图 2-3-14 向导准备开始安装

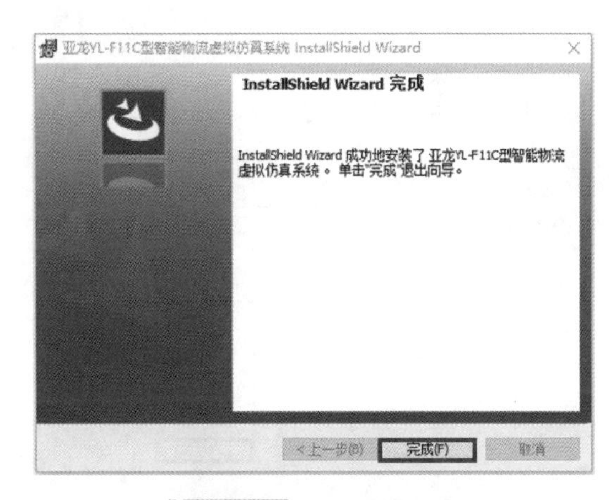

图 2-3-15 软件安装完成

二、安装 YL–F11D 型中心立体库虚拟仿真软件

步骤 1. 打开软件安装包，双击"setup.exe"，开始安装程序，如图 2-3-16 所示。

图 2-3-16　双击“setup.exe”

步骤 2. 继续安装，单击“下一步”，如图 2-3-17 所示。

步骤 3. 在默认路径安装文件夹，单击“下一步”，如图 2-3-18 所示。

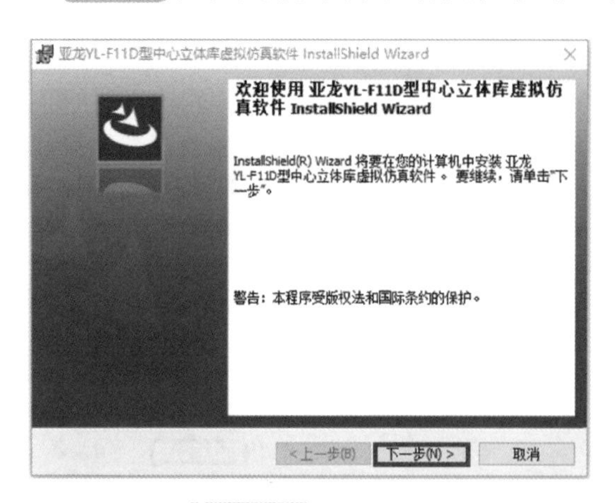

图 2-3-17　继续安装

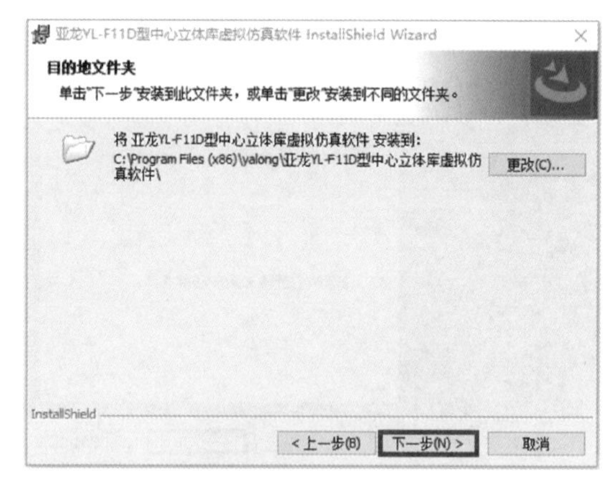

图 2-3-18　安装文件夹

步骤 4. 向导准备开始安装，单击“安装”，如图 2-3-19 所示。

步骤 5. 软件安装完成，单击“完成”，如图 2-3-20 所示。

图 2-3-19　向导准备开始安装

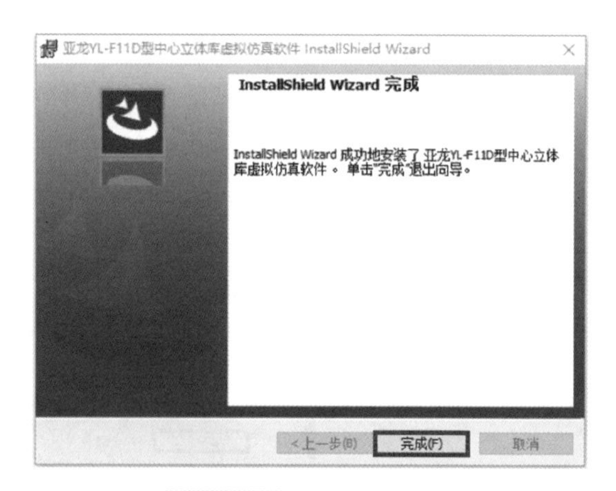

图 2-3-20　软件安装完成

三、智能物流虚拟仿真软件的使用

步骤 1. 以管理员的身份，双击打开 YL-F11C 型智能物流虚拟仿真系统软件和 YL-F11D 型中心立体库虚拟仿真软件，如图 2-3-21 所示。

图 2-3-21 软件界面

步骤 2. 单击“AGV 规划路线”图标，单击“添加点”，设置 AGV 经过的点，如图 2-3-22 所示。

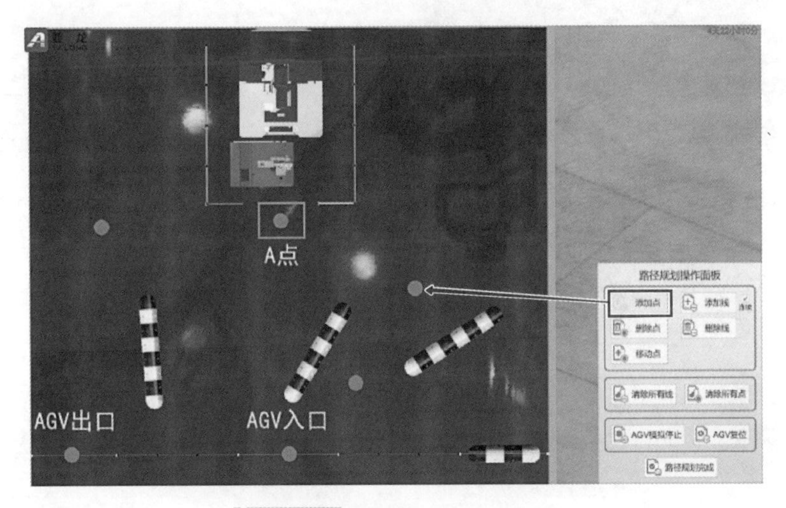

图 2-3-22 设置 AGV 经过的点

步骤 3. 单击“添加线”，设置 AGV 经过的路线，如图 2-3-23 所示。

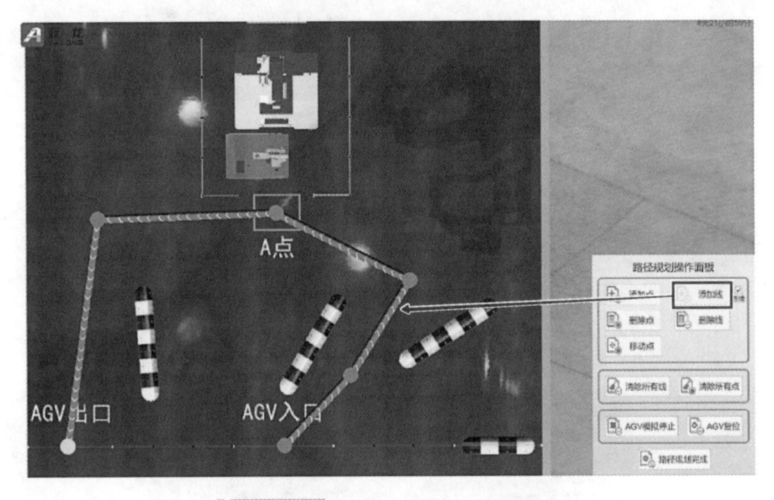

图 2-3-23 设置 AGV 经过的路线

步骤 4. 单击“AGV 模拟运行”，AGV 小车模拟运行，如图 2-3-24 所示。

步骤 5. 单击“路径规划完成”，如图 2-3-25 所示。

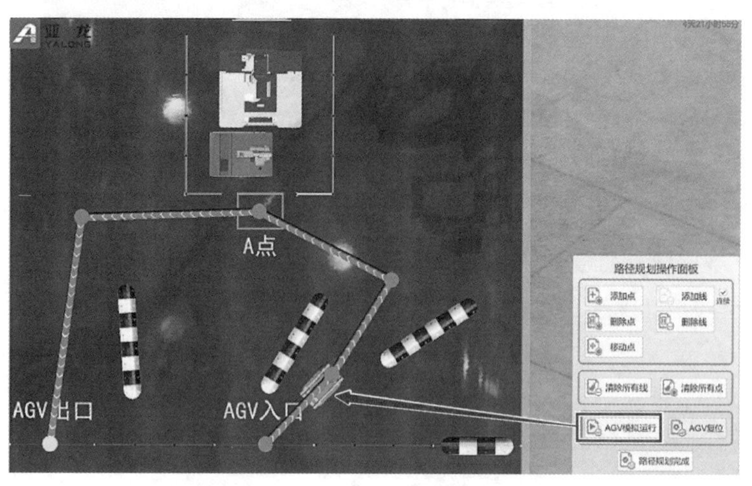

图 2-3-24　AGV 小车模拟运行

图 2-3-25　路径规划完成

步骤 6. 单击“显示信号”图标，根据智能制造单元流程图，单击“相应的信号”，实现“控制机器人从出库位置抓料→输送至加工中心夹具上夹紧→数控机床加工→工业机器人抓取成品至 AGV 小车→ AGV 小车将成品运输至智能料仓”全部流程；如果需要重新执行，单击“初始状态”，如图 2-3-26 所示。

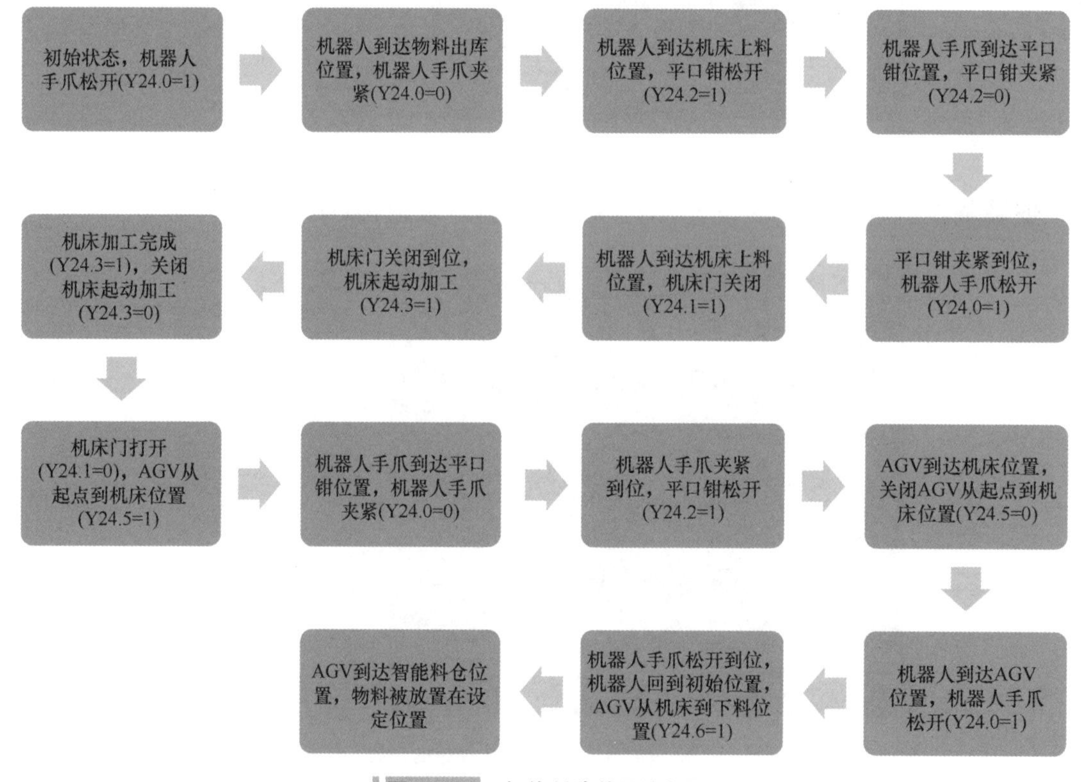

图 2-3-26　智能制造单元流程图

步骤 7. 单击“PMC”图标，提示与 PMC 连接成功，单击“确定”，如图 2-3-27 所示。

步骤 8. 若机床门打开信号为 Y0008.0，机床门关闭信号为 Y0008.1，则机床门打开关闭梯形图如图 2-3-28 所示。

图 2-3-27 提示与 PMC 连接成功

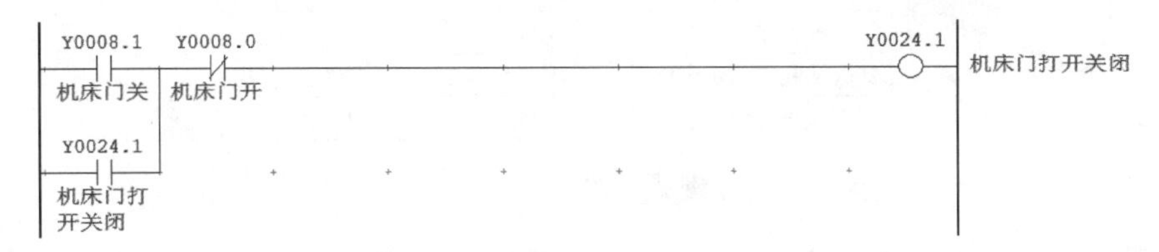

图 2-3-28 机床门打开、关闭梯形图

步骤 9. 若平口钳松开信号为 Y0008.2，平口钳夹紧信号为 Y0008.3，则平口钳松开、夹紧梯形图如图 2-3-29 所示。

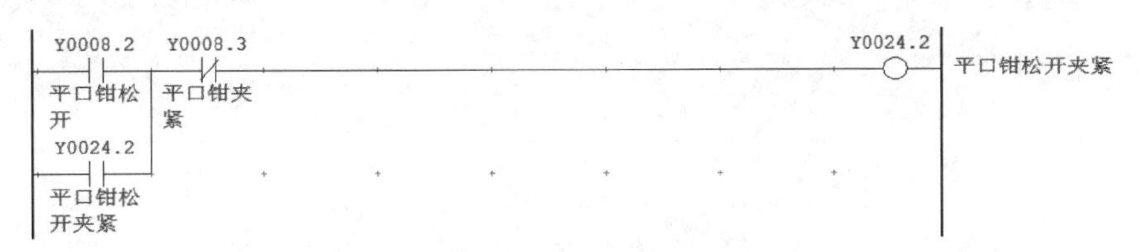

图 2-3-29 平口钳松开、夹紧梯形图

步骤 10. 若程序启动信号为 G0007.2，则程序启动梯形图如图 2-3-30 所示。

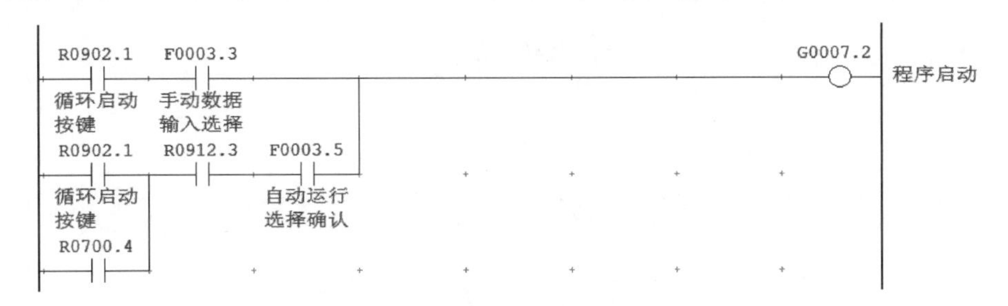

图 2-3-30 程序启动梯形图

步骤 11. 若 M30 程序结束信号为 F0009.4，则 M30 程序结束梯形图如图 2-3-31 所示。

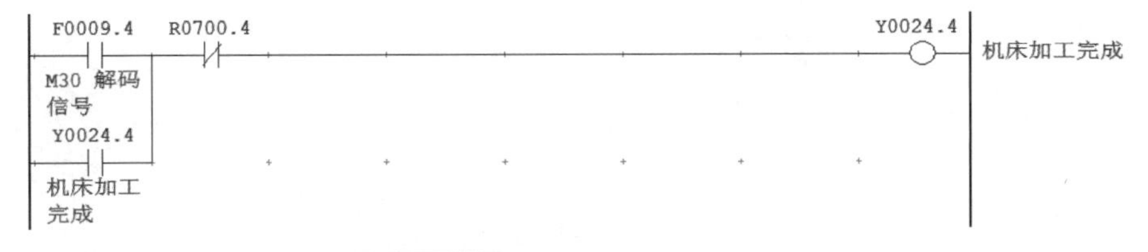

图 2-3-31 M30 程序结束梯形图

步骤 12. 配置 I/O 信号，如图 2-3-32 所示。

名称	动画输出	机器人
机器人手爪松开、夹紧	松开Y24.0=1 夹紧Y24.0=0	松开RO[2] 夹紧RO[3]
机床门开门关	门开Y24.1=0 门关Y24.1=1	
平口钳松开、夹紧	松开Y24.2=1 夹紧Y24.2=0	
机床启动加工	Y24.3	
机床加工完成	Y24.4	
AGV从起点到机床位置	Y24.5	DO[106]
AGV从机床到下料位置	Y24.6	DO[107]

图 2-3-32 I/O 信号

步骤 13. 数控系统选择“AUTO”（自动模式），机器人选择“AUTO”（自动模式），按下“CYCLE START”（启动按钮），智能制造单元虚拟仿真按照流程图运行，如图 2-3-33 所示。

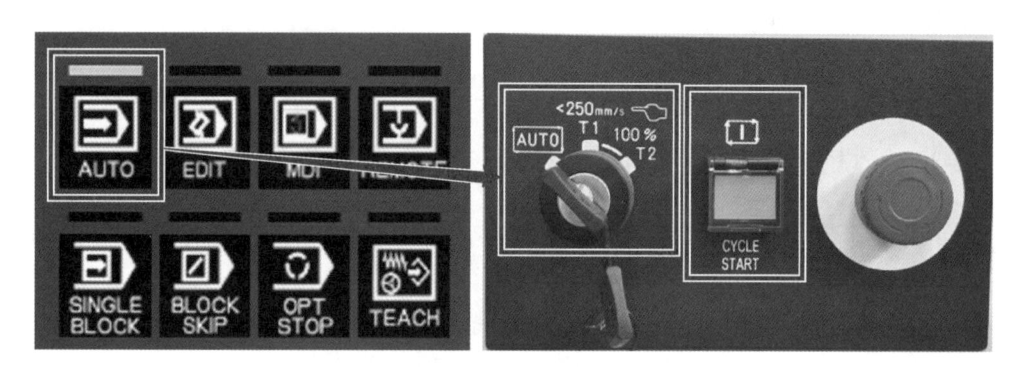

图 2-3-33 操作步骤

项目三 智能视觉单元功能应用

项目引入

在现代智能科技领域中，智能视觉单元已经成为不可或缺的一部分，它能够模拟人的视觉系统，实现对物品的形状、颜色和位置的识别和判断。通过学习本项目，你将了解智能视觉单元的基本原理和应用，并掌握如何使用它来进行目标检测和识别。

项目目标

1. 掌握视觉单元的基本原理和应用。
2. 学会使用视觉单元进行物品形状判断。
3. 学会使用视觉单元进行物品颜色判断。
4. 学会使用视觉单元读取物品坐标。

任务一 视觉单元介绍

学习目标

1. 了解视觉单元的基本原理和应用。
2. 掌握视觉单元的组成和功能。

重点和难点

1. 视觉单元的基本原理。
2. 视觉单元的应用。

相关知识

一、视觉单元的基本原理和应用

1. 视觉单元的基本原理

视觉单元的基本原理是利用光学自适应镜头对物体进行拍摄，然后将图像数据传输到视觉系统中，通过图像处理和模式识别等算法，对图像进行处理和解析，最终实现对物体的识别、定位、测量等操作。

视觉单元的核心是图像传感器，它可以将光学信号转换为电信号，然后将数据传输到处理器中进行处理。处理器通过图像处理软件对数据进行图像增强、滤波、边缘检测、形态学处理等。在处理过程中，视觉模块还可以根据需要对图像进行校正和补偿，以确保图像质量和准确性。

2. 视觉单元的应用

视觉单元在工业领域上的应用非常广泛，主要应用如下：

（1）智能制造　视觉技术可以应用于生产线上的自动检测、自动定位和自动装配等环节，提高生产效率和产品质量。

（2）物流分拣　视觉技术可以应用于物流分拣中心，通过识别包裹上的标识符或条形码，实现快速准确的分拣。

（3）表面检测　视觉技术可以应用于产品表面检测，通过对产品表面进行图像处理和分析，检测出表面缺陷和瑕疵。

（4）尺寸测量　视觉技术可以应用于产品尺寸测量，通过对产品进行图像采集和图像处理，测量出产品的各项尺寸参数。

（5）机器人导航　视觉技术可以应用于机器人导航，通过视觉导航算法，实现机器人在工业场景中的自主导航。

（6）发动机检测　视觉技术可以应用于发动机检测，通过对发动机进行图像采集和图像处理，检测出发动机内部的缺陷和故障。

（7）印刷行业检测　视觉技术可以应用于印刷行业检测，通过对印刷品进行图像采集和图像处理，检测出印刷品的质量问题。

（8）液晶面板行业检测　视觉技术可以应用于液晶面板行业检测，通过对液晶面板进行图像采集和图像处理，检测出液晶面板的缺陷和瑕疵。

二、视觉单元的组成

海康威视的视觉单元组成包括以下几个方面：

（1）视觉传感器　包括摄像头、图像传感器等组件，用于捕获图像并转换为数字信号。

（2）图像处理器　用于处理图像数据，包括图像增强、滤波、边缘检测、形态学处理等。

（3）模式识别算法　用于识别和分类图像中的物体，包括特征提取、目标检测、分类器设计等。

（4）运动控制系统　用于控制机械臂、机器人等运动设备，实现自动化操作。

（5）人机界面　用于显示图像和数据结果，以及操作和控制视觉单元。

（6）光源和镜头　海康威视提供了一系列可选配的光源和镜头，用于提供照明和焦距，以及调整图像的视场和分辨率。

（7）数据存储和传输　用于存储和处理大量图像数据，以及将数据传输到其他设备和计算机。

（8）电源和冷却系统　用于提供电力和散热，确保视觉单元的稳定运行。

（9）深度学习算法　海康威视提供了深度学习算法，用于实现更高级别的物体识别和分类，以及自动化决策和处理。

（10）开源 SDK 和开发者平台　海康威视提供了开源软件开发工具包（SDK）和开发者平台，以支持开发人员和用户进行二次开发和定制化应用。

总之，海康威视的视觉单元涵盖了基础的图像处理和模式识别功能，同时还提供了深度学习算法、光源和镜头等扩展功能，以及开源 SDK 和开发者平台等支持。这些功能模块可以灵活组合和扩展，以满足不同应用场景的需求。

任务实施

一、实训设备

本任务以 YL−569F 立体库实训设备为任务实施对象，该设备配备的视觉单元采用海康威视视觉系统，如图 3-1-1 所示。

YL−569F 型立体库实训设备的视觉单元由相机镜头、相机光源、物料放置台、视觉显示器等组成，如图 3-1-2 所示。

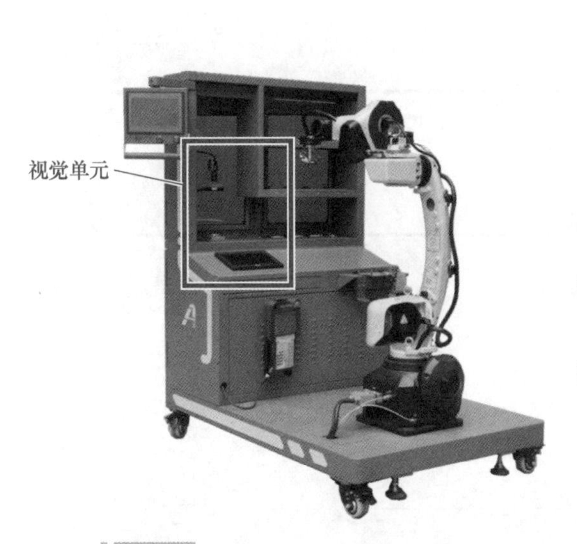

图 3-1-1　YL−569F 立体库实训设备

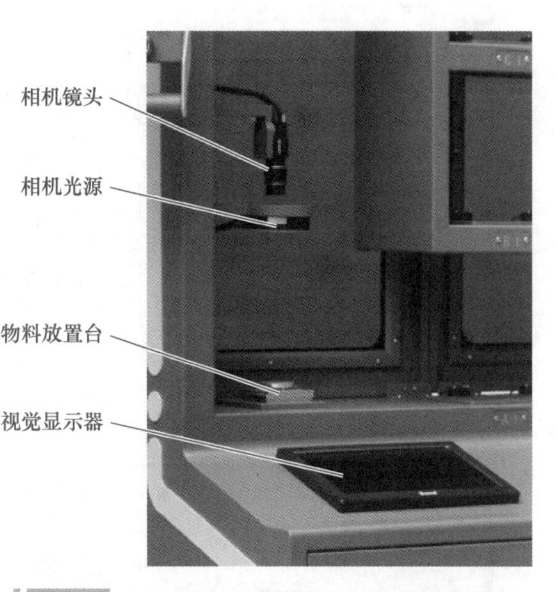

图 3-1-2　YL−569F 型立体库实训设备的视觉单元

二、视觉单元软件启动

步骤 1. 使用模块上已有的显示屏和外接的鼠标与键盘对视觉单元进行控制和编程。将鼠标与键盘插入视觉控制器的 USB 接口上，对视觉单元的光源和相机进行控制，打开编程软件 VisionMaster，便可以进行逻辑编程，如图 3-1-3 所示。**注意：**控制器需要插入加密狗才可使用。

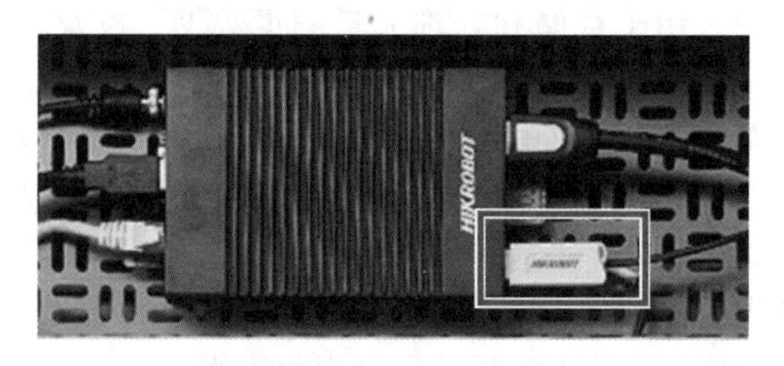

图 3-1-3　视觉软件加密狗

步骤 2. 设备可通过 HDMI 接口连接显示器，也可通过局域网内的其他 PC 远程访问进行操作。通过设备 IP 地址、用户名和密码进行远程桌面连接。出厂默认用户名为 Administrator，密码为 Operation666。

步骤 3. 打开控制器的 C 盘，搜索“IOCotoller”，将该应用程序发送至桌面快捷方式，以便于下次直接打开使用，然后打开应用程序，如图 3-1-4 所示，串口号选择“Com2”，单击“打开串口”，下方的光源控制区便会高亮显示，此时可以对光源进行模式选择和亮度调节，单击“应用”。

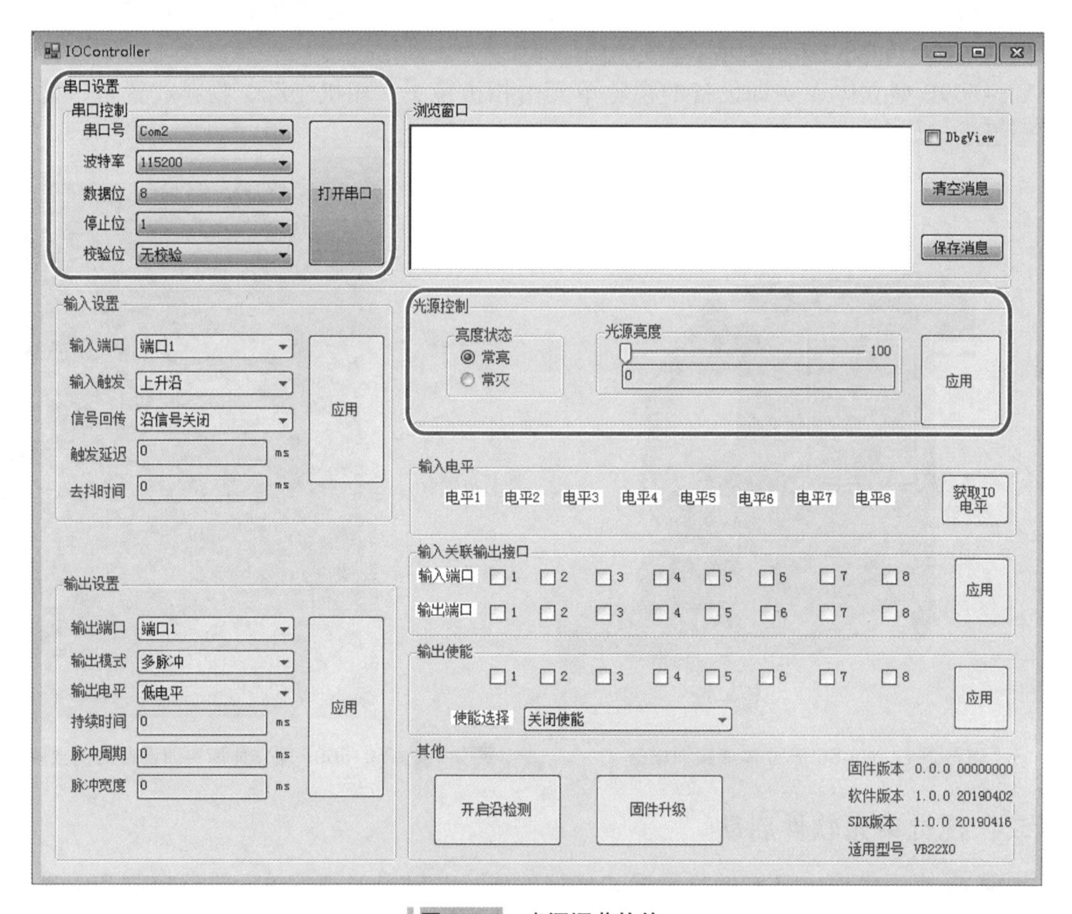

图 3-1-4　光源调节软件

步骤 4. 将控制器连接至相机的 USB 插口上，拿掉相机的镜头盖子（**注意**：*需要将镜头盖子保存好，以防丢失*），然后打开桌面的 MVS 软件，单击“连接”，连接上相机，如图 3-1-5 所示，对相机的参数进行设置。

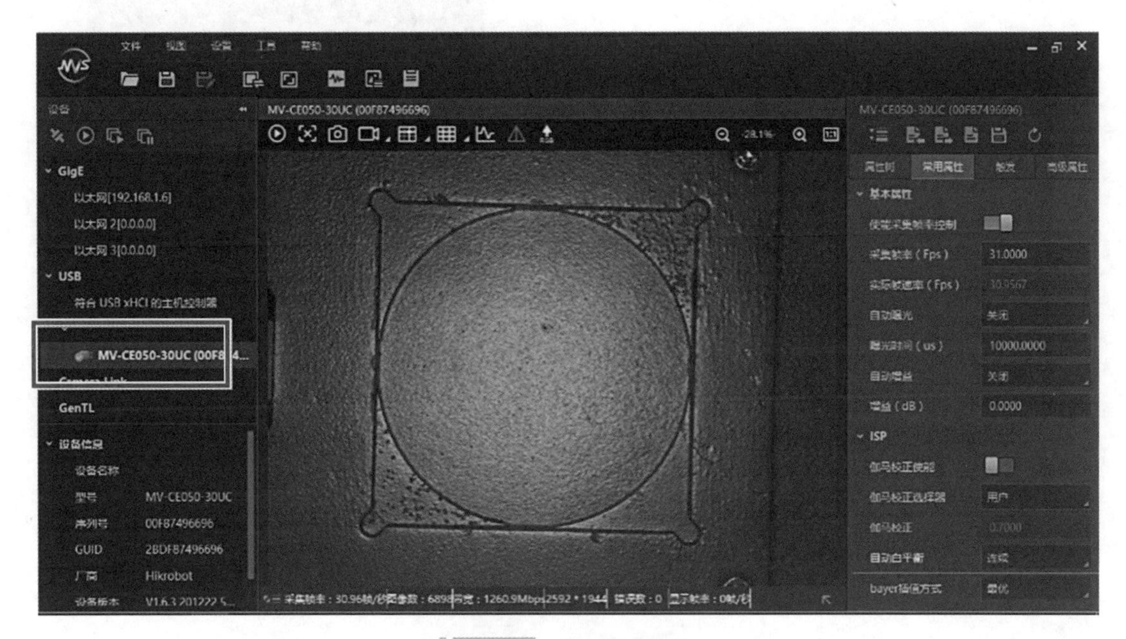

图 3-1-5 相机通信连接

当成功连接该相机时，单击“开始采集”，可以对实时画面进行捕捉，在右侧的“常用属性”中，可以设置相机的采集帧率，使采集的画面更顺畅。画面处理按钮如图 3-1-6 所示。

图 3-1-6 画面处理按钮

画面处理按钮从左至右依次为：

1）开始采集：单击该按钮，相机会实时采集外部图像，再次单击可关闭该功能。

2）停止预览：单击该按钮，软件会立即停止图像输出，画面变成黑色。

3）抓拍图像：单击该按钮，可以抓拍当前镜头下的图像，并进行保存。

4）录像：单击该按钮，可以进行实时画面的录像功能，并进行文件保存。

5）显示十字辅助线：单击该按钮，可以显示中心辅助线，便于物料找准画面中心，再次单击可取消显示。

在“常用属性”选项卡中，可以对相机的参数进行设置，如图 3-1-7 所示。不同型号相机加载的基本参数有所差别，具体请以实际参数为准。

1）基本属性：在基本属性窗口中，可以调节相机的曝光时间、帧率、增益等，如图 3-1-8 所示。当画面很暗时，除了可以调整光源的强度，也可以增大曝光率来调整画面的亮度；当处于很黑暗的环境中，可以打开伽马使能功能，这样便可以清晰地看到相机下的图像。

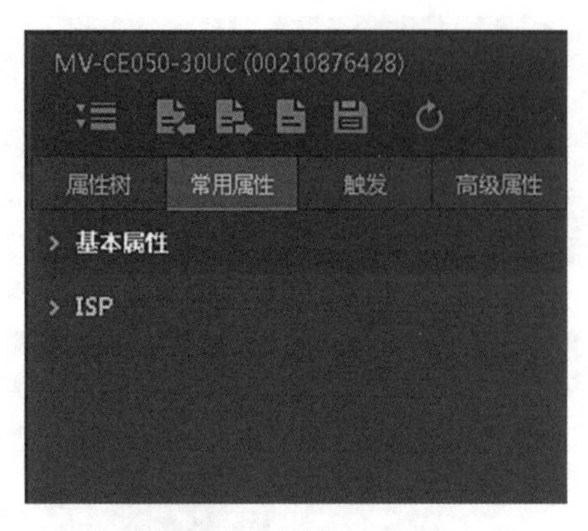

图 3-1-7 “常用属性”选项卡

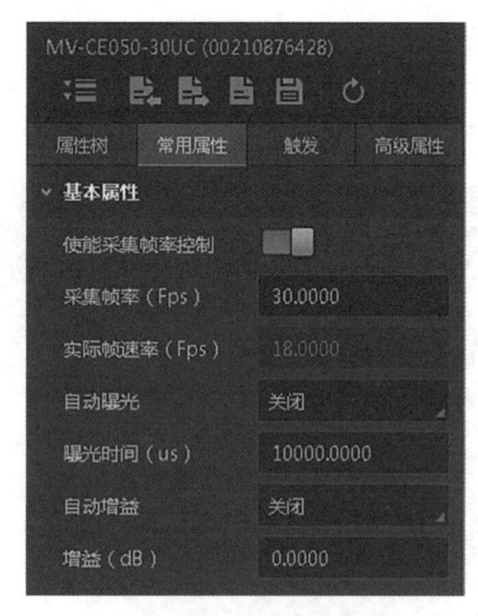

图 3-1-8 基本属性窗口

2）ISP：ISP 可以设置相机的伽马、锐度、色调、饱和度、Bayer 插值方式、白平衡等功能，如图 3-1-9 所示。

“触发”选项卡中分为 IO 输入和 IO 输出两种类型，可根据需求进行选择，如图 3-1-10 所示。

1）IO 输入：对于触发输入，可以选择内触发模式和外触发模式两种。选择内触发，即触发模式选择“关闭”状态时，相机通过设备内部给出的信号采集图像。选择外触发模式时，即触发模式选择“打开”状态时，相机通过外部给出的信号采集图像。

2）IO 输出：相机输出信号为电平信号，可用于控制频闪光源等外部设备。

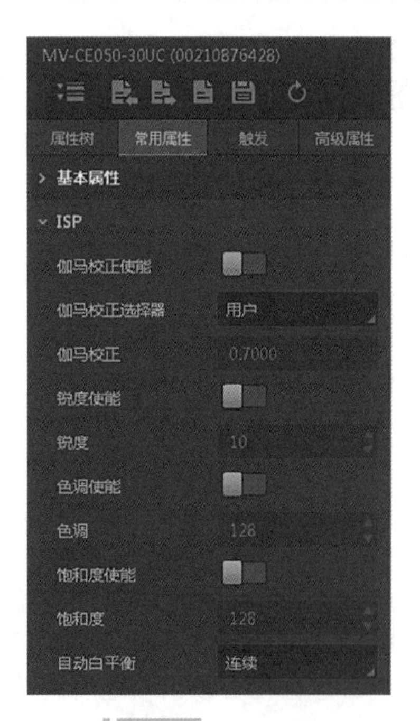

图 3-1-9 ISP 窗口

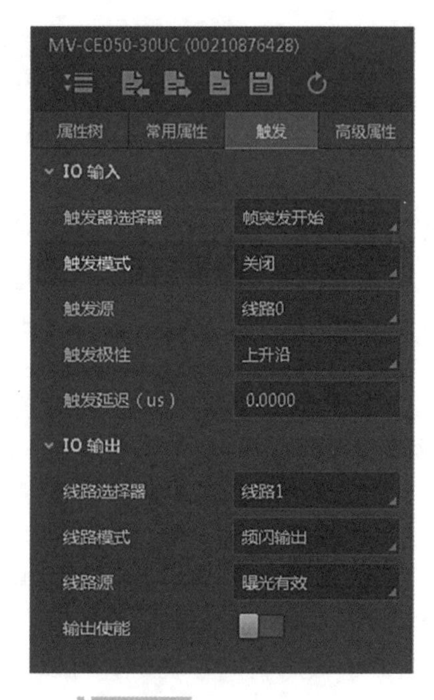

图 3-1-10 “触发”选项卡

任务二 物品形状判断

学习目标

1. 掌握物品形状判断的基本方法。
2. 学会使用视觉单元进行形状识别和分类。

重点和难点

1. 掌握图像处理和解析的基本算法。
2. 理解形状识别和分类的算法。

相关知识

一、软件界面说明（见图 3-2-1）

1）菜单栏：主要包含文件、设置、系统、工具、帮助等模块。

2）快捷工具条：主要包含保存文件、打开文件、相机管理、控制器管理等模块。

3）工具箱：包含图像采集、定位、测量、识别、标定、对位、图像处理、颜色处理、缺陷检测、逻辑工具、通信等功能模块。

4）流程编辑区域：在此区域可根据逻辑建立设计方案，实现需求。

5）图像显示区域：在此区域将显示图像的内容以及其算法计算处理后的效果。

6）结果显示区域：可以查看当前结果、历史结果和帮助等信息。

7）流程耗时：显示所选单个工具运行时间、总流程运行时间和算法耗时。

8）流程栏：支持对流程的相关操作。

9）鹰眼区域：支持全局页面查看。

二、快捷工具条

快捷工具条在菜单栏下面，工具条中的相关操作按钮能快速、方便地对相机进行相应的操作，如图 3-2-2 所示。

快捷工具条从左往右依次为：

1）保存：在操作区连接相应工程后单击该按钮可保存工程方案文件到本地。

2）打开：加载存在本地的工程方案文件。

3）撤销：撤销当前操作，单击其右下角位置，可查看其历史记录。

4）重做：取消撤销操作。所有支持撤销、重做功能的操作在进行自然操作时都会有正常的内存增涨（需缓存操作数据），新建、加载、保存方案操作会清空撤销、重做缓存的所有数据。

5）锁定：开启锁定后，流程编辑区域将被锁定，不能对流程的模块以及连线进行编辑。

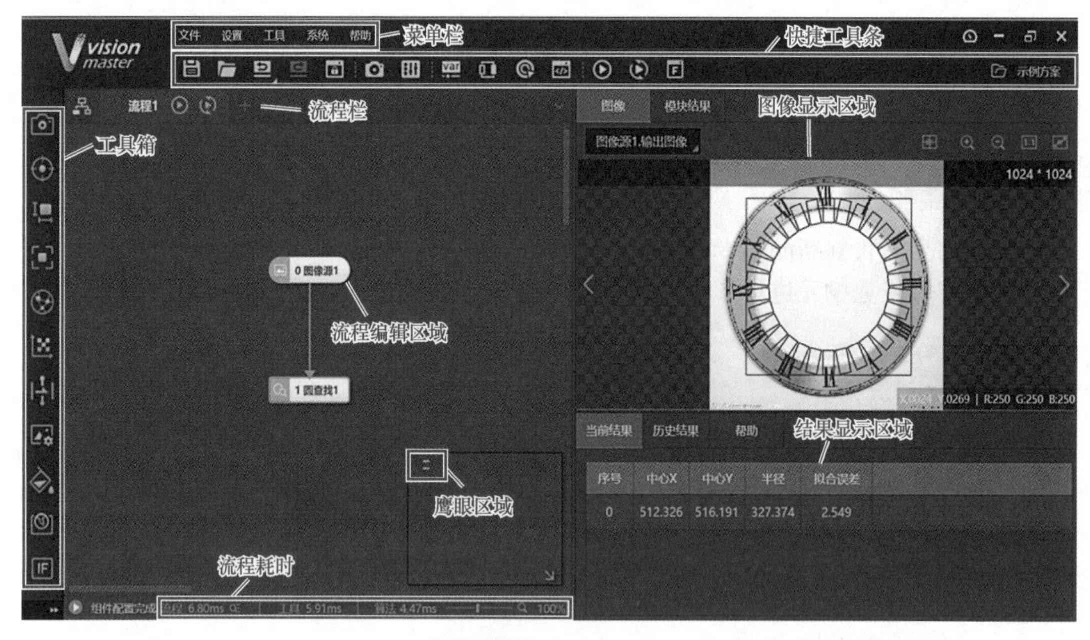

图 3-2-1 软件主界面

图 3-2-2 快捷工具条

6）相机管理：单击后可进行全局相机的创建，支持同时创建多个全局相机，并且支持修改全局相机的名称，在图像源里选择全局相机相当于使用相机图像。

7）控制器管理：单击后可添加控制器设备。

8）全局变量：可以被本方案中所有流程调用或修改的变量，可自定义变量名称、类型和当前值。

9）通信管理：可以设置通信协议以及通信参数，支持 TCP、UDP 和串口通信。

10）全局触发：可以通过触发事件和触发字符串来执行相应的操作。

11）全局脚本：可用于控制多流程的运行时序、动态配置模块参数和通信触发等。

12）单次执行：单击后单次执行流程。

13）连续执行：单击后连续执行流程，此时会改为停止运行按钮，再次单击后可中断或提前终止方案操作。

14）运行界面：可以根据自己需要自定义显示界面。

15）文件路径：显示方案的名称，单击可打开方案所保存的位置路径。

任务实施

一、PLC 侧设置

步骤 1. 组态 PLC，设备中含有一个 PLC 模块和一个输入信号扩展模块。

步骤 2. 组态完成后，先在设备视图或网络视图中单击网络接口，然后设置 IP 地址为“192.168.0.1”，如图 3-2-3 所示。

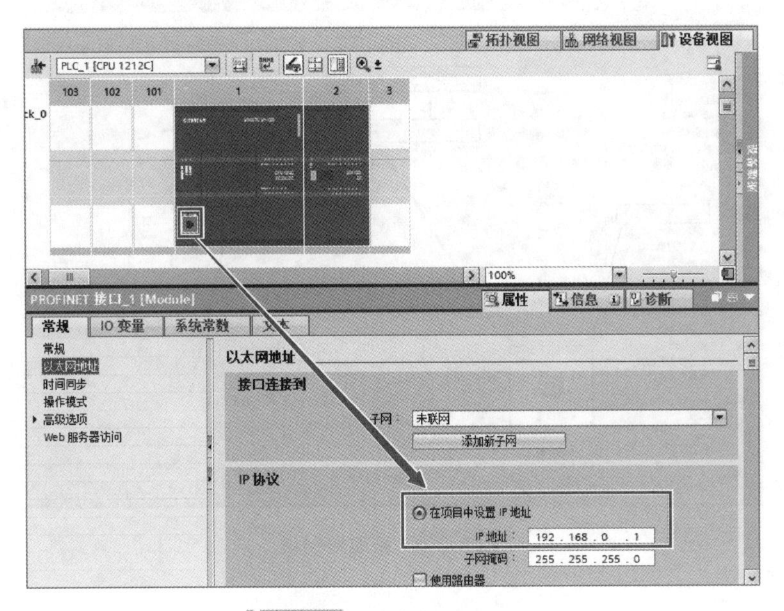

图 3-2-3 设置 PLC IP 地址

步骤 3. 在“常规”选项卡中，找到“防护与安全”选项，在连接机制中勾选“允许来自远程对象的 PUT/GET 通信访问”，如图 3-2-4 所示。

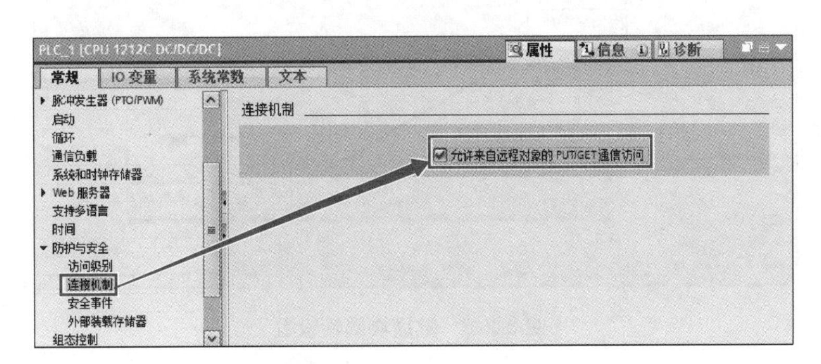

图 3-2-4 PUT/GET 通信访问

步骤 4. 在项目树里的“程序块”中添加类型为全局的“数据块”，新建一个数据块，如图 3-2-5 所示。

步骤 5. 打开数据块，右击选择“属性”，将“优化的块访问”前面的勾去掉，依次单击“确定”，如图 3-2-6 所示。

步骤 6. 在数据块 _1 中，双击 Static 下面的空白处，添加一个名称为“视觉数据”的数据，数据类型为 10 个字节的数组“Arry［0..9］of Byte”，也可以单独添加字节，如图 3-2-7 所示。**注意：**此区域的字节长度必须大于等于视觉控制器中设置的字节长度。

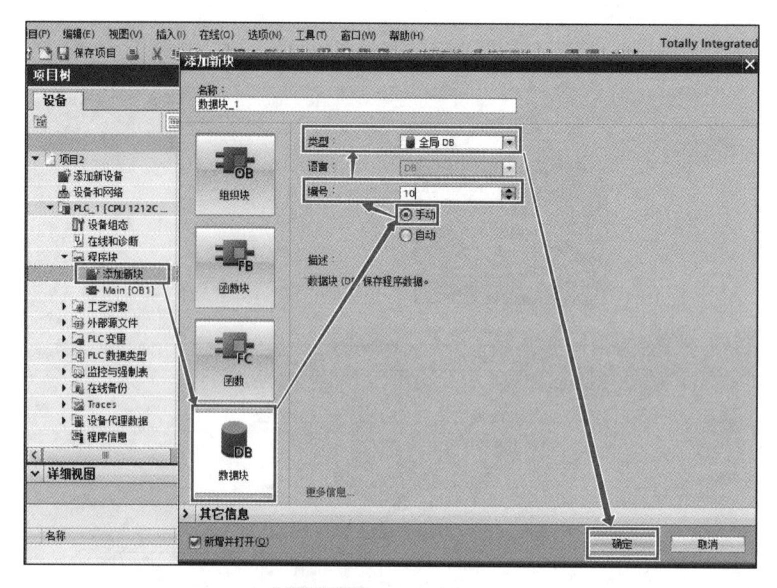

图 3-2-5　新建数据块

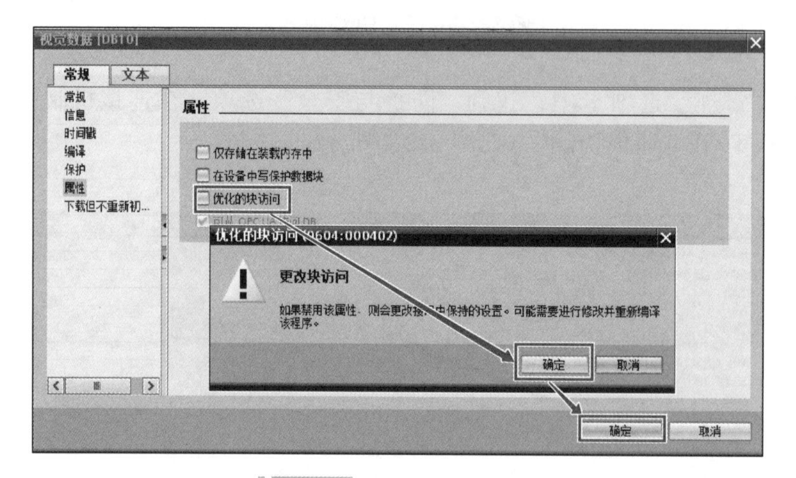

图 3-2-6　数据块属性设置

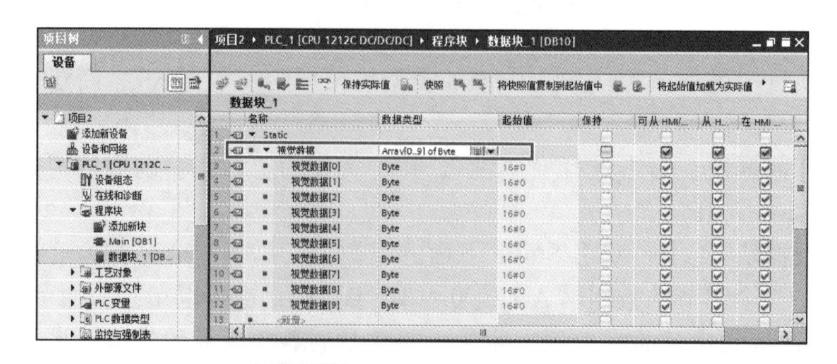

图 3-2-7　数据块数据类型添加

步骤 7. 设置完成后，单击菜单栏上的“编译”，进行程序编译，然后单击“下载”，进行程序下载，将配置下载到 PLC 中，如图 3-2-8 所示。

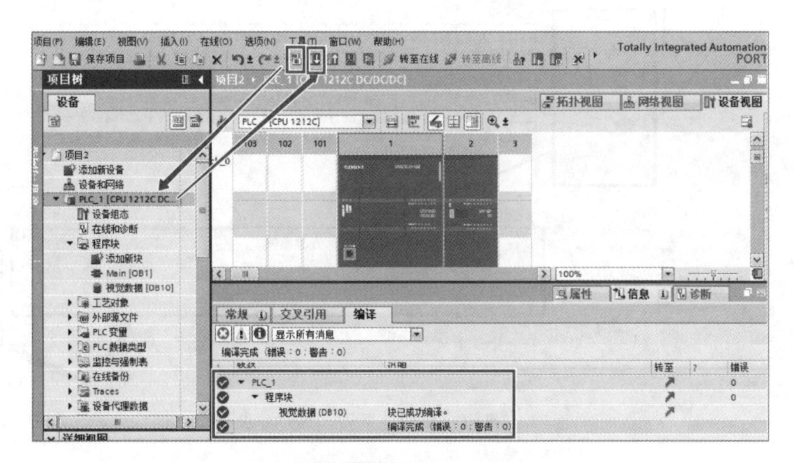

图 3-2-8　程序下载

二、视觉设置

步骤 1. 在视觉显示器上设置好计算机的 IP 地址，此处 IP 地址设置为“192.168.0.3”，如图 3-2-9 所示。

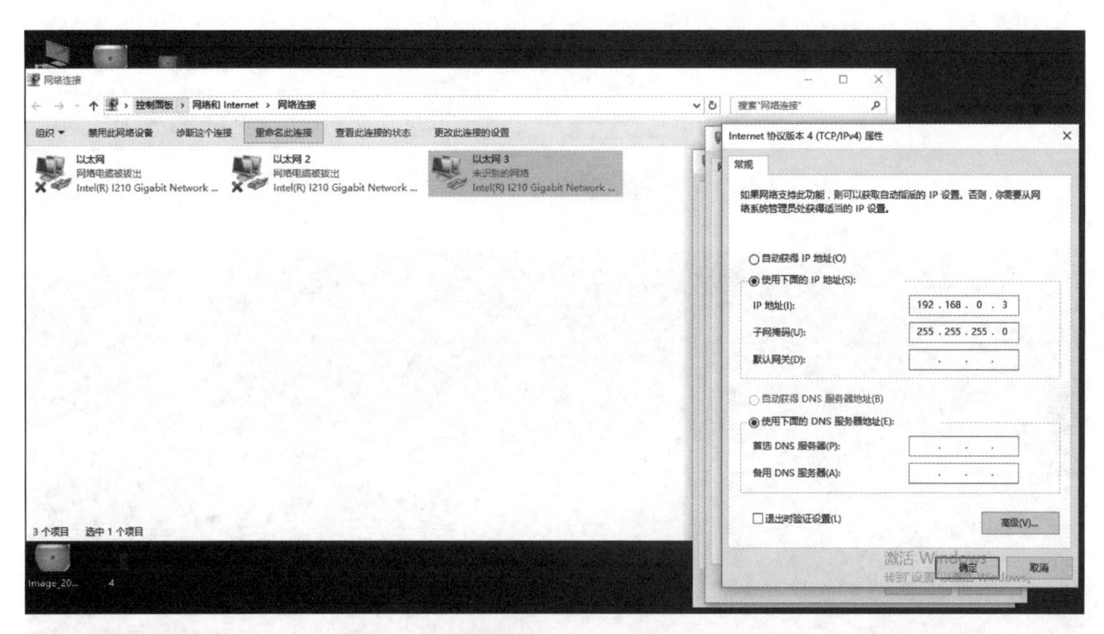

图 3-2-9　设置 IP 地址

步骤 2. 光源调节，打开 IOController 软件，如图 3-2-10 所示。

步骤 3. 打开 MVS 软件，选择识别出来的相机“ MV–CE050–30UC”，然后单击“开始采集”，相机开始识别画面，当物体不清晰时可手动调节相机上的光圈与焦距，如图 3-2-11 所示。

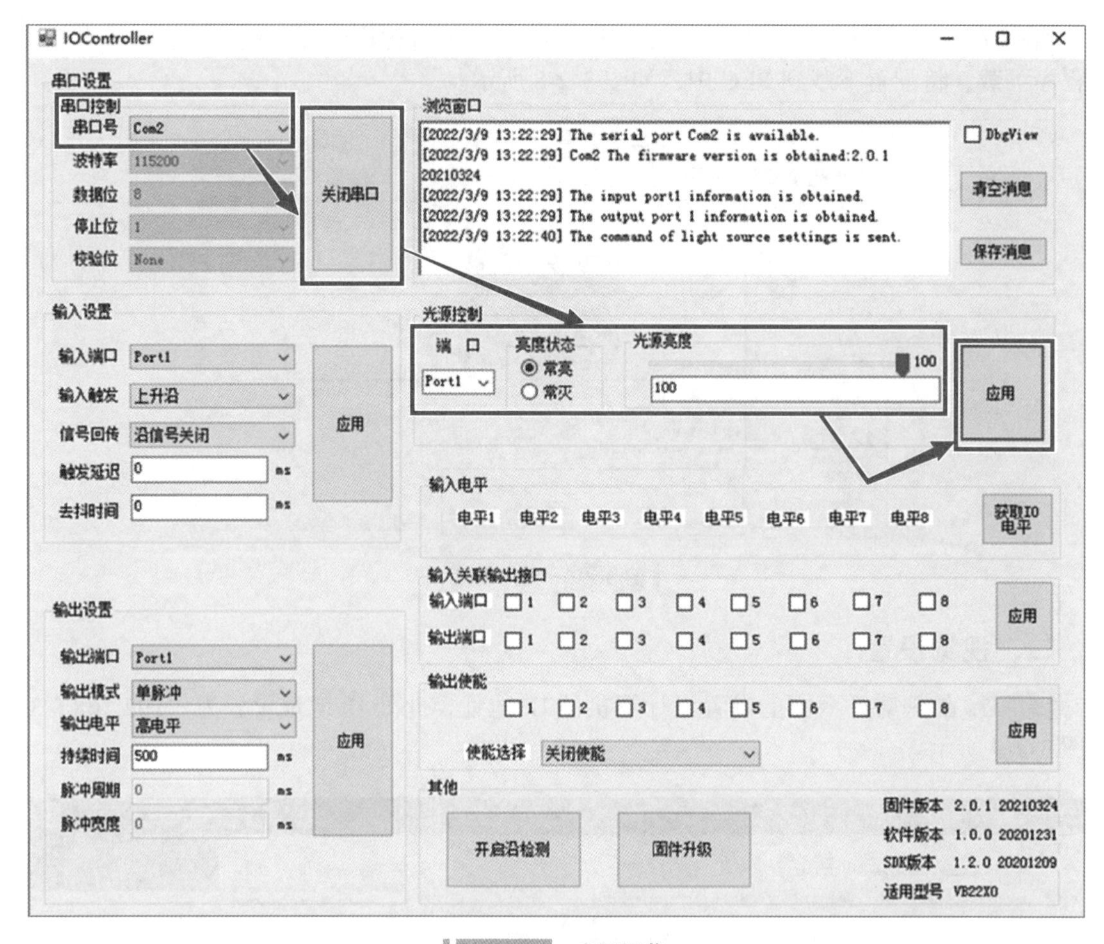

图 3-2-10　光源调节

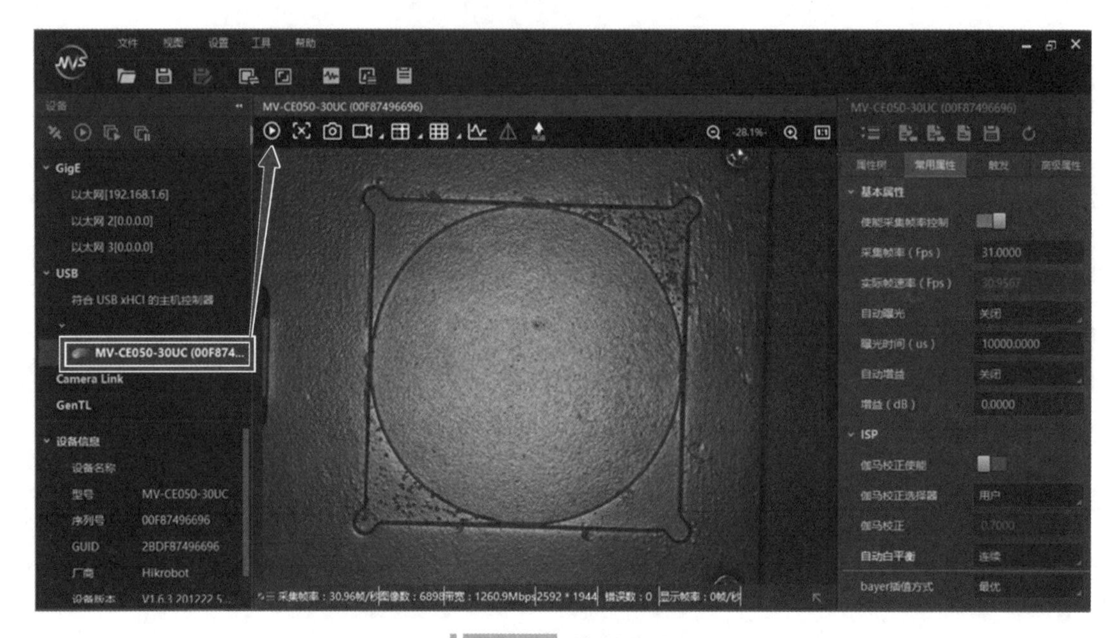

图 3-2-11　相机画面

步骤 4. 可以通过相机上的旋钮调整相机的光圈与焦距，可使拍摄画面更加清晰，如图 3-2-12 所示。

步骤 5. 打开 VisionMaster 软件，选择“通用方案”，新建一个空白工程，如图 3-2-13 所示。

图 3-2-12　调整光圈与焦距

图 3-2-13　新建视觉工程

步骤 6. 单击菜单栏上的“系统→相机管理”，生成全局相机，将选择相机改为“Hikvision MV–CE050–30UC”，切换到“触发设置”，触发源改为“LINE0”。**注意：** 此处操作是为了使用 PLC 输出 Line0 信号以控制相机拍照，如图 3-2-14 所示。

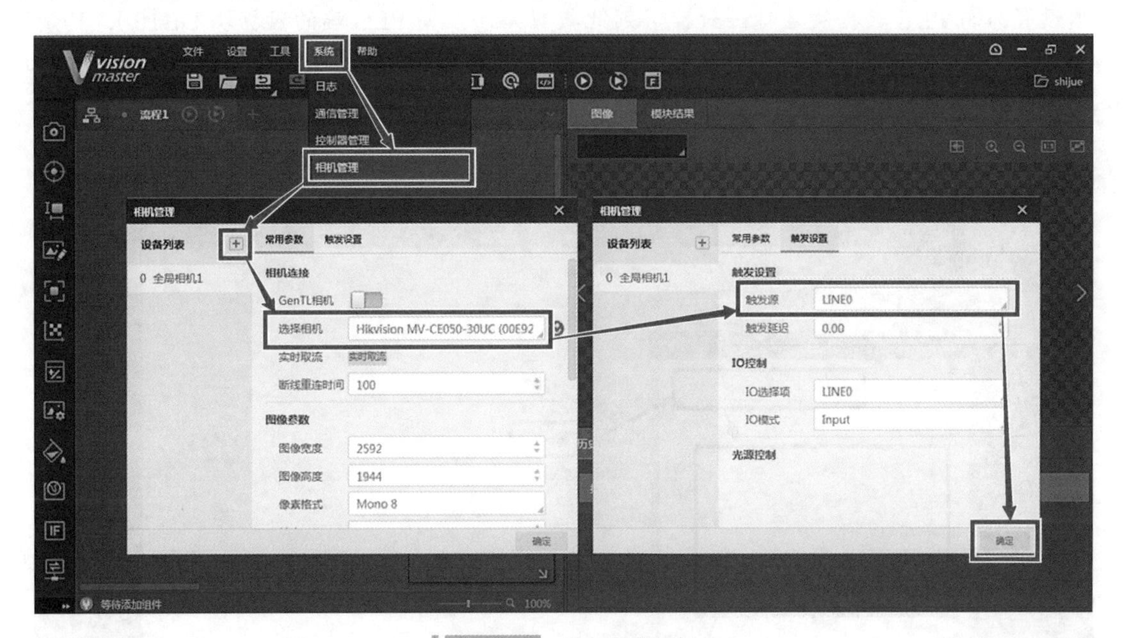

图 3-2-14　相机触发设置

步骤 7. 单击“系统→通信管理”，在设备列表中增加通信设备，协议类型设置为“西门子 S7”，设备名称设置为“西门子 S7”，通信方式设置为“TcpClient”，目标 IP 设置为“192.168.0.1”，目标端口设置为“102”，单击“确定”，如图 3-2-15 所示。

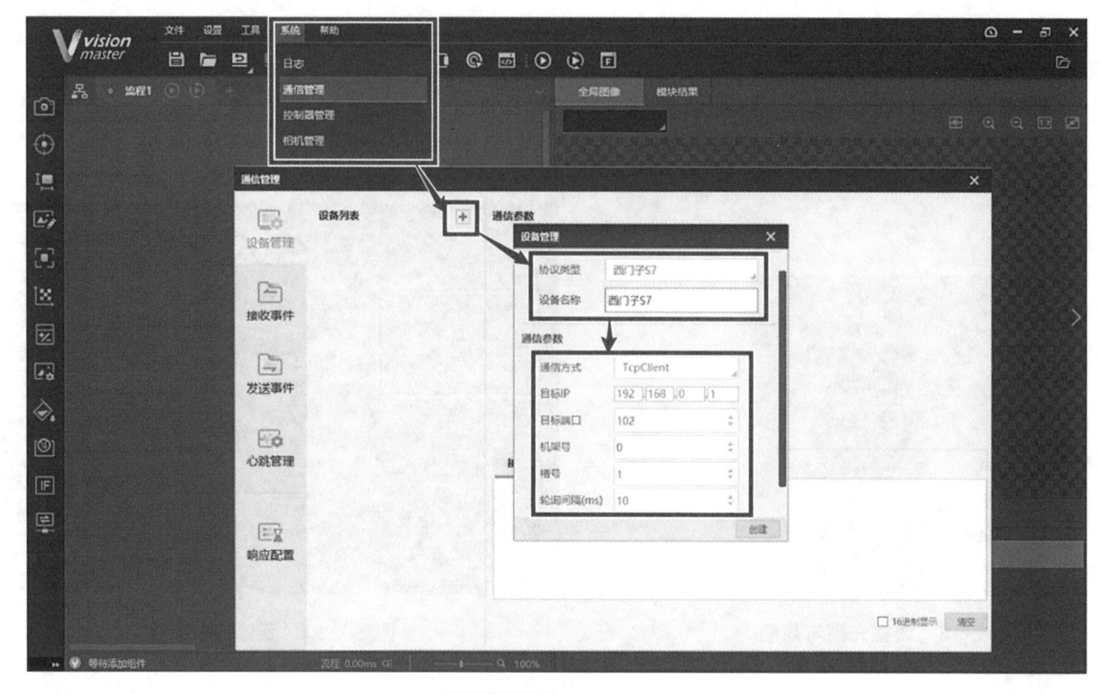

图 3-2-15 通信管理

步骤 8. 单击“新建地址”，将设备名称改为 PLC 新建的数据块名称 DB10（**注意：**此处必须设置为与 PLC 数据块名称一致，否则此数据无法改写 PLC 端的数据块 DB10），其余通信参数如图 3-2-16 所示设置，字节长度由实际需要发送多少数据决定。本例使用 2 个字节，0 字节用于接收处理结果，1 字节用于接收编号。

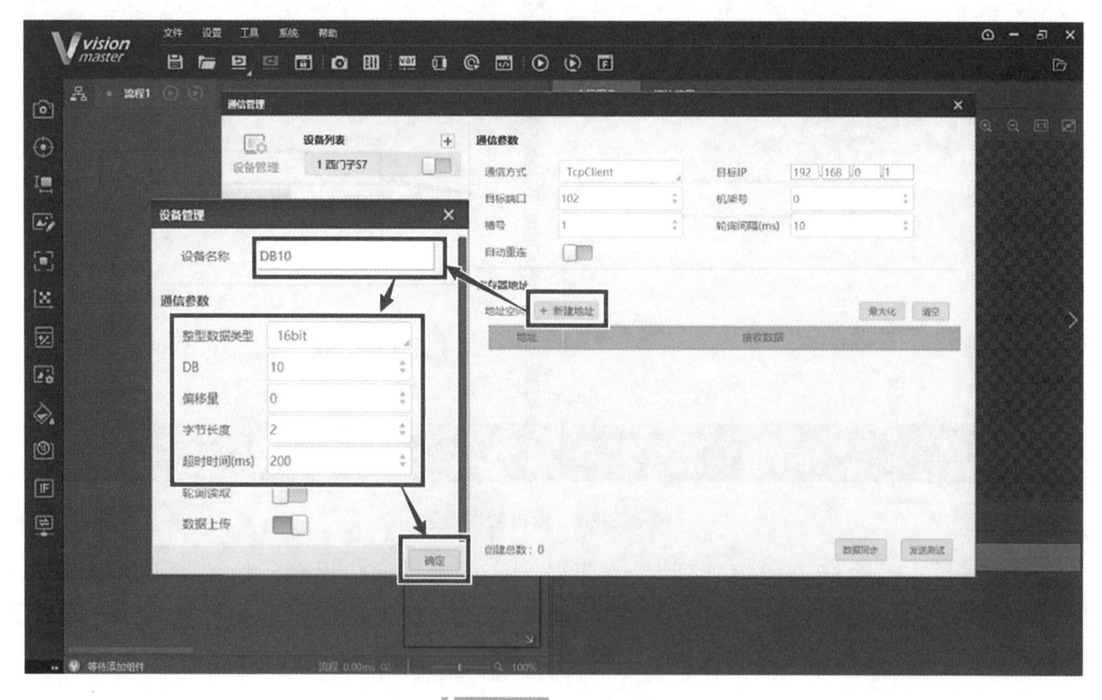

图 3-2-16 数据发送

步骤 9. 设置完成后，打开“自动重连”，如图 3-2-17 所示。

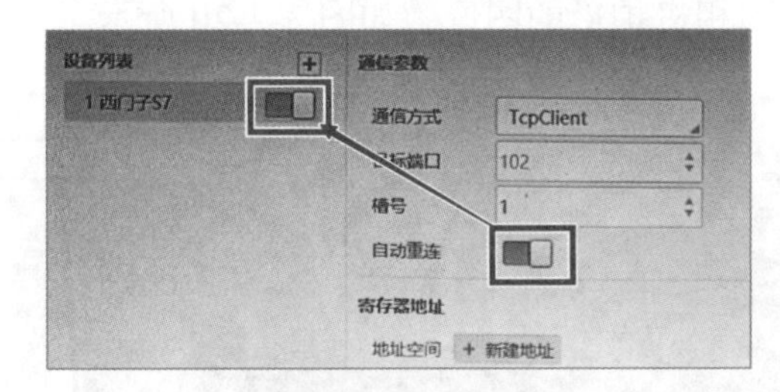

图 3-2-17　通信设置

三、创建方案

步骤 1. 右击“采集”，单击“图像源”，双击“图像源 1”，将图像源改为“相机”，将关联相机改为“1 全局相机 1”，即为相机设置中所生成的全局相机，表示被检测物体的图像来自于相机的实时拍照，如图 3-2-18 所示。

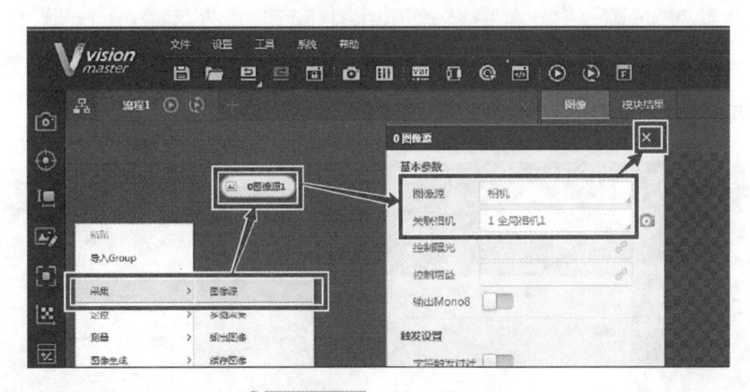

图 3-2-18　图像源建立

步骤 2. 将被检测物体放置在镜头下，选中“图像源 1”，单击“单次执行”，图像就显示在界面中，如图 3-2-19 所示。

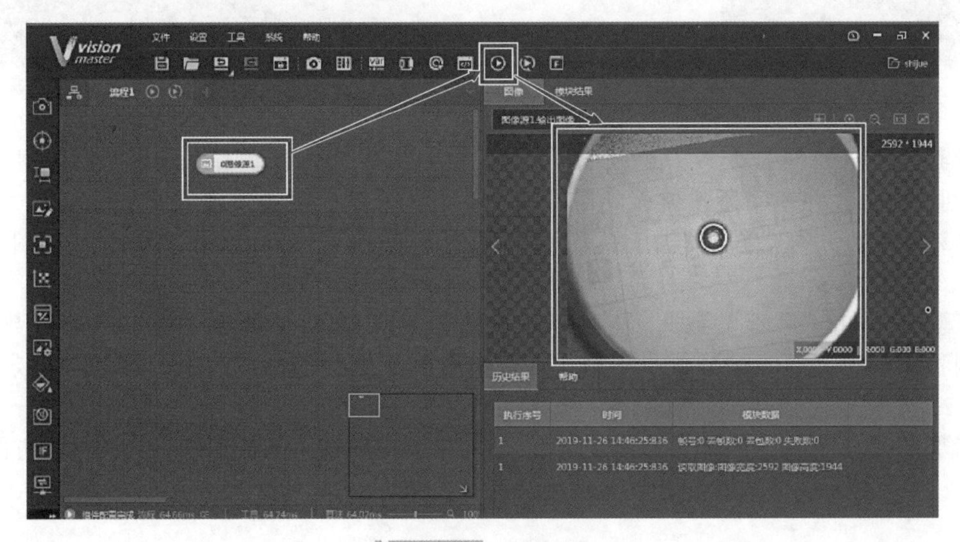

图 3-2-19　图像显示

步骤 3. 右击“定位”，单击“快速匹配”，将“图像源 1”箭头拖向“快速匹配 1”，这样即可在快速匹配中获取到相机拍摄的图像，如图 3-2-20 所示。

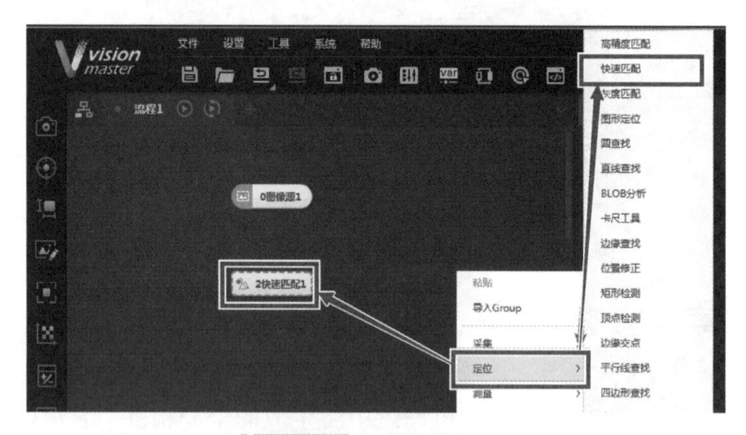

图 3-2-20 快速匹配添加

步骤 4. 双击“快速匹配 1”，在形状中单击中间可更改的 ROI 区域（识别区域），用左键在右侧需要进行识别的区域中画出一个方框，被检测物体不可超出此范围，否则无法识别，如图 3-2-21 所示。

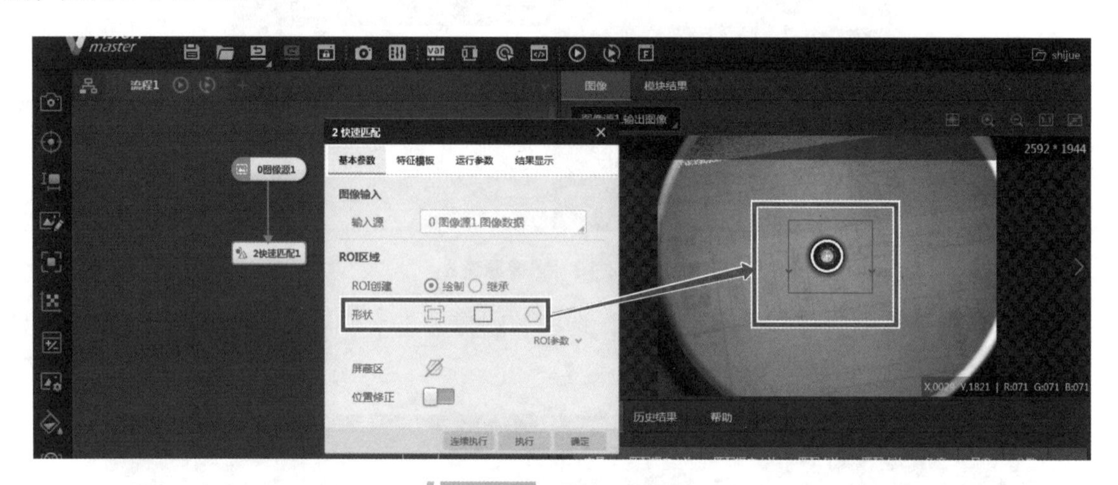

图 3-2-21 快速匹配设置

步骤 5. 单击“特征模板→创建”，因为被检测物体是圆形，因此选择“创建扇圆形掩膜”，创建掩膜，并拖动掩膜覆盖到被检测物体上，**注意：** 尽量不要超出被检测物体过多，避免识别到其他物体。单击“生成模型”，自动生成特征点，最后单击“确定”，如图 3-2-22 所示。

步骤 6. 单击“运行参数”，最大匹配个数为“1”即可，调整“最小匹配分数”，当被检测物体与模型的匹配分数小于最小匹配分数时，则会输出“NG”，单击“确定”，如图 3-2-23 所示。

步骤 7. 单击“快速匹配 1→单次运行”，如果被检测物体已被识别，在图像下方的“当前结果”中会显示物体的匹配分数与相关信息，如图 3-2-24 所示。

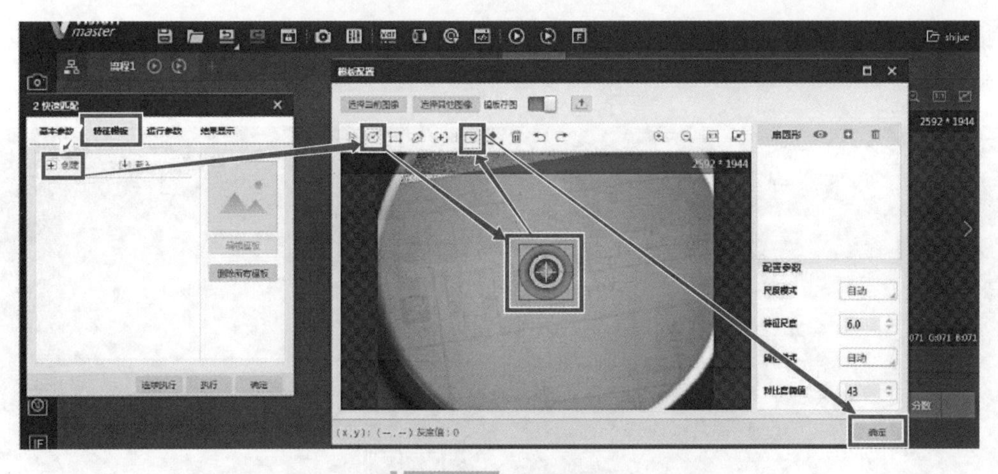

图 3-2-22 新建特征

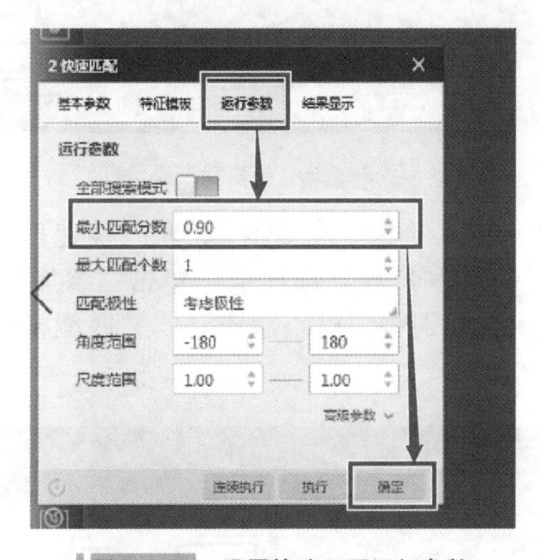

图 3-2-23 设置快速匹配运行参数

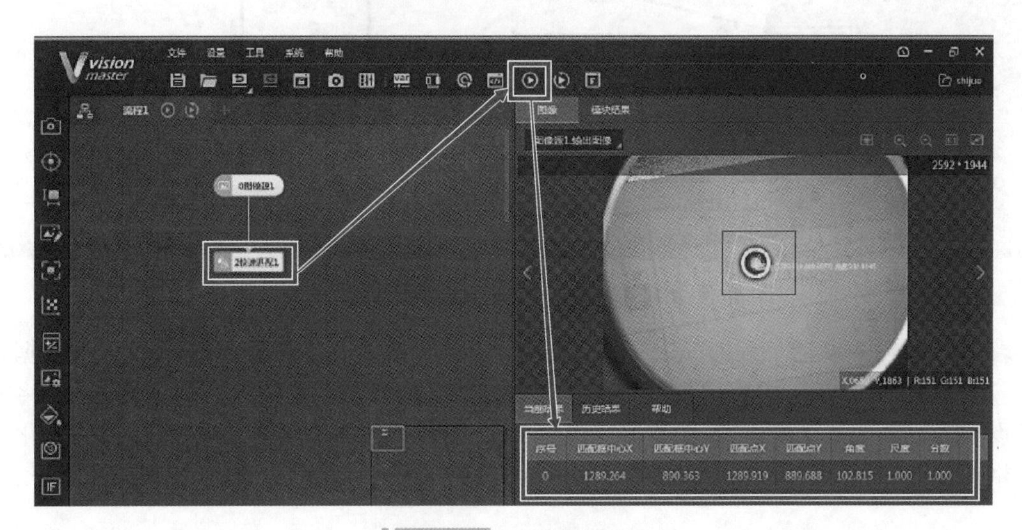

图 3-2-24 当前结果显示

步骤 8. 单击“历史结果”，可以看到模块状态 1（正确识别显示 1，无法识别显示 0）和匹配个数，如图 3-2-25 所示。

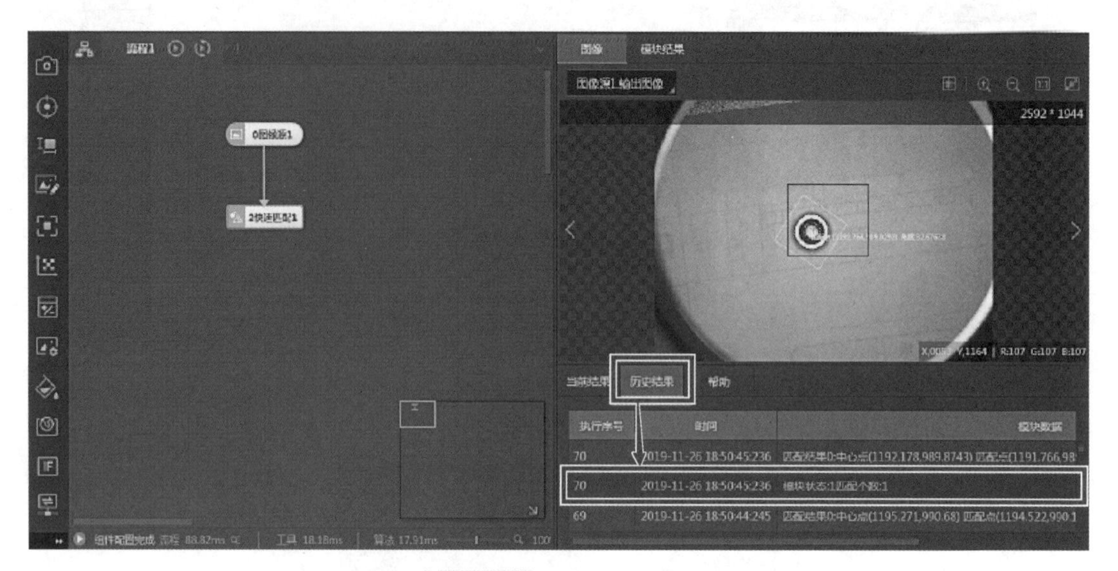

图 3-2-25　模块状态显示

步骤 9. 右击“逻辑工具”，单击“格式化”，将“快速匹配 1”箭头拖向“格式化 1”。双击“格式化 1”，在“基本参数”选项卡中单击“添加”，添加一行，再单击“插入订阅”，如图 3-2-26 所示。分别将“模块状态”与“匹配模板编号”写入该行中，如图 3-2-27 所示。

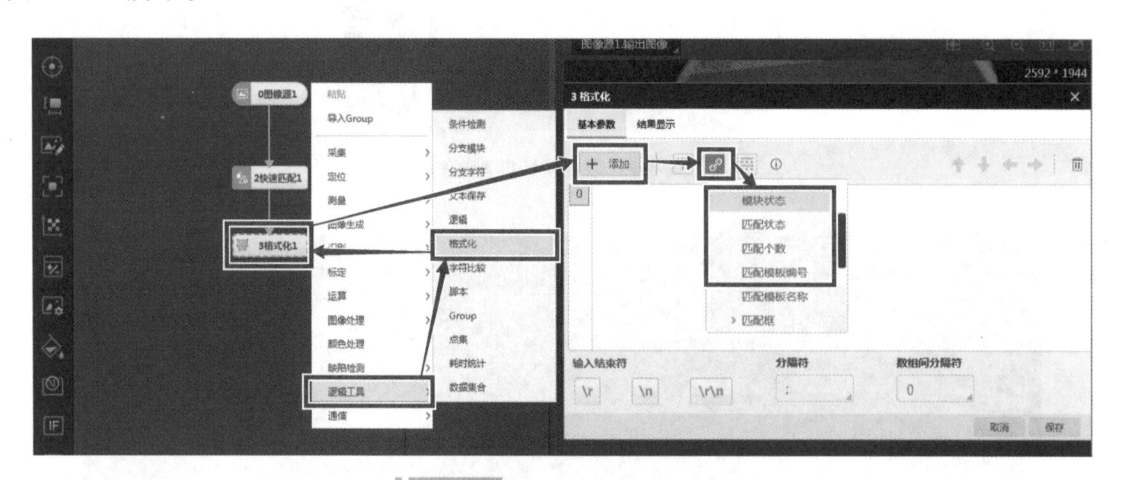

图 3-2-26　格式化基本参数添加

步骤 10. 右击“通信”，单击“发送数据”，将“格式化 1”箭头拖向“发送数据 1”。双击“发送数据 1”，在“基本参数”选项卡中将数据的发送对象改为“通信设备”。将通信设备设置为“西门子 S7”，“输出数据”设置为“ DB10”，再单击“插入”，选择格式化 1 下的“格式化结果”，最后单击“确定”，如图 3-2-28 所示。

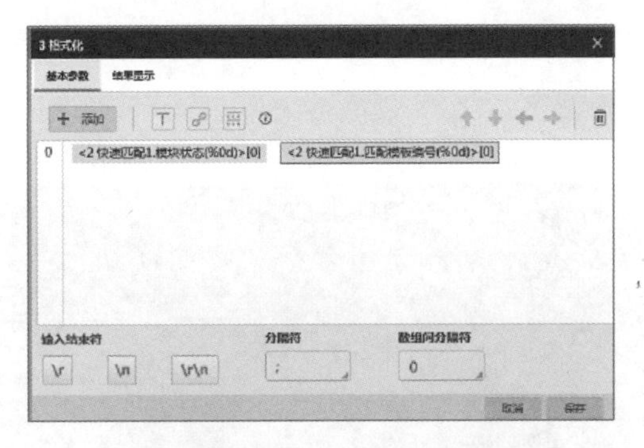

图 3-2-27　格式化基本参数设置

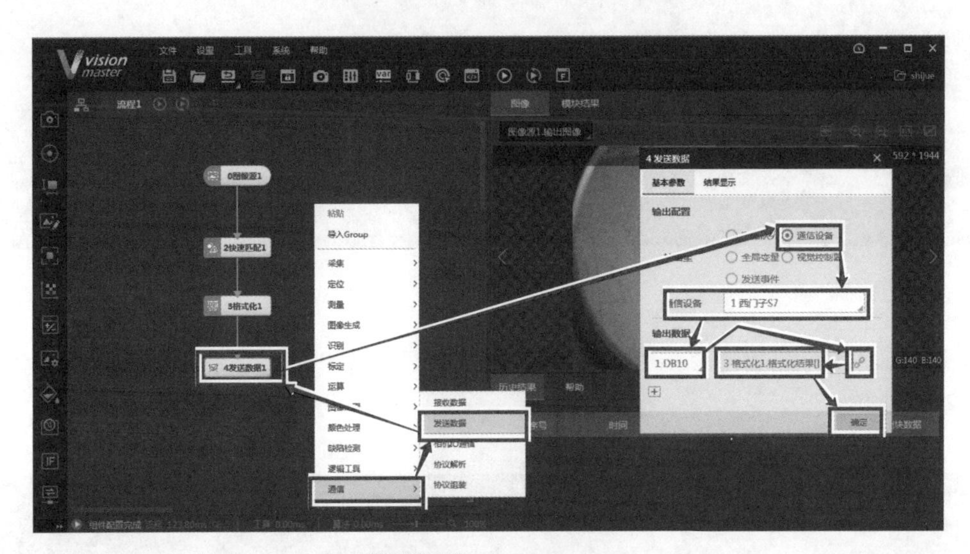

图 3-2-28　发送数据设置

步骤 11. 将被检测物体放置在相机下，PLC 侧 Q0.0（实际 PLC 所连接 Line0 信号的输出位）输出触发拍照，选中“格式化 1”可以看到格式化结果，结果显示为“10”，这里的数据并非十进制的 10，而是字符串“1”和“0”，表示识别成功且被检测物体的编号为 0，如图 3-2-29 所示。

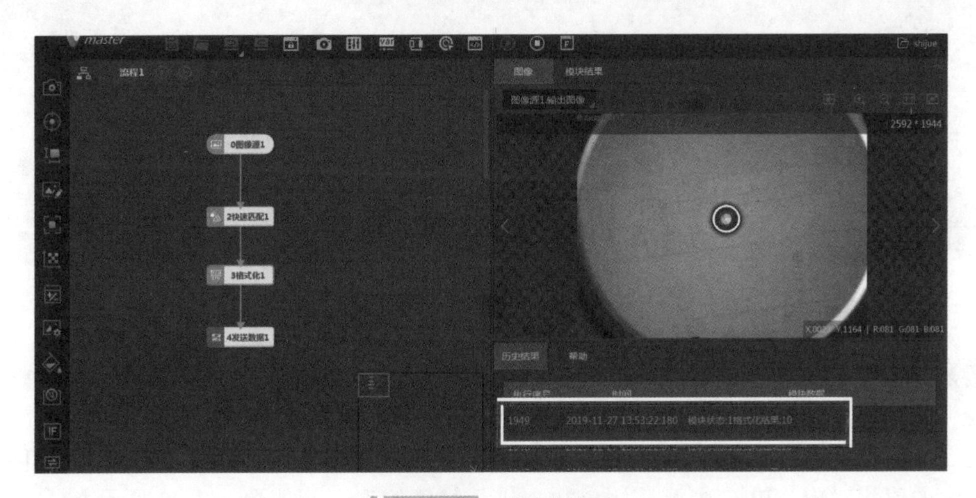

图 3-2-29　格式化结果

步骤 12. 换成另外的工件进行检测，则结果显示为“11”，表示识别成功且被检测物体的编号为“1”，如图 3-2-30 所示。

图 3-2-30　检测结果为 11

步骤 13. 将被检测物体移出 ROI 区域，则结果显示为“0”，表示未识别成功且无编号，如图 3-2-31 所示。

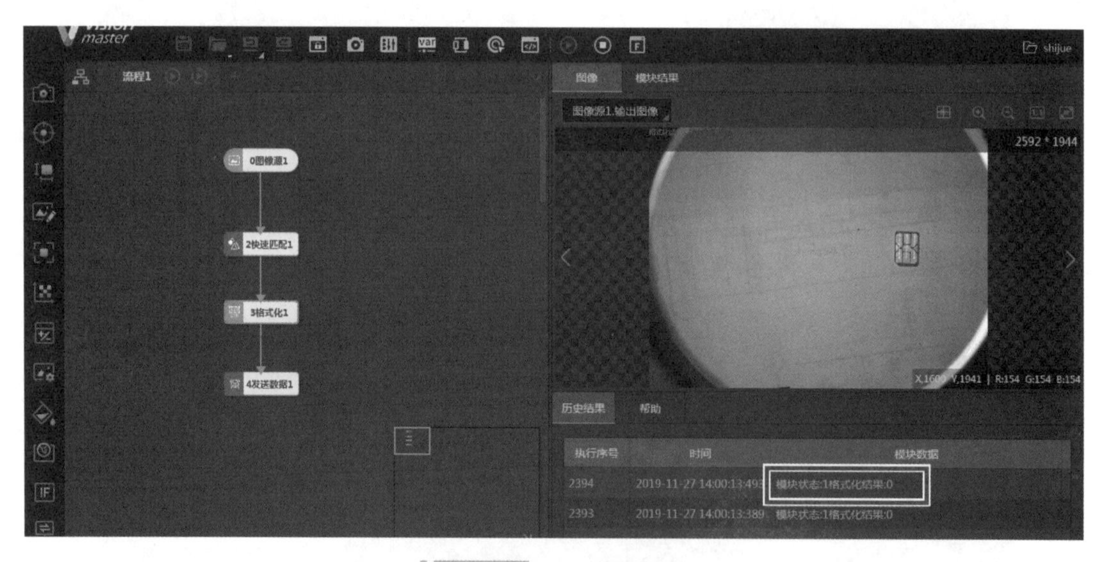

图 3-2-31　检测结果为 0

步骤 14. 在博途软件中，单击“转至在线”，双击“数据块 _1［DB10］”，单击“全部监视”，在视觉数据［0］的监视值中显示“16#31”，在视觉数据［1］的监视值中显示“16#30”。十六进制的 31 表示字符串“1”，十六进制的 30 表示字符串“0”，与相机的格式化结果中的值相对应，PLC 中可使用该数据进行物体的识别，如图 3-2-32 所示。

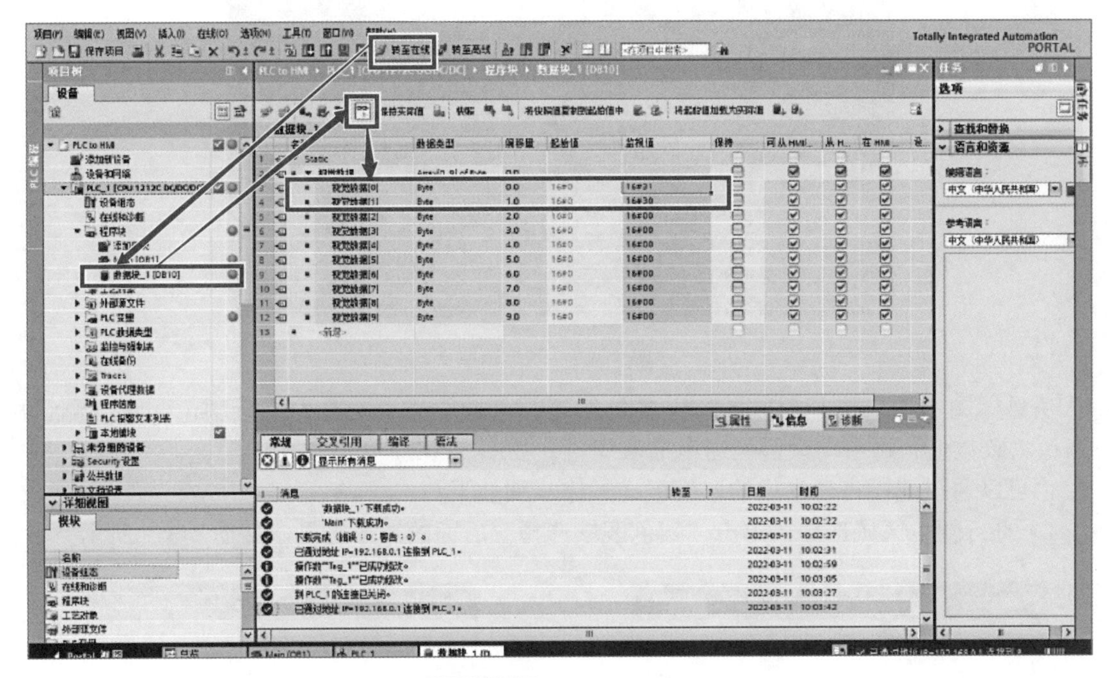

图 3-2-32 PLC 结果监控

任务三 物品颜色判断

学习目标

1. 掌握物品颜色判断的基本方法。
2. 学会使用视觉单元进行颜色识别和分类。

重点和难点

1. 掌握图像处理和解析的基本算法。
2. 理解颜色识别和分类的算法。

相关知识

一、颜色抽取

颜色抽取是指将目标区域从彩色图片中分割出来的工具，最终得到只包含目标物体的二值图。主颜色空间支持 RGB 颜色空间、HSI 颜色空间和 HSV 颜色空间。三通道阈值可通过建模自动生成，也可手动设置，如图 3-3-1 所示。

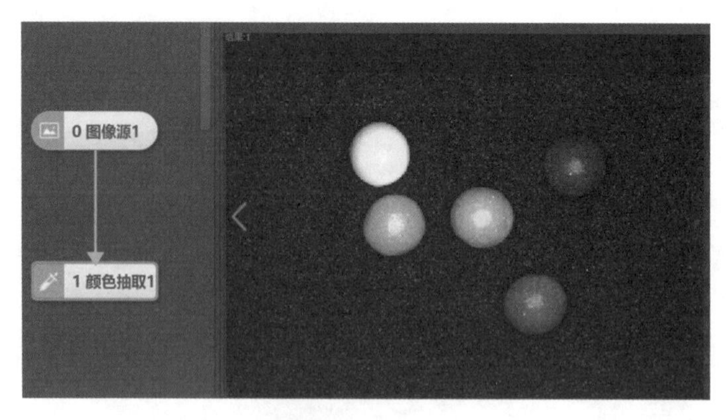

图 3-3-1 颜色抽取

从目标图中抽取出红色区域，需要先创建颜色抽取列表。首先进行颜色测量，测量出三通道大致数值，再手动设置三通道抽取阈值，如图 3-3-2 所示。

也可以通过建模自动生成抽取模板，具体步骤如下：

1）进行颜色区域选择，单击“颜色区域选择”后面的矩形工具，如图 3-3-3 所示。

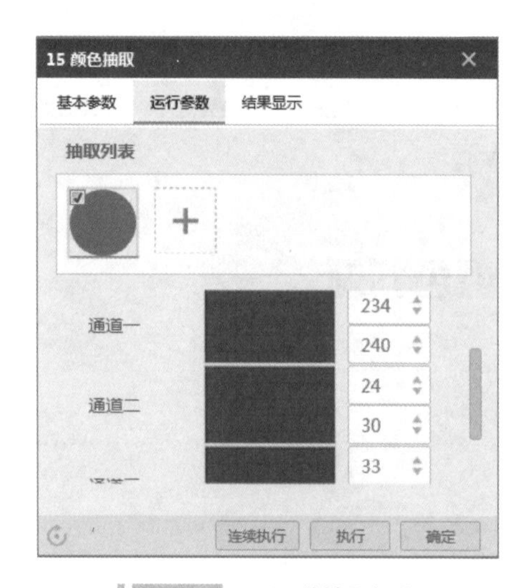

图 3-3-2 三通道抽取阈值

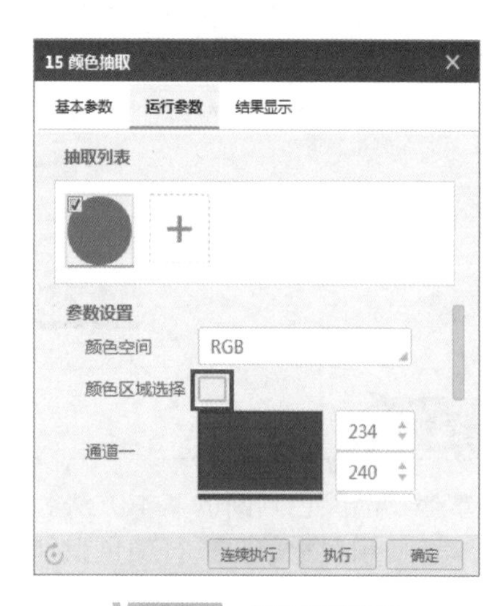

图 3-3-3 颜色区域选择

2）在图像需要分割的目标区域中绘制 ROI，如图 3-3-4 所示。

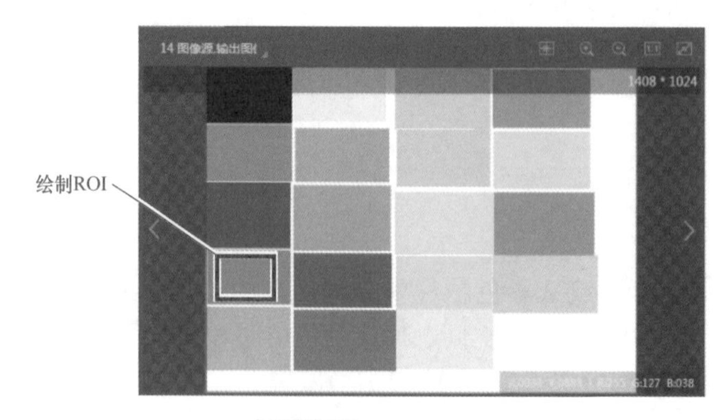

图 3-3-4 绘制 ROI

3）自动生成三通道阈值，此阈值为建议值，若分割结果不满足要求，可根据三通道直方图数据进行微调。

4）当颜色抽取列表生成后，运行会自动抽取通道范围内的目标物并且进行二值化，如图 3-3-5 所示。

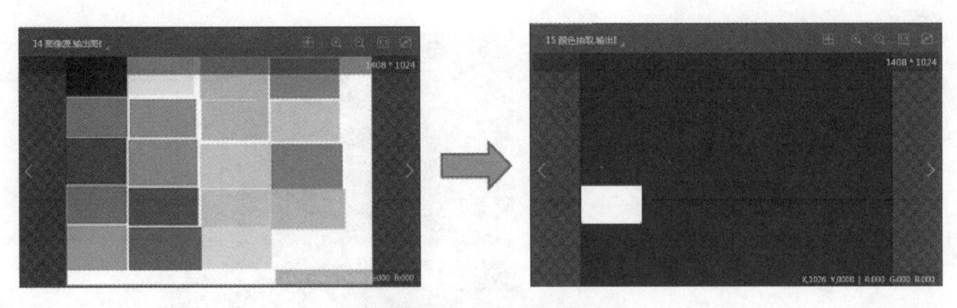

图 3-3-5 颜色抽取输出

5）单击 + ，并参照上述建模方式创建多个颜色抽取列表，如图 3-3-6 所示，颜色抽取参数设置含义见表 3-3-1。

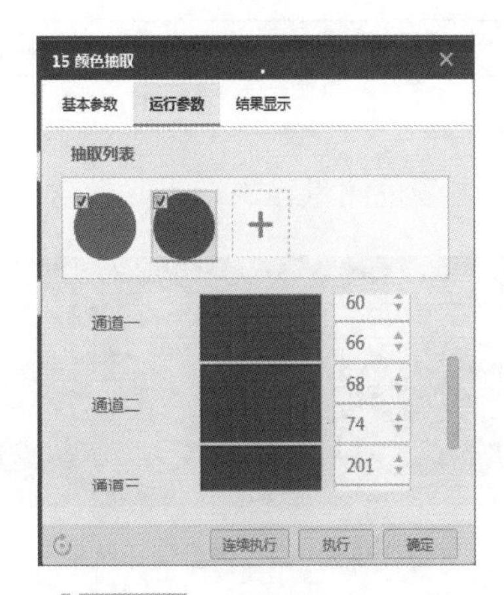

图 3-3-6 多个颜色抽取列表

表 3-3-1 颜色抽取参数设置含义

参数	含义
颜色空间	可设置 RGB、HSV 或 HSI
通道下限	在指定颜色空间内，图像通道抽取像素值的下限
通道上限	在指定颜色空间内，图像通道抽取像素值的上限
颜色反转	开启二值化后的图像颜色反转

补充说明：大于等于下限或小于等于上限的像素值将被赋值 255，其他像素值赋值为 0。

6）在颜色抽取的“结果显示”选项卡中进行颜色面积判断，使能后根据面积范围筛选输出结果，关闭后将不再被限制，如图 3-3-7 所示。

二、颜色测量

颜色测量功能是指测量彩色图像指定区域的颜色信息，包括每个通道的最大值、最小值、均值、标准差和直方图信息，如图 3-3-8 所示。颜色测量参数含义见表 3-3-2。

图 3-3-7　颜色抽取结果显示

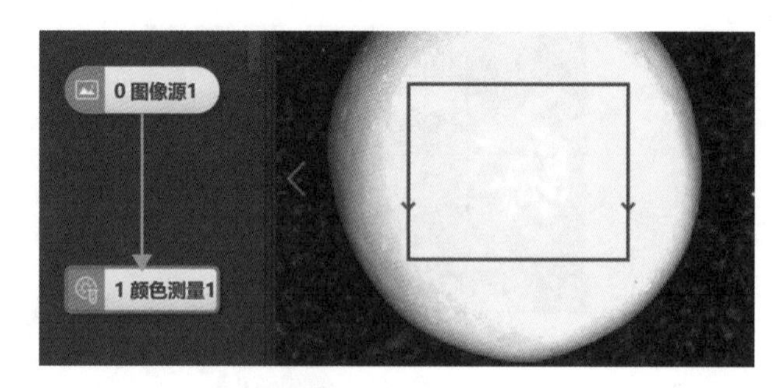

图 3-3-8　颜色测量功能

表 3-3-2　颜色测量参数含义

参数	含义
颜色空间	有 RGB、HSV、HSI 三种颜色空间

其运行结果如图 3-3-9 所示，颜色测量输出结果参数含义见表 3-3-3。

图 3-3-9　颜色测量运行结果

表 3-3-3　颜色测量输出结果参数含义

参数	含义
通道最小值	对应颜色通道的最小值
通道最大值	对应颜色通道的最大值
通道均值	对应颜色通道的均值
通道标准差	对应颜色通道的标准差

三、颜色识别

颜色识别是指以颜色为模板进行分类识别，当不同类物体有着比较明显的颜色差异时，颜色识别可实现精准的物体分类并输出相关的分类信息，在识别前需要进行模板的建立，如图 3-3-10 所示。

一类物体可以放入一个标签中，当样本打标错误时，可将样本移动至正确的标签列表中。完成建模后可以调节模板参数，颜色识别模板参数含义见表 3-3-4。

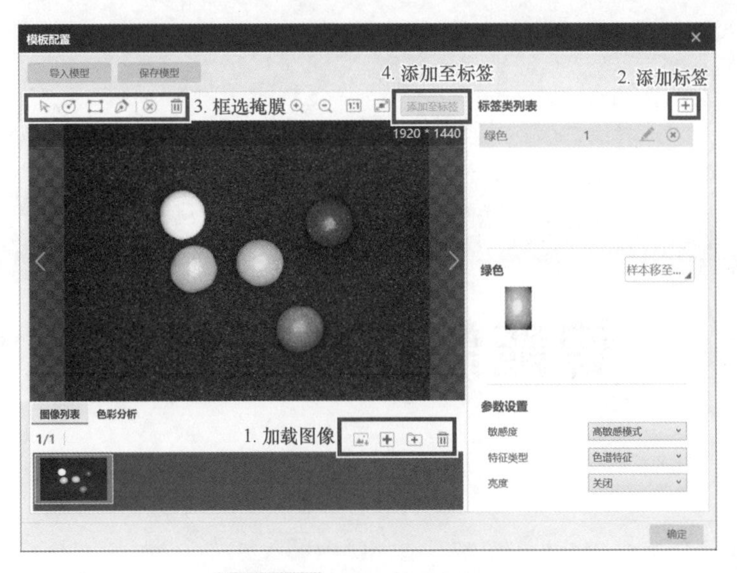

图 3-3-10 颜色识别模板配置

表 3-3-4 颜色识别模板参数含义

参数	含义
敏感度	有高、中、低三种敏感模式，当图像对如光照变化等外界环境比较敏感时，建议选择高敏感模式
特征类型	有色谱特征和直方图特征，其中直方图特征更为敏感
亮度	亮度特征反映光照对图像的影响，若需要在光照变化的情况下保持识别结果稳定，可关闭亮度特征。只可在直方图特征中选择开启或关闭亮度特征，色谱特征始终开启亮度特征

建立模板后加载图像并设定 ROI 限定目标区域，单次运行会输出每个类对应的识别得分，以及根据参数 *K* 值所得到的最佳识别效果，如图 3-3-11 所示。在输出结果的右侧会输出得分最高的模型和当前图像的色相、饱和度、亮度对比图表。颜色识别运行参数含义见表 3-3-5。

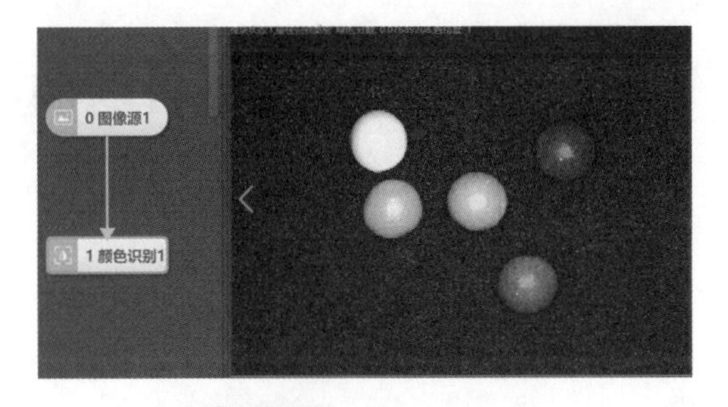

图 3-3-11 颜色识别功能

表 3-3-5 颜色识别运行参数含义

参数	含义
K 值	*K* 值表示选取前 *K* 个样本中所占数量最多的类作为最佳识别结果，*K* 值需要小于所有标签类中的最小样本数
KNN 距离	包含欧氏距离、曼哈顿距离和相交距离，各种距离之间略有差异，可根据具体情况进行调试选择，一般选择默认距离即可

项目四 智能制造单元通信应用

项目引入

在工业领域，通过标准通信协议进行设备的交互在数字化工厂中应用的范围十分广泛，其优势在于减少配线的同时，可使通信数据不局限于 0 和 1，又可对设备进行监控，大大增加了设备的安全性。通过学习本项目，将了解智能制造单元的通信原理，并掌握如何使用它实现设备的通信。

项目目标

1. 掌握通过数据交互软件实现数控系统与机器人的信号通信。
2. 掌握通过 PROFINET 协议实现机器人与 PLC 的通信。
3. 掌握通过 Modbus 协议实现机器人与 PLC 的通信。
4. 掌握通过 PROFINET 协议实现数控系统与 PLC 的通信。

拓展阅读

任务一 数据交互软件的应用

学习目标

1. 了解各设备的通信方式。
2. 掌握通信设备的创建。
3. 掌握通信地址的创建。

数据交互软件的应用

重点和难点

1. 掌握各类设备的通信端口设定。
2. 掌握信号的关联方法。

相关知识

一、亚龙 YL-SWH033A 数据交换系统介绍

亚龙 YL-SWH033A 数据交换系统（见图 4-1-1）是一款针对机器人、PLC、数控系统之间进行数据交换的软件，集成各类设备的通信协议，使得软件成为一个信号中转站，可以实现机器人、数控系统、PLC 之间的通信。相比于直接通过 I/O 点连接，这种方式更节约配线和组态的时间。

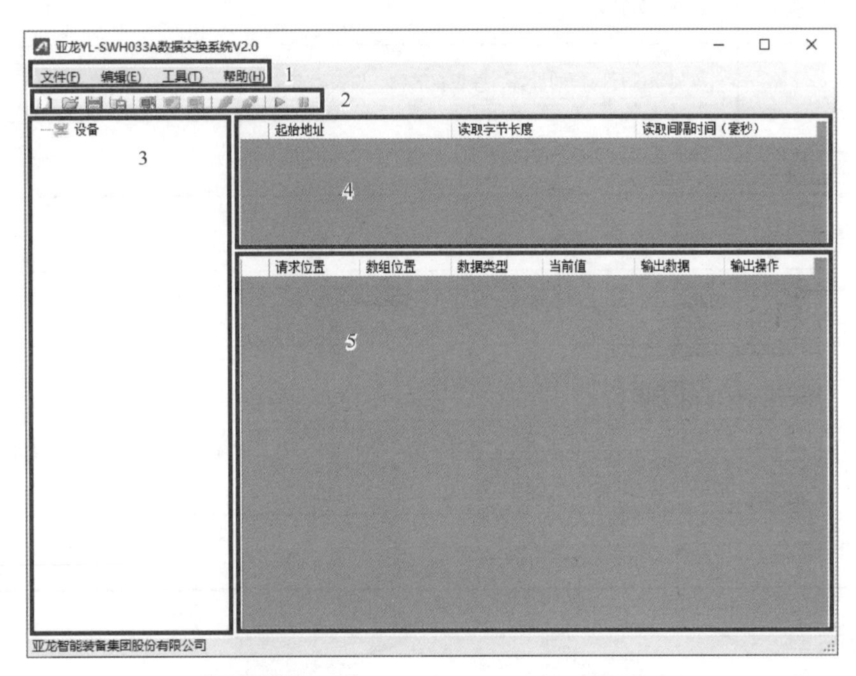

图 4-1-1 亚龙 YL-SWH033A 数据交换系统

1. 菜单栏

菜单栏中有文件、编辑、工具、帮助等四个菜单。

（1）文件 具有项目的新建、打开、保存、另存、退出软件等五个功能。

（2）编辑 具有添加设备、修改设备、删除设备、添加元件、修改元件、删除元件等六个功能。

（3）工具 具有连接、断开等两个功能。

（4）帮助 查看软件的帮助文本。

2. 功能栏

功能栏实际上是将各个菜单栏中的功能（见表 4-1-1）整理在一起，从左至右分别是新建、打开、保存、另存、添加设备、修改设备、删除设备、连接、断开、自动连接和手动连接。

表 4-1-1　功能栏

图标	名称	功能
	新建	新建项目
	打开	打开已创建好的项目（.ysd 文件）
	保存	保存编辑好的项目
	另存	将项目另存为
	添加设备	添加要进行通信的设备，并设置名称、设备类型、IP 地址以及端口号等参数
	修改设备	修改已添加的设备的参数
	删除设备	删除已添加的设备
	连接	将添加的设备与实际的设备进行通信（手动连接）
	断开	断开设备之间的通信（手动连接）
	自动连接	所有添加的设备自动进行连接（有一定延迟），且具有项目数据自动存储的功能。处于自动连接时，设备将不允许删除或修改
	手动连接	切换到手动进行设备连接

3. 设备栏

设备栏显示项目中所有创建好的设备，在设备栏中右击“设备”，可进行设备的添加，如图 4-1-2 所示。在“添加设备”对话框中可进行设备的信息设置，如图 4-1-3 所示。

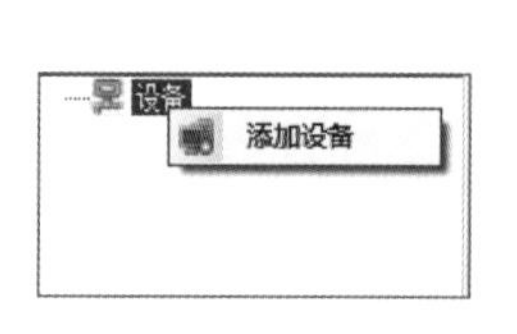

图 4-1-2　添加设备

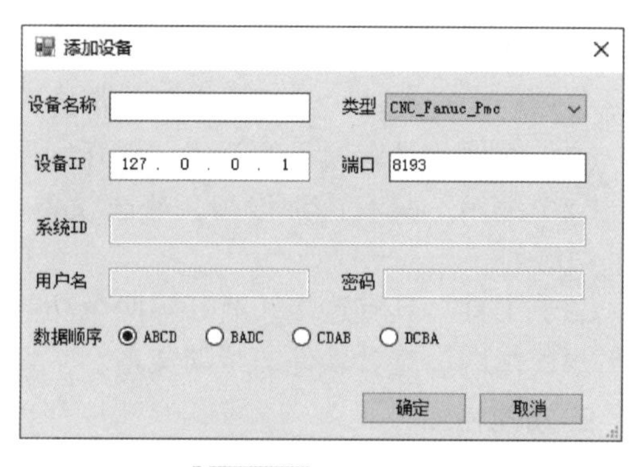

图 4-1-3　添加设备

（1）设备名称　设定添加设备的名称，可自定义。

（2）类型　选择通信设备的类型，常用的有 FANUC 数控系统（CNC_Fanuc_Pmc）、西门

子 1200 PLC（PLC_SiemensS71200）、西门子 Smart 200 PLC（PLC_SiemensSmart）、FANUC 机器人（ROBOT_Fanuc）等，如图 4-1-4 所示。

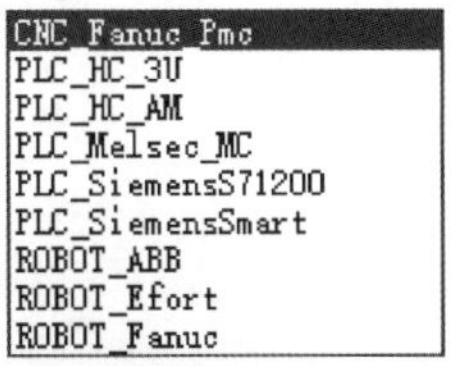

CNC_Fanuc_Pmc
PLC_HC_3U
PLC_HC_AM
PLC_Melsec_MC
PLC_SiemensS71200
PLC_SiemensSmart
ROBOT_ABB
ROBOT_Efort
ROBOT_Fanuc

图 4-1-4 设备类型

（3）设备 IP　设定添加设备的 IP 地址。

（4）端口　设定添加设备的通信端口，但选择设备类型后，端口号会自动填写，无须手动填写。

（5）系统 ID　暂未使用。

（6）用户名　暂未使用。

（7）密码　暂未使用。

（8）数据顺序　可调整设备数据读取的顺序，因为不同设备数据字节的大小端不同，如果选择错误会导致数据不一致，如 FANUC 的设备为高位在前，低位在后，则需要选择 ABCD；西门子设备低位在前，高位在后，则需要选择 DCBA。

4. 数据栏

数据栏可添加设备通信数据的字节起始位，数据的名称因设备而异，不同设备的数据名称不同。如，FANUC 数控系统中可用的元件有 X（外围信号输入）、Y（外围信号输出）、R（中间继电器）、K（保持型继电器）；FANUC 机器人中可用的元件有 DI（数字输入信号）、DO（数字输出信号）；西门子 1200 PLC 和西门子 Smart 200 PLC 中可用的元件有 M（中间继电器），如图 4-1-5 所示。

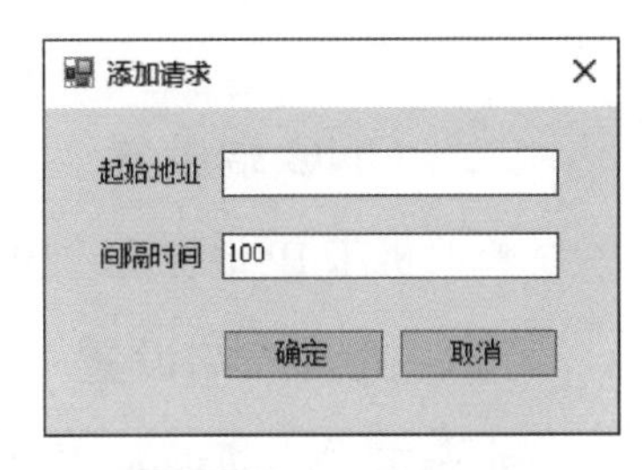

图 4-1-5 添加通信数据

（1）起始地址　填写数据的起始地址，如，FANUC 数控系统需要 R700.0 信号，则此处先填写 R700。

（2）间隔时间　数据的扫描时间，间隔越短，数据响应越快，但软件的负荷也会增大，如果数据响应不做要求的话，使用默认即可。

5. 通信栏

通信栏中可创建已添加字节的具体的通信起始地址和长度，如，FANUC 数控系统需要 R700.0 ~ R700.7 信号，起始地址填写 0，数据长度填写 8，如图 4-1-6 所示。

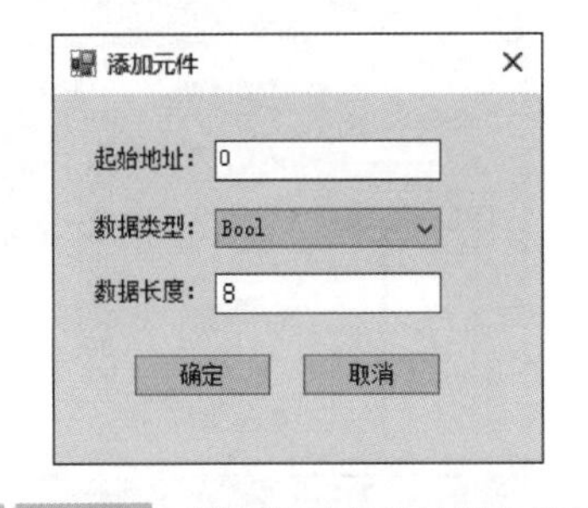

图 4-1-6 添加通信起始地址与长度

（1）起始地址　填写数据的起始地址，如，FANUC 数控系统需要 R700.0 信号，则起始地址填写 R700。

（2）数据类型　通信数据的类型，包含 Bool（布尔量）、Byte（字节）、Int16（16 位整型）等。

（3）数据长度　表示通信数据的大小，如，起始地址是 0，数据长度是 8，则可以通信 8 个布尔量。

任务实施

一、实训设备

本任务实训设备由 YL-569 型 0i MF 数控机床装调与技术改造实训装备（见图 4-1-7a）与 YL-569F 型智能仓储与工业机器人实训设备（见图 4-1-7b）组成，从而实现 CNC 系统与工业机器人通过数据交换软件进行信号的交互。

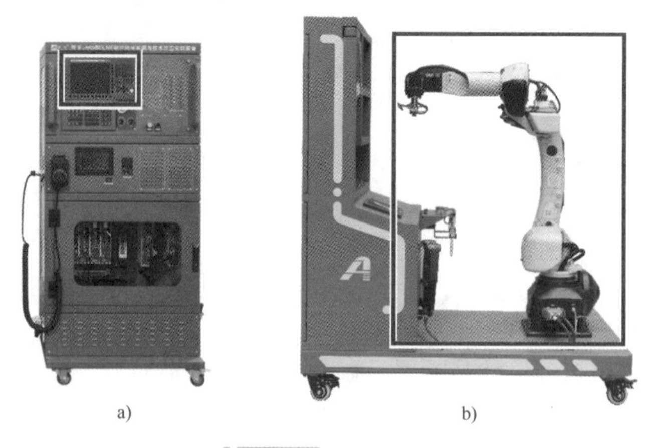

a)　　b)

图 4-1-7　实训设备

二、CNC 端设置

修改机床 IP 地址为“192.168.0.5”，具体方法参考项目一任务二的任务实施。

三、机器人端设置

步骤 1. 修改机器人 IP 地址为“192.168.0.4”，具体方法参考项目一任务一的任务实施。

步骤 2. 依次单击示教器“I/O →类型”，将光标移动到“3 数字”，单击“ENTER”，进入数字 I/O 界面，如图 4-1-8 所示。

步骤 3. 单击示教器“ITEM”，输入“101”，单击“ENTER”，跳转至 DI101，如图 4-1-9 所示。

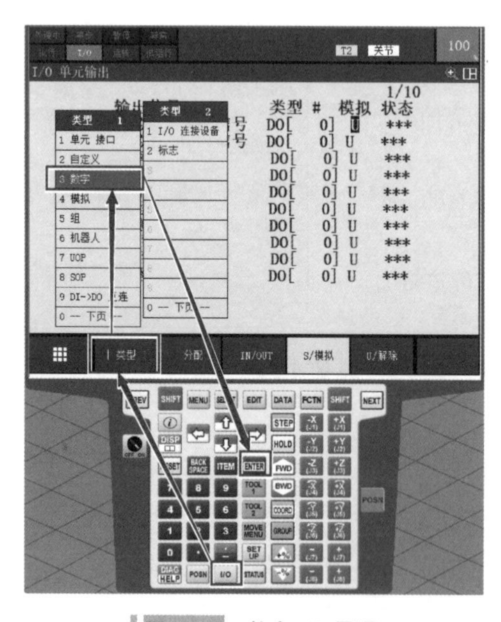

图 4-1-8　数字 I/O 界面

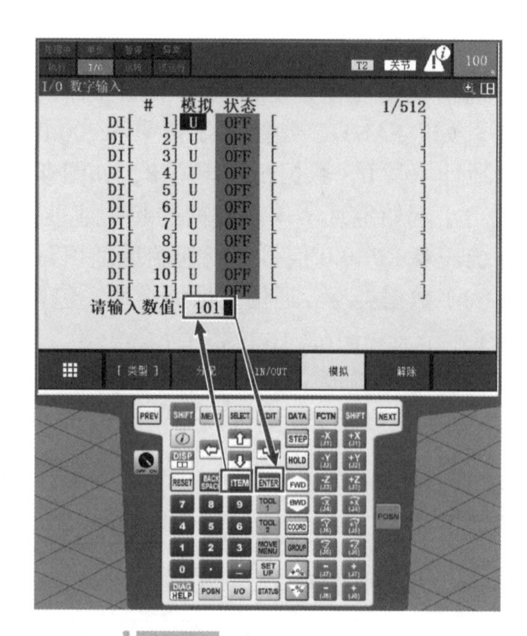

图 4-1-9　I/O 数字输入界面

步骤 4. 光标向左移动到“模拟”这一列，单击“模拟”，将“U”改为“S”，如图 4-1-10 所示。

步骤 5. 将 DI101 ～ DI108 都改为模拟状态“S”，否则信号的状态无法被软件更改，如图 4-1-11 所示。

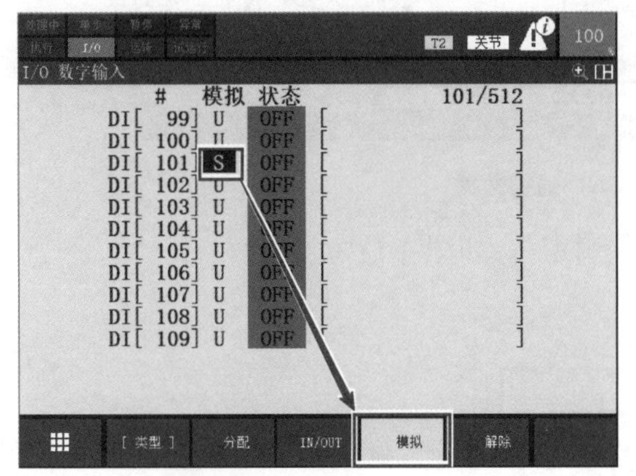

图 4-1-10 将“U”改为“S”

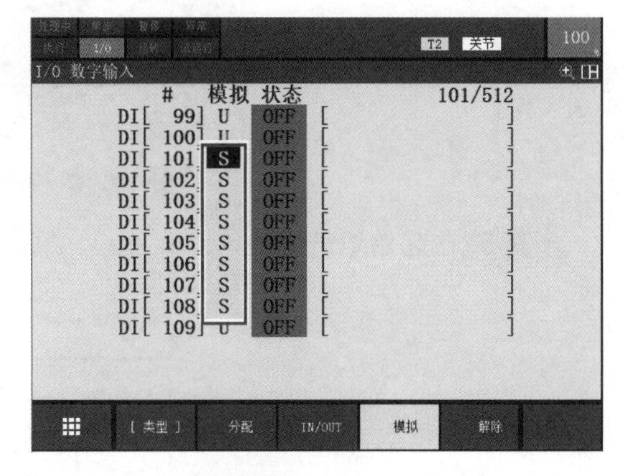

图 4-1-11 均改为“S”

四、软件端设置

步骤 1. 选中“设备”，右击“添加设备”，如图 4-1-12 所示。

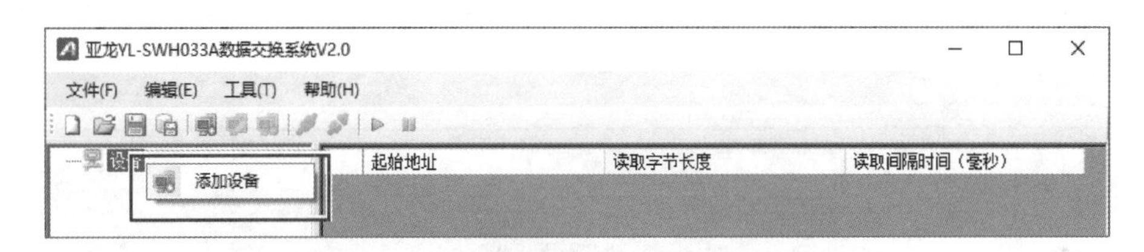

图 4-1-12 添加设备

步骤 2. 按图 4-1-13 所示添加数控系统的信息后，单击“确定”。

步骤 3. 按图 4-1-14 所示添加机器人的信息后，单击“确定”。

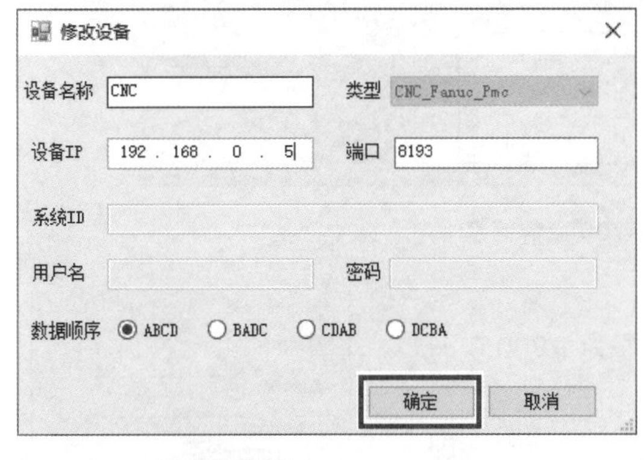

图 4-1-13 添加 CNC 信息

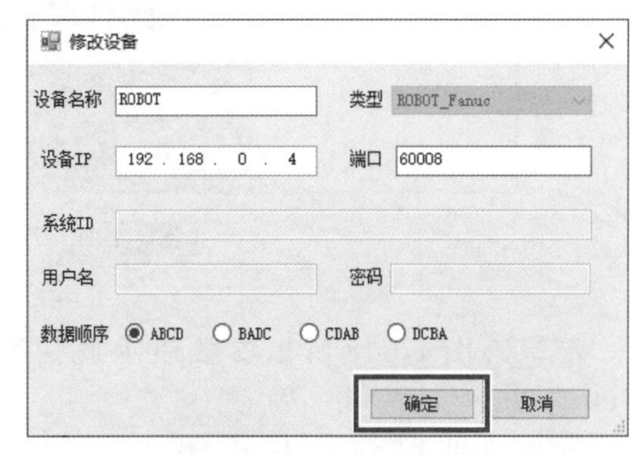

图 4-1-14 添加机器人信息

步骤 4. 选中设备栏的“CNC”，在数据栏中右击，单击“添加”，如图 4-1-15 所示。

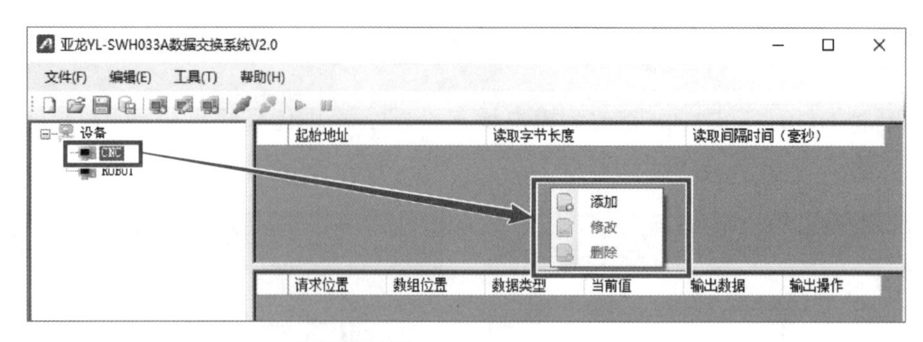

图 4-1-15　添加 CNC 通信数据

步骤 5. 在起始地址中输入“R700”，单击“确定”，如图 4-1-16 所示。

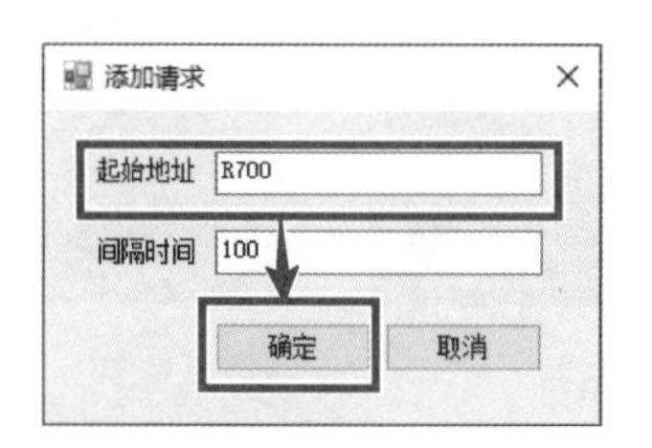

图 4-1-16　添加 R700

步骤 6. 选中数据栏的“R700”，在通信栏中右击，单击“添加”，如图 4-1-17 所示。

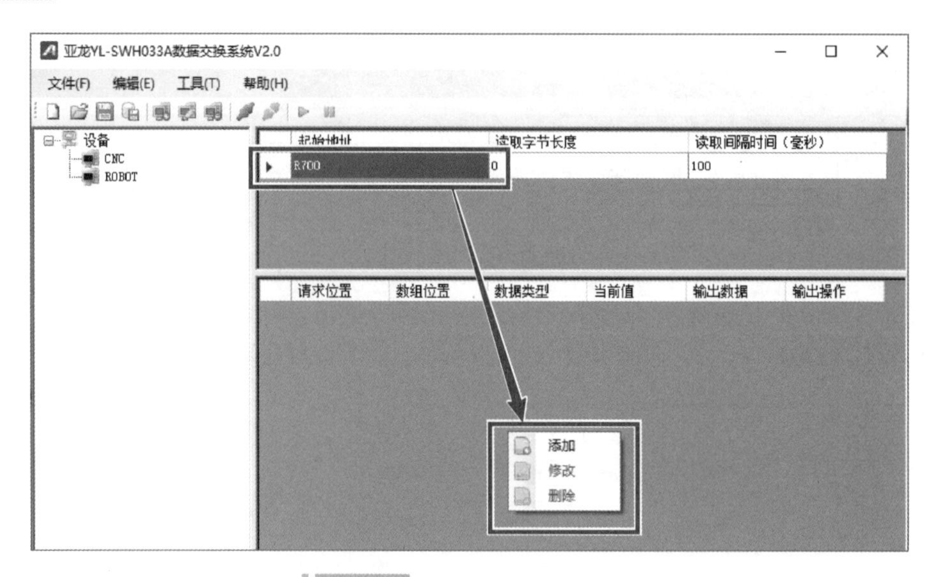

图 4-1-17　添加 R700 通信信息

图 4-1-18　添加 R700 通信长度

步骤 7. 图 4-1-18 所填参数表示通信数据为 R700.0 ～ R700.7，共 8 位，单击“确定”。

步骤 8. 此时通信栏中出现已创建的 8 个位，即 R700.0 ～ R700.7，可根据“数组位置”判断位的地址，如数组位置为 5，则为 R700.5，如图 4-1-19 所示。

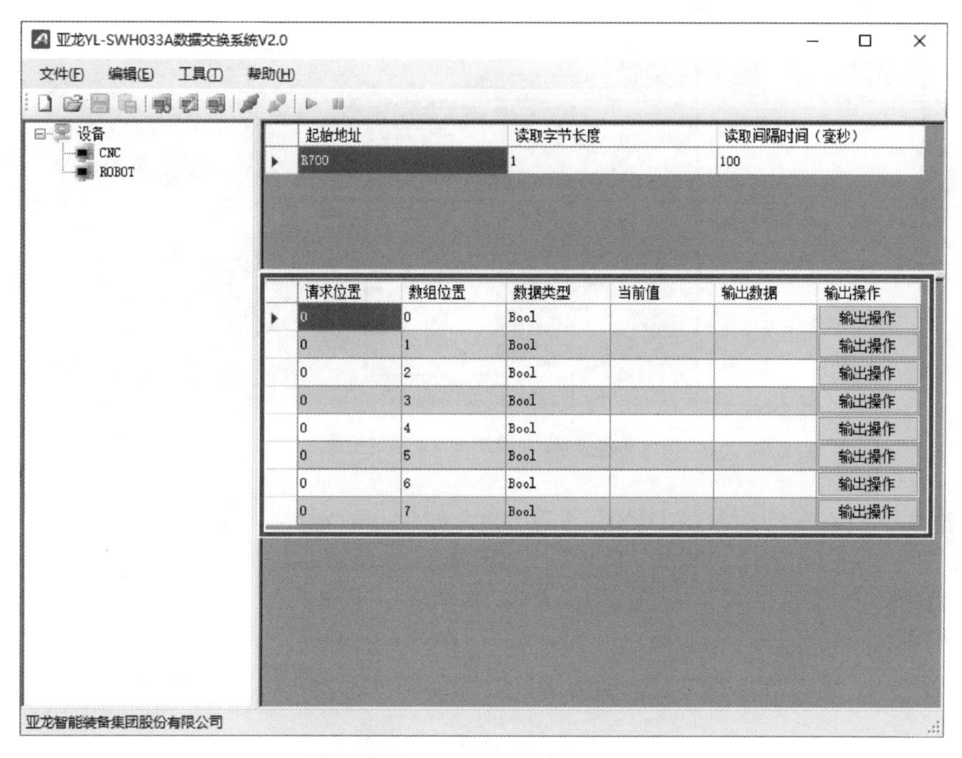

图 4-1-19　CNC 通信数据添加完成

步骤 9. 选中设备栏的“ROBOT”，在数据栏中右击，单击“添加”，如图 4-1-20 所示。

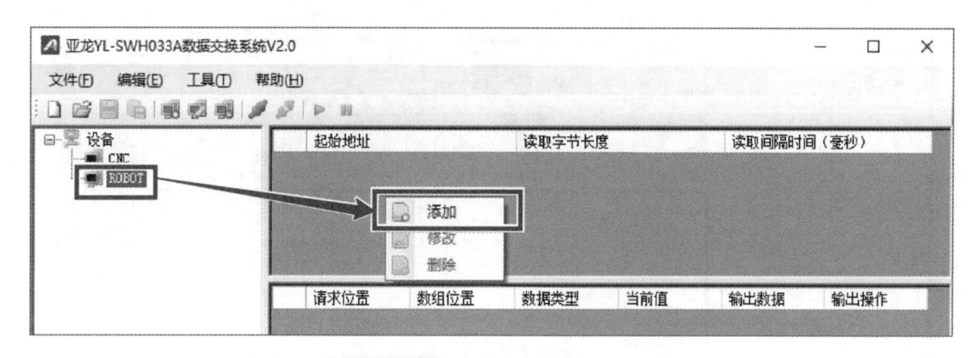

图 4-1-20　添加 DI12 通信信息

步骤 10. 机器人的信号为 DI101 ～ DI108，共 8 个位，1 个字节为 8 位，因此起始地址应为 DI12，因为 12×8=96，如果用 DI13 的话，则是 104；按图 4-1-21 所示参数添加 DI 信号，单击“确定”。

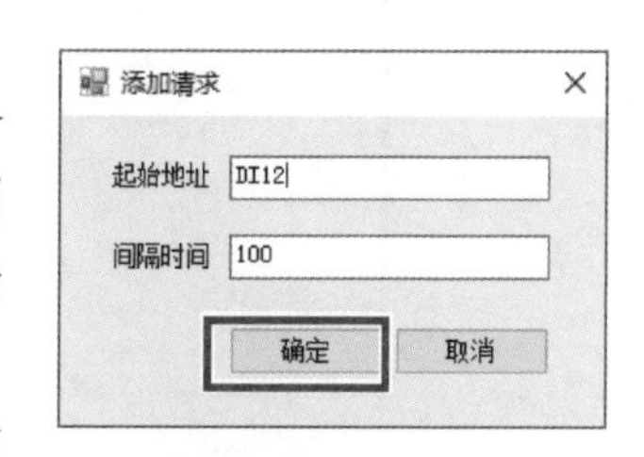

图 4-1-21　添加 DI12

步骤 11. 选中数据栏的“DI12”，在通信栏中右击，单击“添加”，如图 4-1-22 所示。

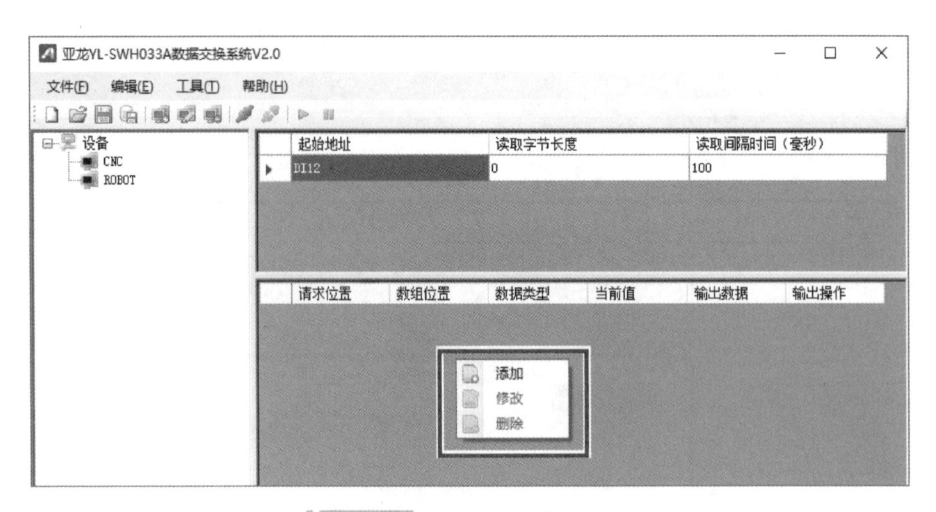

图 4-1-22　添加 DI12 通信信息

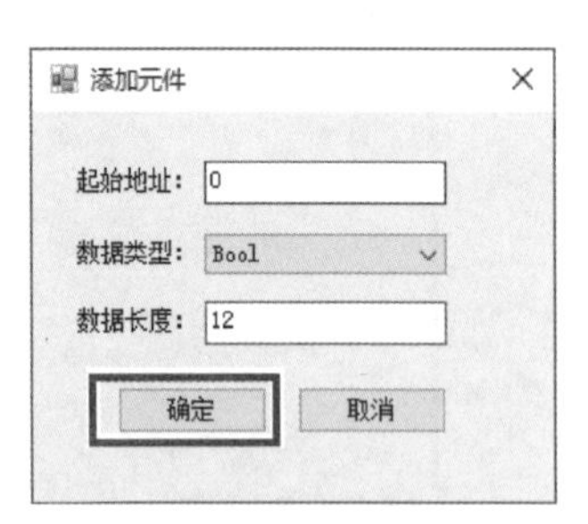

图 4-1-23　添加 DI12 通信长度

步骤 12. 机器人的信号为 DI101 ～ DI108，如果起始地址为 0，则数据长度为 12，单击“确定”，如图 4-1-23 所示。

步骤 13. 此时通信栏中出现已创建的 12 个位，根据数组位置判断位的地址，0、1、2、3 分别为 DI97、DI98、DI99、DI100，若数组位置为 4，则为 DI101，如图 4-1-24 所示。

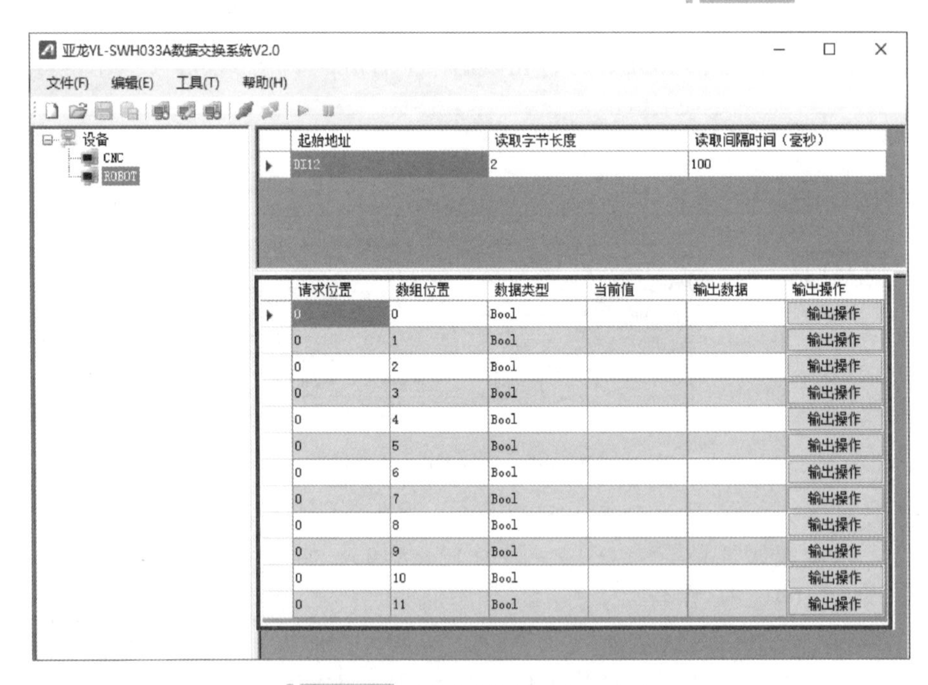

图 4-1-24　CNC 通信数据添加完成

步骤 14. 依次单击“CNC→R700→数组位置 0→输出操作→添加”，如图 4-1-25 所示。

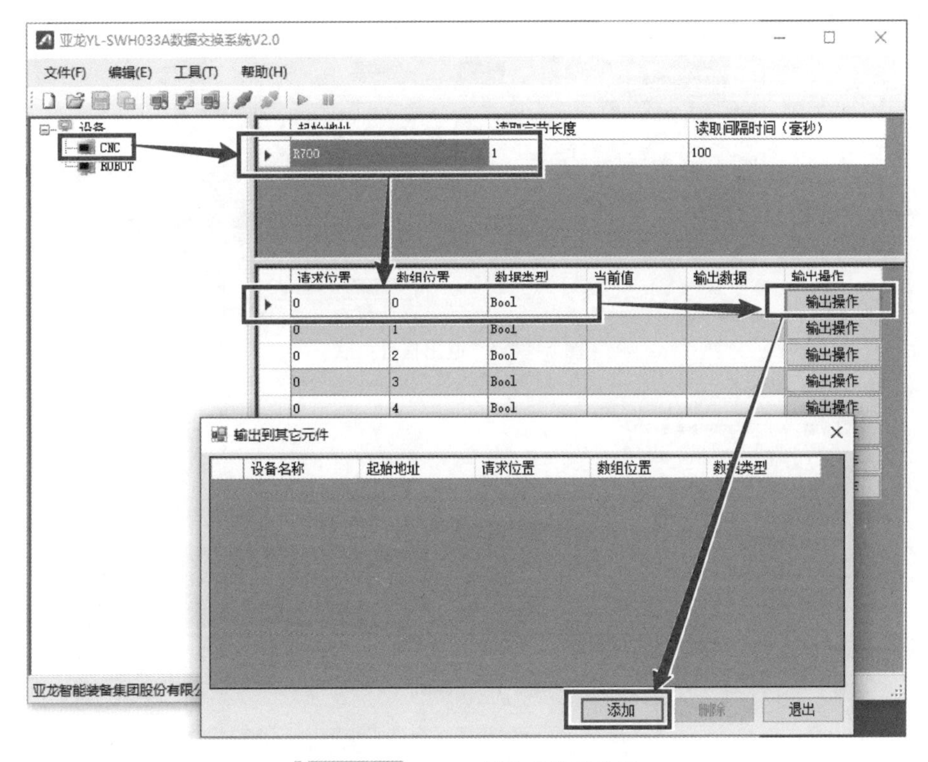

图 4-1-25　CNC 侧信号关联选择

步骤 15. 设备名称修改为“ROBOT”，勾选“数组位置 4”，单击“确定”。此时表示 CNC 的 R700.0 输出到机器人的 DI101，即 CNC 的 R700.0 置 1，则机器人的 DI101 为 ON，如图 4-1-26 所示。

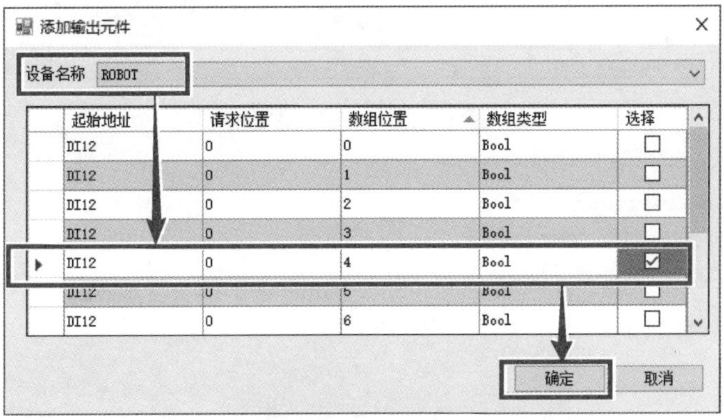

添加输出元件

设备名称　ROBOT

起始地址	请求位置	数组位置	数组类型	选择
DI12	0	0	Bool	☐
DI12	0	1	Bool	☐
DI12	0	2	Bool	☐
DI12	0	3	Bool	☐
DI12	0	4	Bool	☑
DI12	0	5	Bool	☐
DI12	0	6	Bool	☐

确定　取消

图 4-1-26　关联信号勾选

步骤 16. 列表中显示关联的信号对象，单击“退出”，如图 4-1-27 所示。

步骤 17. 当某个信号有输出的关联对象时，在输出数据中就会进行显示，如图 4-1-28 所示。

步骤 18. 配置完毕后，单击自动连接，项目文件进行自动保存，并等待设备自动连接，如图 4-1-29 所示。

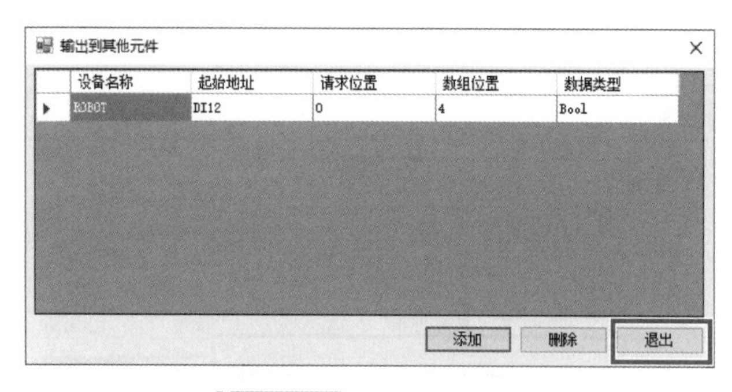

图 4-1-27 退出信号关联

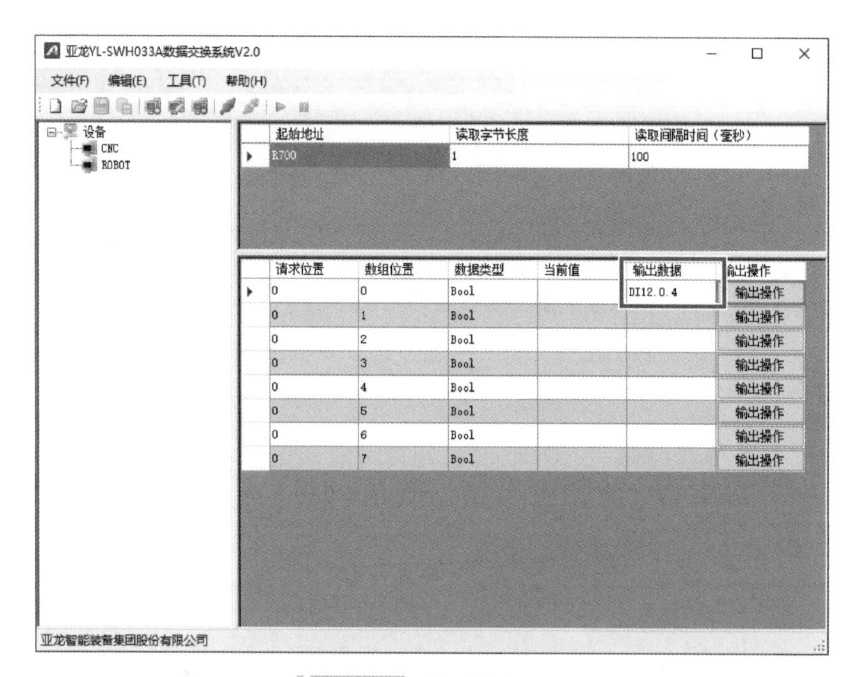

图 4-1-28 信号关联显示

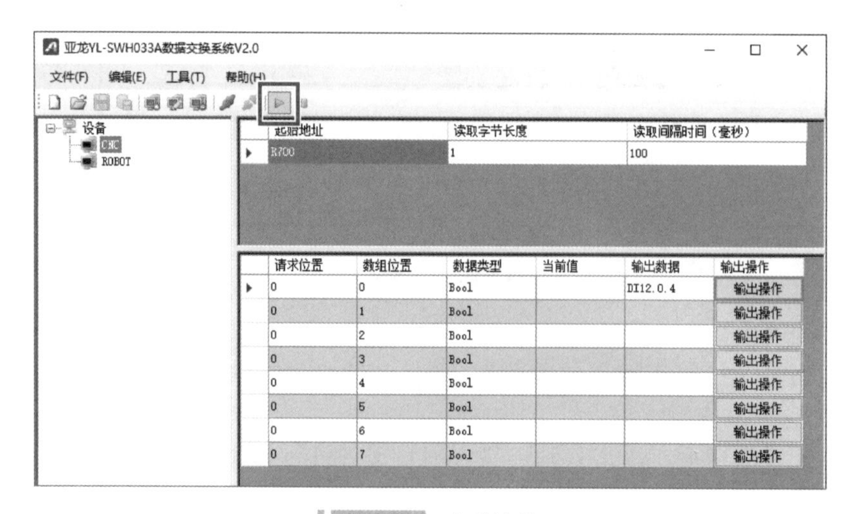

图 4-1-29 自动连接

步骤 19. 连接完成后，设备栏中两个设备会进行颜色切换，以提示通信成功，如图 4-1-30 所示。

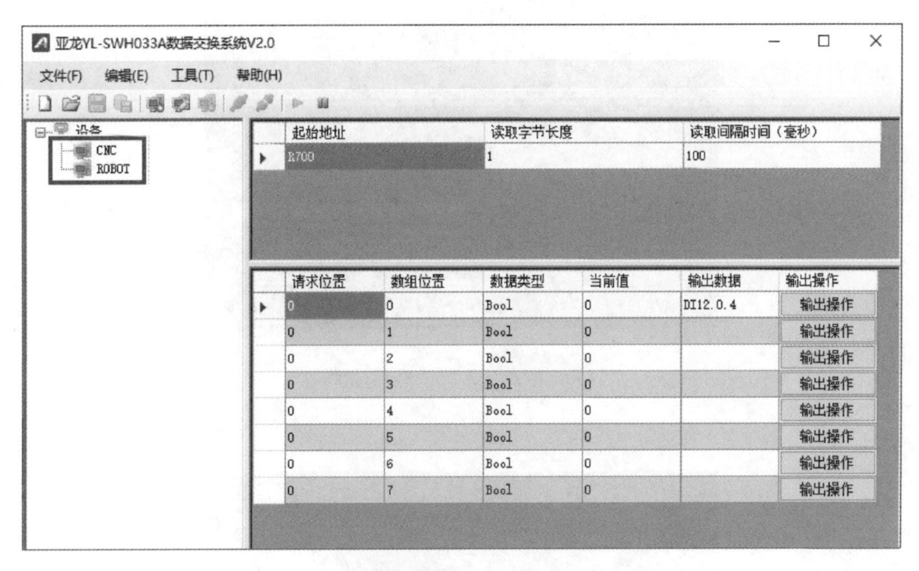

图 4-1-30 通信成功

步骤 20. CNC 中依次按下“ SYSTEM →右翻页→ PMC 维护”，进入 PMC 维护界面，如图 4-1-31 所示。

步骤 21. 单击“信号状态”，进入信号状态界面，然后单击“操作”，如图 4-1-32 所示。

步骤 22. 输入“R700”，单击“搜索”，会自动跳转至 R700 信号的位置，最后单击“强制”，如图 4-1-33 所示。

步骤 23. 将光标向右移动到 R700.0 的位置，单击“开”，R700.0 被置为“1”，如图 4-1-34 所示。

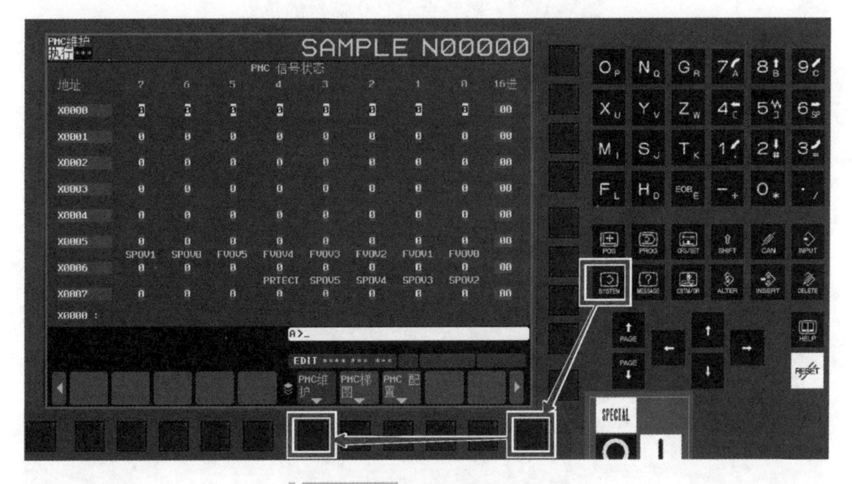

图 4-1-31 PMC 维护界面

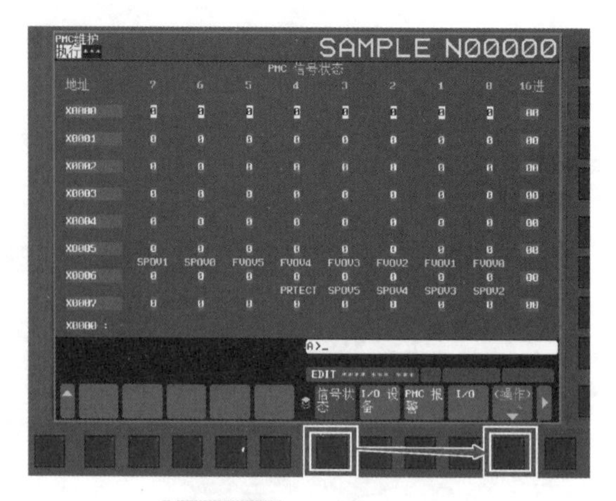

图 4-1-32　信号状态界面

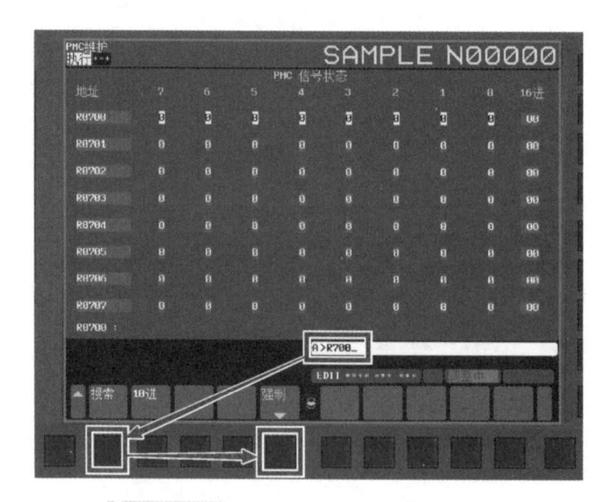

图 4-1-33　跳转至 R700 信号的位置

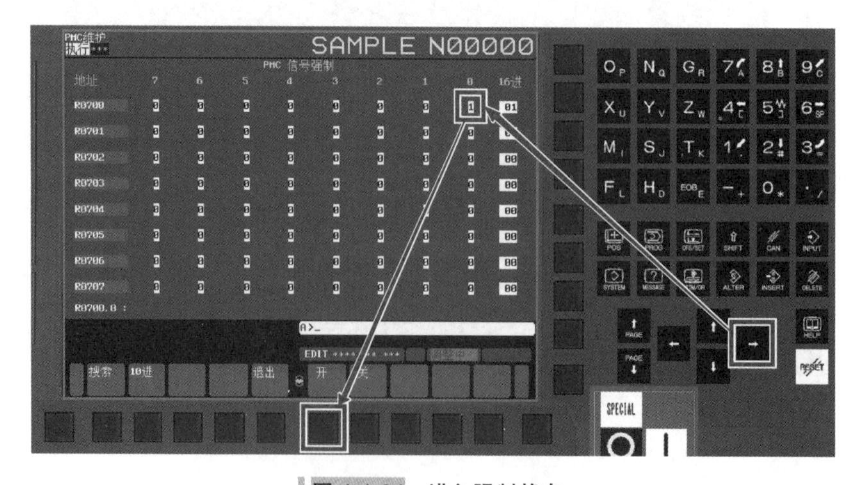

图 4-1-34　进入强制状态

步骤 24. 此时机器人的 DI101 为 ON，说明信号的关联已验证完毕，如图 4-1-35 所示。

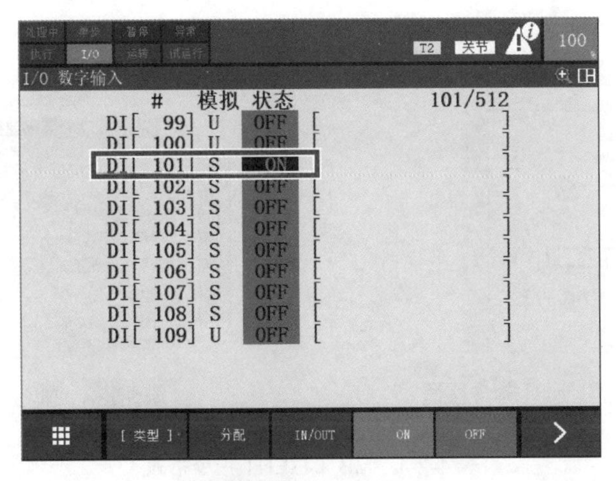

图 4-1-35 DI101 被接通

任务二 机器人与 PLC 的 Modbus 通信

学习目标

1. 了解 TCON_IP_v4 数据结构。
2. 了解机器人 Modbus 大小端数据的原理。
3. 掌握 Modbus-TCP 功能指令的运用。
4. 掌握机器人端通信设定与保持寄存器的分配。

重点和难点

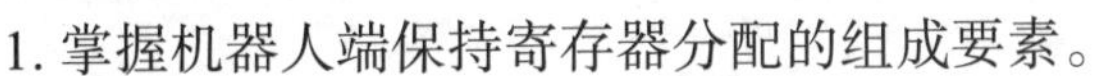

1. 掌握机器人端保持寄存器分配的组成要素。
2. 掌握机器人传输数据大小端的转换。

相关知识

一、西门子 Modbus 功能简介

1. MB_CLIENT 指令

（1）指令路径　MB_CLIENT 指令路径为“通信→其他→MODBUS TCP → MB_CLIENT”，如图 4-2-1 所示。

（2）指令格式　图 4-2-2 所示为 MB_CLIENT 指令，其格式见表 4-2-1。

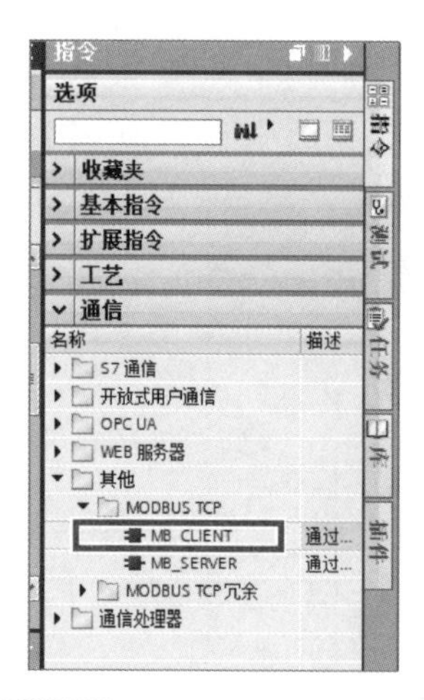

图 4-2-1　MB_CLIENT 指令路径

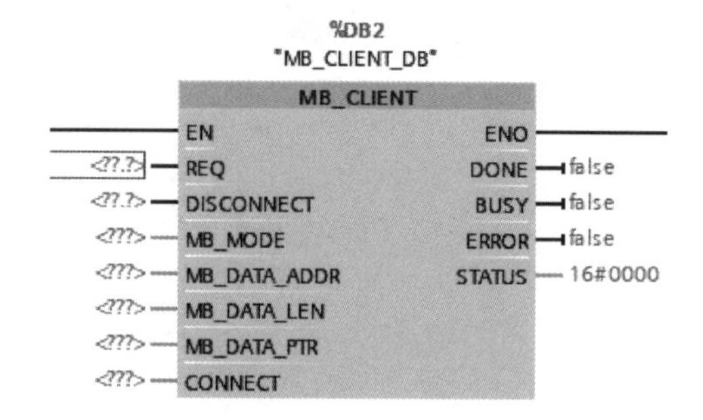

图 4-2-2　MB_CLIENT 指令

表 4-2-1　MB_CLIENT 指令格式

参数	数据类型	说明
REQ	BOOL	对 Modbus-TCP 服务的 Modbus 查询，只要设置了输入（REQ=TRUE），指令就会发送通信请求
DISCONNECT	BOOL	通过该参数，可以控制与 Modbus 服务器建立和终止连接 1）0：与通过 CONNECT 参数组态的连接设备建立通信连接 2）1：断开通信连接。在终止连接的过程中，不执行任何其他功能。成功终止连接后，STATUS 参数将输出值 0003 而如果在建立连接的过程中设置了参数 REQ，将立即发送 Modbus 请求
MB_MODE	USINT	选择 Modbus 的请求模式（读取、写入或诊断）或直接选择 Modbus 功能。具体的功能需要在软件的帮助文本中进行查阅
MB_DATA_ADDR	UDINT	要访问的 Modbus 服务器的地址，取决于 MB_MODE
MB_DATA_LEN	UINT	数据长度，数据访问的位数或字数
MB_DATA_PTR	VARIANT	指向待从 Modbus 服务器接收的数据或待发送到 Modbus 服务器的数据所在数据缓冲区的指针
CONNECT	VARIANT	指向连接描述结构的指针，可以使用以下结构（系统数据类型） 1）TCON_IP_v4：包括建立指定连接时所需的所有地址参数。使用 TCON_IP_v4 时，可通过调用指令“MB_CLIENT”建立连接 2）TCON_Configured：包括所组态连接的地址参数。使用 TCON_Configured 时，将使用下载硬件配置后由 CPU 创建的已有连接
DONE	BOOL	如果最后一个 Modbus 作业成功完成，则输出参数 DONE 中的该位将立即置位为“1”
BUSY	BOOL	1）0：无正在进行的 Modbus 请求 2）1：正在处理 Modbus 请求 在建立和终止连接期间，不会设置输出参数 BUSY
ERROR	BOOL	1）0：无错误 2）1：出错。出错原因由参数 STATUS 指示
STATUS	WORD	指令的详细状态信息

（3）指令引脚使用说明

1）REQ 引脚：只要 REQ 引脚接通，就会执行 Modbus 通信请求，但如果有多个 MB_CLIENT 指令去执行不同的功能，则需要考虑在 REQ 引脚进行轮询（即轮流执行，避免同一时间接通），同时接通会导致 STATUS 提示 8200。

2）DISCONNECT 引脚：通常只要指令不需要考虑屏蔽，该引脚直接设 0 即可。

3）MB_MODE 引脚：定义 MB_CLIENT 指令的功能是读取还是写入，以及西门子 PLC 和 FANUC 机器人上所能够使用的 Modbus 功能，表 4-2-2 和表 4-2-3 需相互对照。

4）MB_DATA_ADDR 引脚：定义 Modbus 地址起始位，表 4-2-2 和表 4-2-3 需要配合表 4-2-6 和表 4-2-7 一同进行查看。

5）MB_DATA_LEN 引脚：定义整体的数据长度，数据长度由机器人端来决定（仅限于保持寄存器），PLC 端尽量与机器人端一致。

6）MB_DATA_PTR 引脚：定义数据缓冲区，PLC 端可以建立与机器人端相同长度的 DB 数据，然后以指针的形式写入该引脚。

7）CONNECT 引脚：定义 Modbus 远端设备的 IP 地址等参数，即写入通信的对象的 IP 地址、端口号等信息，同时该引脚使用的数据类型为 TCON_IP_v4 结构。

表 4-2-2 MB_MODE、MB_DATA_ADDR 和 MB_DATA_LEN 参数

MB_MODE	MB_DATA_ADDR	MB_DATA_LEN	Modbus 功能代码	功能和数据类型
101	0 ~ 65535	1 ~ 2000	01	在远程地址 0 ~ 65535 处，读取 1 ~ 2000 个输出位
102	0 ~ 65535	1 ~ 2000	02	在远程地址 0 ~ 65535 处，读取 1 ~ 2000 个输入位
103	0 ~ 65535	1 ~ 125	03	在远程地址 0 ~ 65535 处，读取 1 ~ 125 个保持性寄存器
104	0 ~ 65535	1 ~ 125	04	在远程地址 0 ~ 65535 处，读取 1 ~ 125 个输入字
105	0 ~ 65535	1	05	在远程地址 0 ~ 65535 处，写入 1 个输出位
106	0 ~ 65535	1	06	在远程地址 0 ~ 65535 处，写入 1 个保持性寄存器
115	0 ~ 65535	1 ~ 1968	15	在远程地址 0 ~ 65535 处，写入 1 ~ 1968 个输出位
116	0 ~ 65535	1 ~ 123	16	在远程地址 0 ~ 65535 处，写入 1 ~ 123 个保持性寄存器

表 4-2-3 机器人支持的 Modbus 功能代码

功能代码名	功能代码
Read Coils（读取线圈）	01h（转十进制 =1）
Read Discrete Inputs（读取输入）	02h（转十进制 =2）
Read Holding Registers（读取保持寄存器）	03h（转十进制 =3）
Read Input Register（读取输入寄存器）	04h（转十进制 =4）
Write Single Coil（写入单个线圈）	05h（转十进制 =5）
Write Single Register（写入单个寄存器）	06h（转十进制 =6）
Write Multiple Coils（写入多个线圈）	0F（转十进制 =15）
Write Multiple Registers（写入多个寄存器）	10h（转十进制 =16）

2. TCON_IP_v4 数据结构

（1）生成 TCON_IP_v4　DB 数据块中任意输入一个名称，并将该数据类型修改为 TCON_IP_v4，即可生成图 4-2-3 所示的数据结构，展开数据结构即可。

	名称	数据类型	偏移量	起始值
2	▼ IP	TCON_IP_v4	0.0	
3	InterfaceId	HW_ANY	0.0	64
4	ID	CONN_OUC	2.0	1
5	ConnectionType	Byte	4.0	11
6	ActiveEstablished	Bool	5.0	1
7	▼ RemoteAddress	IP_V4	6.0	
8	▼ ADDR	Array[1..4] of Byte	6.0	
9	ADDR[1]	Byte	6.0	192
10	ADDR[2]	Byte	7.0	168
11	ADDR[3]	Byte	8.0	0
12	ADDR[4]	Byte	9.0	4
13	RemotePort	UInt	10.0	502
14	LocalPort	UInt	12.0	0

图 4-2-3　TCON_IP_v4 数据类型

（2）TCON_IP_v4 结构描述　TCON_IP_v4 结构描述见表 4-2-4。

表 4-2-4　TCON_IP_v4 结构描述

字节	参数	数据类型	起始值	说明
0 和 1	InterfaceID	HW_ANY	—	本地接口的硬件标识符（值范围：0 ~ 65535），通常填 64 即可
2 和 3	ID	CONN_OUC	—	引用该连接（取值范围：1 ~ 4095） 该参数将唯一确定 CPU 中的连接。指令“MB_CLIENT”的每个实例都必须使用唯一的 ID，从 1 开始即可
4	ConnectionType	BYTE	11	只要是通过 TCP 进行通信都填入 11
5	ActiveEstablished	BOOL	1	主动建立连接，都填入 1
6 ~ 9	RemoteAddress	ARRAY [1..4] of BYTE	—	连接设备（Modbus 服务器）的 IP 地址，例如，192.168.0.4 addr [1] =192 addr [2] =168 addr [3] =0 addr [4] =4
10 和 11	RemotePort	UINT	502	要访问设备的端口号，通常默认为 502
12 和 13	LocalPort	UINT	—	本地连接设备的端口号，通常 PLC 作为客户端时填 0 即可

二、机器人 Modbus-TCP 数据处理

1. 机器人传输字节大小端原理

当 FANUC 工业机器人在保持寄存器中的数据超过 16 位整型（十进制 32767）时，就会以 32 位整型进行传输，此时 FANUC 工业机器人与西门子 PLC 字节的大小端正好相反，会导致 PLC 读取的机器人坐标和实际的机器人端不一致。

假设当前工业机器人X轴坐标为101.559mm，通过乘以1000保存在保持寄存器40001～40002中，则传输数值为101559（十进制），已大于16位整型数据的最大值32767；FANUC工业机器人通常为大端在前、小端在后，西门子PLC则为小端在前、大端在后。如图4-2-4所示，40001在后，40002在前，原本机器人侧传输的数值应该是101559（十进制），但由于大小端不同，传输数值已变成2360803329（十进制），该数值也就是PLC中实际接收的数值。

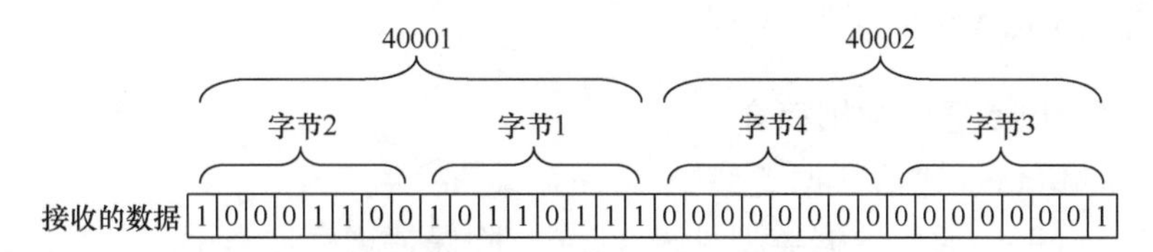

图4-2-4 接收的数据（未转换）

2. ROR指令

既然已经知道传输数据的大小端是相反的，则只需要将大小端进行转换即可，即将图4-2-4中的40001和40002顺序进行对调，就可以得到原来的数值101559（见图4-2-5）。此时需要使用ROR指令，该指令全称为循环右移指令，顾名思义可以将指定的数据以循环的方式向右移动，将40001向右移动16位，40002会按顺序自动排列到40001后面，数据即可正常。

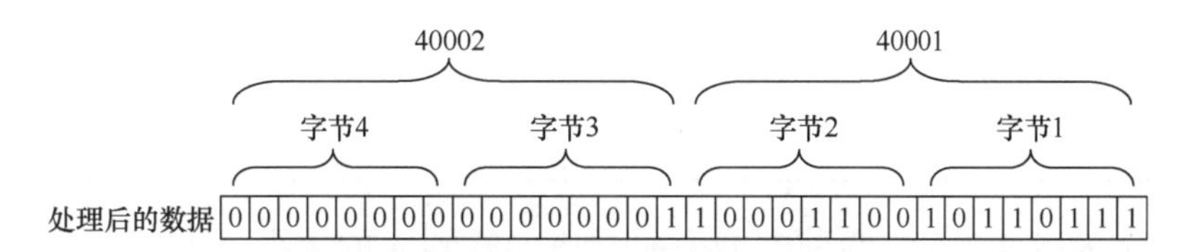

图4-2-5 处理后的数据（已转换）

（1）指令路径 ROR指令路径为“基本指令→移位和循环→ROR”，如图4-2-6所示。

（2）指令格式 图4-2-7所示为ROR指令，其格式见表4-2-5。

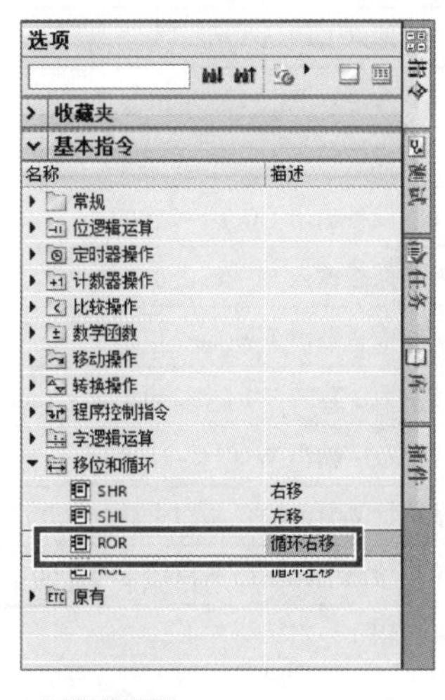

图4-2-6 ROR指令路径

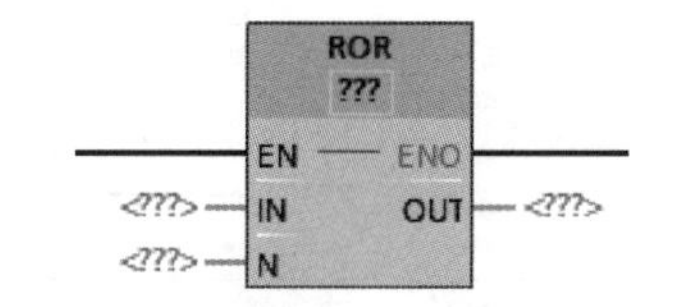

图4-2-7 ROR指令

表 4-2-5　ROR 指令格式

参数	数据类型	说明
IN	位字符串、整数	要循环移位的值
N	USInt、UInt、UDInt、ULInt	将值向右循环移动的位数
OUT	位字符串、整数	指令的结果

三、机器人 Modbus 通信数据

1. 机器人 Modbus 通信数据简介

（1）机器人 Modbus 通信数据类型

1）机器人 Modbus 通信数据类型见表 4-2-6，除保持寄存器需手动分配外，其他三种数据都已固定分配好。其中分立输入和线圈为单个位，输入寄存器和保持寄存器为 16 位。

表 4-2-6　机器人 Modbus 通信数据类型

类型	数据类型	读取 / 写入的种类
分立输入（Discrete input）	Single bit（位型）	只读
线圈（Coils）	Single bit（位型）	可读 – 可写
输入寄存器（Input Registers）	16–bit（字型）	只读
保持寄存器（Holding Registers）	16–bit（字型）	可读 – 可写

2）表 4-2-7 为表 4-2-6 的四种数据中所对应的机器人的数据，上下两个表格应结合起来看。

表 4-2-7　机器人 Modbus 通信数据

类型	MODBUS 地址范围	机器人数据（a：地址）
分立输入（Discrete input）	1 ～ 10000	数字输入 DI [a]
	10001 ～ 20000	机器人输入 RI [a–10000]
	20001 ～ 21000	外围设备输入 UI [a–20000]
	21001 ～ 21999	外围设备输出 UO [a–21000]
	22000 ～ 22999	操作面板输入 SI [a–22000]
	23000 ～ 24000	操作面板输出 SO [a–23000]
	24001 ～ 25000	焊接数字输入 WI [a–24000]
	25001 ～ 26000	焊接数字输出 WO [a–25000]
	26001 ～ 27000	粘枪检测电路输入 WSI [a–26000]
	27001 ～ 28000	粘枪检测电路输出 WSO [a–27000]
	28001 ～ 65536	未使用

（续）

类型	MODBUS 地址范围	机器人数据（a：地址）
线圈 （Coils）	1 ~ 10000	数字输出 DO［a］
	10001 ~ 20000	机器人输出 RO［a-10000］
	20001 ~ 30000	标志 F［a-20000］
	30001 ~ 65536	未使用
输入寄存器 （Input Registers）	1 ~ 1000	组输入 GI［a］
	1001 ~ 2000	组输出 GO［a-1000］
	2001 ~ 3000	模拟输入 AI［a-2000］
	3001 ~ 4000	模拟输出 AO［a-3000］
	4001 ~ 65536	未使用
保持寄存器 （Holding Registers）	1 ~ 16384	可读 - 可写
	16385 ~ 65536	分配机器人数据（标准设定为 R［a］）

（2）保持寄存器分配界面与数据格式

1）保持寄存器分配界面（见图 4-2-8）中可以将各种机器人数据分配到保持寄存器中，保持寄存器的地址范围 1 ~ 16384。每个地址都具有 2 字节（16 位）的区域，可以向连续的 2 个地址分配 32 位的数据，以及向连续的多个地址分配字符串的数据。

2）保持寄存器可以自由分配数据到寄存器中，再由其他设备进行访问，可分配的数据包括数值寄存器 R 的值、位置寄存器 PR 的值、字符串寄存器 SR 的值、现在位置、错误日志、系统变量的值、I/O 的值等。

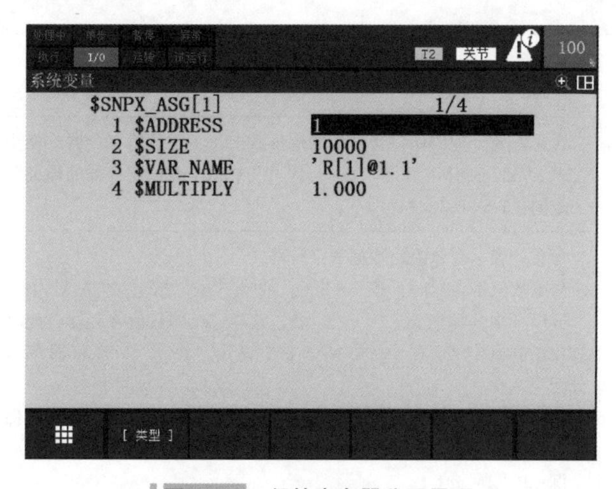

图 4-2-8 保持寄存器分配界面

3）当分配的数据不同时，“$MULTIPLY”含义也不尽相同。当分配机器人坐标时，可作为乘数使用，因为机器人坐标为实数，数据的接收端较难处理该数据，因此转换成整型进行发送，$SNPX_ASG 变量及说明见表 4-2-8。

表 4-2-8　$SNPX_ASG 变量及说明

变量	说明
$ADDRESS	含义：要分配的保持寄存器的开始地址 范围：1 ～ 16384
$SIZE	含义：要分配的保持寄存器的地址数 范围：1 ～ 16384
$VAR_NAME	含义：要分配的数据字符串。通过字符串指定数据的种类和编号。设定内容随分配数据的不同而不同，详情请参阅各数据的说明 例： R［1］：R［1］ PR［1］：PR［1］ POS［1］：组 1 的现在位置
$MULTIPLY	含义：乘数。指定将实际数据值反映到保持寄存器时的形式。设定内容随分配数据的不同而不同，详情请参阅各数据的说明。 例：实际数据值为 123.45 当 $MULTIPLY 为 1 时，保持寄存器中的数据解读为 123 当 $MULTIPLY 为 10 时，保持寄存器中的数据解读为 1235 当 $MULTIPLY 为 0.1 时，保持寄存器中的数据解读为 12

2. Modbus 保持寄存器分配方法

（1）数值寄存器分配

1）通过对 $SNPX_ASG 进行设定，即可向保持寄存器分配机器人的数值寄存器，见表 4-2-9。

表 4-2-9　数值寄存器分配

变量	说明
$ADDRESS	含义：要分配的保持寄存器的开始地址 范围：1 ～ 16384
$SIZE	含义：要分配的保持寄存器的地址数。每 1 个数值寄存器，使用 2 个保持寄存器的地址（通过对 $VAR_NAME 赋予“@”，即可变更每个数值寄存器的地址数） 范围：1 ～ 16384
$VAR_NAME	含义：表示要分配的数据的字符串 分配数值寄存器时，按“R［1］”的方式予以指定。方括号内的数字表示寄存器编号 可以一次分配如 R［2］～ R［5］这样连续的数值寄存器，此时，数值寄存器数为 4 个，在 $SIZE 中设定 8，在 $VAR_NAME 中设定“R［2］”寄存器编号 2 表示从 R［2］依次进行分配 此外，通过在后面赋予“@1.1”，即可将每一个数值寄存器的保持寄存器数设定为 1 个。但是，这种情况下数据的长度为 16 位数据。 例：R［1］@1.1 “R［1］”表示从 R［1］开始分配 @1.1 表示仅分配 R［1］一个数据寄存器，且数据长度为 16 位

（续）

变量	说明
$MULTIPLY	含义：乘数 外部设备读写数值寄存器的值时应乘以 $MULTIPLY 的值方可得出实际值 $MULTIPLY 为 0 时具有特殊的含义，可作为 32 位实数型数据；$MULTIPLY 为 0 以外的值时，为带 32 位符号的整数数据，小数以下部分将被四舍五入 范围：0.0001 ～ 10000、0 例：数值寄存器的值为 123.45 当 $MULTIPLY 为 1 时，保持寄存器中的数据解读为 123 当 $MULTIPLY 为 10 时，保持寄存器中的数据解读为 1235 当 $MULTIPLY 为 0.1 时，保持寄存器中的数据解读为 12 当 $MULTIPLY 为 0 时，保持寄存器中的数据解读为 123.45（实数）

2）数值寄存器分配举例见表 4-2-10。

表 4-2-10　数值寄存器分配举例

变量	$ADDRESS	$SIZE	$VAR_NAME	$MULTIPLY
$SNPX_ASG［1］	1	2	R［1］@1.1	1
$SNPX_ASG［2］	3	4	R［1］	100
$SNPX_ASG［3］	7	4	R［2］	0.1
$SNPX_ASG［4］	11	2	R［1］	0

3）保持寄存器与数值寄存器关系如图 4-2-9 所示。

地址	已被分配的机器人数据
1	R[1]的带有符号的16位整数值
2	R[2]的带有符号的16位整数值
3、4	将R[1]100倍后而得到的带有符号的32位整数值
5、6	将R[2]100倍后而得到的带有符号的32位整数值
7、8	将R[2]除以10而得到的带有符号的32位整数值
9、10	将R[3]除以10而得到的带有符号的32位整数值
11、12	R[1]的32位实数值

图 4-2-9　保持寄存器与数值寄存器关系

① $SNPX_ASG［1］：对于“数据寄存器以 1 倍后而得到的带有符号的 16 位整数形式，将 R［1］与 R［2］依次分配到保持寄存器的地址 1 和地址 2 中”的情况予以指定。由于保持寄存器为 16 位数据，所以每个数值寄存器的保持寄存器的地址数为 1 个。因此，保持寄存器的地址 1 为 R［1］的带有符号的 16 位整数值，地址 2 为 R［2］的带有符号的 16 位整数值。

② $SNPX_ASG［2］：对于“数据寄存器以 100 倍后而得到的带有符号的 32 位整数形式，将 R［1］分配到保持寄存器的地址 3 和地址 4，将 R［2］分配到保持寄存器的地址 5 和地址 6”的情况予以指定。每一个数值寄存器使用 2 个保持寄存器的地址。因此，地址 3 和地址 4 为将 R［1］100 倍后而得到的带有符号的 32 位整数值，地址 5 和地址 6 为将 R［2］100 倍后而得到的带有符号的 32 位整数值。

③ $SNPX_ASG［3］：对于“数据寄存器以除以 10 后而得到的带有符号的 32 位整数形式，将 R［2］分配到保持寄存器的地址 7 和地址 8，将 R［3］分配到保持寄存器的地址 9 和地址 10”的情况予以指定。因此，地址 7 和地址 8 为将 R［2］除以 10 后而得到的带有符号的 32 位整数值，地址 9 和地址 10 为将 R［3］除以 10 后而得到的带有符号的 32 位整数值。

④ $SNPX_ASG［4］：对于“数据寄存器以实数形式，将 R［1］依次分配到地址 11 和地址 12 这 2 个地址”的情况予以指定。因此，地址 11 和地址 12 成为 R［1］的实数值。

（2）现在位置分配

1）通过对 $SNPX_ASG 进行设定，即可将现在位置分配给保持寄存器，见表 4-2-11。

表 4-2-11　当前位置分配

变量	说明
$ADDRESS	含义：要分配的保持寄存器的开始地址 范围：1 ～ 16384
$SIZE	含义：要分配的保持寄存器的地址数。现在位置使用 50 个保持寄存器的地址（通过对 $VAR_NAME 赋予“@”，即可变更要使用的保持寄存器的地址数） 范围：1 ～ 16384
$VAR_NAME	含义：表示要分配的数据的字符串 分配现在位置时，按“POS［0］”方式予以指定。方括号内的数字表示用户坐标系编号 若在用户坐标系编号中指定 0，则可读出世界坐标系中的现在位置。这与在示教器的现在位置界面选择了“世界”时相同 若在用户坐标系编号中指定 -1，则可读出所选的用户坐标系中的现在位置。这与在示教器的现在位置界面选择了“用户”时相同 若在用户坐标系编号中指定 1 ～ 61，则可读出与所选的用户坐标系无关的现在位置。数据结构与位置寄存器相同。各轴的现在位置不受用户坐标的影响，因而不管在用户坐标中指定什么，都可以读出各轴的现在位置 多组系统中，POS［0］表示组 1 的机器人的现在位置。若要指定组 2 的机器人，在用户坐标系编号之前指定组，如 POS［G2：0］。 此外，通过在其后赋予“@”，可只分配部分要素
$MULTIPLY	含义：乘数 只有具有 X、Y、Z、J1 等实数值的要素才会受到 $MULTIPLY 的影响。具体请参照位置寄存器的分配 外部设备读写现在位置的各要素值时应乘以 $MULTIPLY 的值方可得出实际值 $MULTIPLY 为 0 时具有特殊的含义，可作为 32 位实数型数据，分配给保持寄存器 $MULTIPLY 为 0 以外的值时，为带 32 位符号的整数数据，小数以下部分将被四舍五入 范围：0.0001 ～ 10000、0 例：位置寄存器的要素值为 123.45 $MULTIPLY 为 1 时，保持寄存器中的数据解读为 123 $MULTIPLY 为 10 时，保持寄存器中的数据解读为 1235 $MULTIPLY 为 0.1 时，保持寄存器中的数据解读为 12 $MULTIPLY 为 0 时，保持寄存器中的数据解读为 123.45（实数）

2）将机器人 POS［0］（即机器人当前位置）设定在 $SNPX_ASG 中，将机器人的当前位置信息保存在 40001 ～ 40050 连续的 50 个保持寄存器中，数值寄存器分配举例见表 4-2-12。

表 4-2-12　数值寄存器分配举例

变量	$ADDRESS	$SIZE	$VAR_NAME	$MULTIPLY
$SNPX_ASG［1］	1	50	POS［0］	1000

3）分配位置通常为连续 50 个保持寄存器，分配后保持寄存器内部的位置数据结构见表 4-2-13。

表 4-2-13　位置数据结构

地址	说明	$MULTIPLY 的影响
	正交形式数据	
1 ～ 2	X　带 32 位符号的整数或者实数（mm）	有
3 ～ 4	Y　带 32 位符号的整数或者实数（mm）	有
5 ～ 6	Z　带 32 位符号的整数或者实数（mm）	有
7 ～ 8	W　带 32 位符号的整数或者实数（deg）	有
9 ～ 10	P　带 32 位符号的整数或者实数（deg）	有
11 ～ 12	R　带 32 位符号的整数或者实数（deg）	有
13 ～ 14	E1　带 32 位符号的整数或者实数（mm，deg）	有
15 ～ 16	E2　带 32 位符号的整数或者实数（mm，deg）	有
17 ～ 18	E3　带 32 位符号的整数或者实数（mm，deg）	有
19	FLIP　带 16 位符号的整数（1：Flip，0：Non flip）	无
20	LEFT　带 16 位符号的整数（1：Left，0：Right）	无
21	UP　带 16 位符号的整数（1：Up，0：Down）	无
22	FRONT 带 16 位符号的整数（1：Front，0：Back）	无
23	TURN4 带 16 位符号的整数（-128 ～ 127）	无
24	TURN5 带 16 位符号的整数（-128 ～ 127）	无
25	TURN6 带 16 位符号的整数（-128 ～ 127）	无
26	VALIDC 带 16 位符号的整数	无
	关节形式数据	
27 ～ 28	J1　带 32 位符号的整数或者实数（mm，deg）	有
29 ～ 30	J2　带 32 位符号的整数或者实数（mm，deg）	有
31 ～ 32	J3　带 32 位符号的整数或者实数（mm，deg）	有
33 ～ 34	J4　带 32 位符号的整数或者实数（mm，deg）	有
35 ～ 36	J5　带 32 位符号的整数或者实数（mm，deg）	有
37 ～ 38	J6　带 32 位符号的整数或者实数（mm，deg）	有
39 ～ 40	J7　带 32 位符号的整数或者实数（mm，deg）	有
41 ～ 42	J8　带 32 位符号的整数或者实数（mm，deg）	有
43 ～ 44	J9　带 32 位符号的整数或者实数（mm，deg）	有
45	VALIDJ 带 16 位符号的整数	无
	坐标系编号	
46	UF　带 16 位符号的整数（-1 ～ 62）	无
47	UT　带 16 位符号的整数（-1 ～ 30）	无
48 ～ 50	Reserve 不使用	无

（3）I/O 的值和模拟状态分配

1）通过对 $SNPX_ASG 进行设定，即可将 I/O 的值或者模拟状态分配给保持寄存器，见表 4-2-14。

表 4-2-14　I/O 的值分配

变量	说明
$ADDRESS	含义：要分配的保持寄存器的开始地址 范围：1 ~ 16384
$SIZE	含义：要分配的保持寄存器的地址数 I/O 的其具体分配的保持寄存器的地址数，应根据 $MULTIPLY 的设定而变化。 $MULTIPLY 为 1 时，将 1 个 I/O 的值以及模拟状态分配到 1 个保持寄存器的地址中 $MULTIPLY 为 0 时，将 16 个 I/O 的值或者模拟状态作为位值分配到 1 个保持寄存器的地址中（但是，GI/GO、AI/AO 的值，不管 $MULTIPLY 的设定如何，每 1 个 I/O 的值使用 1 个保持寄存器的地址） 范围：1 ~ 16384
$VAR_NAME	含义：表示要分配的数据的字符串 分配 I/O 的值或者模拟状态时，按“DI［1］”的方式予以指定。方括号内的数字表示 I/O 的编号 值　模拟 DI　DI［1］　DI［S1］ DO　DO［1］　DO［S1］ RI　RI［1］　RI［S1］ RO　RO［1］　RO［S1］ UI　UI［1］ UO　UO［1］ SI　SI［1］ SO　SO［1］ WI　WI［1］　WI［S1］ WO　WO［1］　WO［S1］ WSI　WSI［1］　WSI［S1］ WSO　WSO［1］　WSO［S1］ GI　GI［1］　GI［S1］ GO　GO［1］　GO［S1］ AI　AI［1］　AI［S1］ AO　AO［1］　AO［S1］ 标志 F［1］ 标记 M［1］ 例：分配 DI［11］~ DI［42］的值 $MULTIPLY 为 1 时，DI 数为 32 个，在 $SIZE 中设定“32”，在 $VAR_NAME 中设定“DI［11］”。这种情况下的索引 11，表示从 DI［11］依次进行分配 $MULTIPLY 为 0 时，向 1 个保持寄存器的地址分配 16 个 DI，因而在 $SIZE 中设定“2”，在 $VAR_NAME 中设定“DI［11］”。
$MULTIPLY	含义：指定是否通过位值进行分配 向 1 个保持寄存器的地址分配 1 个 I/O 的值时，设定 1 向 1 个保持寄存器的地址分配 16 个 I/O 的值时，设定 0

2）通过设定 $MULTIPLY，就可选择作为位值向 1 个保持寄存器的地址分配 1 个 I/O，还是分配 16 个 I/O。

3）$MULTIPLY 为 1 时，将 1 个 I/O 的值或者模拟状态分配给 1 个保持寄存器的地址。I/O 的值为 ON 时，对应的保持寄存器为 1，OFF 时为 0。

4）$MULTIPLY 为 0 时，将 16 个 I/O 的值或者模拟状态分配给 1 个保持寄存器的地址。I/O 的值为 ON 时，对应的保持寄存器的位为 1，OFF 时为 0。I/O 索引较小的将被分配给下位的位。

5）当将 DI［1］～DI［16］分配给保持寄存器时，在只有 DI［1］为 ON，其他为 OFF 的情况下，保持寄存器的值为 1。只有 DI［16］为 ON，其他为 OFF 的情况下，保持寄存器的值为 32768（带有符号的 16 位整数）。

任务实施

一、实训设备

本任务以 YL-556D 型生产性实训设备（见图 4-2-10）为例，实现设备中西门子 S7-1500 PLC 与工业机器人的 Modbus 通信，并读取机器人的当前位置。

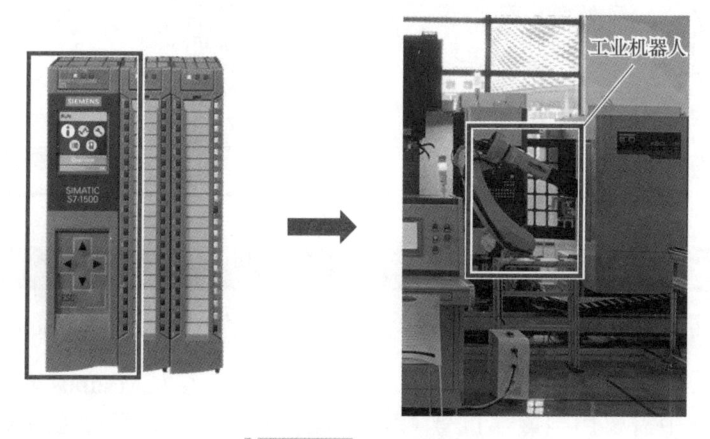

图 4-2-10　实训设备

二、机器人端设置

下面将以机器人的坐标传送至 PLC 为例进行说明。

步骤 1. 修改机器人 IP 地址为“192.168.0.4”，步骤参考项目一任务一中任务实施的内容。

步骤 2. 按下示教器“MENU”，移动光标至“0 下页”，按“ENTER”进行翻页。

步骤 3. 移动光标至“6 系统”，光标向右移动到“2 变量”（见图 4-2-11），按“ENTER”进入（见图 4-2-12）。

步骤 4. 按下示教器“ITEM”，输入“633”（机器人因型号不同，变量的序号也有所差异），按“ENTER”找到变量“$SNPX_PARAM”，如图 4-2-13 所示。

步骤 5. 按“ENTER”进入，光标向下移动到“10$NUM_MODBUS”（变量含义为可连接的 Modbus 设备数量，如有超过该数量的设备进行访问，则会导致通信中断），将该变量修改为 1 或大于 1，如图 4-2-14 所示。

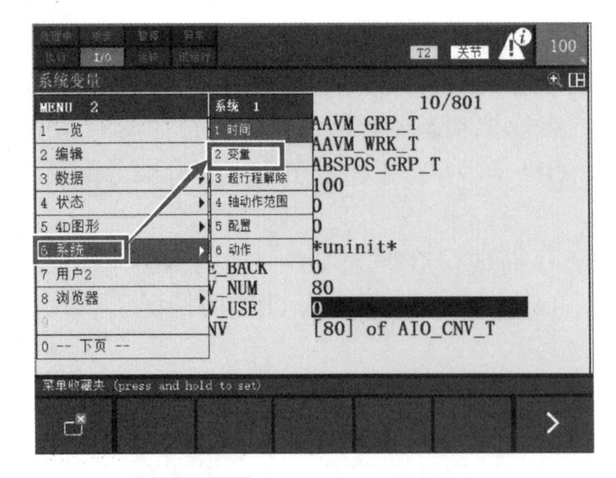

图 4-2-11 进入机器人变量界面

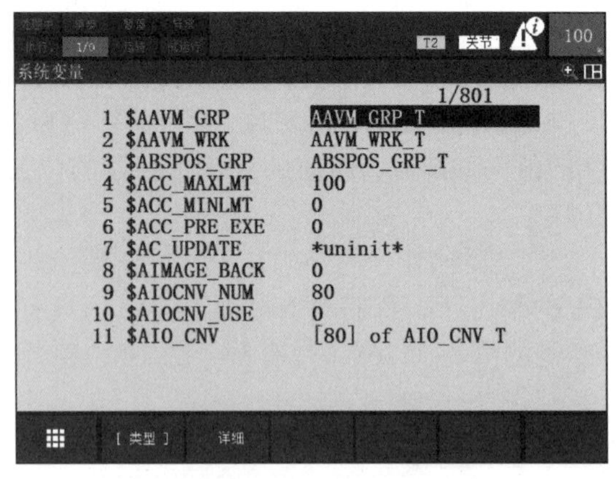

图 4-2-12 机器人变量界面

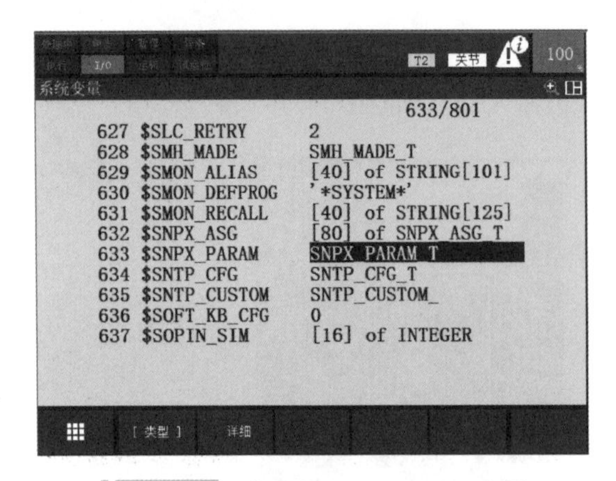

图 4-2-13 进入 $SNPX_PARAM 变量

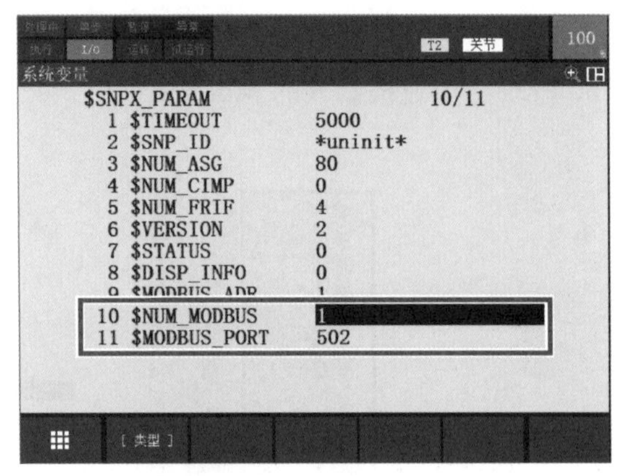

图 4-2-14 设定 Modbus 设备数量

步骤 6. 对于“11$MODBUS_PORT”（变量含义为机器人 Modbus 通信端口号）需要进行记录，在触摸屏中需要用到该端口号（见图 4-2-14），按示教器“PREV”返回系统变量主菜单。

步骤 7. 找到“$SNPX_ASG”，内部 $SNPX_ASG［1］～［80］的 80 个排列变量可自由分配给保持寄存器，如图 4-2-15 所示。

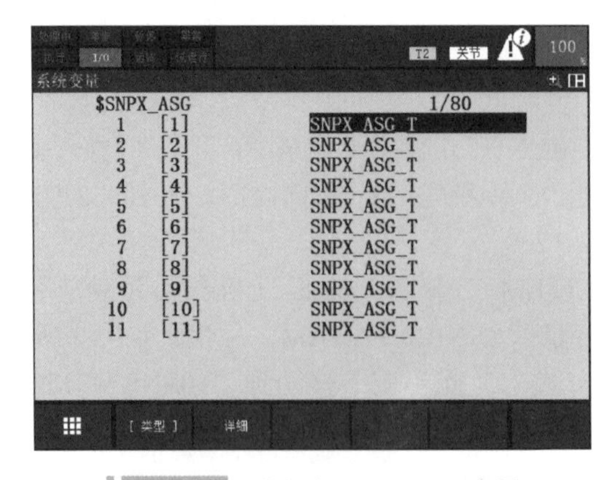

图 4-2-15 进入 $SNPX_ASG 变量

步骤 8. 将光标移到序号［1］，按“ENTER”进入，对分配给保持寄存器的变量进行修改（见图 4-2-16）。

步骤 9. 修改后的变量如图 4-2-17 所示，将机器人坐标值乘以 1000（主要是为了保留完整的小数形式）后分配到 1（40001）～ 50（40050）号保持寄存器。

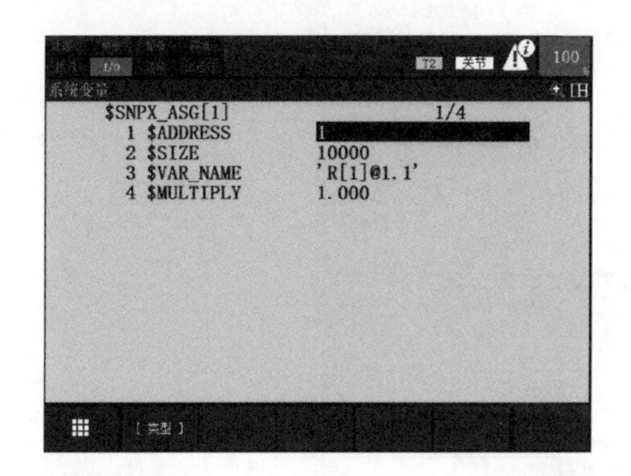

图 4-2-16 进入 $SNPX_ASG［1］变量

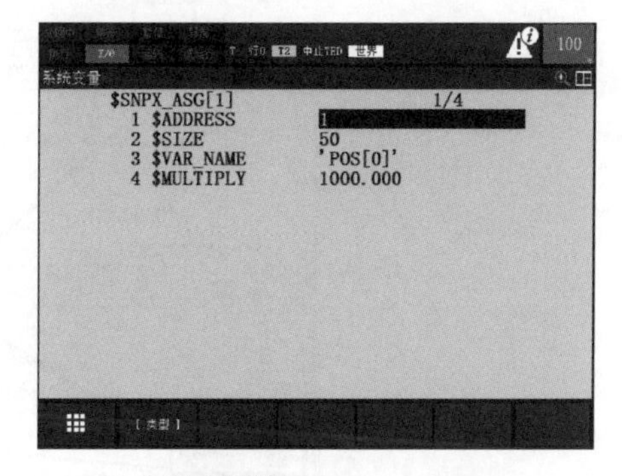

图 4-2-17 修改后的变量

步骤 10. 断电重启机器人控制柜，方才设定的 Modbus 参数生效。

三、PLC 端设置

步骤 1. 以 KTP1200 Basic PN 型触摸屏和 CPU 1511–1 PN 型 PLC 为例创建博途项目文件，如图 4-2-18 所示，触摸屏创建方法参考项目二任务二的任务实施，PLC 创建方法参考项目三任务二的任务实施。

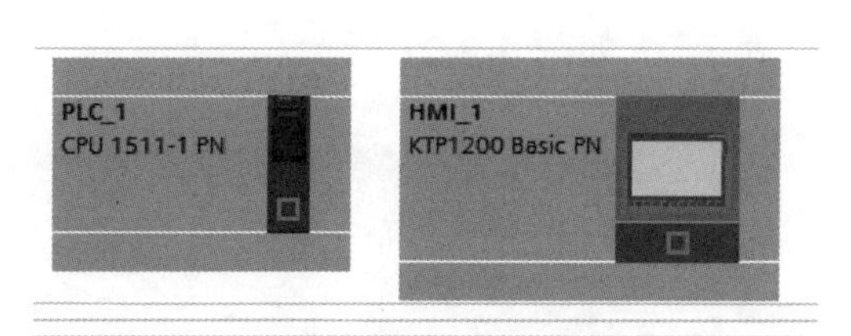

图 4-2-18 项目文件

步骤 2. 修改触摸屏与 PLC 的 IP 地址，触摸屏 IP 地址为 192.168.0.2，PLC IP 地址为 192.168.0.1。触摸屏修改 IP 地址的方法参考项目二任务二的任务实施，PLC 修改 IP 地址的方法参考项目一任务三的任务实施。

步骤 3. 在“网络视图”选项卡中拖动 PLC 的网口到触摸屏的网口，实现 PLC 与触摸屏的通信，如图 4-2-19 所示。

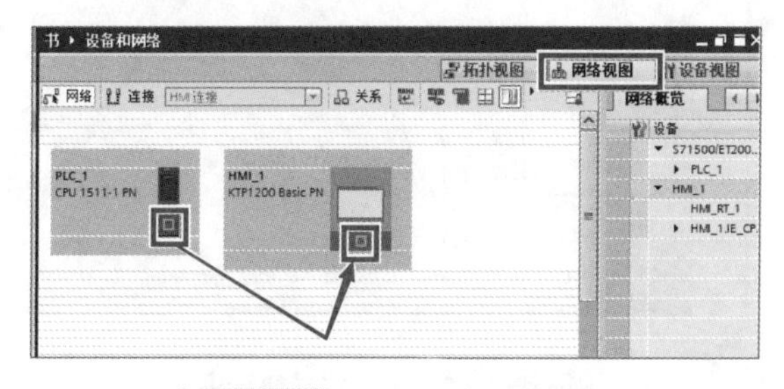

图 4-2-19 PLC 与触摸屏通信

步骤 4. 选中 PLC 设备，单击“属性”，在“系统和时钟存储器”界面中勾选“启用系统存储器字节”和“启用时钟存储器字节”，如图 4-2-20 所示。

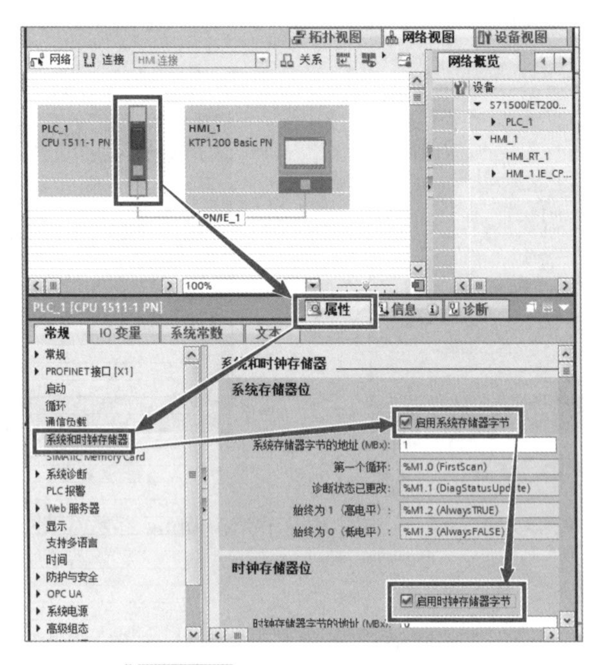

图 4-2-20 启用系统和时钟存储器

步骤 5. 双击“添加新块”，选择“数据块”，修改数据块的名称，编号由系统自动进行分配，当前为 DB1，单击“确定”，如图 4-2-21 所示。

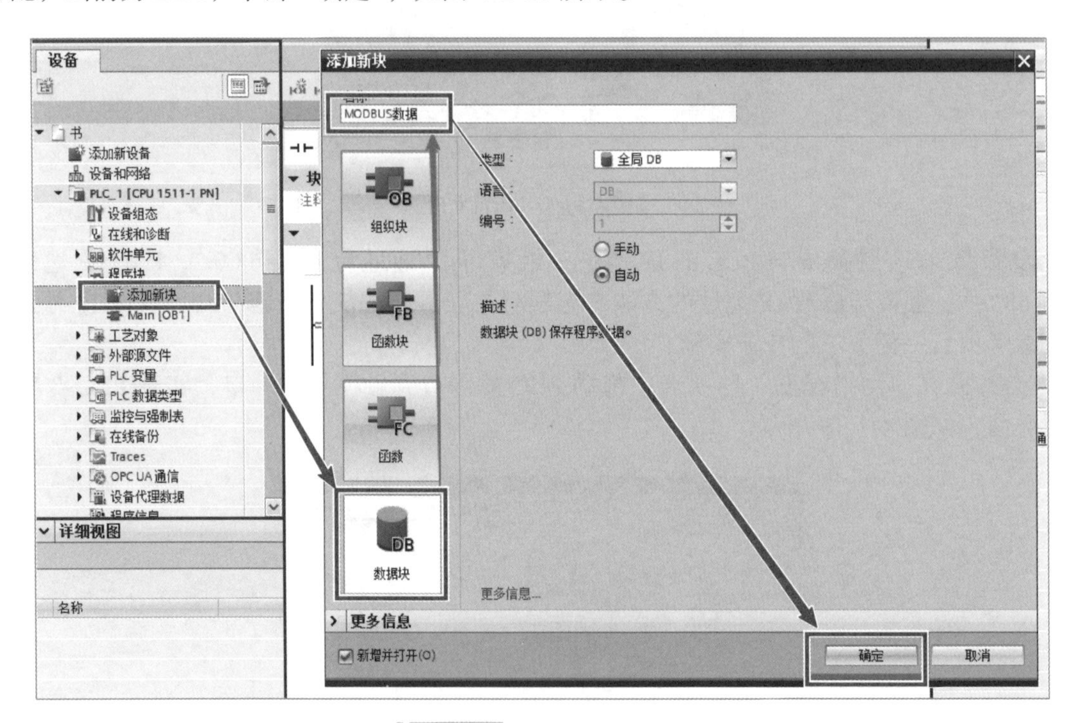

图 4-2-21 进入数据块程序

步骤 6. 右击“MODBUS 数据”，单击“属性”，如图 4-2-22 所示。

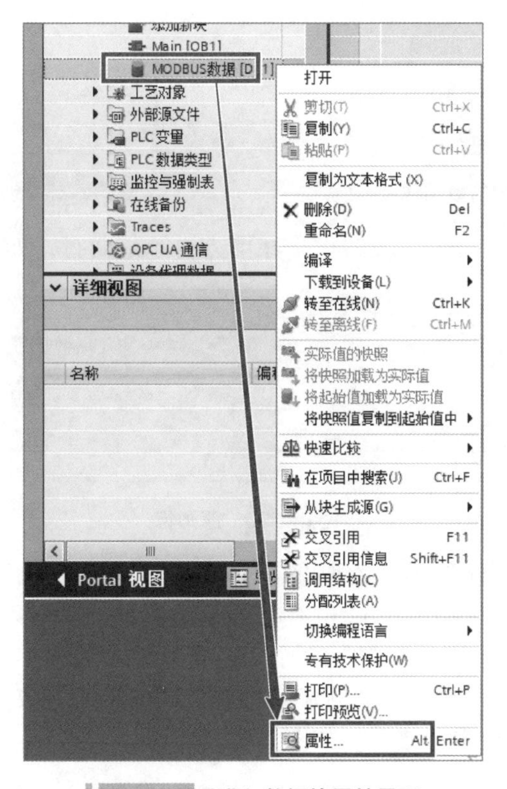

图 4-2-22 进入数据块属性界面

步骤 7. 在“常规”选项卡中，进入“属性”界面，单击“优化的块访问”，弹出提示信息，单击“确定”，提示框消失后单击“确定”，退出属性界面，如图 4-2-23 所示。

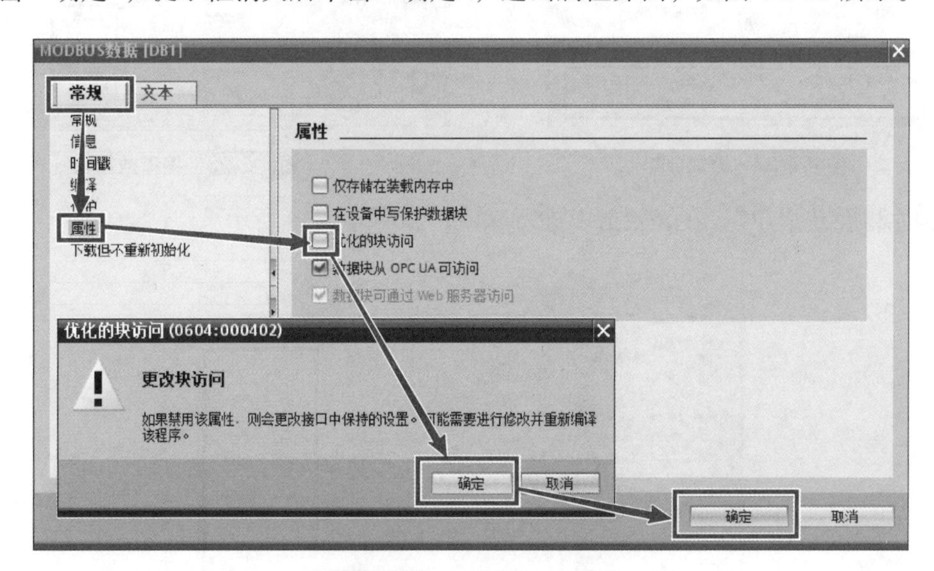

图 4-2-23 去除优化的块访问

步骤 8. 选中数据块中的空白处（见图 4-2-24），在名称中输入“IP”（名称可自定义），在数据类型中输入“TCON_IP_v4”，回车后自动生成 Modbus 通信端口数据，如图 4-2-25 所示。

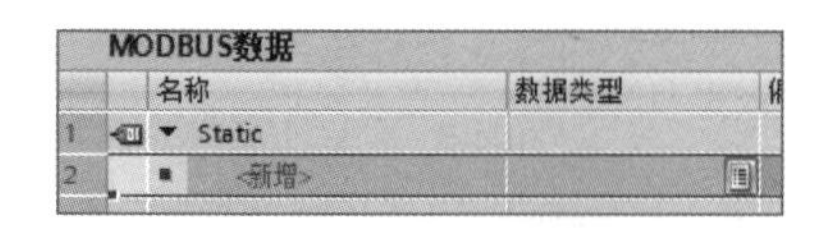

	名称	数据类型
1	▼ Static	
2	<新增>	

图 4-2-24　空白的数据块

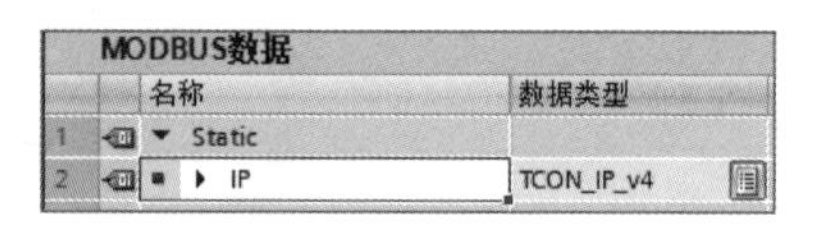

	名称	数据类型
1	▼ Static	
2	▶ IP	TCON_IP_v4

图 4-2-25　创建 Modbus 通信端口

步骤 9. 整行选中后，单击“添加行”，在下方再添加两行，如图 4-2-26 所示。

图 4-2-26　添加行

步骤 10. 新建的两行分别为“读取坐标”和“转换后坐标”，数据类型都为“Array［1..49］of DInt”（1～49 共 49 个 32 位有符号整型数组，实际只使用其中的 25 个），创建的数据块的大小实际上远超机器人端的 50 个保持寄存器，如图 4-2-27 所示。

步骤 11. 单击“编译”，软件自动创建偏移量，即编译所有数据在 DB1 数据块中的绝对地址，不编译的话下载时会提示错误，如图 4-2-28 所示。

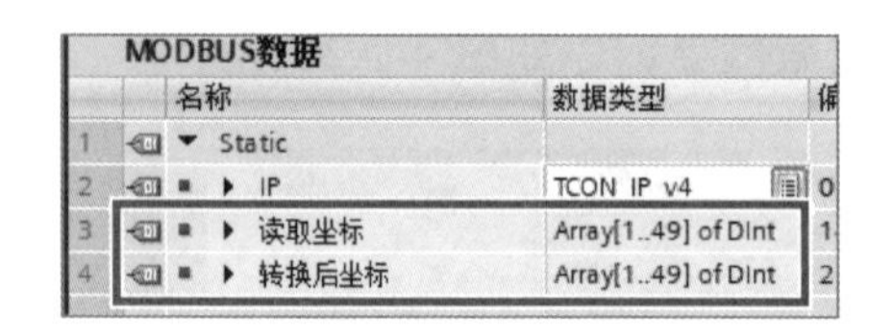

	名称	数据类型
1	▼ Static	
2	▶ IP	TCON_IP_v4
3	▶ 读取坐标	Array[1..49] of DInt
4	▶ 转换后坐标	Array[1..49] of DInt

图 4-2-27　添加数组

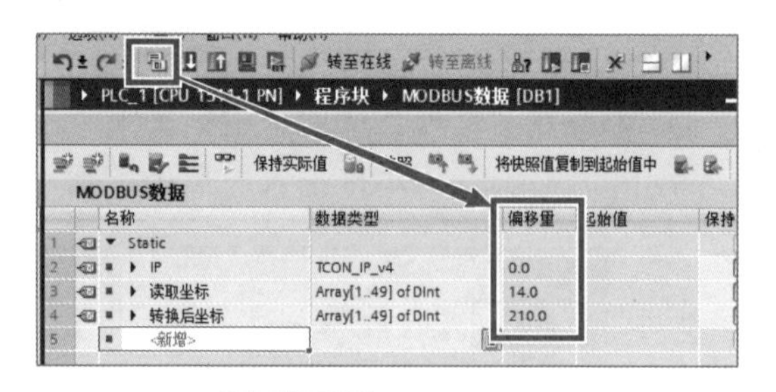

	名称	数据类型	偏移量
1	▼ Static		
2	▶ IP	TCON_IP_v4	0.0
3	▶ 读取坐标	Array[1..49] of DInt	14.0
4	▶ 转换后坐标	Array[1..49] of DInt	210.0
5	<新增>		

图 4-2-28　编译数据块

步骤 12. 展开“IP”，在起始值中进行赋值，如图 4-2-29 所示。

MODBUS数据

	名称	数据类型	偏移量	起始值
1	▼ Static			
2	▼ IP	TCON_IP_v4	0.0	
3	InterfaceId	HW_ANY	0.0	64
4	ID	CONN_OUC	2.0	1
5	ConnectionType	Byte	4.0	11
6	ActiveEstablished	Bool	5.0	1
7	▼ RemoteAddress	IP_V4	6.0	
8	▼ ADDR	Array[1..4] of Byte	6.0	
9	ADDR[1]	Byte	6.0	192
10	ADDR[2]	Byte	7.0	168
11	ADDR[3]	Byte	8.0	0
12	ADDR[4]	Byte	9.0	4
13	RemotePort	UInt	10.0	502
14	LocalPort	UInt	12.0	0

图 4-2-29　通信端口赋值

步骤 13. 双击 PLC 项目文件“程序块”中的“Main［OB1］”，进入 PLC 的主程序；在“指令”选项卡中，依次单击“通信→其他→ MODBUS TCP”，将 MB_CLIENT 指令拖曳到程序段中，如图 4-2-30 所示。

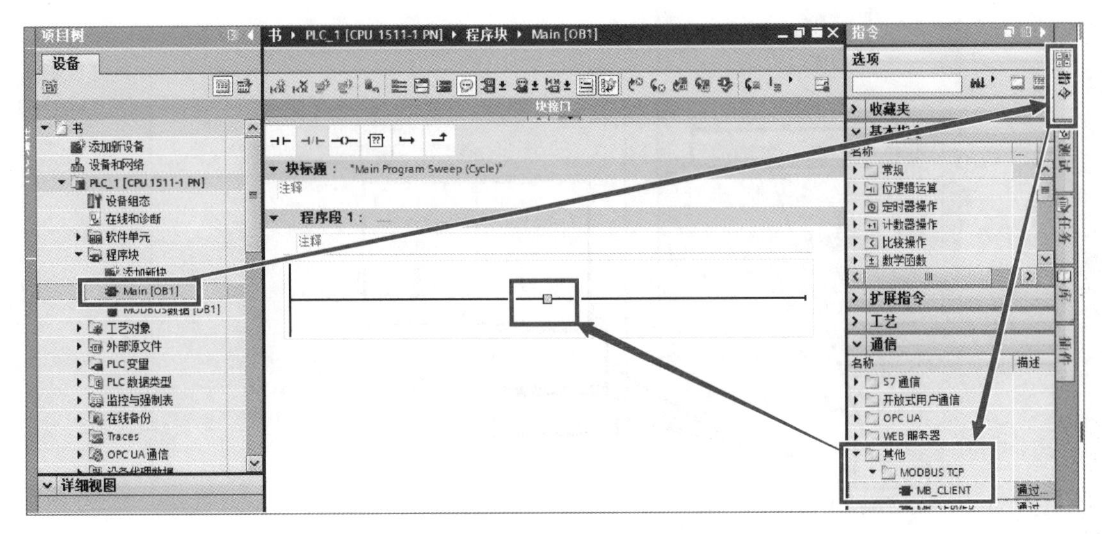

图 4-2-30 进入 OB1 程序

步骤 14. 在“调用选项”对话框中单击“确定”,（见图 4-2-31）MB_CLIENT 指令如图 4-2-32 所示。

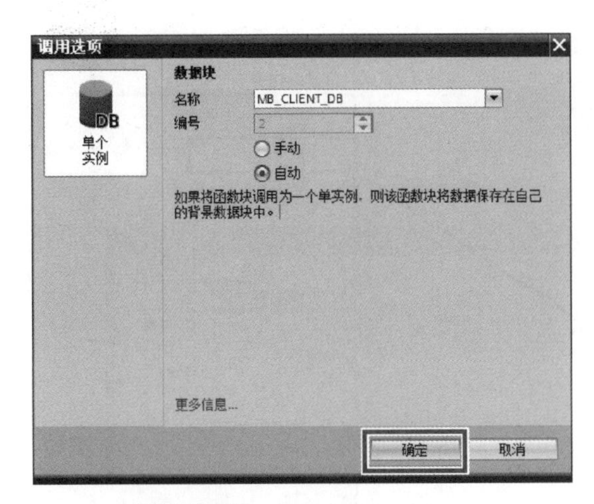

图 4-2-31 “调用选项”对话框

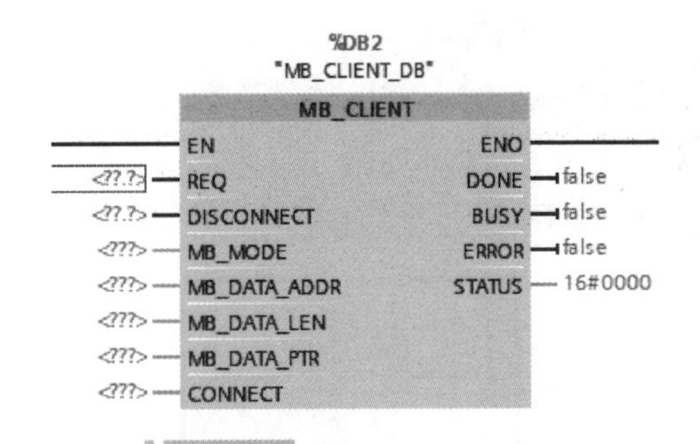

图 4-2-32 MB_CLIENT 指令

步骤 15. 在 MB_CLIENT 指令中按照方框中的数值对指令的引脚进行填写，单击“MODBUS 数据”，在详细视图中，将 IP 拖入 CONNECT 引脚，读取坐标拖入 MB_DATA_PTR 引脚，如图 4-2-33 所示。

步骤 16. 在下一程序段中，将 ROR（循环向右移位）指令拖入程序中，如图 4-2-34 所示。

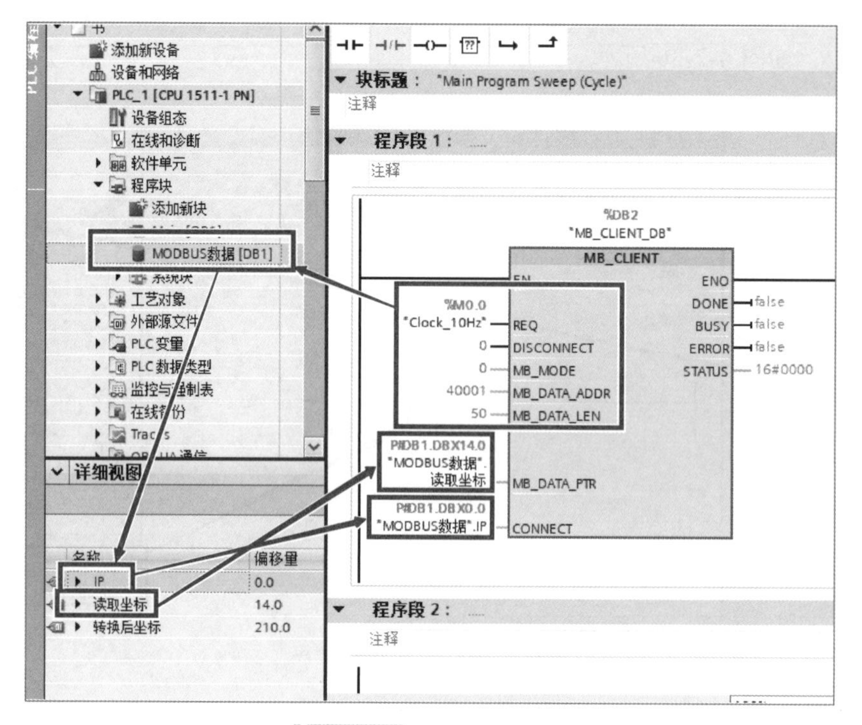

图 4-2-33　指令引脚赋值

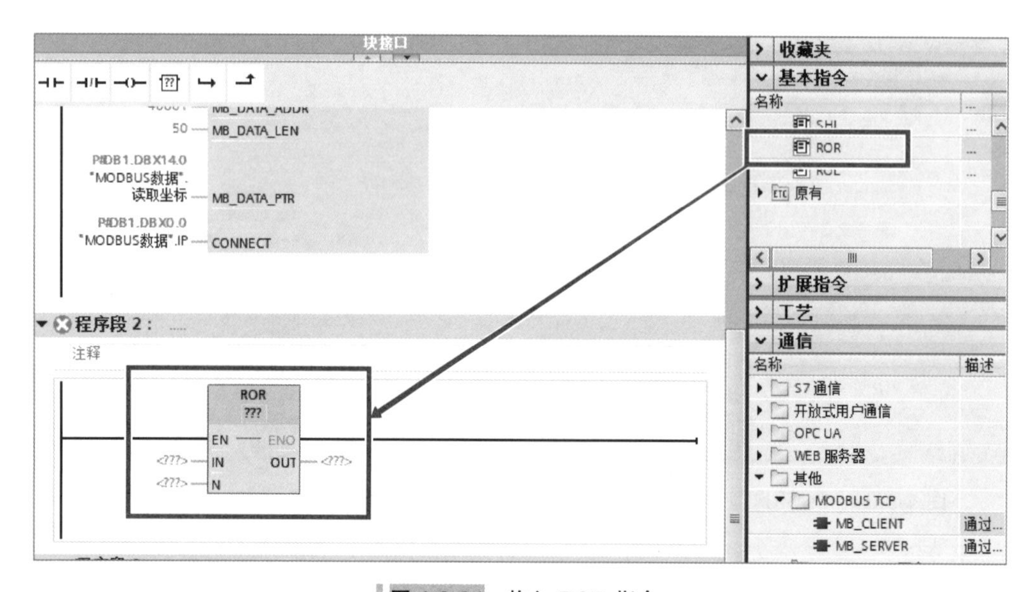

图 4-2-34　拖入 ROR 指令

步骤 17. 单击“MODBUS 数据”，在详细视图中将“读取坐标”展开，将“读取坐标［1］”拖入指令 IN 引脚，并在 N 引脚中填入 16，如图 4-2-35 所示。

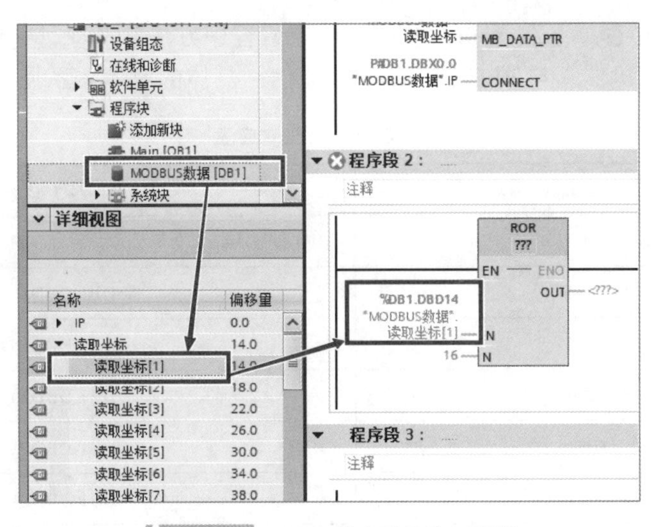

图 4-2-35 ROR 指令赋值输入引脚

步骤 18. 单击“MODBUS 数据”，在详细视图中，将“转换后坐标”展开，将“转换后坐标［1］”拖入指令 OUT 引脚，指令中的转换类型要选为 DWord，如图 4-2-36 所示。

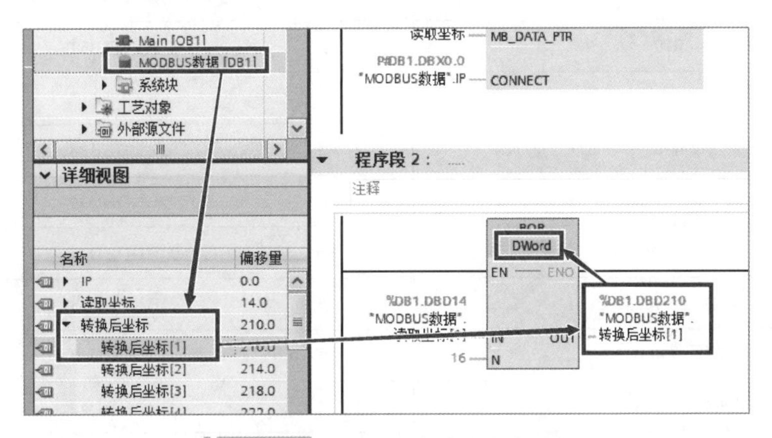

图 4-2-36 ROR 指令赋值输出引脚

步骤 19. 机器人共有 6 个坐标数据，还需要再创建 5 个 ROR 指令，每个 ROR 指令的数据应根据需要进行修改，按数组的序号继续从 2 ～ 6，如图 4-2-37 所示。

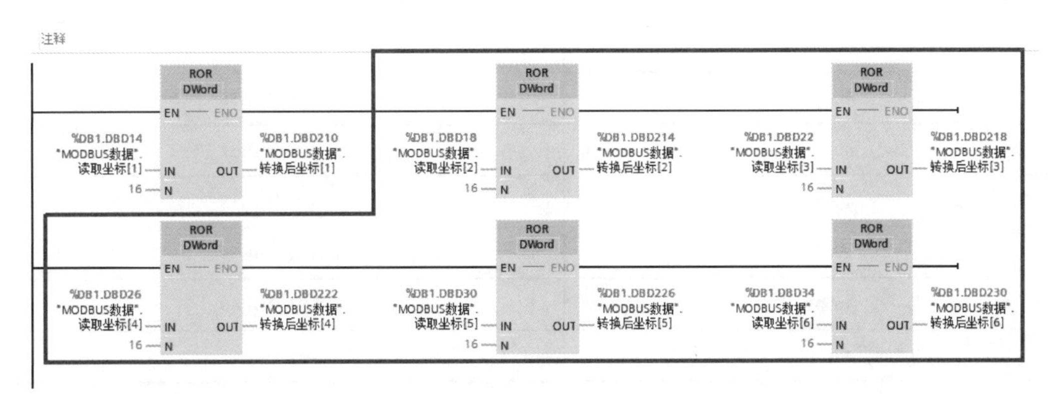

图 4-2-37 创建其余 ROR 指令

步骤 20. 将 PLC 程序下载至 PLC 中，PLC 下载程序方法参考项目一任务三的任务实施。

步骤 21. 已完成机器人与 PLC 的 Modbus 通信，具体的对应关系见表 4-2-15。

表 4-2-15　信号对应表

机器人端（保持寄存器）	PLC 端（输入）
40001 ～ 40002	DB1.DBD14（2 个字节，表示为 DB1.DBB14 和 DB1.DBB15）
40003 ～ 40004	DB1.DBD16
40005 ～ 40006	DB1.DBD18
40007 ～ 40008	DB1.DBD20
40009 ～ 40010	DB1.DBD22
40011 ～ 40012	DB1.DBD24
40013 ～ 40014	DB1.DBD26
40015 ～ 40016	DB1.DBD28
40017 ～ 40018	DB1.DBD30
40019	DB1.DBB31
……	
40026	DB1.DBB38
40027 ～ 40028	DB1.DBD39
40029 ～ 40030	DB1.DBD41
40031 ～ 40032	DB1.DBD43
40033 ～ 40034	DB1.DBD45
40035 ～ 40036	DB1.DBD47
40037 ～ 40038	DB1.DBD49
40039 ～ 40040	DB1.DBD51
40041 ～ 40042	DB1.DBD53
40043 ～ 40044	DB1.DBD55
40045	DB1.DBB56
40046	DB1.DBB57
40047	DB1.DBB58
40048	DB1.DBB59
40049	DB1.DBB60
40050	DB1.DBB61

任务三 机器人与PLC的PROFINET通信

学习目标

1. 掌握 GSD 文件导入。
2. 掌握机器人端作为 PROFINET 从站的设定。
3. 掌握 PLC 端作为 PROFINET 主站的设定。

重点和难点

1. 掌握机器人端输入输出字节设定。
2. 掌握 PLC 端输入输出字节设定。

相关知识

一、PROFINET 通信的概述

PROFINET I/O 是基于工业以太网的一种通信方式，可以作为从站和主站（项目中以 PLC 作为主站）。机器人做从站时可以支持最多 128 字节的输入 / 输出（DI/DO、GI/GO、UI/UO），其中信号配置时 Rack（机架）号为 102，Slot（槽）号为 1；机器人做主站时信号配置时 Rack（机架）号为 101，Slot（槽）号为 1。

二、GSD 文件

GSD 文件用来描述 PROFINET 设备的功能，包含与工程相关的数据和与设备数据交换相关的数据。设备集成到工业控制系统中时，需提供描述设备模型特性的 GSD 文件，以使工程工具对其进行组态，简单来说就是当 PLC 作为主站，希望通过 PROFINET I/O 总线与机器人设备通信时（该文件需要寻求设备厂家提供），需要通过添加 GSD 文件，并完成 PLC 和机器人的一系列设置，从而完成通信，FANUC 机器人与西门子 PLC 通信流程图如图 4-3-1 所示。

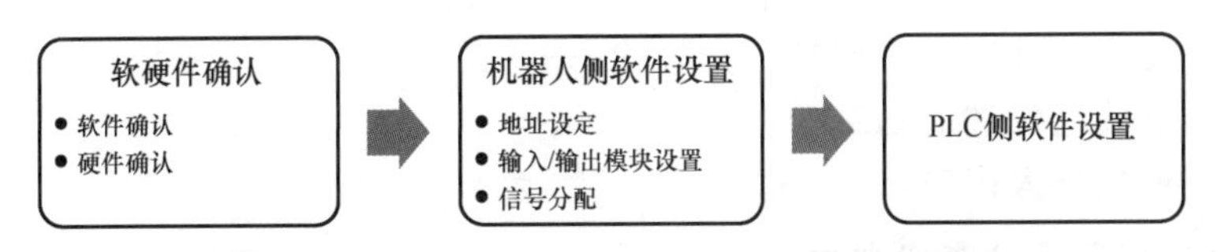

图 4-3-1 FANUC 机器人与西门子 PLC 通信流程图

1. 文件格式

GSD 文件以 xml 为扩展名，“GSDML-V2.33-Fanuc-A05B2600R834V910-20180517.xml”为 FANUC 机器人的 GSD 文件名，如图 4-3-2 所示。

GSDML-V2.33-Fanuc-A05B2600R834V910-20180517.xml

图 4-3-2　FANUC 机器人 GSD 文件

2. GSD 文件导入方式

博途软件“选项”菜单下的“管理通用站描述文件（GSD）”为 GSD 文件导入入口，如图 4-3-3 所示。

图 4-3-3　GSD 文件导入入口

“管理通用站描述文件”对话框如图 4-3-4 所示。

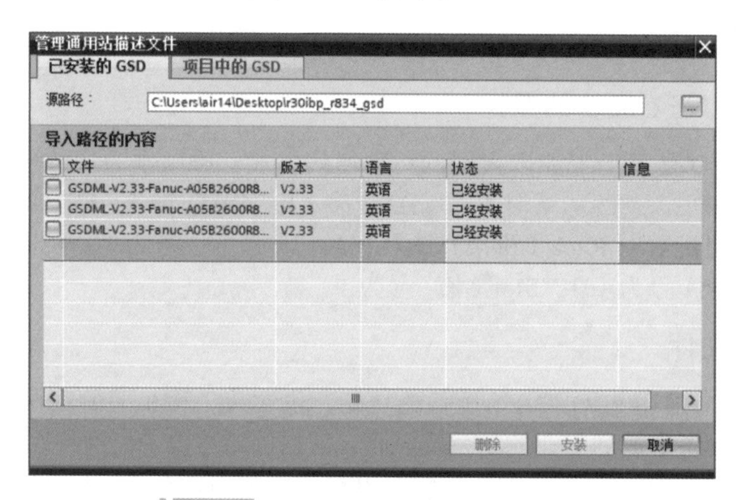

图 4-3-4　“管理通用站描述文件”对话框

（1）　选择 GSD 文件所在的路径，选择好后会自动显示出路径下存在的 GSD 文件。

（2）　勾选要导入的 GSD 文件，首先需要先选择好路径。

（3）删除　删除软件中已勾选且已安装的 GSD 文件。

（4）安装　安装已勾选的 GSD 文件。

（5）取消　退出导入窗口。

3. GSD 文件导入后的查找方式

GSD 文件导入后通常都在“硬件目录→ Other field devices（其他设备）→ PROFINET IO → I/O”下，后面的目录会根据各个厂家的名称进行区分。

例如当前 FANUC 机器人 R-30iB Plus 控制柜的 GSD 文件路径是硬件目录→ Other field devices → PROFINET IO → I/O → FANUC → R-30iB Plus EF2，如图 4-3-5 所示。

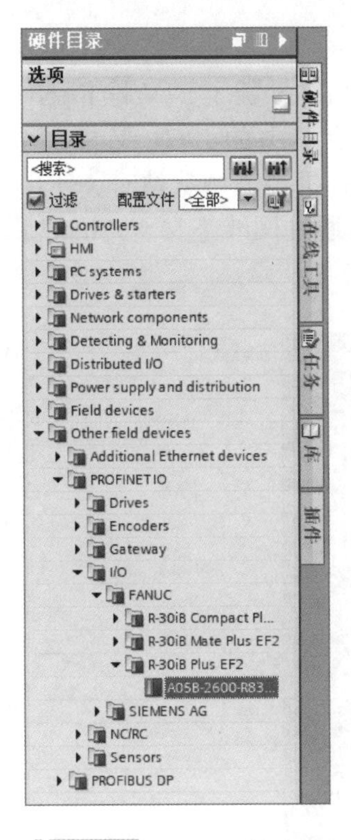

图 4-3-5 GSD 文件路径

三、机器人侧软硬件确认

FANUC 机器人完成 PROFINET 通信需要同时具备硬件与软件，缺少任意一项都将无法实现通信，FANUC 机器人的软件部分有多种选项，如 R834 Dual Chan. Profinet、J930 PROFINET I/O 和 J744 PROFNET CP16XX FW. 等，且不允许重复存在，下面以 R834 为例进行说明。

1. 软件确认

依次选择示教器上“MENU → 5 I/O → 3 PROFINET（M）”，如果菜单中存在“PROFINET（M）”，则表明 R834 软件已安装，如图 4-3-6 所示。

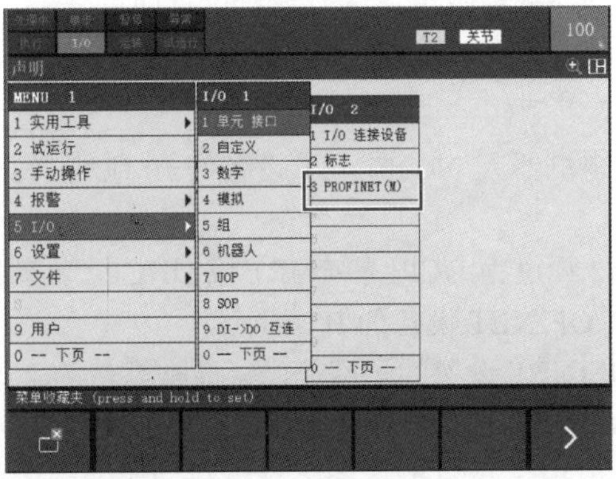

图 4-3-6 FANUC 机器人 R834 选项

2. 硬件确认

机器人控制柜中需要安装Molex板卡，又称FANUC PROFINET板卡（见图4-3-7），Molex板卡安装在机器人控制装置中的JPG1或JPG2插槽中。机器人做主站时，使用Chan1.Port1或Chan1.Port2网口；机器人做从站时，使用Chan2.Port1或Chan2.Port2网口。如果此时机器人做从站，PLC则通过网线连接至Chan2.Port1或Chan2.Port2网口，与机器人在同一局域网下即可，如图4-3-8所示。

图4-3-7　Molex板卡

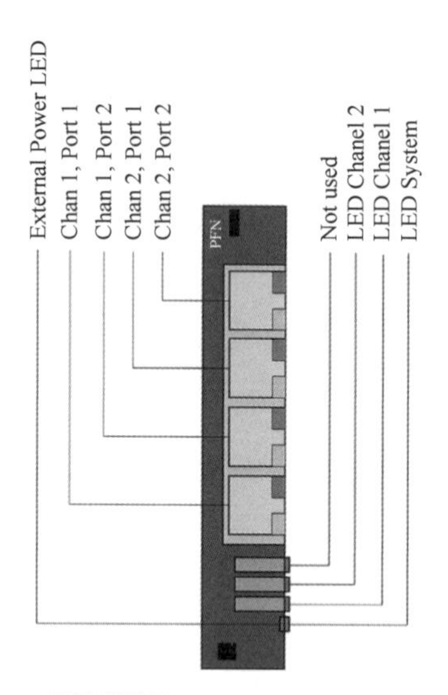

图4-3-8　Molex板卡接口

四、机器人PROFINET设定界面

1. 主界面

依次选择示教器上“MENU → 5 I/O → 3 PROFINET（M）”，可进入机器人的PROFINET主界面，因为主要以机器人作为从站进行讲述，因此不再描述“1频道”中的内容，如图4-3-9所示。

（1）2频道　可设定2频道是否有效以及PROFINET设备的IP地址、子网掩码、网关、名称等，按下示教器“DISP”可进行窗口切换。

（2）开关　设定端口的参数与数值，保持默认设置即可。

（3）IO-设备　设定通信插槽的输入/输出类型与字节数。

2. 地址设定界面

地址设定界面用于设定机器人PROFINET设备的IP地址、子网掩码、网关、名称等信息，如图4-3-10所示。

（1）定址模式　设定2频道为DCP（静态IP）或DHCP（动态IP），一般默认DCP即可。

（2）IP地址　设定PROFINET设备的IP地址。

（3）掩码　设定PROFINET设备的子网掩码，通常默认为255.255.255.0。

（4）网关　设定PROFINET设备的网关地址。

（5）名称　设定PROFINET设备的设备名称（在局域网中名称必须唯一，在PLC侧时需要用到该名称）。

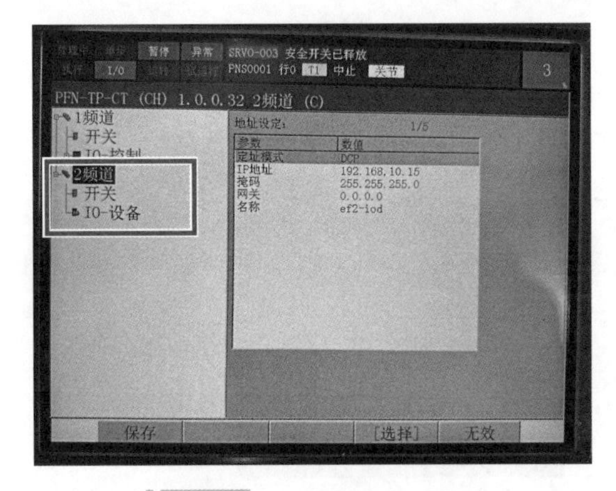

图 4-3-9 PROFINET 主界面

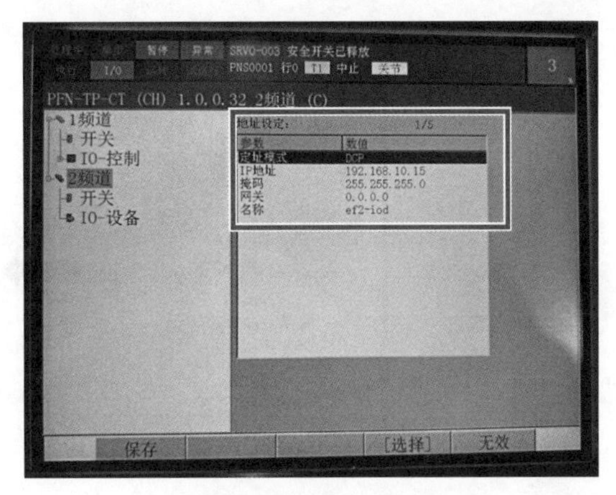

图 4-3-10 地址设定界面

3. 输入 / 输出模块设置界面

“IO- 设备”选项卡可以设置插槽的内容（此处要注意 FANUC 机器人用的都是插槽 1，因此只在插槽 1 中分配即可），每个插槽包含的内容有插槽类型和插槽大小两部分，完成设置后需保存，然后再重启生效。PLC 一侧与机器人一侧的插槽类型和大小必须完全一致，如图 4-3-11 所示。

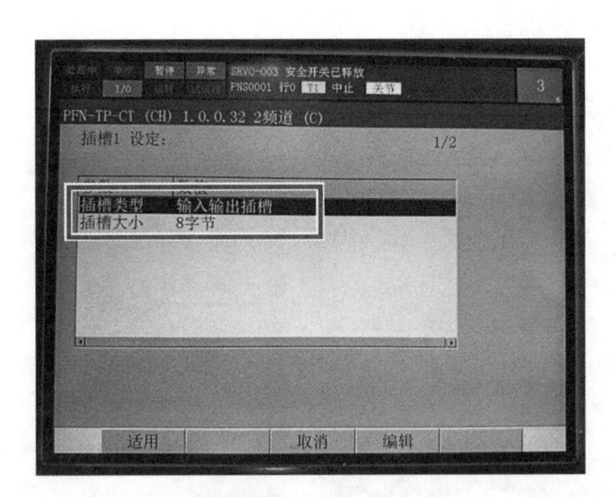

图 4-3-11 插槽设定

（1）插槽类型 设定当前插槽的类型是输入插槽、输出插槽还是输入输出插槽。

（2）插槽大小 设定当前插槽的字节数大小，通常有 8 字节、16 字节、32 字节、64 字节可选。

任务实施

一、实训设备

本任务以 YL-566D 型生产性实训设备（见图 4-3-12）为例，实现设备中西门子 S7-1500 PLC 与工业机器人的 PROFINET 通信，PLC 作为主站，工业机器人作为从站。

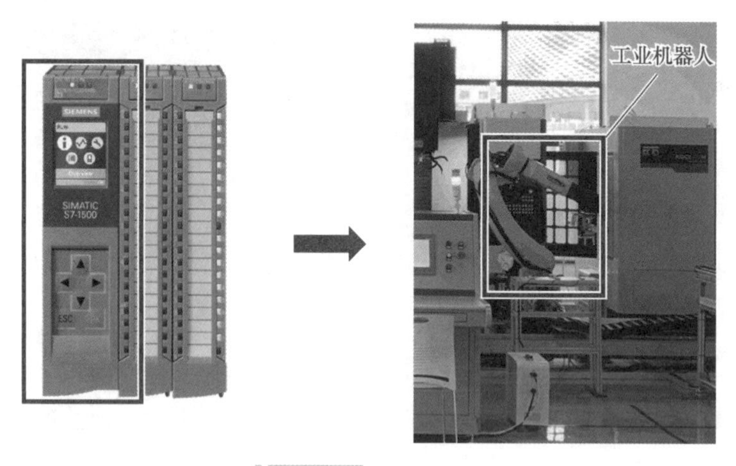

图 4-3-12　实训设备

二、机器人端设置

步骤 1. 依次选择示教器上“ MENU → 5 I/O → 3 PROFINET（M）”，按下“ ENTER”进入，如图 4-3-13 所示。

步骤 2. 将光标移动到“2 频道”上，单击“ F5”（有效），左侧“2 频道”图标为高亮则表示已激活，如图 4-3-14 所示。

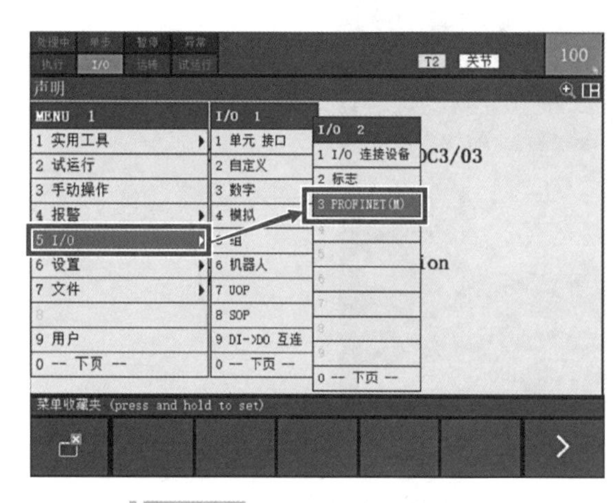

图 4-3-13　进入 PROFINET 界面

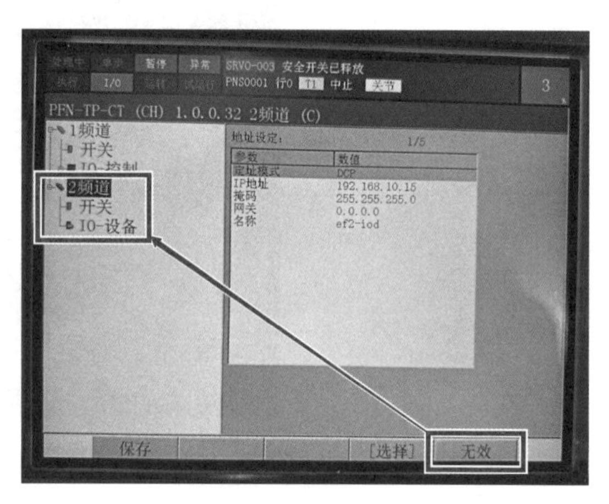

图 4-3-14　激活“2 频道”

步骤 3. 单击“DISP”，界面切换到右侧的设定界面，如图 4-3-15 所示。

步骤 4. 将光标移动到“IP 地址”上，单击“编辑”，如图 4-3-16 所示。

步骤 5. 将 IP 地址修改为“192.168.0.4”（与 PLC 同网段即可），修改完毕后单击“适用”，退出 IP 设定界面，如图 4-3-17 所示。

步骤 6. 将光标移动到“掩码”上，单击“编辑”，如图 4-3-18 所示。

步骤 7. 将子网掩码修改为“255.255.255.0”，修改完毕后单击“适用”，退出掩码设定界面，如图 4-3-19 所示。

步骤 8. 将光标移动到“名称”上，单击“编辑”，如图 4-3-20 所示。

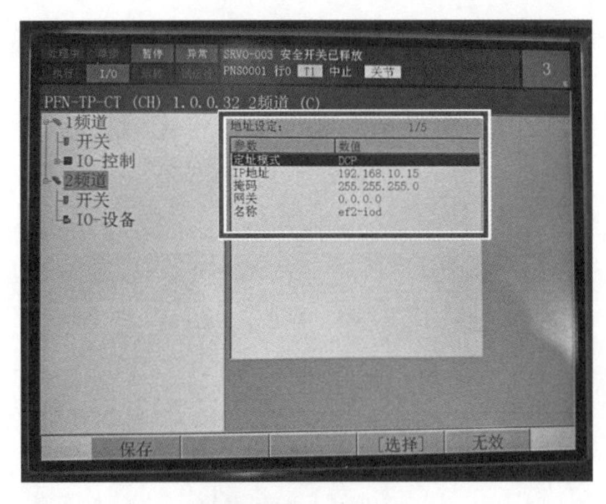

图 4-3-15 切换窗口

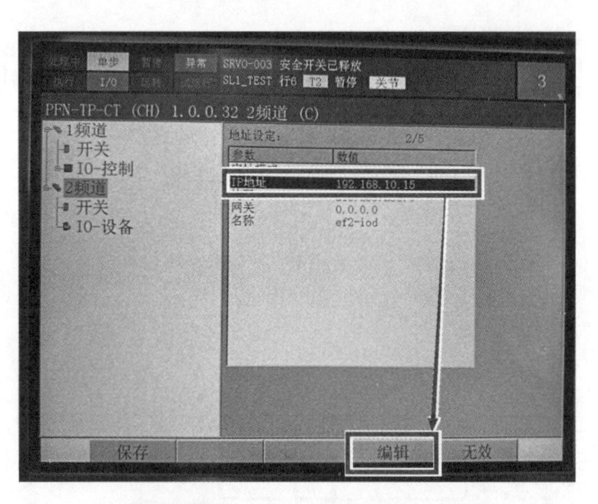

图 4-3-16 进入 IP 地址修改界面

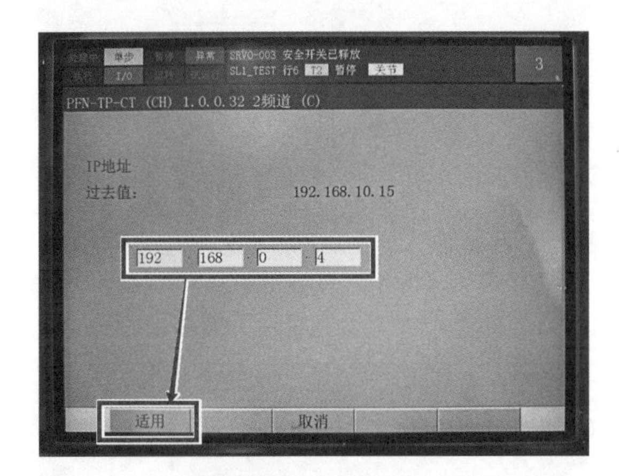

图 4-3-17 修改 IP 地址

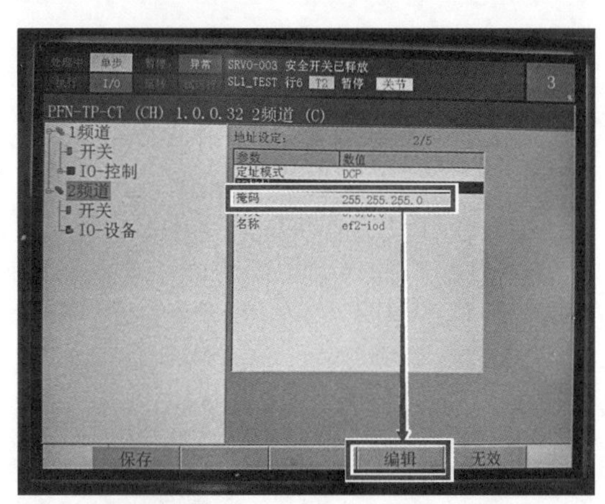

图 4-3-18 进入子网掩码修改界面

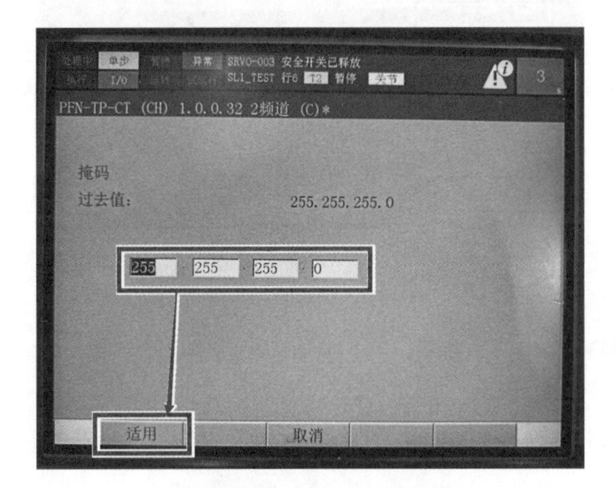

图 4-3-19 修改子网掩码

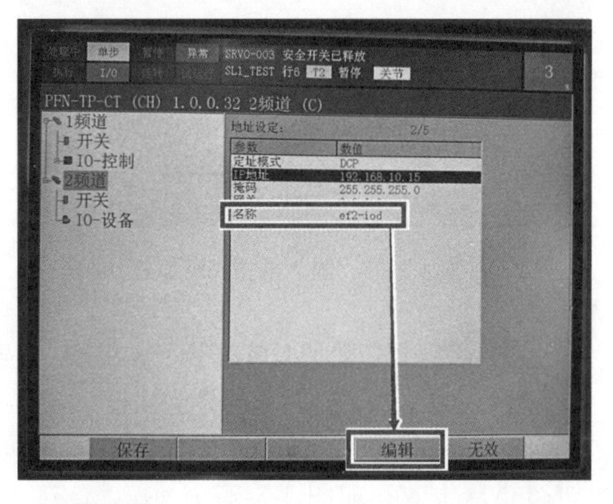

图 4-3-20 进入 PROFINET 设备名称修改界面

步骤 9. 将名称修改为“rb1”，修改完毕后单击“适用”，退出名称设定界面，如图 4-3-21 所示。

步骤 10. 在“IO- 设备”选项卡中，单击“DISP”切换至右侧窗口，将光标移至“插槽 1”，单击“编辑”，如图 4-3-22 所示。

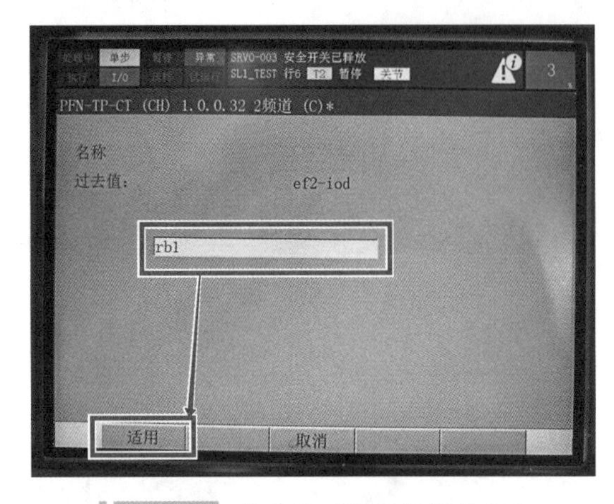

图 4-3-21　修改 PROFINET 设备名称

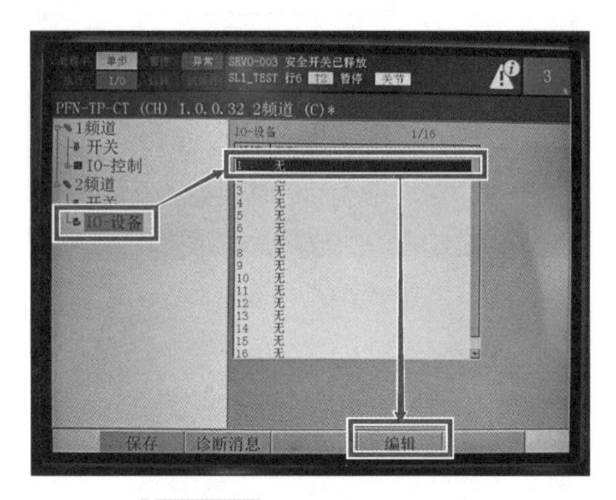

图 4-3-22　进入插槽设定界面

步骤 11. 将光标移动至“插槽类型”，单击“编辑”，如图 4-3-23 所示。

步骤 12. 将插槽类型修改为“输入输出插槽”（表示输入和输出都配置在这个插槽中），单击“适用”，如图 4-3-24 所示。

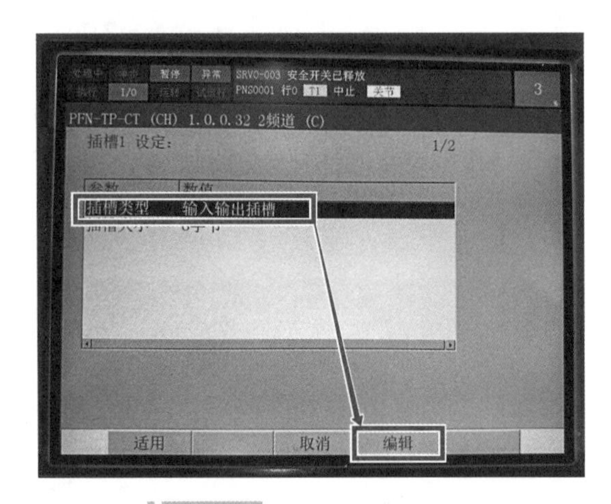

图 4-3-23　进入插槽类型设置

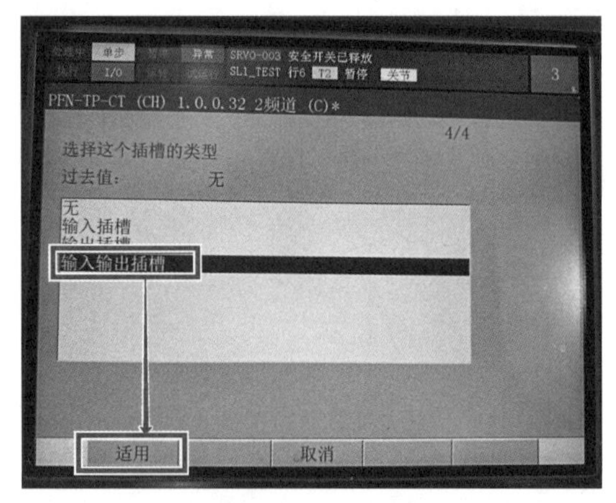

图 4-3-24　修改插槽类型

步骤 13. 将插槽大小修改为“8 字节”（8B=64bit），单击“适用”，如图 4-3-25 所示。

步骤 14. 单击“适用”，退出插槽设定界面，如图 4-3-26 所示。

步骤 15. 单击“保存”，待保存成功后重启机器人即可生效，也可等待 I/O 分配完成后再进行重启生效，如图 4-3-27 所示。

步骤 16. 单击示教器上“I/O→类型→数字”，进入 I/O 数字输出界面，如图 4-3-28 所示。

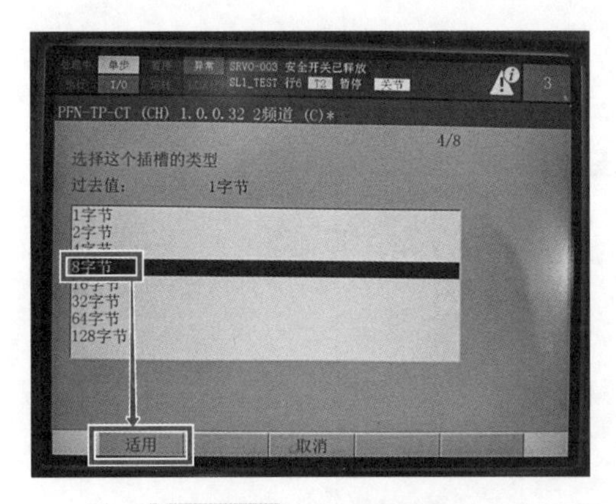

图 4-3-25 修改插槽大小

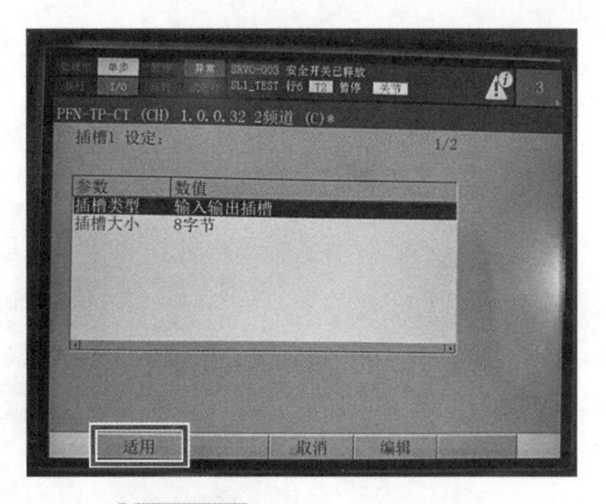

图 4-3-26 退出插槽设定界面

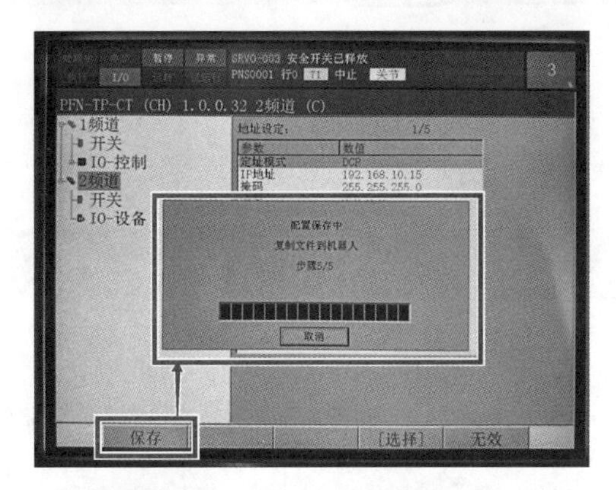

图 4-3-27 保存 PROFINET 设定数据

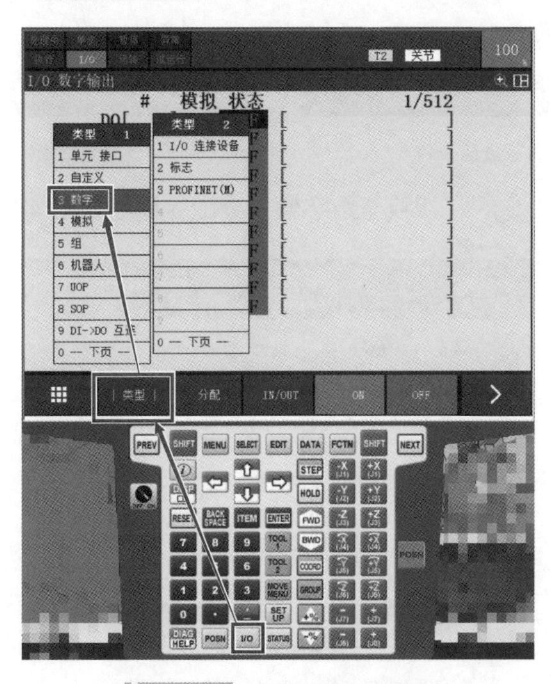

图 4-3-28 进入数字 I/O 界面

步骤 17. 单击“分配”，进入数字输出分配界面，如图 4-3-29 所示。

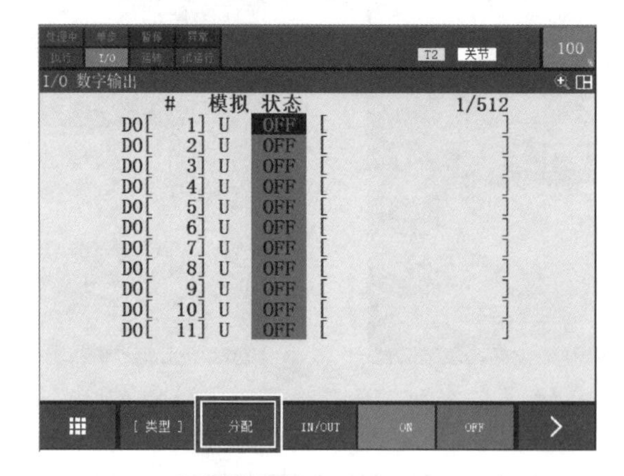

图 4-3-29　单击“分配”

步骤 18. 如图 4-3-30 所示，将光标移至最下面一行，进行数字输出分配（与**步骤 11** 相关联，DO200 ～ DO263 共 64 位），如图 4-3-31 所示。

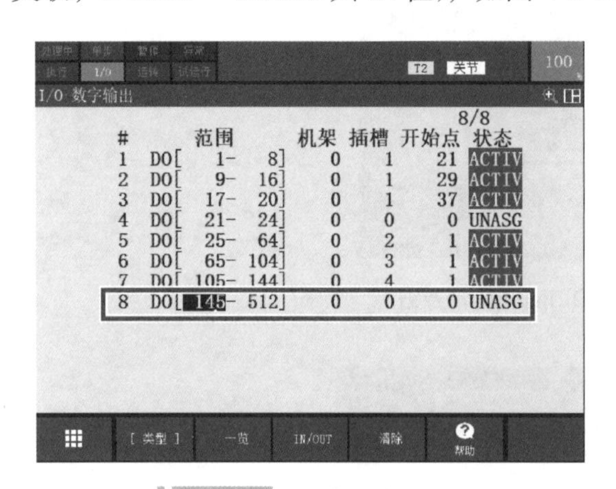

图 4-3-30　移动至最后一行

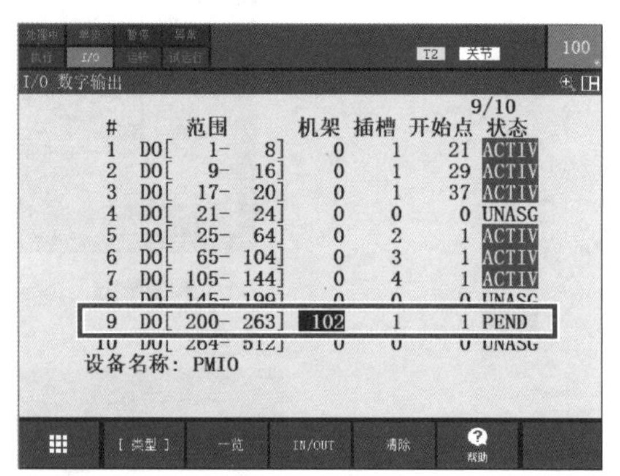

图 4-3-31　数字输出分配

步骤 19. 单击“IN/OUT”，切换至数字输入分配界面，如图 4-3-32 所示。

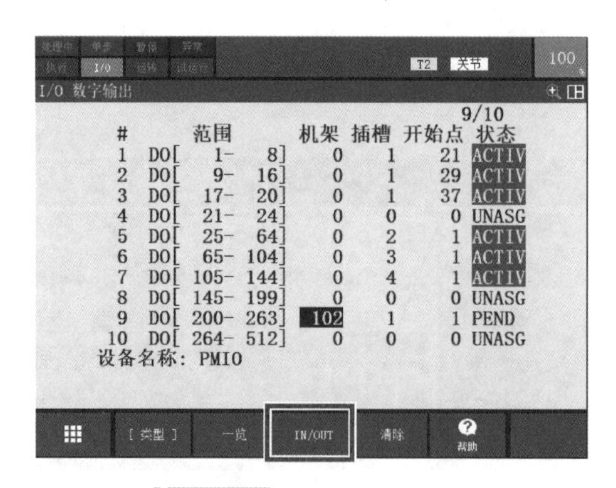

图 4-3-32　单击“IN/OUT”

步骤 20. 如图 4-3-33 所示，将光标移至最下面一行，进行数字输入分配（与**步骤 11** 相关联，DI200 ～ DI263 共 64 位），如图 4-3-34 所示。

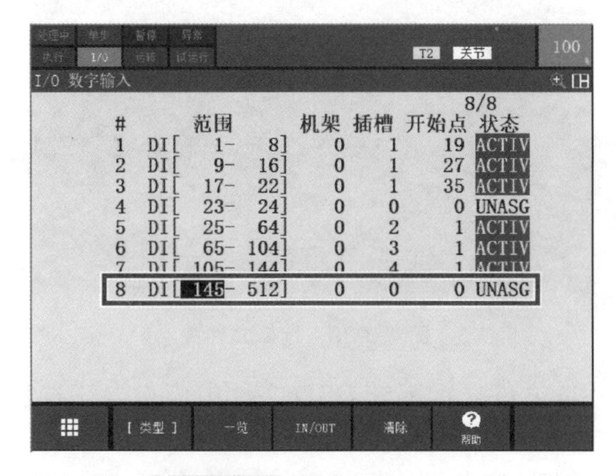

图 4-3-33 移动至最后一行

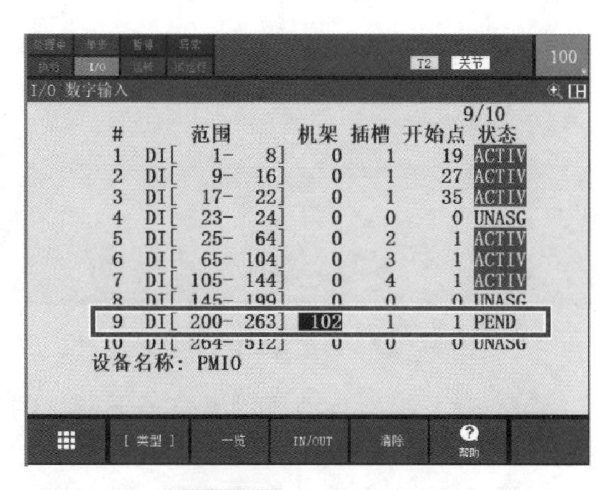

图 4-3-34 数字输入分配

步骤 21. 重启机器人控制柜，使机器人端的 PROFINET 设置生效。

三、PLC 端设置

步骤 1. 以 CPU 1511–1 PN 型 PLC 为例创建博途项目文件，如图 4-3-35 所示，PLC 创建方法参考项目三任务二的任务实施。

图 4-3-35 创建项目文件

步骤 2. 修改 PLC 的 IP 地址，假定 PLC IP 地址为“192.168.0.1”，修改 PLC IP 地址方法参考项目一任务三的任务实施。

步骤 3. 单击“选项→管理通用站描述文件”，如图 4-3-36 所示。

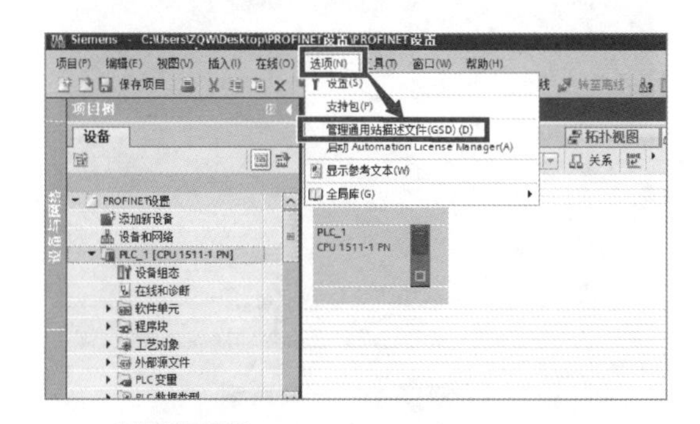

图 4-3-36 进入添加 GSD 文件管理器

步骤 4. 单击“...”，进入 GSD 文件路径选择，如图 4-3-37 所示。

步骤 5. 找到 GSD 文件所在的文件夹后，单击“选择文件夹”，如图 4-3-38 所示。

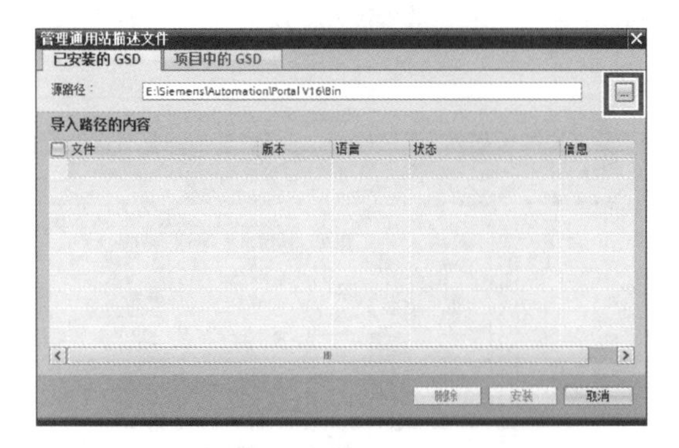

图 4-3-37　确定 GSD 文件路径

图 4-3-38　选择文件夹

步骤 6. 系统会自动显示出路径下所有的 GSD 文件，标准的 GSD 文件中应包含三种控制柜，如图 4-3-39 所示。

步骤 7. 勾选文件夹中的三个 GSD 文件，单击“安装”，等待 GSD 文件自动安装，如图 4-3-40 所示。

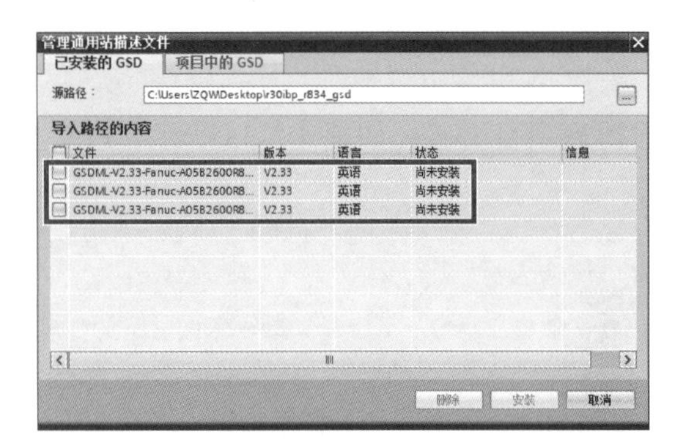

图 4-3-39　显示 GSD 文件

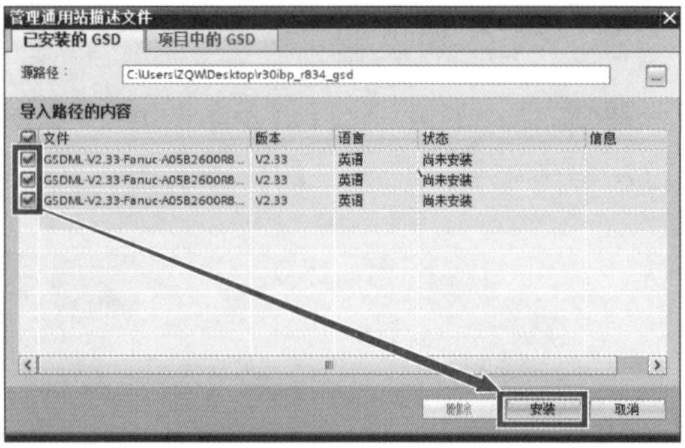

图 4-3-40　安装 GSD 文件

步骤 8. GSD 文件安装完成后，单击“关闭”，软件自动更新硬件目录，如图 4-3-41 所示。

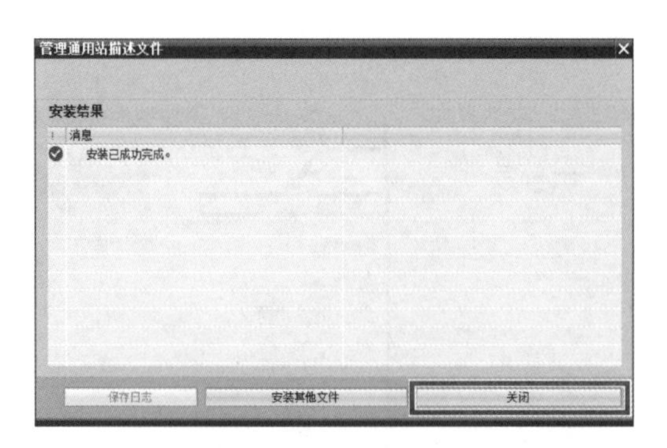

图 4-3-41　安装完毕

步骤 9. 单击“设备和网络”，单击右侧“硬件目录”，依次选择“Other field devices(其他设备）→ PROFINET IO → I/O → FANUC → R-30iB Plus EF2”，将 A05B-2600-R834 拖入项目文件中，如图 4-3-42 所示。

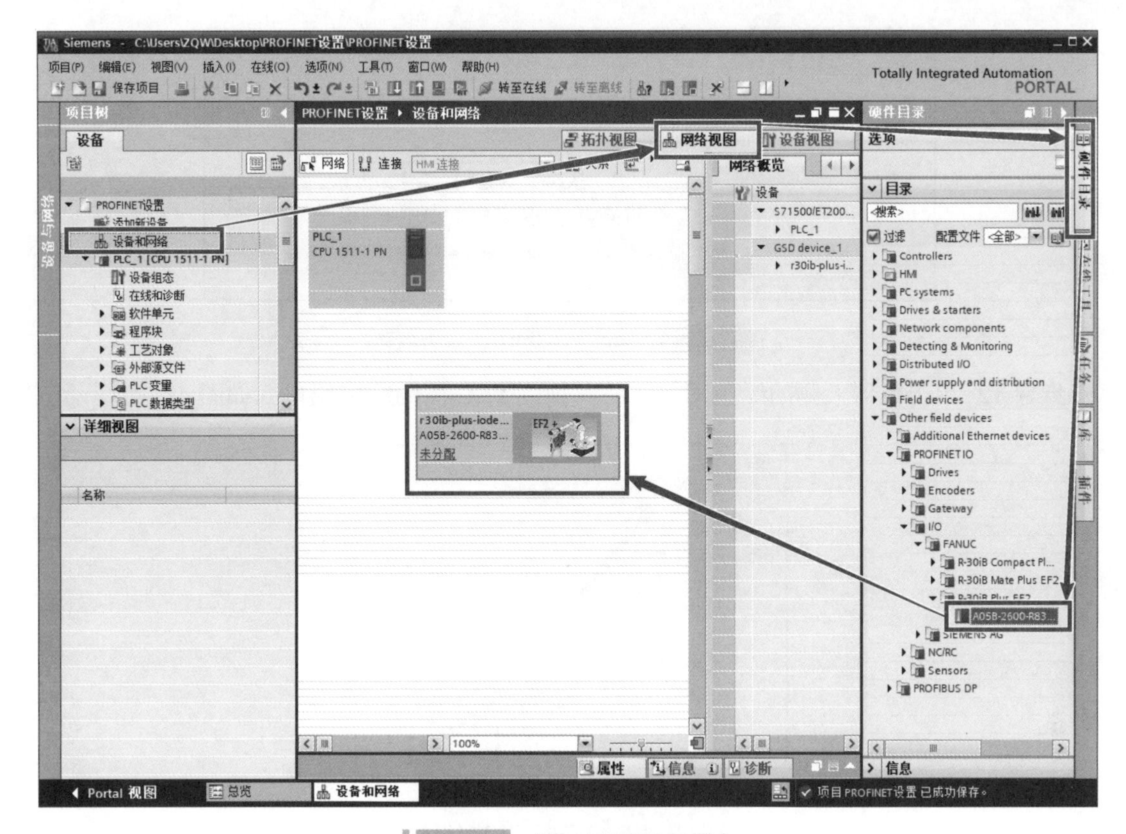

图 4-3-42　添加 FANUC 机器人

步骤 10. 选中机器人侧的绿色网口，单击“属性”，在“以太网地址”中找到“IP 地址”与“子网掩码”，修改机器人端 PROFINET 设备的 IP 地址为“192.168.0.4”，子网掩码为“255.255.255.0”（参考本任务任务实施中机器人端设置的**步骤 4** 和**步骤 5**），如图 4-3-43 所示。

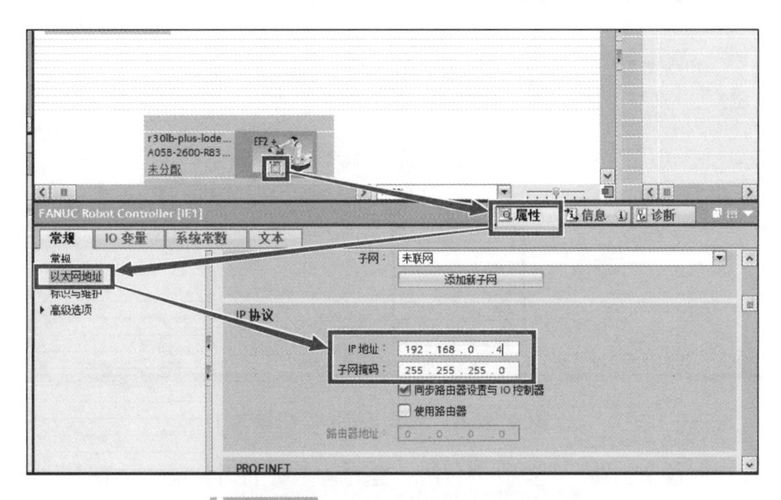

图 4-3-43　修改 IP 地址和子网掩码

步骤 11. 向下翻页，将“自动生成 PROFINET 设备名称”勾选去除，将 PROFINET 设备名称修改为“rb1”（设备名称可参考本任务实施中机器人端设置的**步骤 6**），如图 4-3-44 所示。

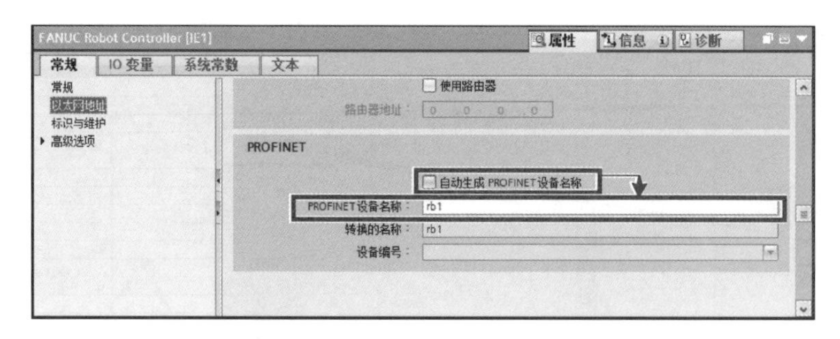

图 4-3-44　修改 PROFINET 设备名称

步骤 12. 单击机器人侧的绿色网口，将其拖到 PLC 侧的绿色网口，如图 4-3-45 所示。

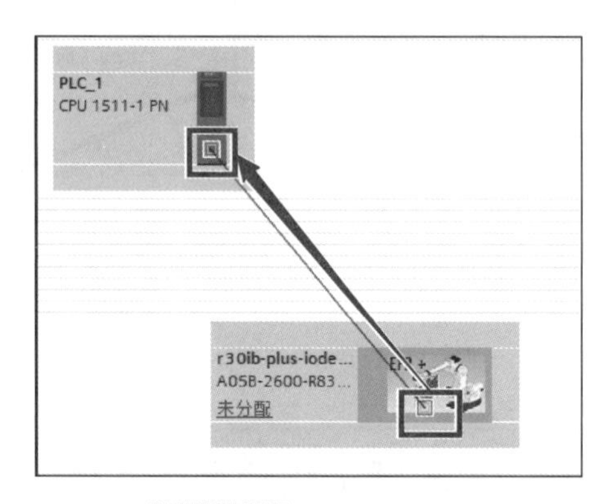

图 4-3-45　分配至 PLC

步骤 13. 双击 FANUC 机器人，进入“设备视图”选项卡，如图 4-3-46 所示。

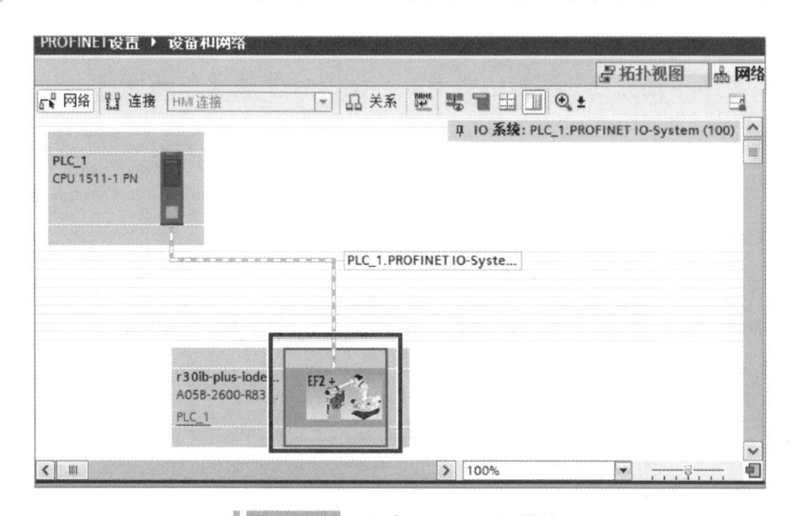

图 4-3-46　双击 FANUC 机器人

步骤 14. 在“设备视图”选项卡中，选择“硬件目录”，在路径“Module（模块）→ Input/Output module（输入 / 输出模块）”中找到“8 Input bytes，8 Output bytes”（8 输入字节，8 输出字节），并将其拖到插槽 1 中，则 8 个输入字节对应的 PLC 的地址为 I0.0 ～ I7.7，8 个输出字节对应为 Q0.0 ～ Q7.7，如图 4-3-47 所示。

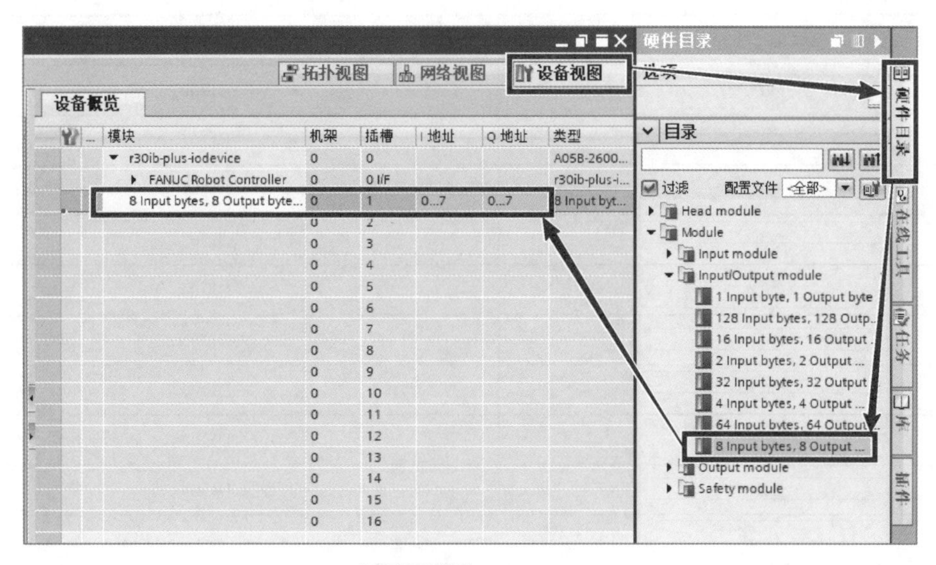

图 4-3-47　添加插槽

步骤 15. 将 PLC 程序下载至 PLC 中，PLC 下载数据方法参考项目一任务三的任务实施。

步骤 16. PLC 侧的 I0.0 ~ I7.7 对应机器人侧的 DO200 ~ DO263，机器人侧的 DI200 ~ DI263 对应 PLC 侧的 Q0.0 ~ Q7.7，从而完成 FANUC 机器人与 PLC 的 PROFINET 通信，具体的信号对应关系见表 4-3-1。

表 4-3-1　信号对应表

机器人端（输出）	PLC 端（输入）
DO200	I0.0
DO201	I0.1
DO202	I0.2
DO203	I0.3
DO204	I0.4
DO205	I0.5
DO206	I0.6
DO207	I0.7
DO208	I1.0
……	
DO263	I7.7

（续）

PLC 端（输出）	机器人端（输入）
Q0.0	DI200
Q0.1	DI201
Q0.2	DI202
Q0.3	DI203
Q0.4	DI204
Q0.5	DI205
Q0.6	DI206
Q0.7	DI207
Q1.0	DI208
……	
Q7.7	DI263

任务四 数控机床与 PLC 的通信

学习目标

1. 掌握 CNC 端 PROFINET 参数设置。
2. 掌握 CNC 端 PROFINET IP 地址与设备名称的设定。
3. 掌握 CNC 端作为 PROFINET 从站的设定。

重点和难点

了解 CNC 端 PROFINET 模式的切换。

相关知识

一、CNC 侧软硬件确认

PROFINET 为选项功能，数控系统完成 PROFIENT 通信需要同时具备硬件与软件，缺少任意一项都将无法实现通信，这一点和 FANUC 机器人是相同的。

1. 软件确认

在数控系统上选择“ SYSTEM →诊断”，找到诊断号 1158#1，该位如果为 1，则表示 PROFINET IO Device function（R972）软件已安装，如图 4-4-1 所示。

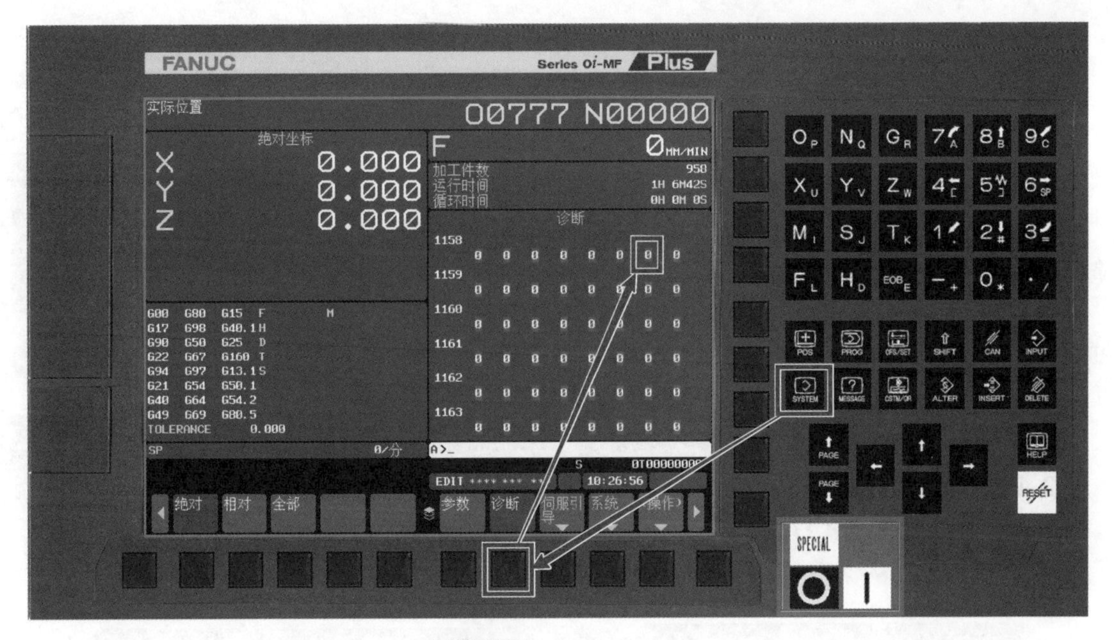

图 4-4-1　数控系统选项

2. 硬件确认

数控系统背面的扩展插槽中需要安装快速以太网板（订货号：A02B–0323–J147），可安装在数控系统背面的任意一个插槽中，更靠近数控系统主板的为 Slot1，稍远的为 Slot2，如图 4-4-2 所示。**注意：**系统主板上的内嵌以太网口 CD38A 是不允许作为 PROFINET 通信网口的，二者的网口是独立的，需单独设置 IP 地址等信息。

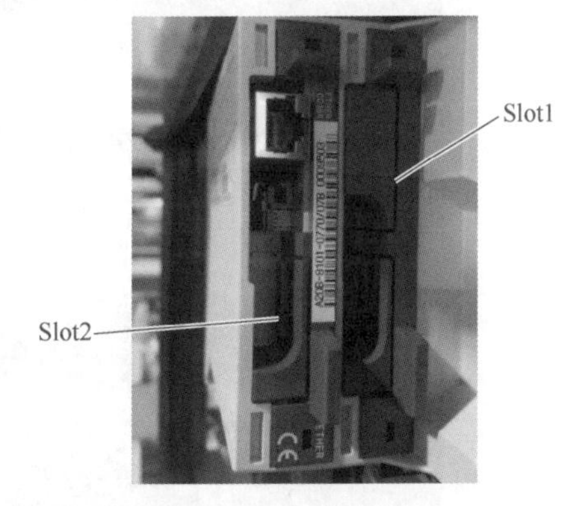

图 4-4-2　安装在 Slot2 的快速以太网板

二、快速以太网参数

快速以太网板在完成硬件安装后，需要通过修改参数（见表 4-4-1）为其分配相应的功能，不使用时设置为“–1”即可；如果需要使用某项功能，则需要确定该板卡是安装在 CNC 的哪一个插槽中。例如：需要将一台 CNC 设置为 PROFINET 从站设备，且快速以太网板插在 Slot2 上，则需要将参数 973 设置为 4，参数 974 设为 –1（主站和从站不能同时使用），设置完毕后重启数控系统生效。

表 4-4-1　快速以太网参数

参数号	功能	设定值
970	选择运行以太网功能、数据服务器功能、Modbus–TCP 服务器功能的快速以太网板	–1：不使用 0：未设定（初始值） 3：安装在 Slot1（插槽 1）中的快速以太网板 4：安装在 Slot2（插槽 2）中的快速以太网板
971	选择运行 FL–net 功能的以太网板	
973	选择运行 PROFINET IO 设备功能的以太网板（从站）	
974	选择运行 PROFINET IO 控制器功能的以太网板（主站）	

三、数控系统 PROFINET 设定界面简介

数控系统端进入 PROFINET 设定界面的方法：依次按下“SYSTEM →右翻页→ PROFNET DEVICE”。

1. 公共界面

公共界面中可设定 PROFINET 通信的 IP 地址、子网掩码、路由器地址等信息，如图 4-4-3 所示。

（1）IP 地址　设定数控系统端快速以太网板通过 PROFINET 通信的 IP 地址。

（2）子网掩码　设定子网掩码，通常为 255.255.255.0。

（3）路由器地址　设定网关的 IP 地址。

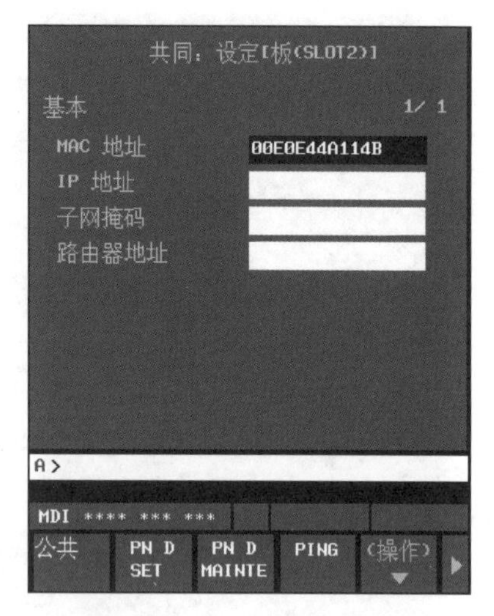

图 4-4-3　PROFINET 公共界面

2. PN D SET 界面（PROFINET 设备设定界面）

在 PN D SET 界面中可设定 PROFINET 通信的方式、设备名、通信数据等信息，如图 4-4-4 和图 4-4-5 所示。

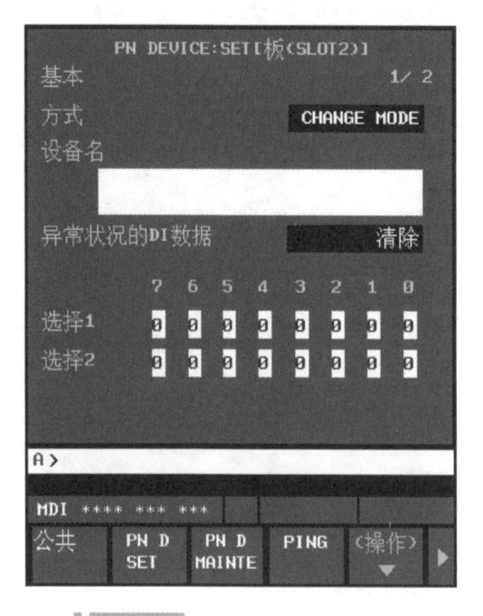

图 4-4-4　PN D SET 界面 1

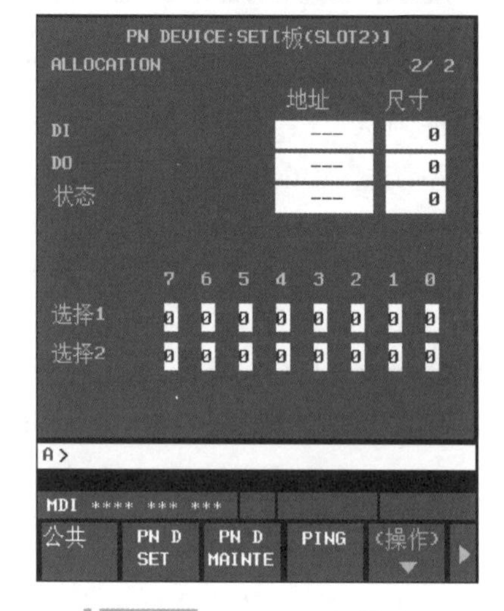

图 4-4-5　PN D SET 界面 2

（1）方式　表示当前 PROFINET 数据的模式，包括 CHANGE MODE（更改模式）和 PROTECT MODE（保护模式）。数据只有在 CHANGE MODE 下才可修改；在 PROTECT MODE 下，数据即使被修改，数控系统重启后仍会恢复原样。在 PROFINET 设备设定界面下，单击“操作”后可进行模式的切换，如图 4-4-4 所示。

（2）设备名　设定数控系统的 PROFINET 设备名称（要确保设备名称与主站 PLC 一侧设定的名称相匹配），如图 4-4-4 所示。

（3）异常状况的 DI 数据　当检测到异常状态时，将对 DI 区域的数据进行操作设定，包括保持（将数据保存在 DI 区域）和清除（将 DI 区域清除为 0），如图 4-4-4 所示。

（4）选择 1 和选择 2　当选择 1 #0 设置为 1 时，那么当下次打开电源时，PROFINET IO 设备功能的基本设定和分配设定将进行初始化；当设置为 0 时，则不进行初始化；其余位预留，如图 4-4-4 所示。

（5）DI　设定 PROFINET 通信中在数控系统一端的输入信号的起始地址与字节长度。例如：当地址为 R5000、尺寸为 8 时，表示 R5000.0 ~ R5007.7 共 8 个字节的数据作为数控系统一端的输入信号，如图 4-4-5 所示。

（6）DO　设定 PROFINET 通信中在数控系统一端的输出信号的起始地址与字节长度。例如：当地址为 R6000、尺寸为 8 时，表示 R6000.0 ~ R6007.7 共 8 个字节的数据作为数控系统一端的输出信号，如图 4-4-5 所示。

（7）状态　设定 PROFINET 通信中在数控系统一端的状态起始地址与字节长度，状态的字节长度通常为 3，如图 4-4-5 所示。

（8）选择 1 和选择 2　选择 1　0 为未执行　1 为执行，#2 为字节序转换，其余位预留，如图 4-4-5 所示。

3. PN D MAINTE 界面（PROFINET 设备维护界面）

如图 4-4-6 所示，在该界面中可查看 PROFINET IO 设备状态及相关信息。

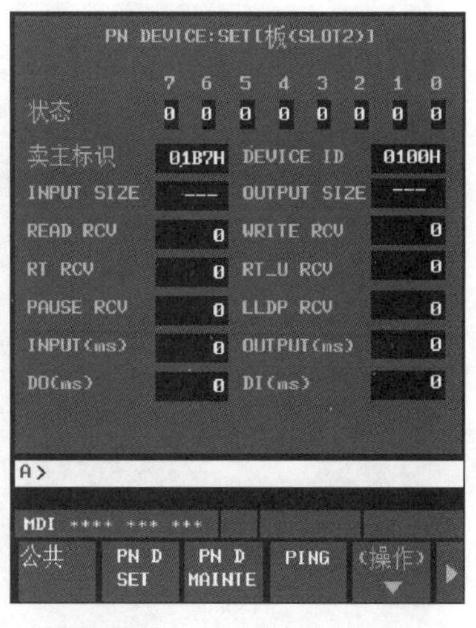

图 4-4-6　PN D MAINTE 界面

任务实施

一、实训设备

本任务实训设备由 YL-569 型 0i MF 数控机床装调与技术改造实训装备（见图 4-4-7a）与 YL-569F 型智能仓储与工业机器人实训设备（见图 4-4-7b）组成，实现 CNC 系统与工业机器人通过 PROFINET 进行通信。

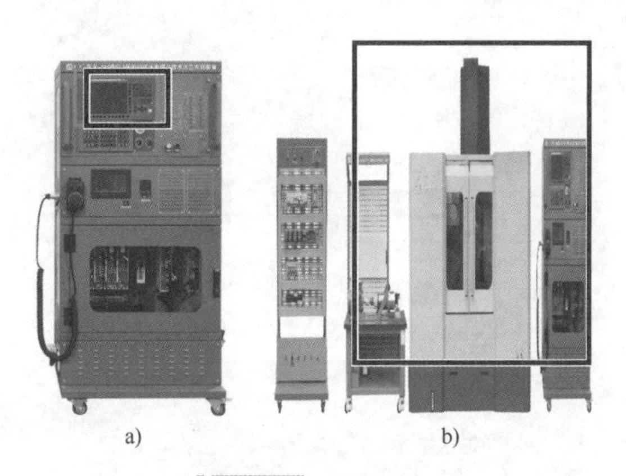

a)　　b)

图 4-4-7　实训设备

二、CNC 端设置

步骤 1. 依次选择“SYSTEM →参数”，进入参数设定界面，如图 4-4-8 所示。

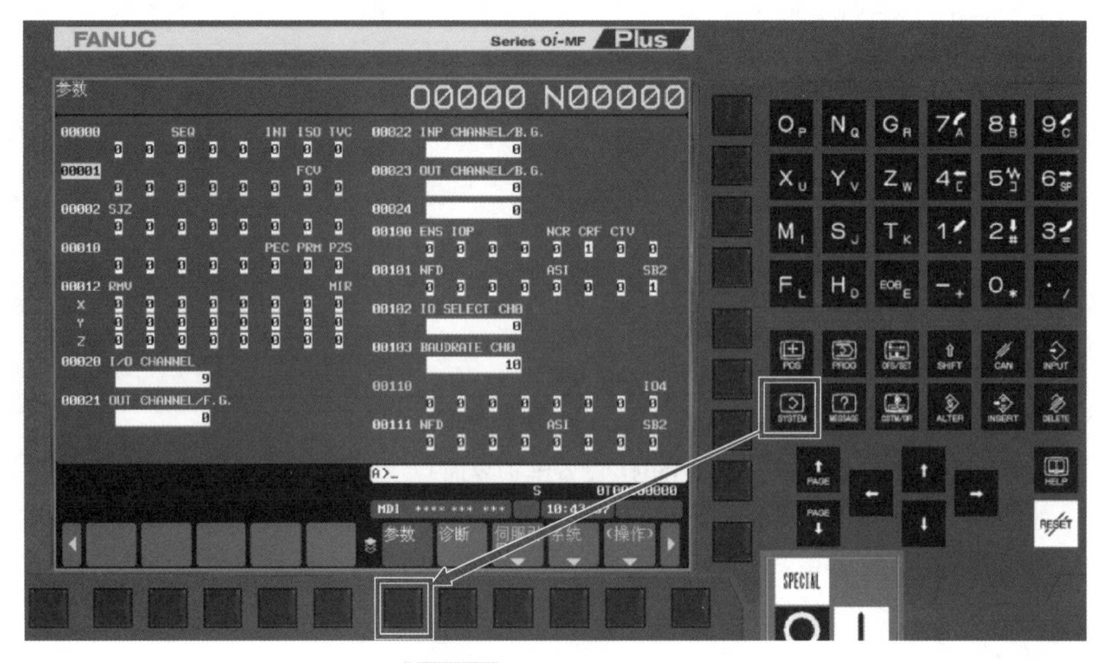

图 4-4-8 进入系统参数页面

步骤 2. 输入“973”，单击“搜索号码”，找到 973 号参数，如图 4-4-9 所示。

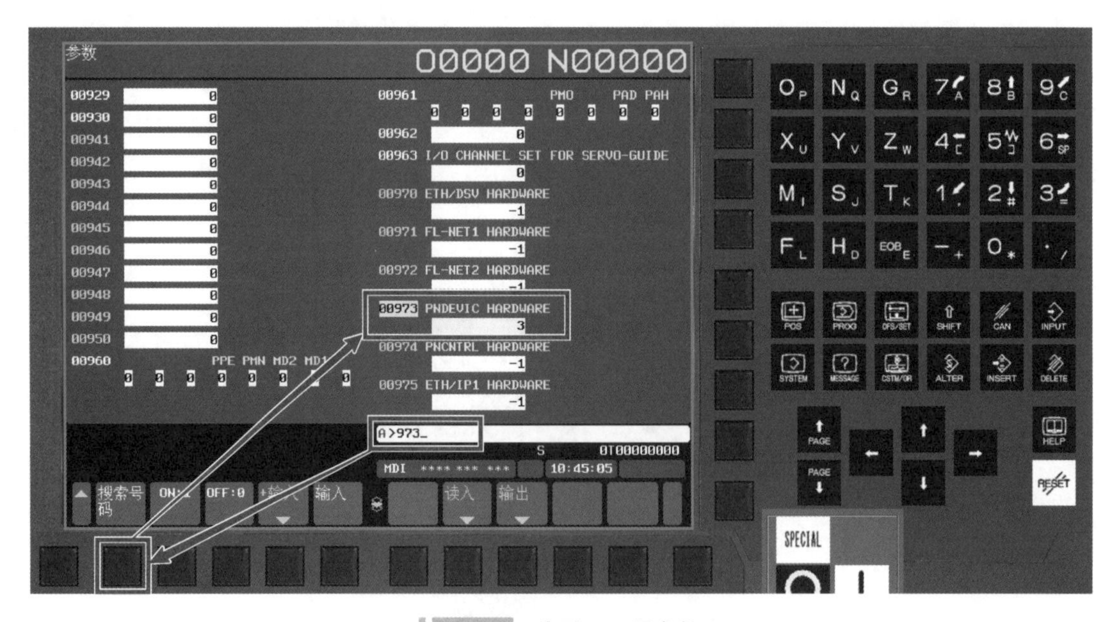

图 4-4-9 找到 973 号参数

步骤 3. 假定当前快速以太网板插在 Slot1 中，输入“3”，单击“ INPUT”，将参数号 973 修改为 3，如图 4-4-10 所示。

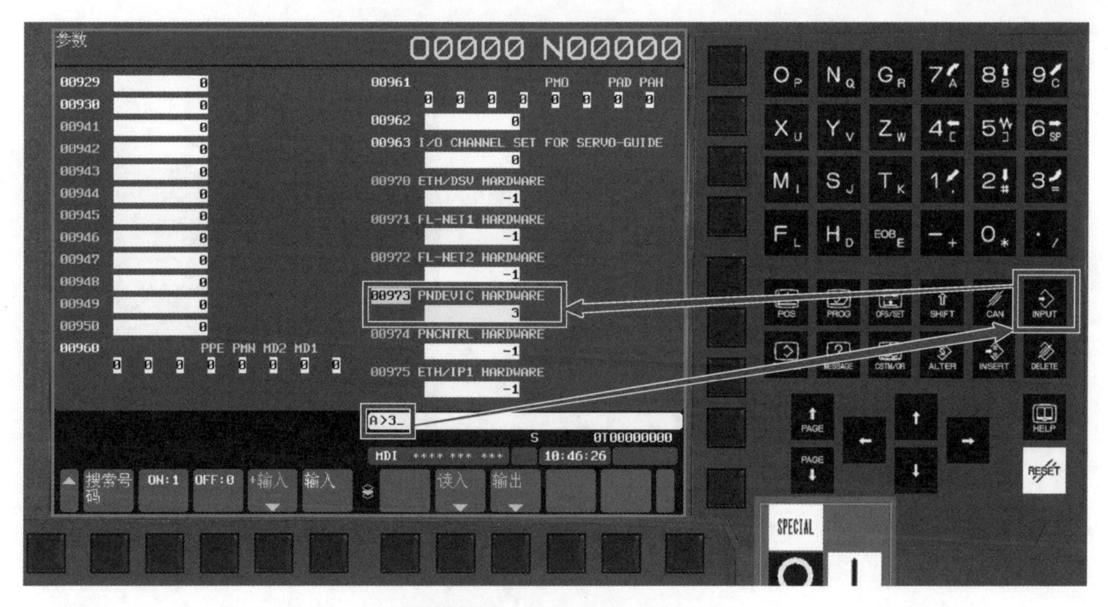

图 4-4-10 修改参数号 973 为 3

步骤 4. 重启数控系统使数据生效，在 PROFINET DEVICE 界面中显示出来。

步骤 5. 依次选择“ SYSTEM →右翻页→ PROFINET DEVICE”，进入 PROFINET 设备界面，如图 4-4-11 所示。

步骤 6. 在公共界面中，将 IP 地址设为“192.168.0.6”，子网掩码设为“255.255.255.0”，如图 4-4-12 所示。

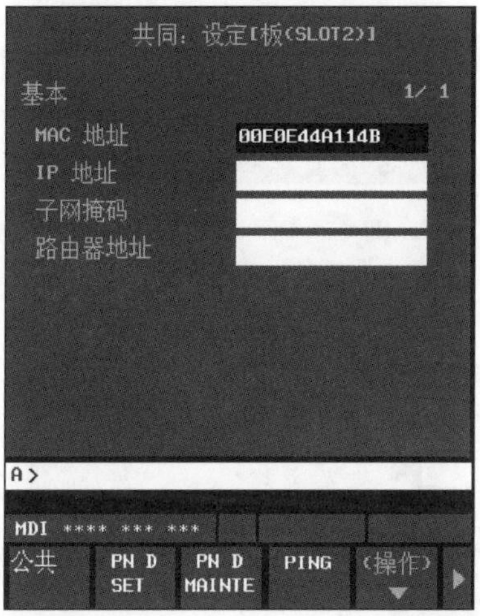

共同：设定[板(SLOT2)]
基本 1/ 1
MAC 地址 00E0E44A114B
IP 地址
子网掩码
路由器地址
A>
MDI **** *** ***
公共 | PN D SET | PN D MAINTE | PING | (操作)

图 4-4-11 进入 PROFINET 设备界面

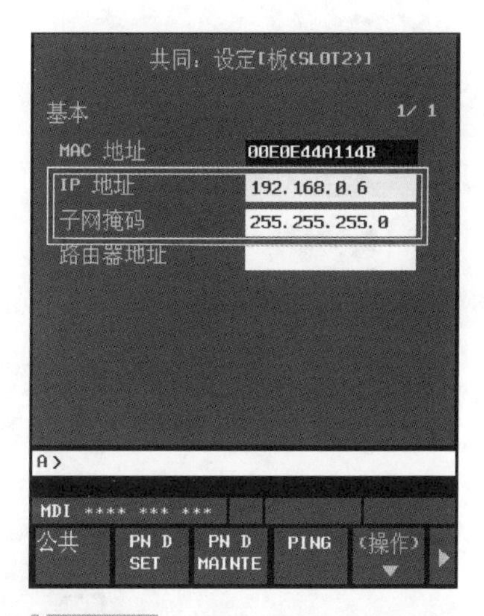

图 4-4-12 修改 IP 地址与子网掩码

步骤 7. 单击“ PN D SET”，进入 PN D SET 界面中，将设备名修改为“ CNC”，如图 4-4-13 所示。

步骤 8. 单击 MDI 面板的 PAGE↓ 进行下翻页，对通信地址进行设定，如图 4-4-14 所示。

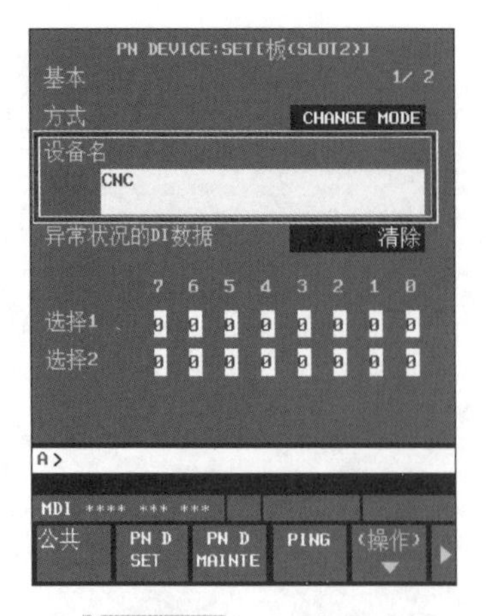

图 4-4-13 修改设备名

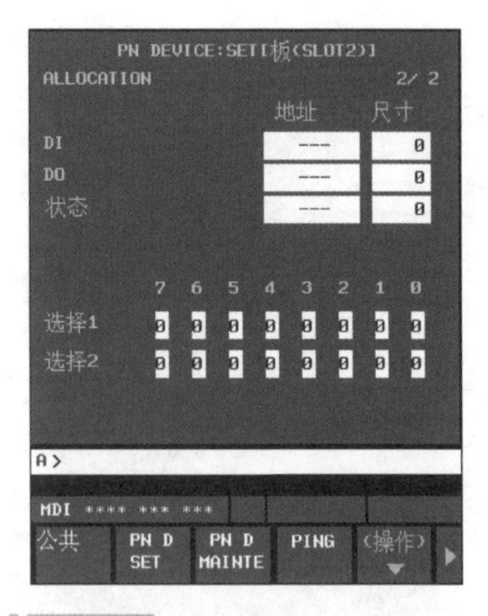

图 4-4-14 进入 PN 数据修改界面

步骤 9. 将 DI 的地址设为“R4000”，尺寸设为“8”，如图 4-4-15 所示。

步骤 10. 将 DO 的地址设为“R6000”，尺寸设为“8”，如图 4-4-16 所示。

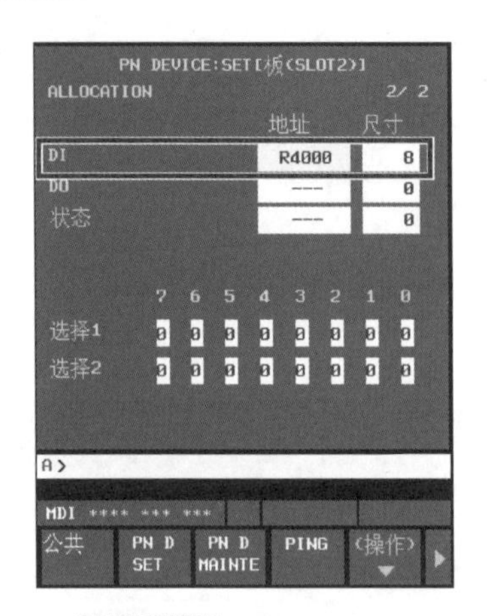

图 4-4-15 设定 DI 数据

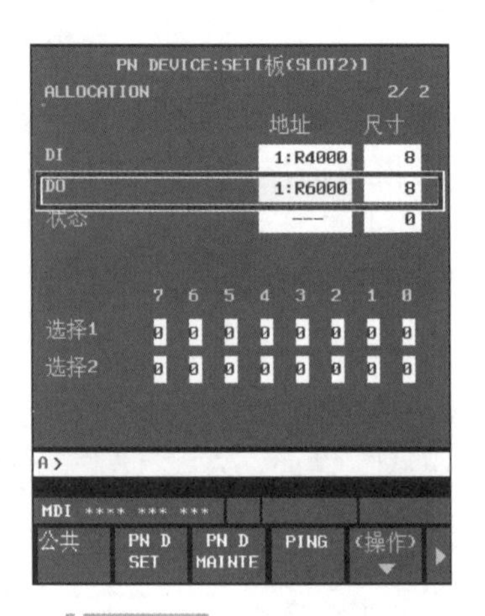

图 4-4-16 设定 DO 数据

步骤 11. 将状态的地址设为“E0300”，尺寸设为“3”，如图 4-4-17 所示。

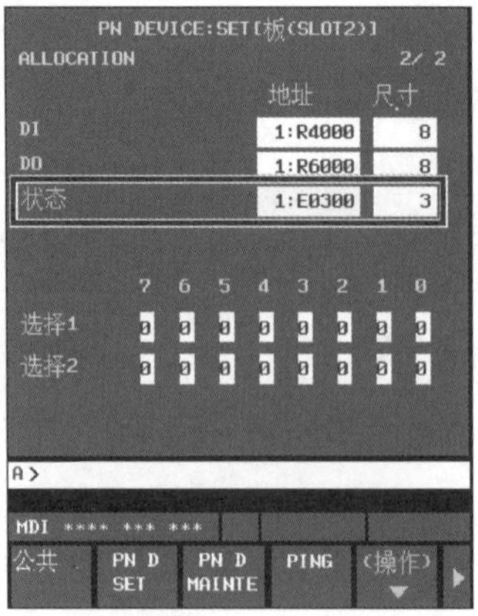

图 4-4-17 设定 DO 数据

步骤 12. 重启数控系统使 PROFINET 数据生效。

三、PLC 端设置

步骤 1. 以 CPU 1511-1 PN 型 PLC 为例创建博途项目文件，如图 4-4-18 所示，PLC 创建方法参考项目三任务二的任务实施。

图 4-4-18 创建项目文件

步骤 2. 修改 PLC 的 IP 地址，假定 PLC 的 IP 地址为 “192.168.0.1”，PLC 修改 IP 地址方法参考项目一任务三的任务实施。

步骤 3. 单击 “选项→管理通用站描述文件”，如图 4-4-19 所示。

步骤 4. 单击 “...”，进入 GSD 路径选择，如图 4-4-20 所示。

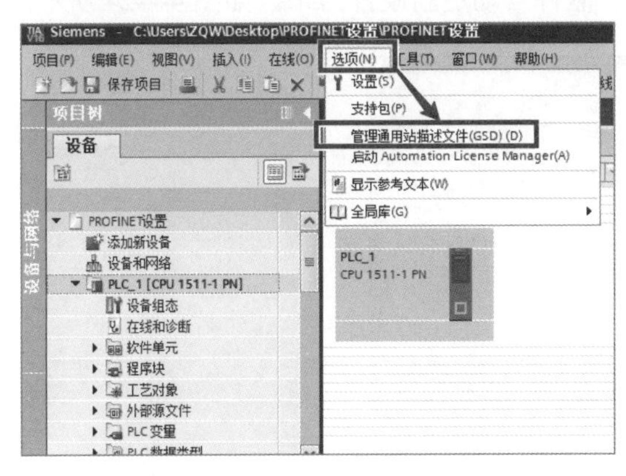

图 4-4-19 进入添加 GSD 文件管理器

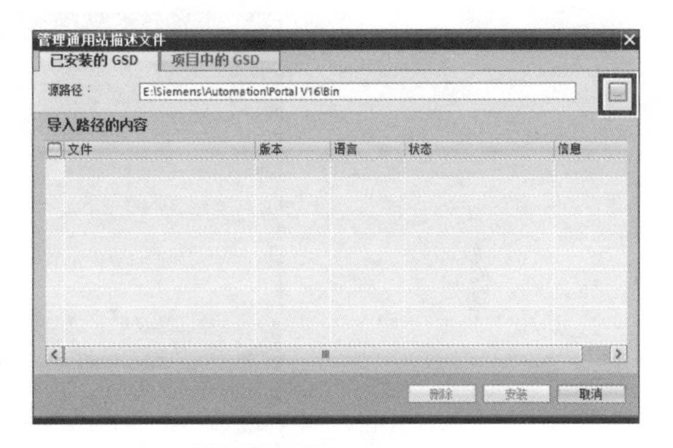

图 4-4-20 确定源路径

步骤 5. 找到 GSD 文件所在的文件夹后，单击 “选择文件夹”，如图 4-4-21 所示。

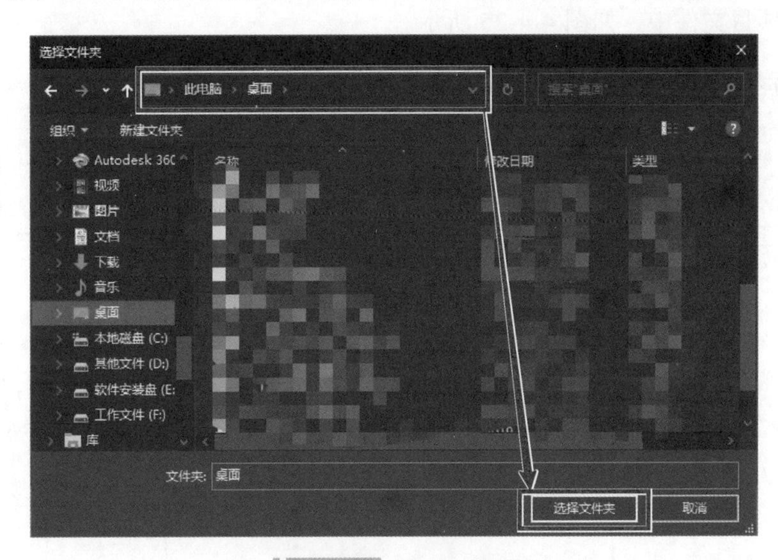

图 4-4-21 选择文件夹

步骤 6. 系统会自动显示出路径下所有的 GSD 文件，如图 4-4-22 所示。

步骤 7. 勾选文件夹中的 GSD 文件，单击 “安装”，等待 GSD 文件自动安装，如图 4-4-23 所示。

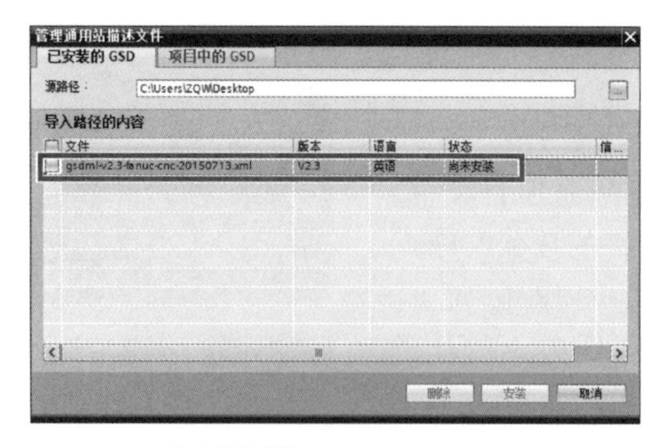

图 4-4-22　显示 GSD 文件

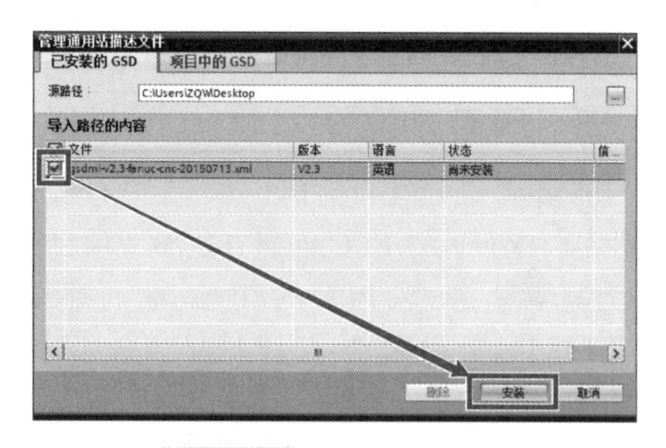

图 4-4-23　安装 GSD 文件

步骤 8. GSD 文件安装完成后，单击“关闭”，软件自动更新硬件目录，如图 4-4-24 所示。

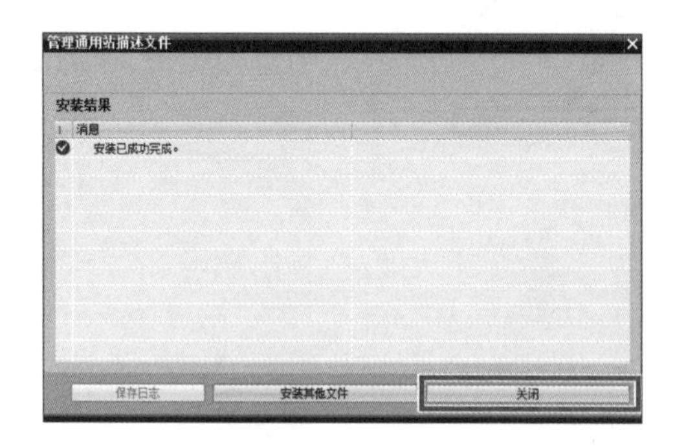

图 4-4-24　安装完毕

步骤 9. 单击“设备和网络”，单击右侧“硬件目录”，依次选择“Other field devices（其他设备）→ PROFINET IO → NC/RC → FANUC CORPORATION → FANUC CNC”，将 Fast EtherNet 拖入项目文件中，如图 4-4-25 所示。

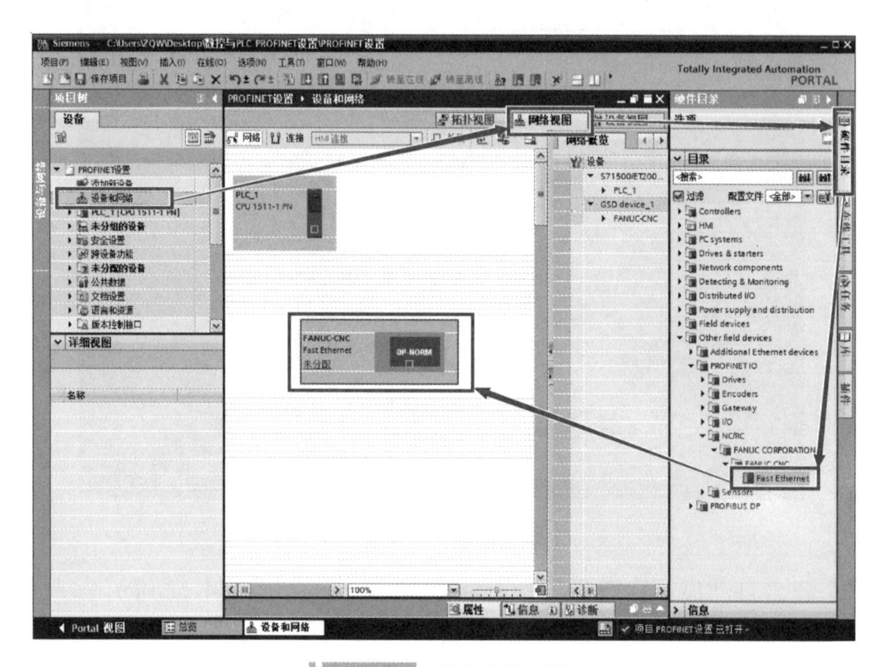

图 4-4-25　添加数控系统

步骤 10. 选中 CNC 侧的绿色网口，单击“属性”，在以太网地址中找到 IP 地址与子网掩码，修改 CNC 端 PROFINET 设备的 IP 地址为“192.168.0.6”，子网掩码为“255.255.255.0”（参考本任务任务实施中 CNC 端设置的 **步骤 6** ），如图 4-4-26 所示。

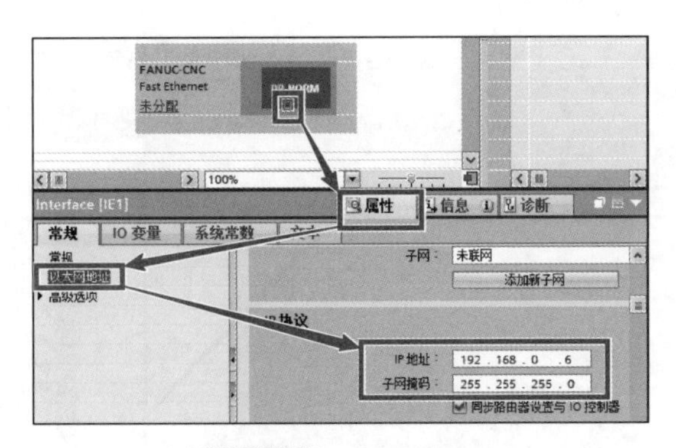

图 4-4-26　修改 IP 地址

步骤 11. 向下翻页，将“自动生成 PROFINET 设备名称”勾选去除，将 PROFINET 设备名称修改为“ cnc”（设备名称可参考本任务任务实施中机器人端设置的 **步骤 7** ），如图 4-4-27 所示。

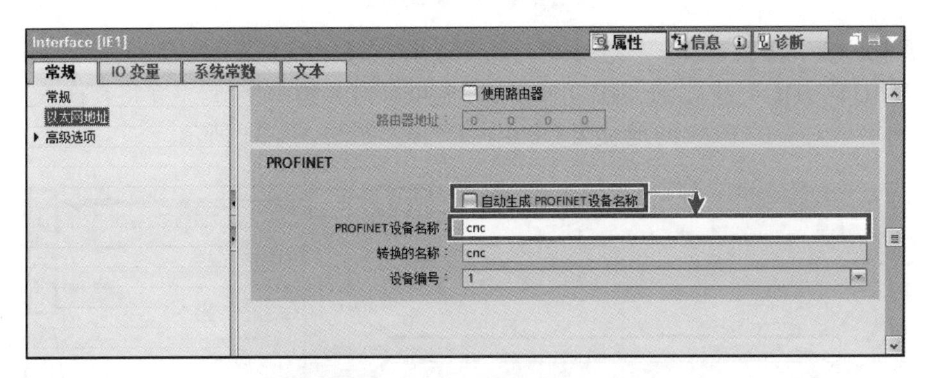

图 4-4-27　修改 PROFINET 设备名称

步骤 12. 单击 CNC 侧的绿色网口，将其拖到 PLC 侧的绿色网口，如图 4-4-28 所示。

步骤 13. 双击 CNC，进入“设备视图”选项卡，如图 4-4-29 所示。

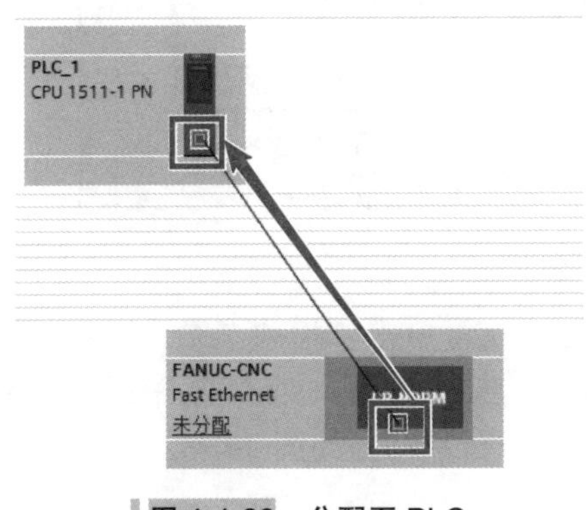

图 4-4-28　分配至 PLC

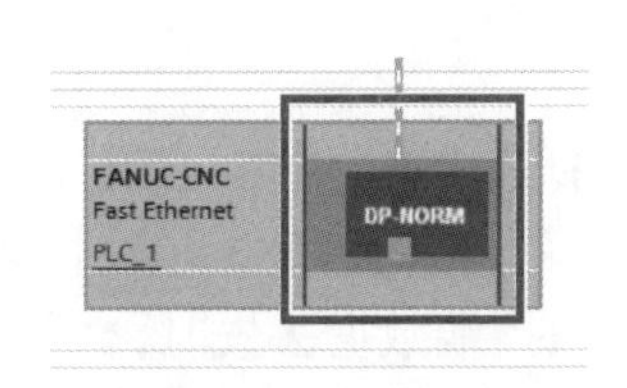

图 4-4-29　进入设备视图

步骤 14. 在“设备视图”选项卡中，选择“硬件目录”，在路径“Module（模块）→ INPUT（=DO）”中找到“INPUT 008 bytes”（8 输入字节），并将其拖入插槽 1 中，则 8 个输入字节对应的 PLC 的地址为 I0.0 ～ I7.7，如图 4-4-30 所示。

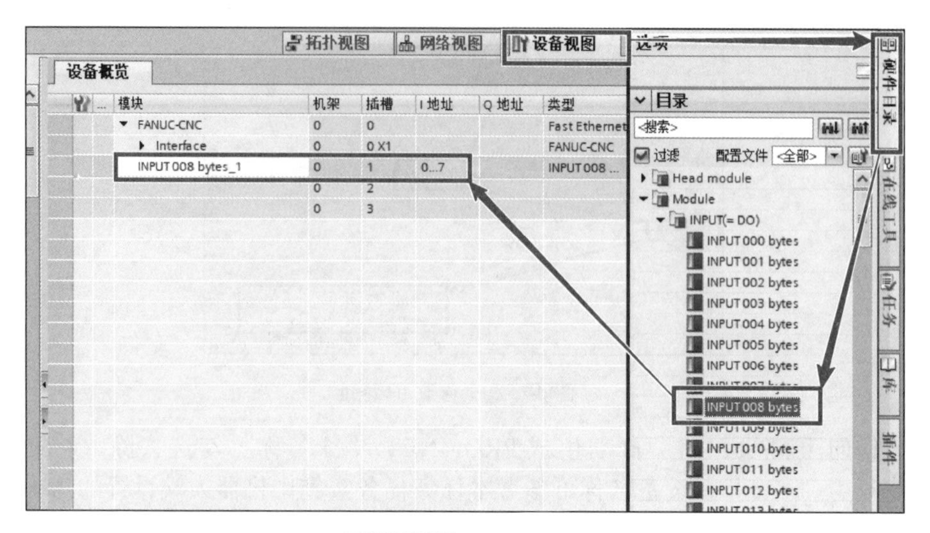

图 4-4-30 添加插槽 1

步骤 15. 在“设备视图”选项卡中，选择“硬件目录”，在路径“Module（模块）→ OUTPUT（=DI）”中找到“OUTPUT 008 bytes”（8 输出字节），并将其拖入插槽 2 中，则 8 个输出字节对应的 PLC 的地址为 Q0.0 ～ Q7.7，如图 4-4-31 所示。

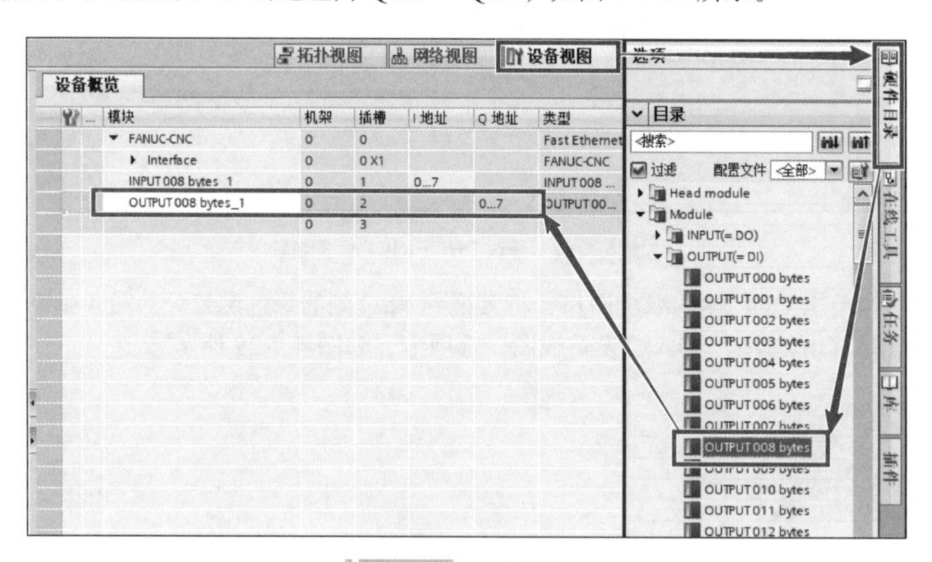

图 4-4-31 添加插槽 2

步骤 16. 选中 FANUC-CNC 的网口，单击“属性”，再单击“模块参数”，移动到页面最下方，填写下方的参数，填写内容可参考 **步骤 9** ～ **步骤 11**（此处并非一定要设置，主要是为了当数控端数据丢失时，可参照 PLC 端的内容进行设置），如图 4-4-32 所示。

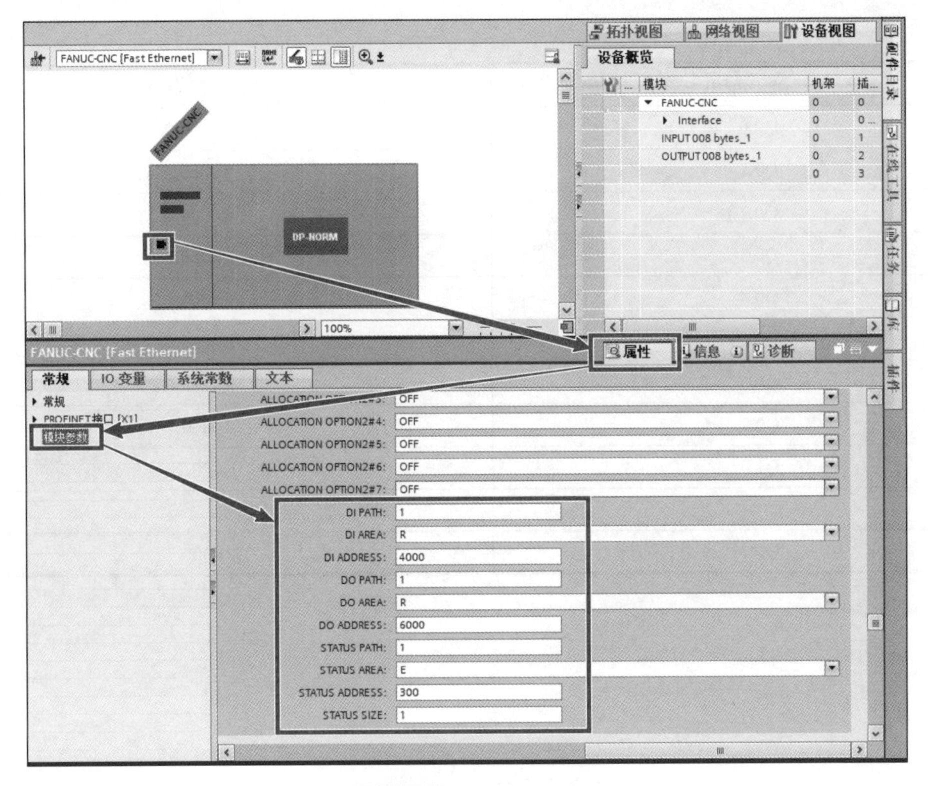

图 4-4-32　添加模块参数

步骤 17. 将 PLC 程序下载至 PLC 中，PLC 下载数据方法参考项目一任务三的任务实施。

步骤 18. PLC 侧的 I0.0 ～ I7.7 对应 CNC 侧的 R6000.0 ～ R6007.7，CNC 侧的 R4000.0 ～ R4007.7 对应 PLC 侧的 Q0.0 ～ Q7.7，从而完成 CNC 与 PLC 的 PROFINET 通信，具体的信号对应表见表 4-4-2。

表 4-4-2　信号对应表

CNC 端（输出）	PLC 端（输入）
R6000.0	I0.0
R6000.1	I0.1
R6000.2	I0.2
R6000.3	I0.3
R6000.4	I0.4
R6000.5	I0.5
R6000.6	I0.6
R6000.7	I0.7
R6001.0	I1.0
……	
R6007.7	I7.7

（续）

PLC 端（输出）	CNC 端（输入）
Q0.0	R4000.0
Q0.1	R4000.1
Q0.2	R4000.2
Q0.3	R4000.3
Q0.4	R4000.4
Q0.5	R4000.5
Q0.6	R4000.6
Q0.7	R4000.7
Q1.0	R4001.0
……	
Q7.7	R4007.7

项目五 智能制造执行系统应用

智能制造执行系统（MES）应用

项目引入

智能制造执行系统（MES）是一种应用于制造业的信息技术，它能够提高生产效率、降低生产成本、优化产品质量。在智能制造的趋势下，MES已经成为制造业中不可或缺的一部分。本项目将介绍MES软件的基本使用方法，以及在仓储管理、设备管理、生产管理和下单等方面的应用。

项目目标

1. 掌握MES软件的基本操作方法。
2. 了解并掌握MES在仓储管理方面的应用。
3. 了解并掌握MES在设备管理方面的应用。
4. 了解并掌握MES在生产管理方面的应用。
5. 了解并掌握MES在下单方面的应用。

拓展阅读

任务一 MES软件介绍

学习目标

1. 了解MES的基本概念、功能和作用。
2. 掌握MES软件的操作界面和基本操作方法。
3. 了解MES软件的主要功能模块及其作用。

重点和难点

1. 掌握MES软件的基本操作方法。
2. 掌握MES软件的主要功能模块及其作用。

相关知识

一、MES 的基本概念、功能和作用

1. MES 的基本概念

MES（Manufacturing Execution System，制造执行系统）是一种用于监控、协调和优化制造流程的信息系统。MES 是位于上层计划管理系统和底层工业控制之间的软件系统，它通过接收来自上层计划管理系统的生产计划和调度指令，向下层工业控制系统发送指令，监控生产过程中的数据和状态，以实现生产过程中的自动化、信息化和智能化。

2. MES 的基本功能

（1）生产调度功能　MES 根据上层计划管理系统的指令，对生产任务进行排程和调度，确保生产线的稳定和高效运转。

（2）生产监控功能　MES 通过收集生产过程中的数据，监控生产线的状态和进度，及时发现和解决问题，确保生产过程的顺利进行。

（3）生产数据采集功能　MES 从底层工业控制系统和其他设备中采集生产数据，包括产量、质量、设备状态等，为后续分析和优化提供数据支持。

（4）生产数据分析功能　MES 对采集的生产数据进行处理和分析，提供各种生产指标和分析报告，帮助企业了解生产效率、产品质量、设备维护等方面的实际情况。

（5）生产控制和优化功能　MES 通过对生产过程的控制和优化，包括调整生产线参数、调整生产计划等，提高生产效率和产品质量，降低生产成本。

3. MES 的基本作用

（1）提高生产效率　通过合理的调度和优化生产过程，MES 可以减少生产过程中的浪费和延误，提高生产效率。

（2）提高产品质量　通过对生产过程中的各个环节进行监控和分析，MES 可以及时发现和解决质量问题，提高产品质量。

（3）提高设备利用率　通过实时监控设备状态和及时维护保养，MES 可以提高设备的可靠性和利用率，降低设备维修成本。

（4）降低生产成本　通过优化生产过程和降低废品率，MES 可以降低生产成本，提高企业的竞争力。

（5）实现数字化制造　通过数字化技术和信息化手段，MES 可以实现制造过程的数字化转型，提高企业的数字化制造水平。

总之，MES 是一种重要的制造执行系统，可以帮助企业实现生产过程的自动化、信息化和智能化，提高生产效率、产品质量和设备利用率，降低生产成本，实现数字化制造。

二、MES 软件的操作界面介绍

1. MES 软件主界面

亚龙 YL-C16B 型 MES 是一款面向制造企业的生产管理系统，旨在提高生产效率和质量。系统包含多个模块，包括生产计划、物料控制、质量管理、数据分析等，以满足企业在生产过程中的不同需求。亚龙 YL-C16B 型 MES 软件主界面如图 5-1-1 所示。

图 5-1-1 亚龙 YL-C16B 型 MES 软件主界面

2. MES 软件功能模块

亚龙 YL-C16B 型 MES 软件包含统计分析、系统管理、基础数据、供货及客户、仓储管理、设备管理、程序管理、刀具管理、工艺资源管理、工厂管理、生产管理、质量管理等功能模块，如图 5-1-2 所示。

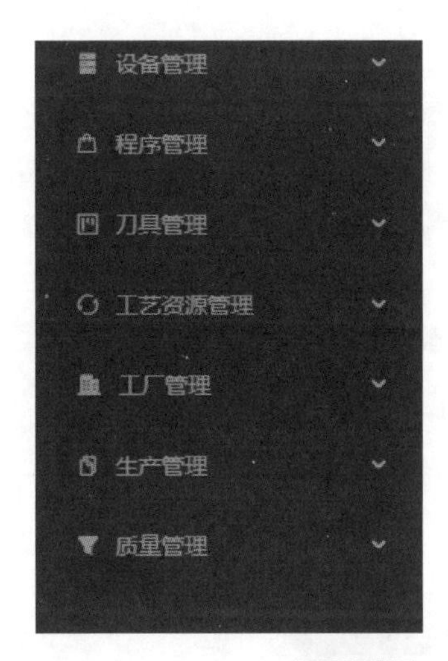

图 5-1-2 MES 软件功能模块

任务实施

一、登录网址

步骤 1. 在浏览器中打开网页 http：//skmes.yalong.run/web/home，如图 5-1-3 所示。

图 5-1-3　登录界面

步骤 2. 输入账号和密码。

二、部门管理

步骤 1. 在“基础数据”下的“部门管理”中可以查询以及新增部门信息，添加之后亦可编辑和删除，如图 5-1-4 所示。

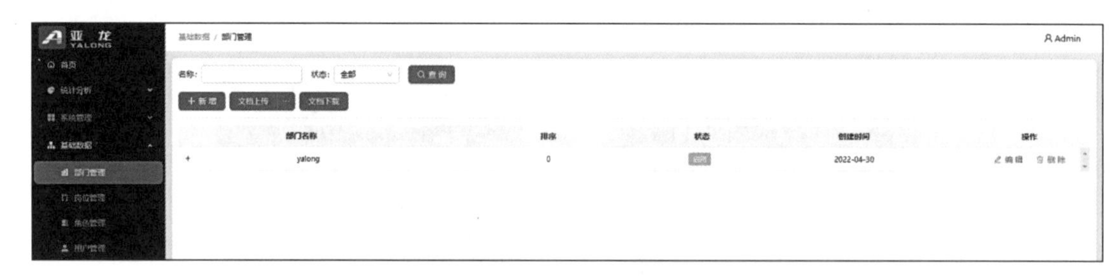

图 5-1-4　部门管理界面

步骤 2. 新增部门时，单击“新增”，如图 5-1-5 所示。

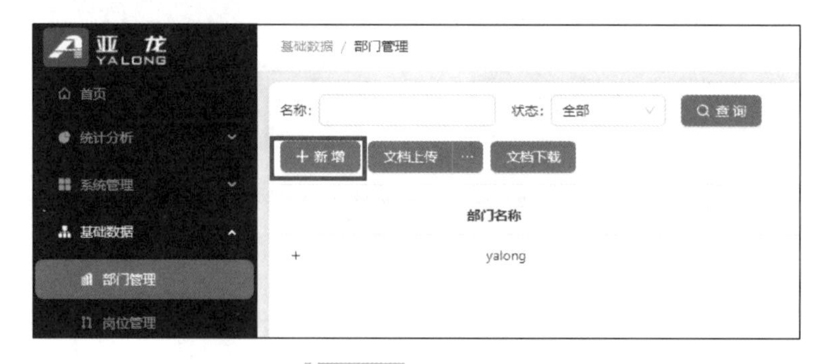

图 5-1-5　新增部门

步骤 3. 录入部门信息，然后保存即可，如图 5-1-6 所示。

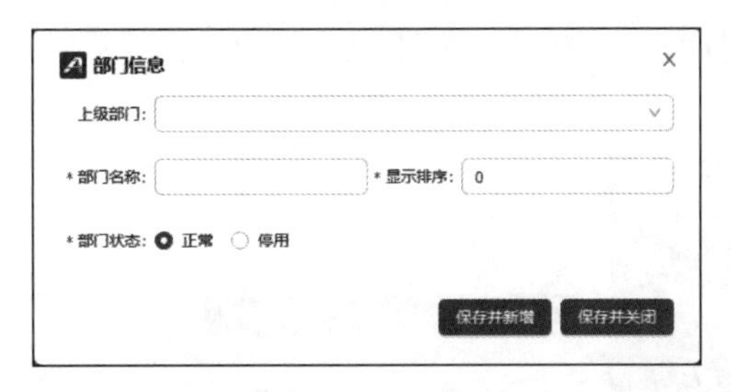

图 5-1-6　录入部门信息

步骤 4. 编辑部门信息时，单击“编辑”，即可编辑相应信息，如图 5-1-7 所示。

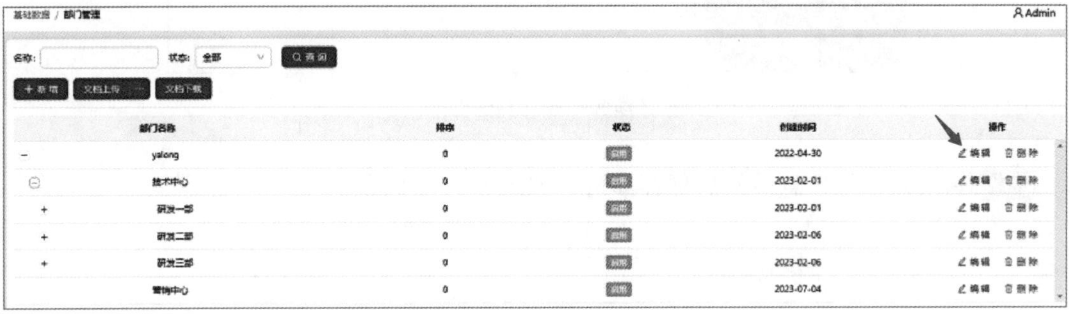

基础数据 / 部门管理　　Admin

名称:　状态: 全部　查询

+ 新增　文档上传　文档下载

	部门名称	排序	状态	创建时间	操作
−	yalong	0	启用	2022-04-30	编辑 删除
⊖	技术中心	0	启用	2023-02-01	编辑 删除
+	研发一部	0	启用	2023-02-01	编辑 删除
+	研发二部	0	启用	2023-02-06	编辑 删除
+	研发三部	0	启用	2023-02-06	编辑 删除
	营销中心	0	启用	2023-07-04	编辑 删除

图 5-1-7　编辑部门信息

步骤 5. 修改部门信息，然后保存即可，如图 5-1-8 所示。

图 5-1-8　修改部门信息

三、岗位管理

步骤 1. 在“基础数据”下的“岗位管理”中可以查询以及新增岗位信息，添加之后亦可编辑和删除，如图 5-1-9 所示。

图 5-1-9　岗位管理界面

步骤 2. 新增岗位信息时，单击“新增”，如图 5-1-10 所示。

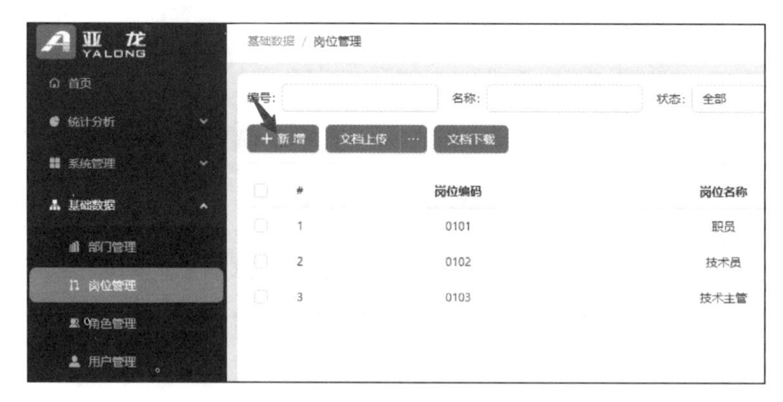

图 5-1-10　新增岗位

步骤 3. 录入岗位信息，然后保存即可，如图 5-1-11 所示。

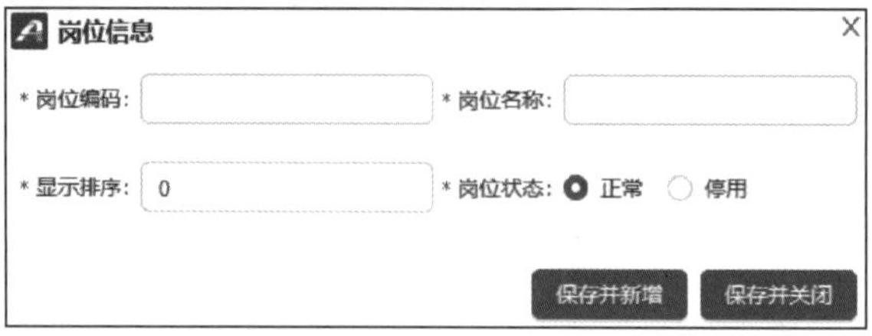

图 5-1-11　录入岗位信息

四、角色管理

步骤 1. 在“基础数据”下的“角色管理”中可以查询以及新增角色信息，添加之后亦可编辑和删除，如图 5-1-12 所示，该功能用于用户登录时的权限限制。

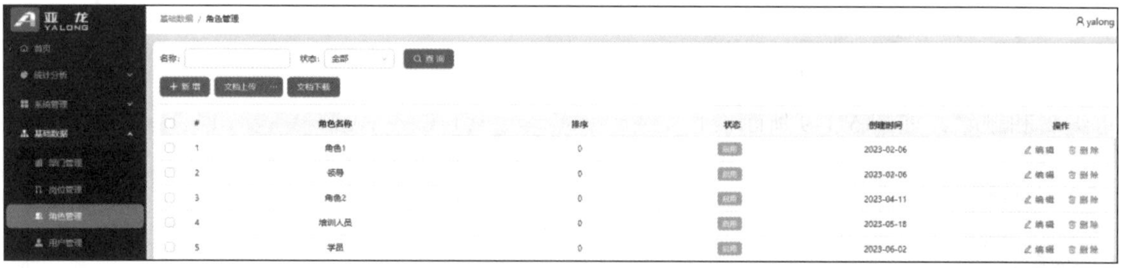

图 5-1-12　角色管理界面

步骤 2. 新增角色时，单击“新增”，如图 5-1-13 所示。

步骤 3. 录入角色信息，并勾选菜单权限里所需的功能，然后保存即可，如图 5-1-14 所示。

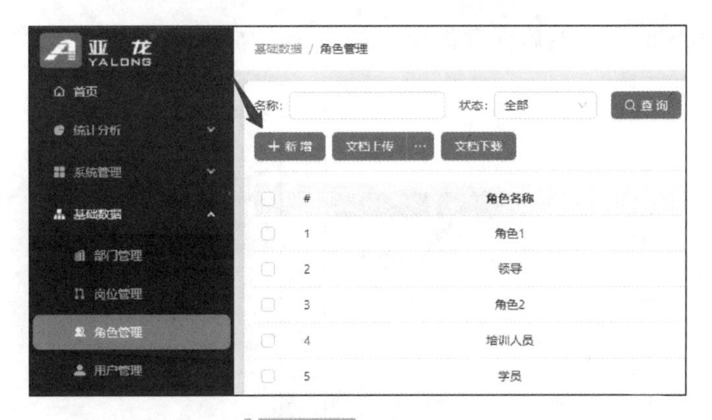

图 5-1-13　新增角色

图 5-1-14　录入角色信息

五、用户管理

步骤 1. 在“基础数据”下的“用户管理”中可以查询以及新增用户信息，添加的用户信息可以用于登录，添加之后亦可编辑和删除，如图 5-1-15 所示。

图 5-1-15　用户管理界面

步骤 2. 新增用户时，单击“新增”，如图 5-1-16 所示。

步骤 3. 录入用户信息，然后保存即可，如图 5-1-17 所示。

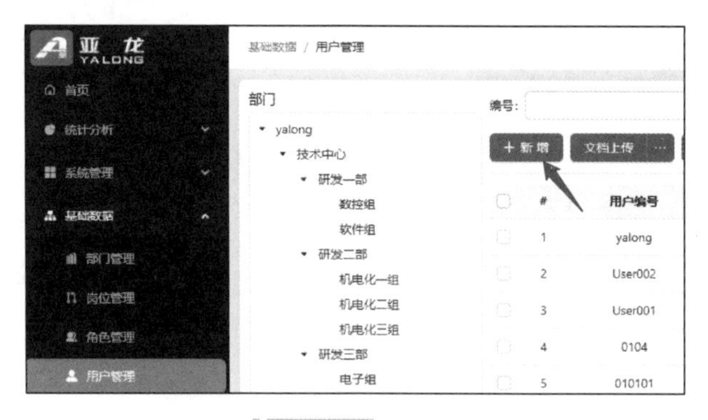

图 5-1-16　新增用户

图 5-1-17　录入用户信息

任务二　仓储管理应用

学习目标

1. 掌握 MES 在仓储管理方面的应用，包括库存管理和出入库操作等。
2. 了解仓储管理的基本概念和流程，如库存管理、入库、出库、移库等。
3. 了解使用 MES 进行仓储管理的优势和注意事项。

重点和难点

1. 了解仓储管理的基本概念和流程，如库存管理、入库、出库、移库等。
2. 掌握使用 MES 进行仓储管理的操作流程和注意事项。

相关知识

一、仓储管理的基本概念和流程

1. 仓储管理的概念

仓储管理是指对物品、产品等进行合理的储存、管理和监控的过程。它涵盖了库存管理、入库、出库、移库等多个方面，旨在确保物品的安全存储、准确管理和高效利用。

2. 库存管理

库存是指在仓库中存放物品的数量。库存管理的目标是维持适当的库存水平，在满足客户需求的同时，保证最小化库存成本。通过合理的库存管理，可以避免库存过剩或不足的情况，提高供应链的运作效率。

3. 入库

入库是指将物品从外部引进仓库的过程。入库流程包括接收货物、验收品质、登记物

品信息、存放标记、入库记录等步骤。在入库过程中，通常需要对货物的数量、质量、规格等进行检查和记录，确保物品的准确性和完整性。

4. 出库

出库是指将仓库中的物品取出供应应用或分销的过程。出库流程包括申请出库、审核出库、拣货、打包、出库记录等环节。出库过程中需要确保出库物品的准确性、数量一致，并记录相应的出库信息。

5. 移库

移库是指将仓库中的物品从一个位置转移到另一个位置的过程。移库可能因为库区调整、库位优化或其他原因而进行。移库需要进行记录和调整，确保库存信息的准确性。

综上所述，仓储管理涉及库存管理、入库、出库、移库等多个环节，目的是确保物品的安全、准确储存，并在需要时能够高效地提供。通过合理的仓储管理，可以提高供应链效率，降低成本，满足客户需求。

二、仓储管理的优势和注意事项

1. 仓储管理的优势

MES（制造执行系统）在仓储管理中有许多优势，主要优势如下：

（1）实时数据监控和管理　MES可以实时监控仓库内物品的数量、状态和位置。这有助于及时了解库存情况，减少库存盲点，避免库存过多或不足的情况。

（2）自动化操作　MES可以自动化处理入库、出库、移库等操作，减少人工干预，提高操作效率和准确性。物品的移动和操作可以在系统中得到追踪，减少人为错误。

（3）库存可视化　MES可以通过可视化界面展示库存情况，让用户一目了然地了解仓库内物品的分布、数量和状态。

（4）订单管理和优化　MES可以与生产计划系统集成，根据订单需求自动调整库存，提高库存利用率，并确保按时交付。

（5）库存控制　MES可以设定库存阈值，一旦库存低于或超过预定值，系统会自动触发警报或采取相应的补货措施。

2. 仓储管理的注意事项

（1）系统集成　MES需要与其他企业系统（如ERP、WMS等）进行集成，确保数据的一致性和准确性。系统集成的难度和复杂性需要提前评估。

（2）培训和使用　MES需要用户培训，以确保仓库工作人员能够正确使用系统，避免操作错误。

（3）数据安全　MES涉及大量的实时数据，需要确保数据的安全性和隐私性，避免数据损坏和泄露。

（4）系统稳定性　MES的稳定性对于仓储管理至关重要。系统的故障和停机可能导致生产中断和物品滞留，需要确保系统的稳定性和可靠性。

（5）成本与效益　使用MES进行仓储管理需要投入一定的人力和资源，需要进行成本与效益分析，确保系统的投入能够带来显著的效益和改进。

任务实施

步骤 1. 在“仓储管理”下的“物料产品分类”中可以查询以及新增物料产品分类信息，添加之后可编辑和删除，如图 5-2-1 所示。

图 5-2-1　物料产品分类界面

步骤 2. 新增物料产品分类时，单击“新增”，如图 5-2-2 所示。

图 5-2-2　新增物料产品分类

步骤 3. 在物料产品信息中，设定分类名称为“测试产品”，类型为“产品”，然后保存即可，如图 5-2-3 所示。

物料产品分类信息
上级分类:
* 分类名称: 测试产品　* 显示排序: 0
* 类型: 产品　原材料　* 状态: 正常　停用
保存并新增　保存并关闭

图 5-2-3　设定参数

步骤 4. 单击“工厂管理”下的“工厂管理”，设定工厂名称为“亚龙智能工厂”，如图 5-2-4 所示，然后单击“保存并关闭”。

图 5-2-4　工厂信息设定界面

步骤 5. 单击“工厂管理”下的“仓库管理”，设定仓库名称为“亚龙智能仓库”，工厂为**步骤 4** 新建的“亚龙智能工厂”，如图 5-2-5 所示，然后单击“保存并关闭”。

图 5-2-5　仓库信息设定界面

步骤 6. 在建立的亚龙智能仓库里，单击“库区”，添加“库区 1”和“库区 2”，如图 5-2-6 所示。

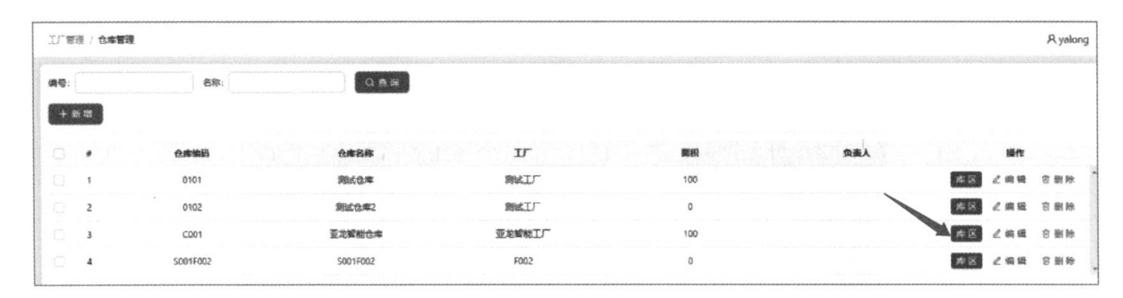

图 5-2-6 添加库区

步骤 7. 在添加的库区 1 和库区 2 位置，单击“库位”，添加“库位 1”和“库位 2”，如图 5-2-7 所示。

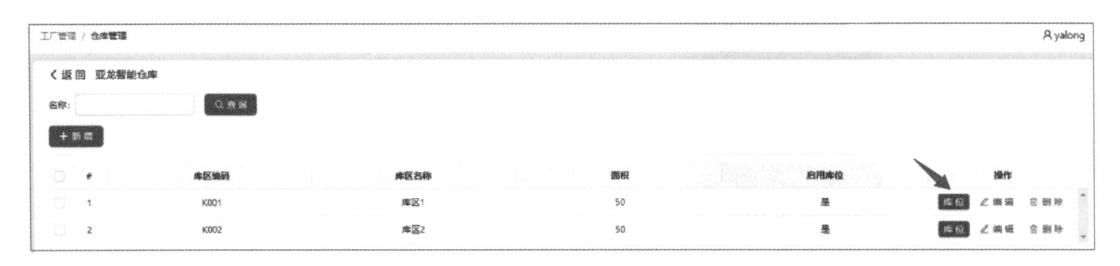

图 5-2-7 添加库位

步骤 8. 单击“工厂管理”下的“车间管理”，设定车间名称为“亚龙智能车间”，工厂为**步骤 4** 新建的“亚龙智能工厂”，如图 5-2-8 所示，然后单击“保存并关闭”。

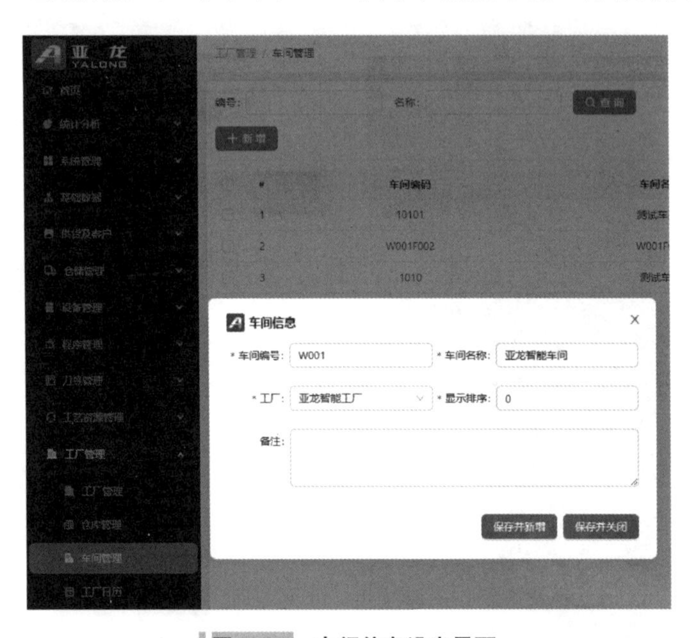

图 5-2-8 车间信息设定界面

步骤 9. 单击“仓储管理”下的“物料产品管理”，在分类中选择**步骤 3** 建立的“测试产品”，然后单击“新增”，如图 5-2-9 所示。

图 5-2-9 物料产品管理界面

步骤 10. 在弹出的“物料产品信息”界面，添加物料编码、物料名称等信息，并单击“仓库位置”，如图 5-2-10 所示。

图 5-2-10 物料产品信息界面

步骤 11. 添加仓库位置，如图 5-2-11 所示。

图 5-2-11　添加仓库位置

步骤 12. 添加二维码信息，如图 5-2-12 所示，**注意：二维码内容只可为数字。**

图 5-2-12　添加二维码信息

任务三　设备管理应用

学习目标

1. 掌握 MES 在设备管理方面的应用，包括设备分类和设备台账添加等。
2. 了解设备管理的基本概念和流程，如设备维护计划、保养计划等。
3. 了解使用 MES 进行设备管理的优势和注意事项。

重点和难点

1. 了解设备管理的基本概念和流程。
2. 掌握使用 MES 进行设备管理的操作流程和注意事项。

相关知识

一、设备管理基本概念和流程

1. 设备分类

介绍不同类型的设备分类，如生产设备、辅助设备、测试设备等，以便更好地进行管理。

2. 设备台账

在 MES（制造执行系统）中，设备台账是记录设备基础信息的重要工具，包括设备

名称、型号、编号等信息。正确录入和维护台账信息，是确保设备管理准确性和高效性的前提。

3. 设备管理流程

（1）设备维护计划　MES 通过收集和分析设备运行数据，能够预测设备维护的需求，并自动生成维护计划。这确保了设备的预防性维护得以有效执行，从而延长了设备的使用寿命，提高了其可靠性。

（2）保养计划　基于设备的实际运行情况和历史数据，MES 能够智能地调整保养计划，确保保养活动既不过度也不欠缺，实现了资源的优化配置。

二、设备管理的优势和注意事项

1. 使用 MES 进行设备管理的优势

（1）实时监控　MES 通过实时采集设备数据，能够及时发现设备的异常状态并触发预警机制。

（2）自动化操作　MES 支持设备操作的自动化和智能化。通过与自动化设备集成，MES 可以自动调度设备、执行维护任务和优化生产流程，显著提高了生产效率和设备利用率。

（3）数据可视化　MES 提供了一个集中的可视化界面，展示了设备的实时状态、维护进度和性能指标。这种透明化的管理方式增强了企业对设备状态的掌控力，并简化了决策过程。

（4）提高效率　MES 可以通过优化设备维护计划和保养计划，减少停机时间，提高生产效率和设备利用率。

（5）故障预测　MES 可以通过数据分析和预测模型，提前预测设备可能发生的故障，从而减少生产中断和维修成本。

（6）资源优化　MES 可以通过优化设备调度和资源分配，实现设备的最佳利用，提高生产效率和降低能耗。

（7）历史记录　MES 可以记录设备的使用历史和维护记录，帮助企业进行长期性能评估和决策制定。

2. 使用 MES 进行设备管理的注意事项

在使用 MES 软件进行设备管理时，智能制造企业需要特别注意以下几点：

（1）系统协同与数据一致性　为了确保设备管理的整体性和一致性，MES 需要与其他智能制造系统（如 ERP、PLM 等）紧密协同工作。这需要制定明确的数据交换标准和接口规范，确保不同系统间的数据一致性和互操作性。

（2）人员培训与技能提升　随着 MES 的引入，设备管理人员需要接受相应的培训以提升其操作技能和对系统的理解。这样才能确保 MES 的功能能够得到有效利用，并最大限度地发挥其作用。

（3）数据安全与防护策略　在智能制造环境中，设备数据的安全性和完整性至关重要。因此，使用 MES 时，需要实施严格的数据安全策略和防护措施，以防止数据泄露、篡改或损坏。

任务实施

一、设备管理

步骤 1. 在“设备管理”下的“设备分类”中可以查询以及新增设备分类信息，添加之后亦可编辑和删除，如图 5-3-1 所示。

图 5-3-1　设备分类界面

步骤 2. 单击“新增”，设定目录名称为“亚龙智能设备”，如图 5-3-2 所示。

图 5-3-2　设备目录信息设定界面

步骤 3. 单击“设备管理”下的“设备台账”，在亚龙智能设备目录下添加设备，如图 5-3-3 所示。

步骤 4. 添加完成后，单击“通信配置”进行通信设置，如图 5-3-4 所示。

步骤 5. 新增 CNC 通信配置信息，通信模块选择对应的数控系统品牌，如 Fanuc，IP 地址设置为数控系统上的地址 192.168.10.13，端口设置为 8193（FANUC 系统），如图 5-3-5 所示。

图 5-3-3　添加设备信息

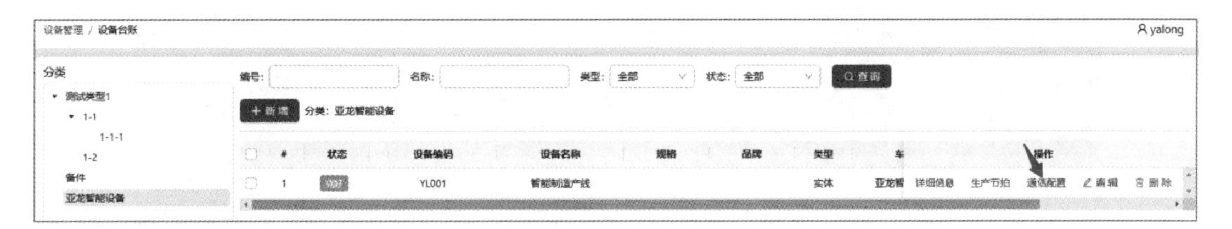

图 5-3-4　通信配置

图 5-3-5　CNC 通信配置信息

步骤 6. 添加对应的元件，用于监控数控系统的功能，可添加主轴转速、绝对坐标、相对坐标等，如图 5-3-6 所示。

图 5-3-6　元件类型

步骤 7. 新增 PLC 通信配置信息，通信模块选择对应的 PLC 品牌型号，如西门子 PLC S7–1200 选择 PLC_Siemens_1K，IP 地址设置为 PLC 的地址 192.168.10.11，端口设置为 102，如图 5-3-7 所示。

图 5-3-7　PLC 通信配置信息

步骤 8. 添加对应的 PLC 元件，用于后续的 MES 下单，如图 5-3-8 所示。

步骤 9. 新增机器人通信配置信息，通信模块选择对应的机器人品牌型号，如 FANUC 机器人选择 Fanuc，IP 地址设置为机器人上的地址 192.168.10.14，端口设置为 60008，如图 5-3-9 所示。

步骤 10. 完成通信配置后，单击“详细信息”，可查看当前产线 CNC、机器人、PLC 的状态，如图 5-3-10 所示。

PLC元件明细

新增元件

#	对象名称	元件名称	数据类型	元件用途	备注	删除
1	安排生产量	DB150.DBW0	Undefine	安排生产量		删除
2	合格数量	DB150.DBW2	Undefine	合格数量		删除
3	不合格量	DB150.DBW4	Undefine	不合格量		删除
4	需要入库数量	DB150.DBW6	Undefine	需要入库数量		删除
5	实际入库数量	DB150.DBW8	Undefine	实际入库数量		删除
6	需要出库数量	DB150.DBW10	Undefine	需要出库数量		删除
7	实际出库数量	DB150.DBW12	Undefine	实际出库数量		删除
8	生产产品二维码	DB150.DBW14	Undefine	生产产品二维...		删除
9	入库产品二维码	DB150.DBW16	Undefine	入库产品二维...		删除
10	出库产品二维码	DB150.DBW18	Undefine	出库产品二维...		删除

图 5-3-8　添加 PLC 元件

图 5-3-9　机器人通信配置信息

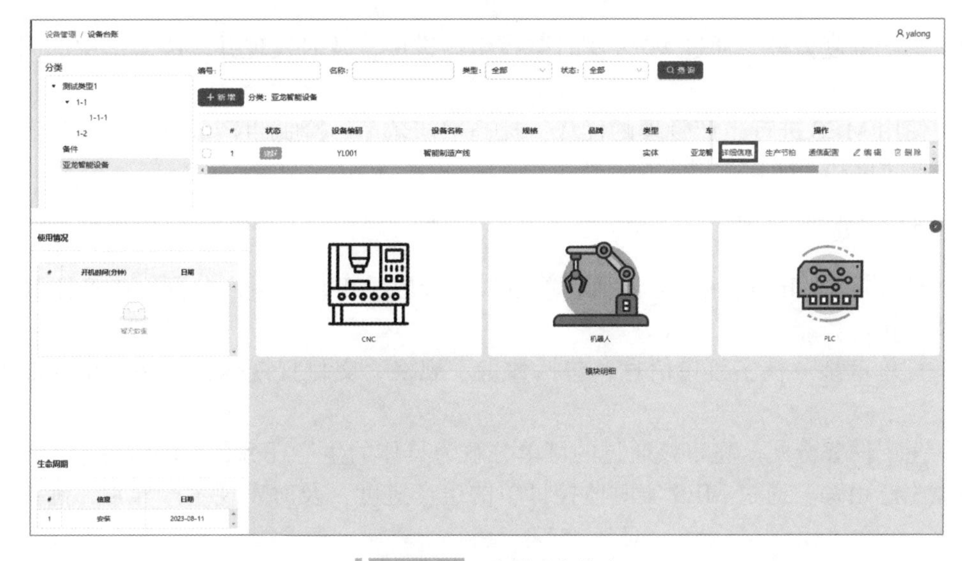

图 5-3-10　查看设备状态

任务四 生产管理应用

学习目标

1. 掌握 MES 在生产管理方面的应用，包括生产计划和生产计划排程等。
2. 了解生产管理的基本概念和流程，如生产计划制定、生产任务分配、生产进度监控等。
3. 了解使用 MES 进行生产管理的优势和注意事项。
4. 掌握 MES 在下单方面的应用，包括订单接收和处理等。

重点和难点

1. 了解生产管理的基本概念和流程。
2. 掌握使用 MES 进行生产管理的操作流程和注意事项。

相关知识

一、生产管理应用

（1）生产计划制定　根据市场需求、产能和资源情况，制定合理的生产计划，确保生产目标的达成。

（2）生产计划排程　将生产任务按优先级和时间顺序进行排程，保证生产资源的最优利用。

（3）生产任务分配　将生产任务分配给相应的生产单元或工作人员，明确责任和任务目标。

（4）生产进度监控　通过 MES 实时监控生产进度，及时发现并解决生产中的问题，确保按计划进行。

（5）使用 MES 进行生产管理的优势　提高生产效率、降低生产成本，实现生产过程的数字化、自动化和智能化，增强企业竞争力。

二、订单处理应用

（1）订单接收和处理流程　包括订单生成、接收、审核、生产分配、生产跟踪以及最终交付等环节。

（2）订单审核　核实订单信息，包括数量、规格、交付日期等，确保订单的准确性和可行性。

（3）生产任务分配　将审核通过的订单分解为具体的生产任务，分配给各个生产单元。

（4）生产跟踪　通过 MES 实时监控订单的生产进度，及时发现生产异常，确保订单按时交付。

（5）订单发货　在生产完成后，进行订单产品的包装、验收，并按时发货给客户。

任务实施

步骤 1. 在“生产管理”下的“生产计划”中可以查询以及新增生产计划信息，添加之后亦可编辑和删除，如图 5-4-1 所示，单击“生成”，自动生成计划编号，产品信息选择“产品 1”。

图 5-4-1　生产计划信息

步骤 2. 在“生产管理”下的“生产计划排程”中可以查询以及新增生产计划排程信息，添加之后亦可编辑和删除。在生产排程信息中，选择步骤 1 添加的生产计划，生产设备选择“智能制造产线”，如图 5-4-2 所示。

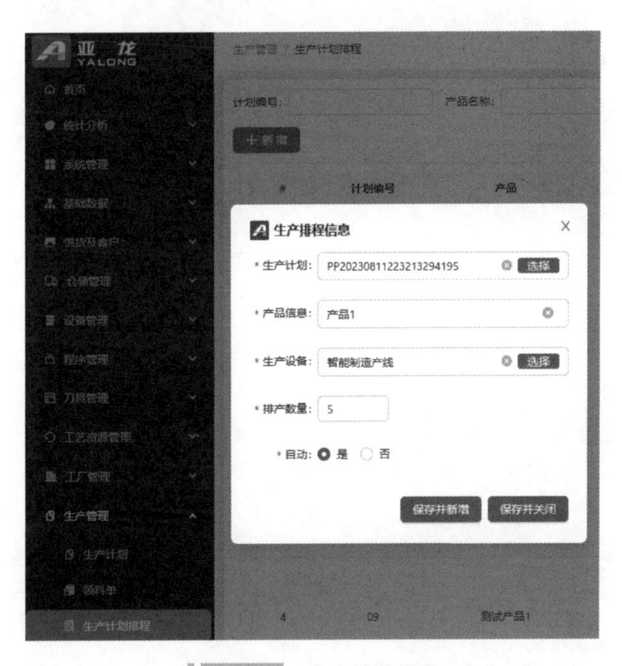

图 5-4-2　生产排程信息

步骤 3. 在“生产管理”下的“生产批次”中可以查询以及新增生产批次信息，添加之后亦可编辑和删除。在生产批次信息中，选择 **步骤 2** 添加的生产排程单，如图 5-4-3 所示，单击“保存并关闭”，MES 会自动下单到 PLC 中。

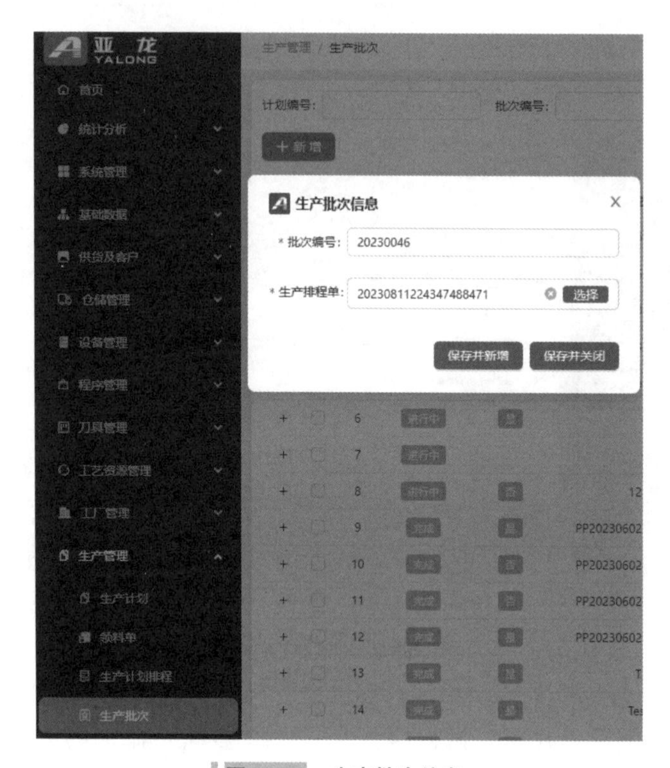

图 5-4-3　生产批次信息

▷▷▷▶▶▶项目六

智能制造单元功能应用

项目引入

上位机在各种工业和自动化应用中都有广泛的用途，包括工业控制、机器人控制、实验室测量、过程监控等。数控系统与上位机的共同之处在于都具备人机界面，可根据用户的需求开发个性化的界面，大大增加了生产效率。通过学习本项目，你将了解通过上位机采集机器人的数据，对数控系统的人机界面进行二次开发和对机器人的运行进行规划和调整。

项目目标

1. 掌握通过昆仑通态触摸屏采集机器人世界坐标数据。
2. 掌握通过西门子触摸屏采集机器人世界坐标数据。
3. 掌握通过 FANUC PICTURE 软件进行数控系统的界面二次开发。
4. 掌握机器人系统规划与调整。

拓展阅读

任务一 昆仑通态触摸屏采集机器人数据

学习目标

1. 掌握机器人端通信设定与保持寄存器的分配。
2. 掌握触摸屏脚本的创建。
3. 掌握触摸屏端建立 Modbus-TCP 通信与采集机器人坐标。

昆仑通态触摸屏采集机器人数据

重点和难点

1. 掌握机器人端保持寄存器分配的组成要素。
2. 掌握触摸屏端对于机器人传输数据大小端的转换。

相关知识

一、设备网络布局

要建立机器人与昆仑通态触摸屏（简称 MCGS）的通信，需将计算机、机器人、触摸屏三者使用网线连接至网络交换机，使三者在局域网中建立硬件层面的通信，如图 6-1-1 所示。在同一个网段中设定各设备的 IP 地址，组成局域网，分配通信数据，建立软件层面的通信。

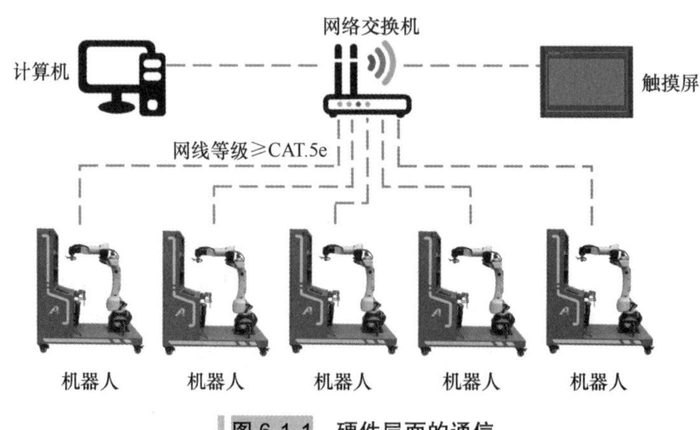

图 6-1-1 硬件层面的通信

二、MCGS 设备管理窗口

设备构件是 MCGS 嵌入版系统对外部设备实施设备驱动的中间媒介，通过建立的数据通道，在实时数据库与测控对象之间，实现数据交换，达到对外部设备工作状态进行实时检测与控制的目的。

MCGS 嵌入版的这种结构形式使其成为一个与设备无关的系统，对于不同的硬件设备，只需定制相应的设备构件，放置到设备窗口中，并设置相关的属性，系统就可对其进行操作，而不需要对整个系统结构做任何改动。

在 MCGS 嵌入版单机版中，一个用户工程只允许有一个设备窗口，设置在主控窗口内。运行时，由主控窗口负责打开设备窗口。设备窗口是不可见的窗口，在后台独立运行，负责管理和调度设备驱动构件的运行。

由于 MCGS 嵌入版对设备的处理采用了开放式的结构，在实际应用中，可以很方便地定制并增加所需的设备构件，不断充实设备工具箱。MCGS 嵌入版将逐步提供与国内外常用的工控产品相对应的设备构件。

MCGS 嵌入版使用设备构件管理工具对设备驱动程序进行管理，在 MCGS 嵌入版工具菜单中，单击设备构件管理项，将弹出如图 6-1-2 所示的设备管理窗口。

为了使用户在众多的设备驱动中方便快速地找到需要的设备驱动，MCGS 嵌入版所有的设备驱动都是按合理的分类方法排列的，其分类方法如图 6-1-3 所示。

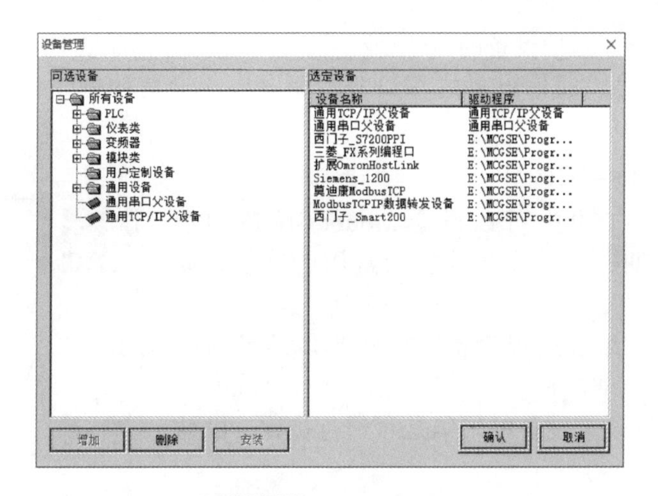

图 6-1-2 设备管理窗口

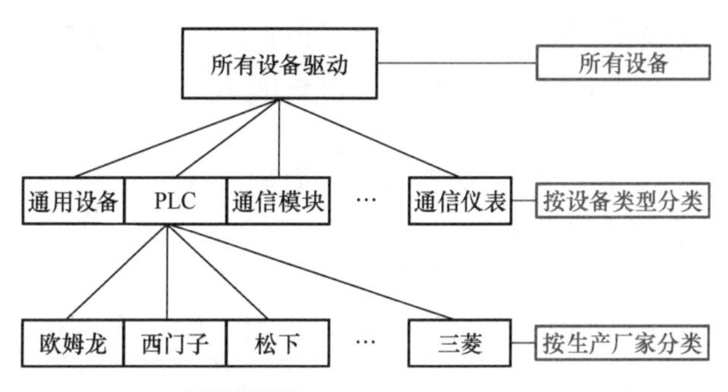

图 6-1-3 设备驱动分类方法

1. 通用 TCP/IP 父设备

通用 TCP/IP 父设备中可以设定触摸屏 TCP 端口的 IP 地址、端口号以及远程设备的 IP 地址、端口号，如图 6-1-4 所示。

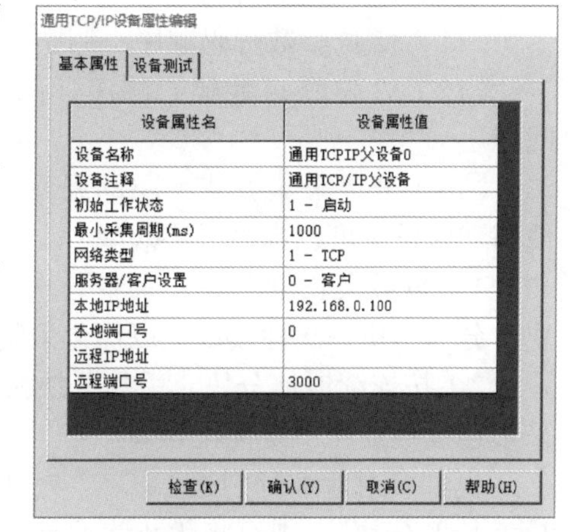

图 6-1-4 通用 TCP/IP 父设备

（1）设备名称　设定设备的名称，通常默认即可。

（2）设备注释　设定设备的注释，通常默认即可。

（3）初始工作状态　当触摸屏启动时，该设备的工作状态可设为启动或停止，通常默认启动即可。

（4）最小采集周期　触摸屏与该设备通信的周期，数值越小，响应越快，设备的负载也会较大。

（5）网络类型　设定该设备的通信方式为 TCP（网口）或 UDP（串口）。

（6）服务器 / 客户设置　设定该设备为服务器或客户端。

（7）本地 IP 地址　本地设备的 IP 地址，设置为触摸屏的 IP 地址即可。

（8）本地端口号　本地设备的端口号，通常设为 3000。

（9）远程 IP 地址　通信设备的 IP 地址，设置为远端设备的 IP 地址即可。

（10）远程端口号　通信设备的端口号，要取决于通信的方式，S7 通信端口为 102，Modbus 通信端口为 502。

2. 莫迪康 Modbus-TCP

莫迪康 Modbus-TCP 中可以设定 Modbus 设备的运行方式，如采集周期、解码顺序等较为常用的功能，如图 6-1-5 所示。

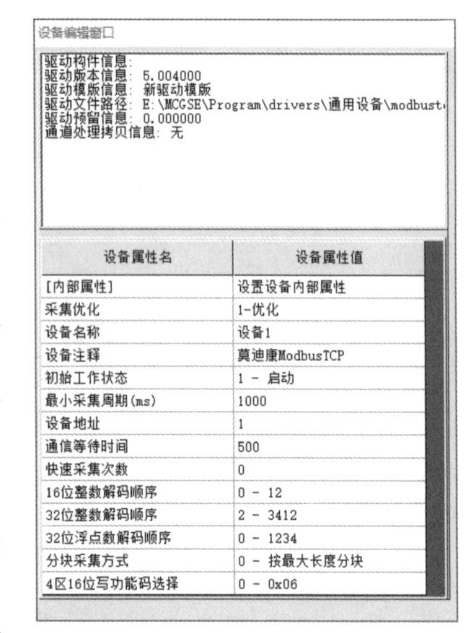

图 6-1-5　莫迪康 Modbus-TCP

（1）内部属性　组态远程设备通信的具体地址或寄存器。

（2）采集优化　设定设备的采集是否进行优化，默认设为优化即可。

（3）设备名称　设定设备的名称，但不能重复，通常默认即可。

（4）设备注释　设定设备的注释，通常默认即可。

（5）初始工作状态　当触摸屏启动时，该设备的工作状态可设为启动或停止，通常默认启动即可。

（6）最小采集周期　触摸屏与该设备通信的周期，数值越小，响应越快，设备的负载也会较大。

（7）设备地址　如果存在与多个相同类型的设备通信，设备地址不重复。

（8）通信等待时间　通信数据接收等待时间，默认设置为 300ms，不能设置太小，否则会导致通信不上。

（9）快速采集次数　设定快速采集通道进行快采的频率（已不能使用，为与老驱动兼容，故保留，无需设置）。

（10）16 位整数解码顺序　调整 16 位整数的字节顺序，用于解决大小端不同的问题。

（11）32 位整数解码顺序　调整 32 位整数的字节顺序，用于解决大小端不同的问题。

（12）32 位浮点数解码顺序　调整 32 位浮点数的字节顺序，用于解决大小端不同的问题。

（13）分块采集方式　驱动采集数据分块的方式，对于莫迪康 PLC 及标准 PLC 设备，使用默认设置可以提高采集效率。

1）按最大长度分块。采集分块按最大块长处理，对地址不连续但地址相近的多个分块，分为一块一次性读取，以优化采集效率。

2）按连续地址分块。采集分块按地址连续性处理，对地址不连续的多个分块，每次只采集连续地址，不做优化处理。

例如：对地址分别为 1 ～ 5，7，9 ～ 12 的 4 区寄存器进行数据采集，如果选择“0- 按最大长度分块”，则可将优化为地址 1 ～ 12 的数据打包，采集 1 次即可；如果选择“1- 按连续地址分块”，则需要采集 3 次。

（14）4 区 16 位写功能码选择　写 4 区单字时功能码的选择，这个属性主要是针对自己制作设备的用户而设置的，这样设备写 4 区单字时可能只支持 0x10 功能码，而不支持 0x06 功能码。

三、Modbus 设备通道

MCGS 嵌入版设备中一般都包含有一个或多个用来读取或者输出数据的物理通道，MCGS 嵌入版把这样的物理通道称为设备通道，如模拟量输入装置的输入通道、模拟量输出装置的输出通道、开关量输入输出装置的输入输出通道等，这些都是设备通道，如图 6-1-6 所示。简单来说就是从通信设备端获取需要的数据。

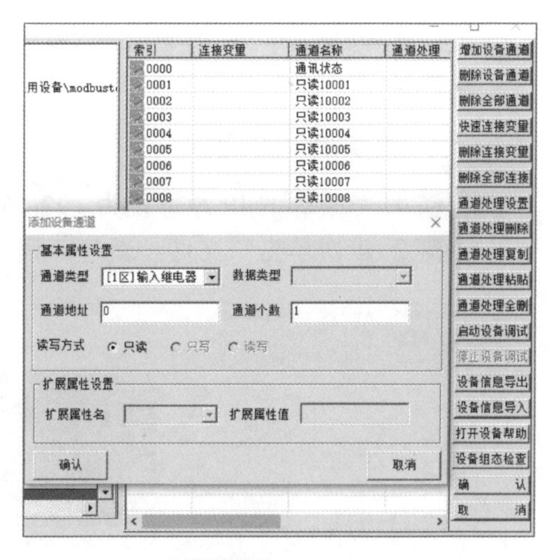

图 6-1-6　设备通道

（1）通道类型　Modbus 通信区域主要分为 4 个区域，包含［1 区］输入继电器、［0 区］输出继电器、［3 区］输入寄存器和［4 区］输出寄存器，通道类型需要根据远程设备的数据存放位置来决定，简单说就是需要先查询通信的设备数据存放在哪个区域中。

（2）数据类型　设定数据的类型，如位型、16 位、32 位整型、32 位浮点数等，只限在 3 区和 4 区中进行设定。

（3）通道地址　在设定了“通道类型”的基础上，再设定通道的具体地址序号。

（4）通道个数　设定连续多个通道数据，减少重复操作。

（5）读写方式　设定通道数据为只读、只写或读写，输入的数据通道仅能设置为只读，输出则皆可。

任务实施

一、实训设备

本任务实训设备为 YL–569F 型智能仓储与工业机器人实训设备（见图 6-1-7），实现通过昆仑通态触摸屏采集 FANUC 工业机器人 6 个关节坐标的数据。

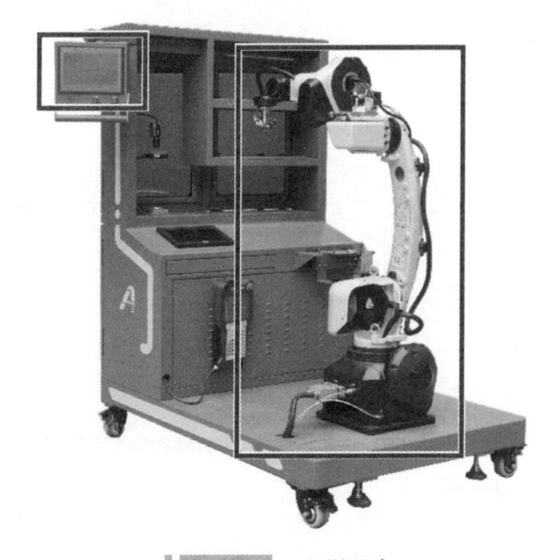

图 6-1-7　实训设备

二、机器人端设置

步骤 1. 机器人的 IP 地址设为 192.168.0.4，具体可参考项目一任务一的任务实施。

步骤 2. 参考项目四任务二的任务实施。

三、触摸屏端设置

步骤 1. 触摸屏的 IP 地址设为 192.168.0.2，具体可参考项目二任务一的任务实施。

步骤 2. 依次单击“文件→新建工程”，如图 6-1-8 所示。

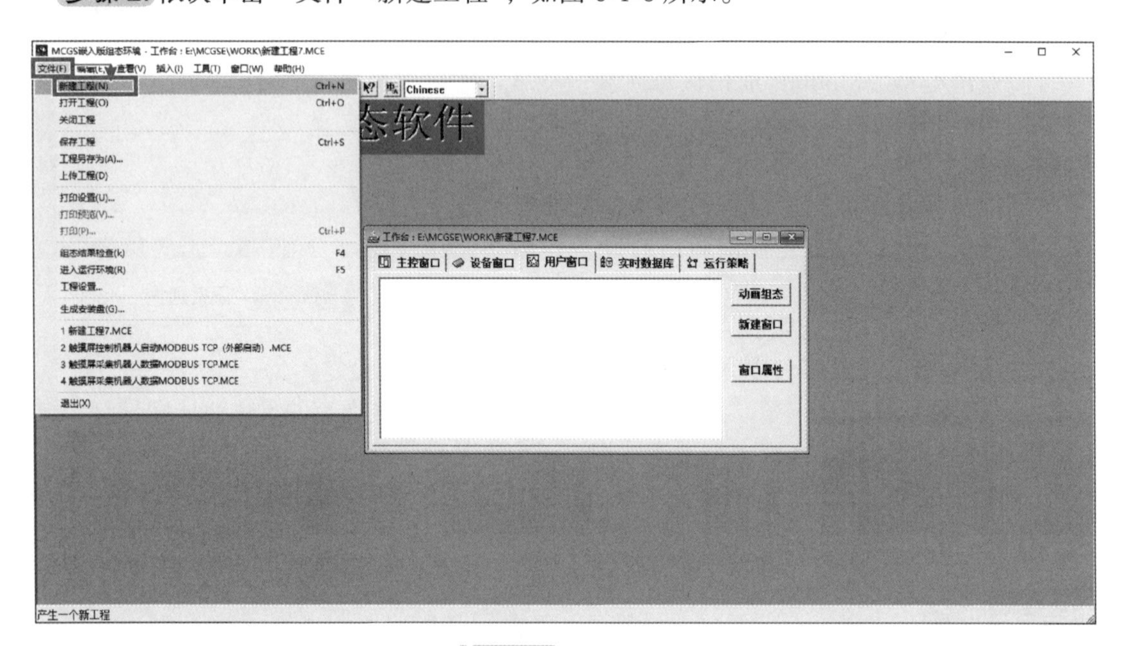

图 6-1-8 新建工程

步骤 3. 将类型修改为“TPC1061Ti”，单击“确定”，如图 6-1-9 所示。

步骤 4. 选择“设备窗口”选项卡，双击白框中的“设备窗口”，如图 6-1-10 所示。

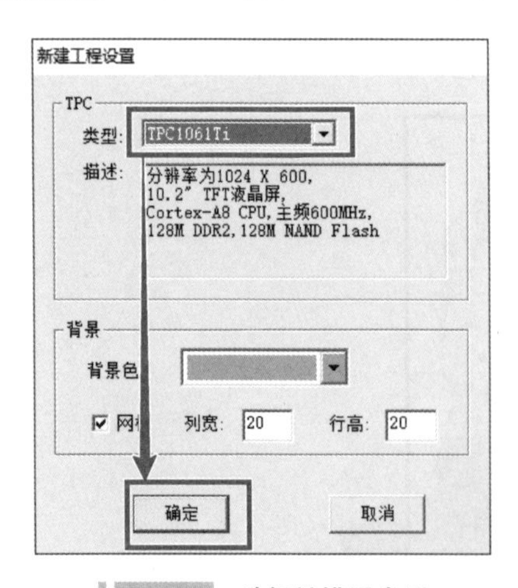

图 6-1-9 选择触摸屏类型

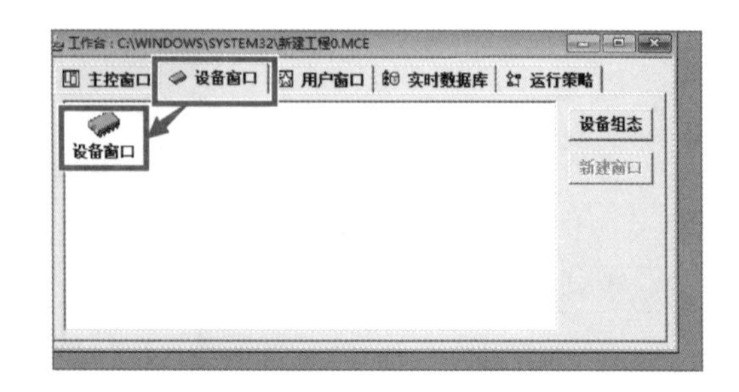

图 6-1-10 进入设备窗口

步骤 5. 单击“设备管理”，在弹出的窗口中，展开“通用设备→ModBusTCP”，单击“增加”，单击“确认”关闭窗口，如图 6-1-11 所示。

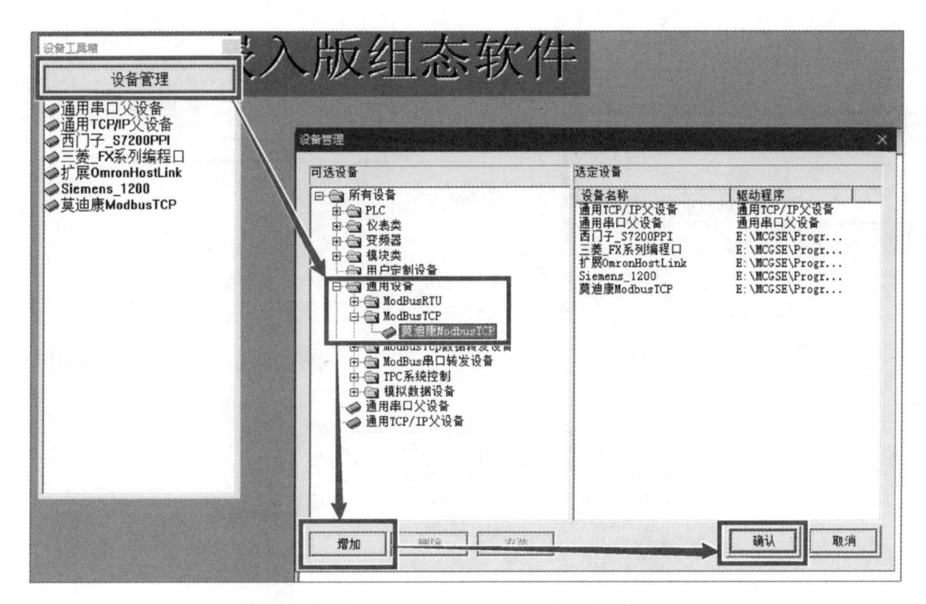

图 6-1-11 添加 Modbus 设备到设备工具箱

步骤 6. 双击“通用 TCP/IP 父设备”，在右侧出现“通用 TCPIP 父设备 0—［通用 TCP/IP 父设备］”，将其选中后，再双击“莫迪康 ModbusTCP”，在“通用 TCPIP 父设备 0”下出现“设备 1—［莫迪康 ModbusTCP］”，如图 6-1-12 所示。

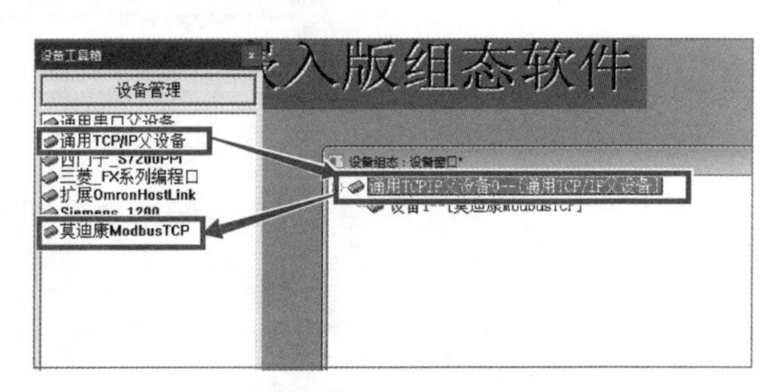

图 6-1-12 设备组态

步骤 7. 双击“通用 TCPIP 父设备 0—［通用 TCP/IP 父设备］”，在弹出的设备编辑窗口中，设定通信设备的信息，本地 IP 地址设为当前触摸屏 IP 地址（假定为 192.168.0.2），本地端口号默认为 3000 即可；远程 IP 地址设为机器人的 IP 地址（假定为 192.168.0.4），远程端口号设为“502”，服务器 / 客户设置设为“0- 客户”，设置完毕，单击“确认”退出，如图 6-1-13 所示。

步骤 8. 双击“设备 1-［莫迪康 ModbusTCP］”，此处建议在不影响使用的前提下增加最小采集周期（ms），避免影响机器人与触摸屏的性能，如图 6-1-14 所示。

步骤 9. 当保持寄存器中的数值超过有符号 16 位的最大值 32767 时，则需要以 32 位整数进行读取，且读取的数值要进行大小端转换，否则读取出来的数值是完全错误的，将 32 位整数解码顺序修改为“2–3412”，如图 6-1-15 所示。

步骤 10. 单击“增加设备通道”，通道类型设为“［4 区］输出寄存器”，数据类型设为“32 位有符号二进制”（这里和机器人保持寄存器数据长度是一致的），通道地址设为“27”，通道个数设为“6”，读写方式设为“只读”。根据生成的数据就可以访问机器人端的保持寄存器 40027 ～ 40037，全部设定完毕后单击“确认”退出，如图 6-1-16 所示。

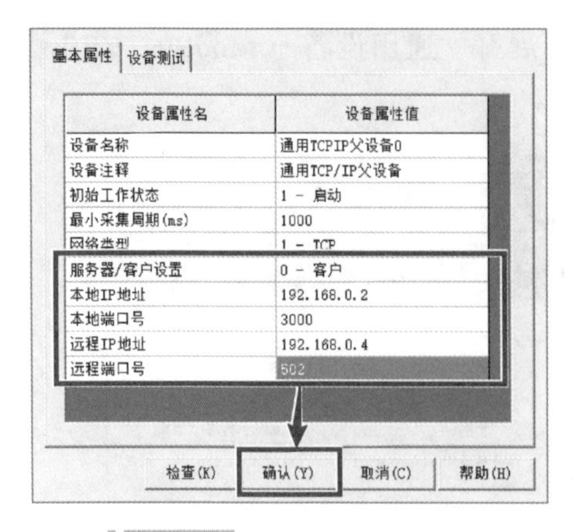

图 6-1-13 设定通信设备信息

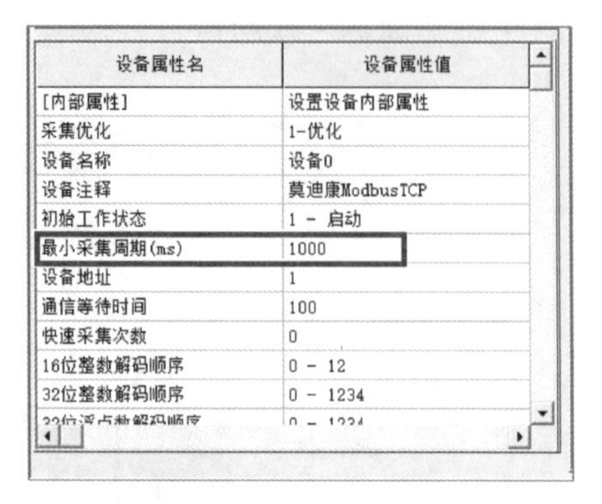

图 6-1-14 修改最小采集周期

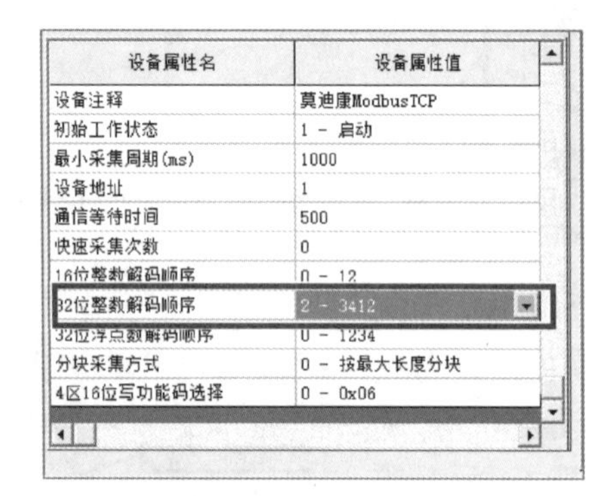

图 6-1-15 修改 32 位整数解码顺序

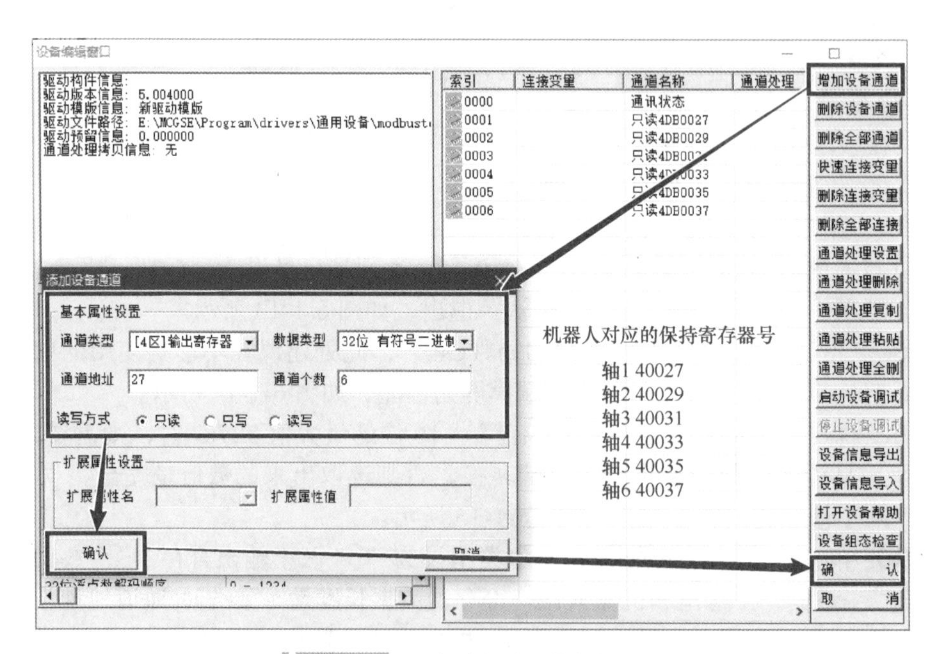

图 6-1-16 添加访问的保持寄存器号

步骤 11. 进入“实时数据库”选项卡，单击“新增对象”，生成两个名为 Data1 和 Data2 的数值型变量，双击“Data1”，如图 6-1-17 所示。

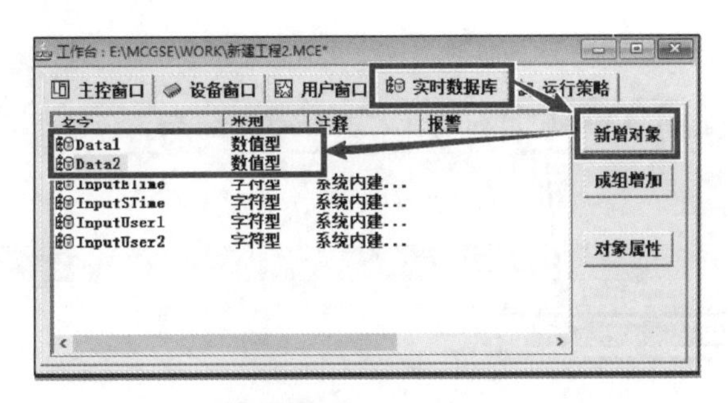

图 6-1-17 创建数据对象

步骤 12. 将 Data1 的对象名称修改为“轴 1 显示角度”（见图 6-1-18），用于最终在触摸屏中显示；将 Data2 的对象名称修改为“轴 1 寄存器”（见图 6-1-19），用于保存保持寄存器中的数据，用于计算。

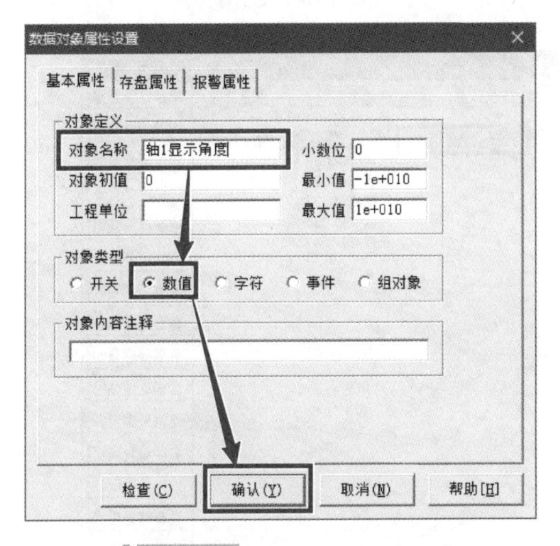

图 6-1-18 修改 Data1 参数

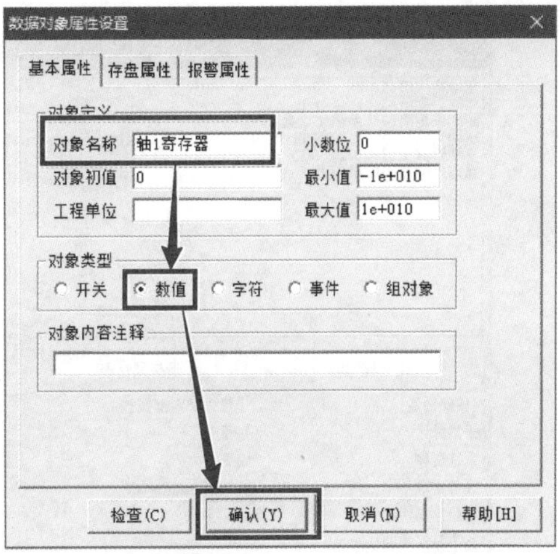

图 6-1-19 修改 Data2 参数

步骤 13. 依次将机器人 6 个轴的数据都创建好，如图 6-1-20 所示。

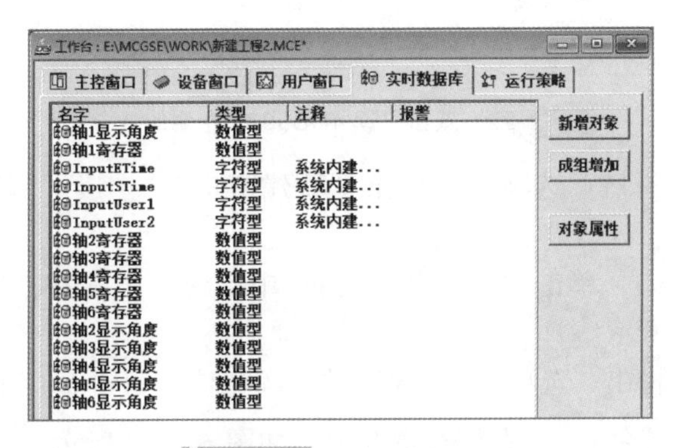

图 6-1-20 创建其余数据

步骤 14. 在“设备窗口”选项卡中，双击“设备 1–［莫迪康 ModbusTCP］”，将**步骤 11** 中创建的 6 个保持寄存器与轴 1 ～轴 6 寄存器都关联起来，如图 6-1-21 所示。

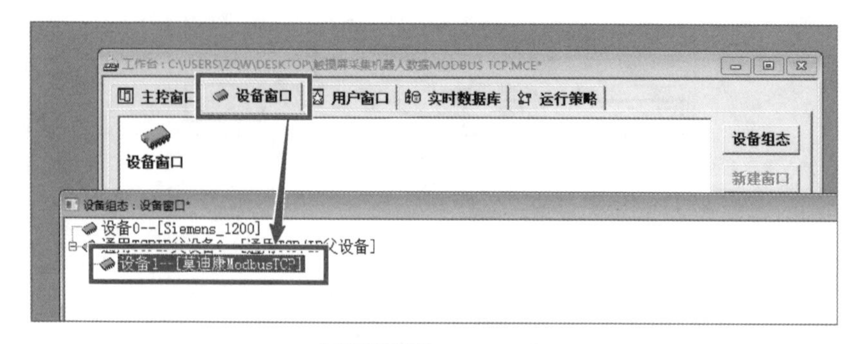

图 6-1-21　数据关联

步骤 15. 双击只读 4DB0027 左侧的空白处，如图 6-1-22 所示；选中“轴 1 寄存器”，单击“确认”，将保持寄存器与轴 1 寄存器关联起来（目的是将保持寄存器 40027 的数值存放至轴 1 寄存器变量中），然后依次将剩余 5 轴也添加进来，如图 6-1-23 所示。

图 6-1-22　双击只读 4DB0027 左侧的空白处

步骤 16. 在“用户窗口”选项卡中单击“新建窗口”，生成“窗口 0”，然后双击进入，如图 6-1-24 所示。

步骤 17. 在工具箱中，单击“标签”，在窗口中创建一个标签，双击该标签，先设定机器人轴 1，如图 6-1-25 所示。

步骤 18. 在“显示输出”选项卡中勾选“显示输出”，如图 6-1-26 所示。

步骤 19. 单击表达式的 ? ，进行变量选择，如图 6-1-27 所示。

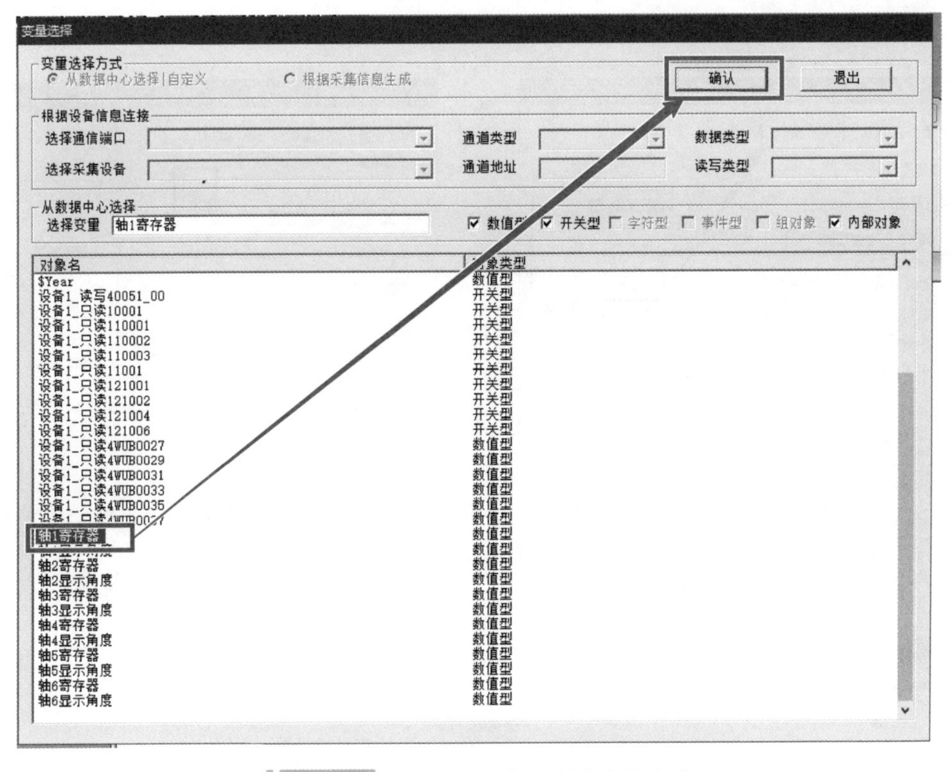

图 6-1-23　将保持寄存器与轴寄存器关联

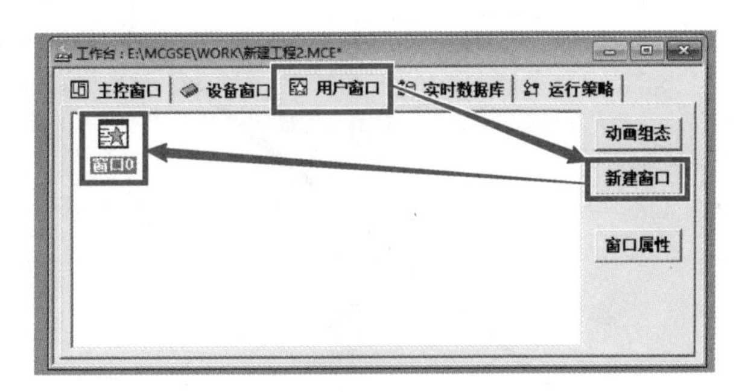

图 6-1-24　新建窗口

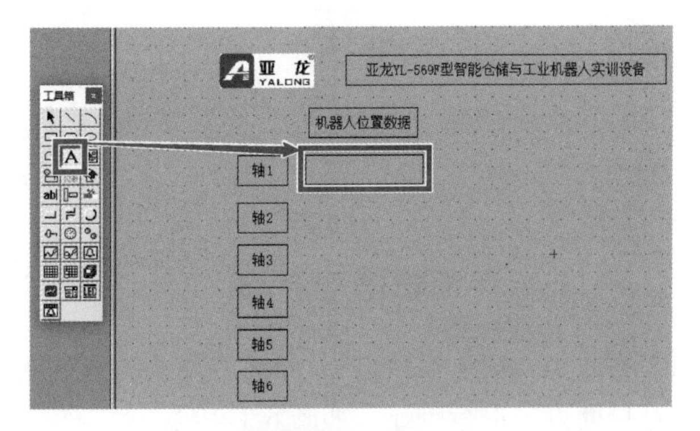

图 6-1-25　创建标签

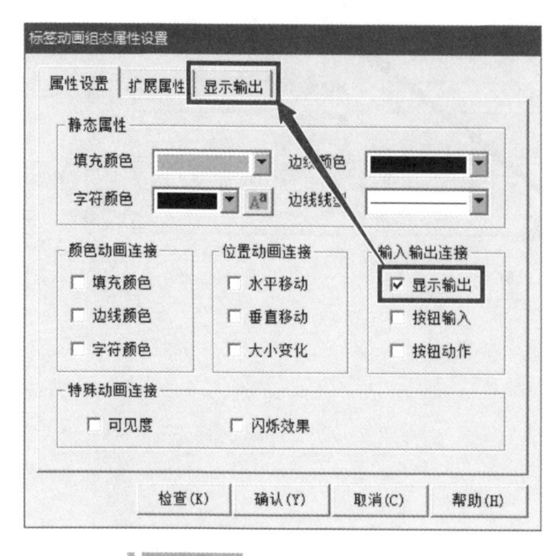

图 6-1-26 设定为显示输出

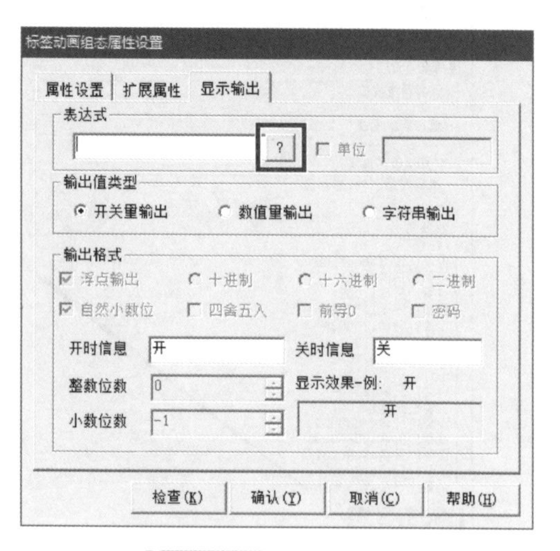

图 6-1-27 创建表达式

步骤 20. 变量选择方式选择“从数据中心选择”，选中“轴 1 显示角度”，单击“确认”，如图 6-1-28 所示。

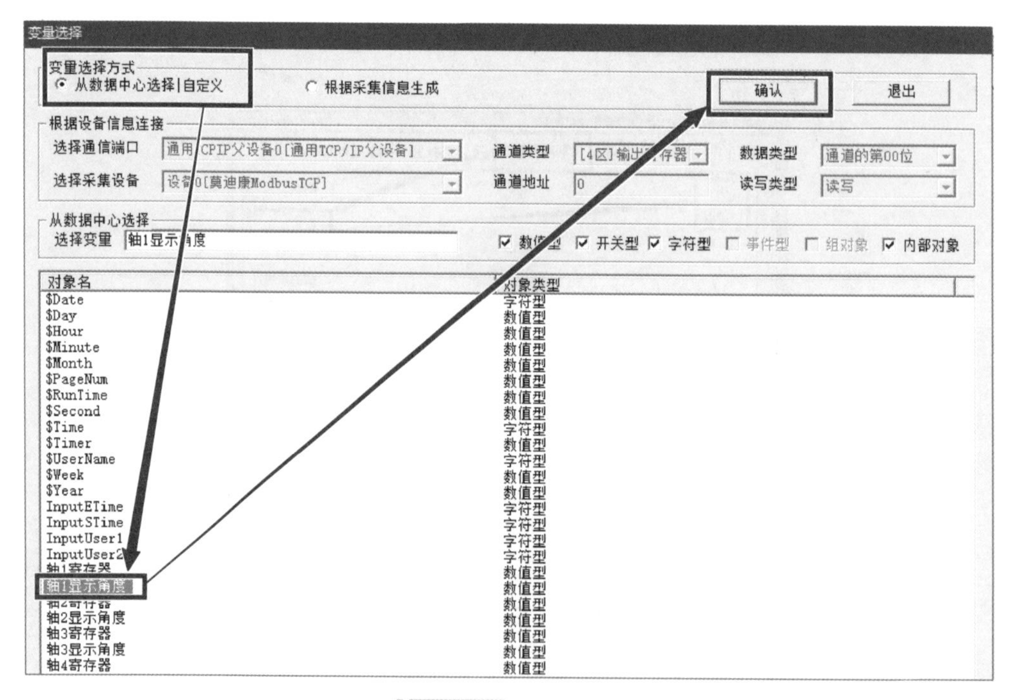

图 6-1-28 选择变量

步骤 21. 将输出值类型改为“数值量输出”，勾选“浮点输出”和“自然小数位”，单击“确认”，剩下的 5 个轴都按此方法进行创建，如图 6-1-29 所示。

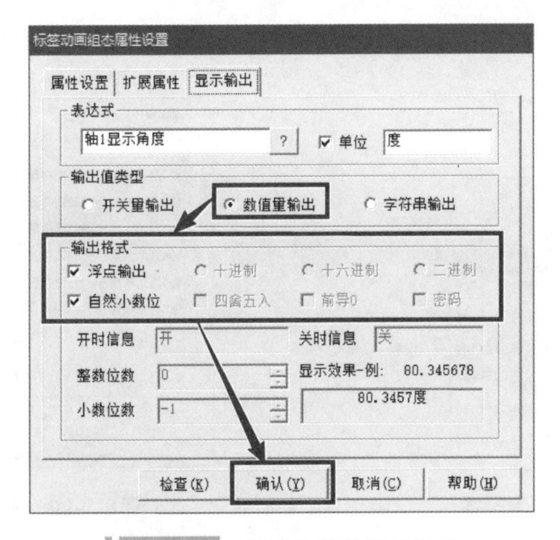

图 6-1-29　修改数据的显示格式

步骤 22. 双击窗口的空白处，弹出“用户窗口属性设置”窗口，单击“循环脚本”，再单击“打开脚本程序编辑器”，如图 6-1-30 所示。

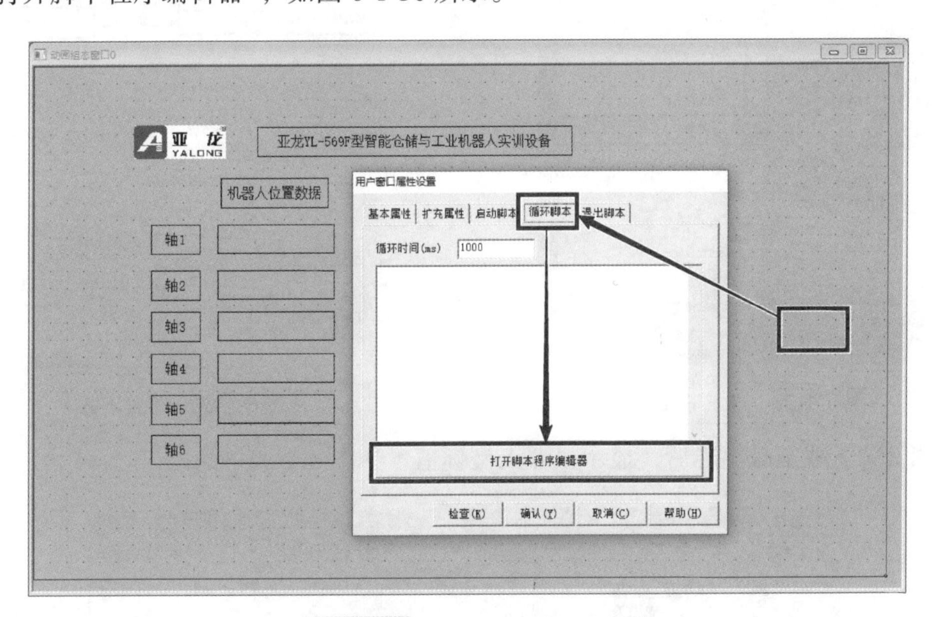

图 6-1-30　进入循环脚本编辑器

步骤 23. 因为机器人发送过来的数据是将原数值乘以 1000，因此需要进行数据处理才能得到小数点后的数值。按图 6-1-31 所示的写法进行 6 个轴脚本程序的编写，即轴 1 寄存器除以 1000，然后将所得值赋值给轴 1 显示角度，**注意：**变量名称不能错，编辑完毕后单击“确认”退出。

步骤 24. 单击“确认”退出窗口，如图 6-1-32 所示。

步骤 25. 单击“工具”，选择“下载配置”，如图 6-1-33 所示。

步骤 26. 单击“连机运行”，设定好连接方式和目标机名，也就是通信方式和触摸屏 IP 地址，最后单击“工程下载”，即可下载配置至触摸屏，如图 6-1-34 所示（**注意：**此处必须选中连机运行，如果为模拟运行，则会进行模拟）。

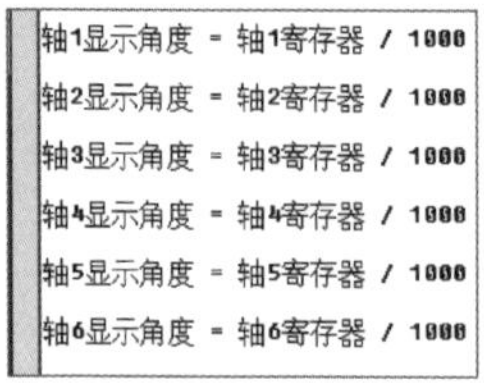

轴1显示角度 = 轴1寄存器 / 1000
轴2显示角度 = 轴2寄存器 / 1000
轴3显示角度 = 轴3寄存器 / 1000
轴4显示角度 = 轴4寄存器 / 1000
轴5显示角度 = 轴5寄存器 / 1000
轴6显示角度 = 轴6寄存器 / 1000

图 6-1-31　创建脚本

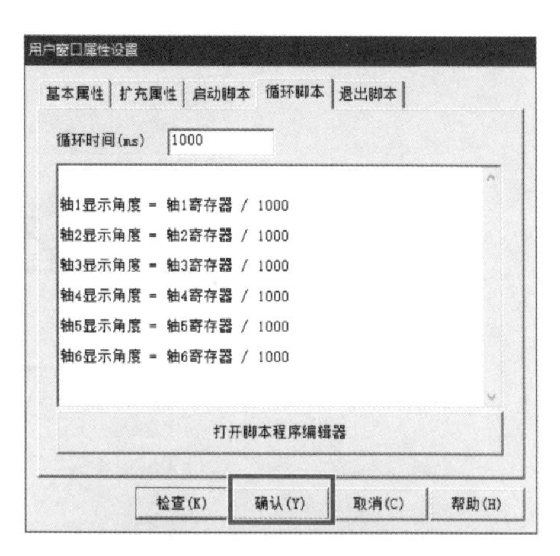

用户窗口属性设置
基本属性
扩充属性
启动脚本
循环脚本
退出脚本
循环时间(ms)
1000
轴1显示角度 = 轴1寄存器 / 1000
轴2显示角度 = 轴2寄存器 / 1000
轴3显示角度 = 轴3寄存器 / 1000
轴4显示角度 = 轴4寄存器 / 1000
轴5显示角度 = 轴5寄存器 / 1000
轴6显示角度 = 轴6寄存器 / 1000
打开脚本程序编辑器
检查(K)
确认(Y)
取消(C)
帮助(H)

图 6-1-32　退出循环脚本编辑器

文件(F)
编辑(E)
查看(V)
插入(I)
工具(T)
窗口(W)
帮助(H)
工程文件压缩[K]
使用计数检查[C]
数据对象名替换...
优化画面速度　Alt+P
下载配置......　Alt+R
用户权限管理(S)
工程安全管理(G)
对象元件库管理...
动画构件管理(A)...
配方组态设计
历史数据转换程序
清除未使用变量
多语言配置...
MCGS

图 6-1-33　进入下载配置

下载配置
背景方案
标准 1024 * 600
通信测试
工程下载
连接方式
TCP/IP网络
停止运行
目标机名
192 .168 . 0 . 2
连机运行
下载选项
清除配方数据
清除历史数据
清除报警记录
支持工程上传
高级操作...
驱动日志...
制作U盘综合功能包
确定
返回信息:
2022-03-09 09:27:36　等待操作......
2022-03-09 09:27:43　等待操作......
下载进度:

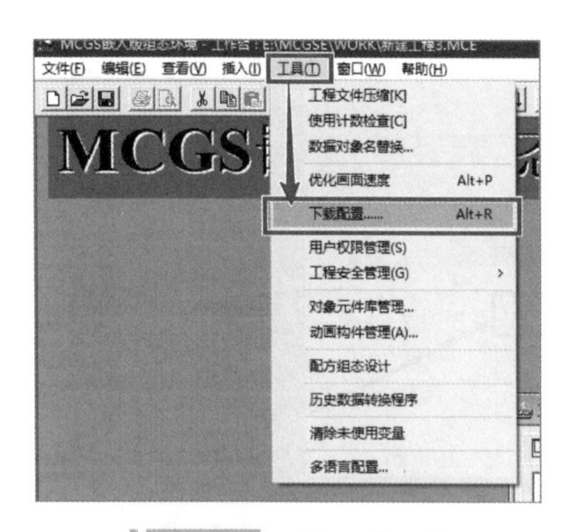

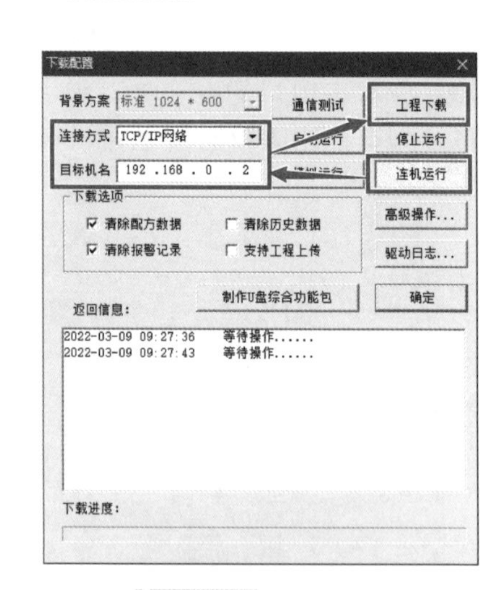

图 6-1-34　工程下载

步骤 27. 下载至触摸屏后，显示机器人坐标值，如图 6-1-35 所示。

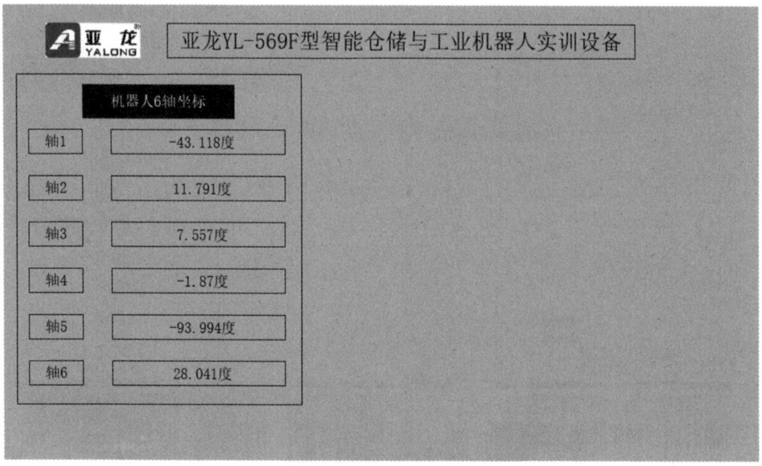

亚龙
YALONG
亚龙YL-569F型智能仓储与工业机器人实训设备
机器人6轴坐标
轴1
-43.118度
轴2
11.791度
轴3
7.557度
轴4
-1.87度
轴5
-93.994度
轴6
28.041度

图 6-1-35　工程预览

任务二 西门子触摸屏采集机器人数据

学习目标

1. 了解 I/O 域的作用。
2. 掌握触摸屏端的机器人坐标显示。
3. 掌握触摸屏端 I/O 域的格式修改。

西门子触摸屏采集机器人数据

重点和难点

掌握 I/O 域的显示格式。

相关知识

一、触摸屏 I/O 域简介

触摸屏的 I/O 域功能可用于与 PLC 中数据进行关联，并将 PLC 中的数据实关联到触摸屏中，可将 I/O 域用于数据的显示或输入，根据需要显示的格式可以是二进制、十进制、十六进制、字符串、日期和时间等。单击 I/O 域功能键在触摸屏中创建 I/O 域（如图 6-2-1 所示），双击 I/O 域（如图 6-2-2 所示）后可进入属性页面，对其进行设置。

图 6-2-1 I/O 域功能键

图 6-2-2 I/O 域默认格式

二、属性列表

1. 常规

属性列表的常规界面中主要包含三个选项窗口，分别为过程、类型和格式，如图 6-2-3 所示。

（1）过程

1）变量：手动输入或直接将 PLC 的数据拖入该窗口，与 PLC 的数据进行关联。

2）PLC 变量：显示已关联的变量在 PLC 的符号地址。

3）地址：分为左右两个窗口，左侧通常不显示，右侧显示该 PLC 变量在 PLC 端的数据类型。

（2）类型 模式：修改 I/O 的模式，I/O 域具备三种模式，分别为输入、输出和输入 / 输出。输入允许在触摸屏侧修改数值；输出则只能显示无法修改；输入 / 输出为两种模式的结合。

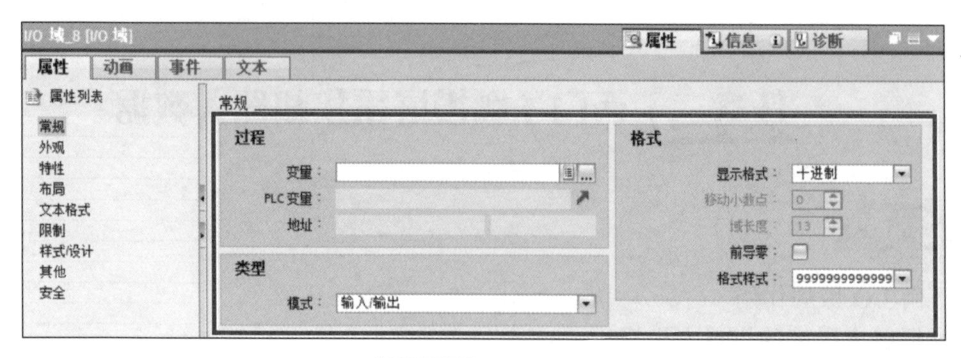

图 6-2-3 常规界面

（3）格式

1）显示格式：修改数据的显示格式，包含二进制、十进制、十六进制、字符串、日期、时间及日期和时间。

2）移动小数点：将数据的小数点从后向前移动，但是小数点也会占掉域长度中的一位，因此使用时需要注意。

3）域长度：表示该 I/O 域可显示的位数，通常不可修改，与 PLC 数据关联后会自动设定。

4）前导零：在数据的最前端加入 0。

5）格式样式：修改域长度，如果带入 s 则可以显示负数的符号。

2. 外观

属性列表的外观界面中主要包含 3 个选项窗口，分别为背景、文本和边框，如图 6-2-4 所示。

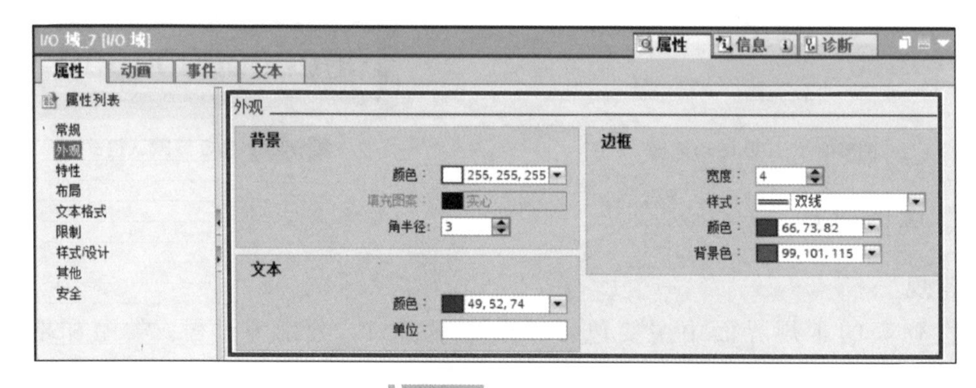

图 6-2-4 外观界面

（1）背景

1）颜色：修改 I/O 域的背景颜色。

2）填充图案：将背景色修改为实心或透明，实心为带颜色，透明则无背景色。

3）角半径：修改 I/O 域方框的四个角的半径值，数值越大，方框越接近圆。

（2）文本

1）颜色：修改 I/O 域中文字的颜色。

2）单位：自定义输入该 I/O 域中数据的单位。

（3）边框

1）宽度：修改边框的宽度。

2）样式：修改边框的样式，包含单线、双线和3D样式。

3）颜色：修改边框的颜色。

4）背景色：修改边框的填充背景色。

3. 特性

属性列表的特性界面中只有一个选项窗口——域，如图6-2-5所示。

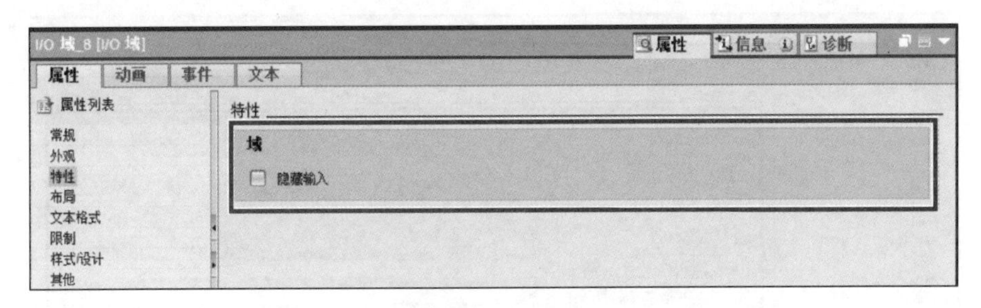

图6-2-5　特性界面

隐藏输入：如果该I/O域的数值不希望被看见，可以勾选“隐藏输入”，则数据会以星号进行显示。

4. 布局

属性列表的布局界面中主要包含三个选项窗口，分别为位置和大小、适合大小和边距，如图6-2-6所示。

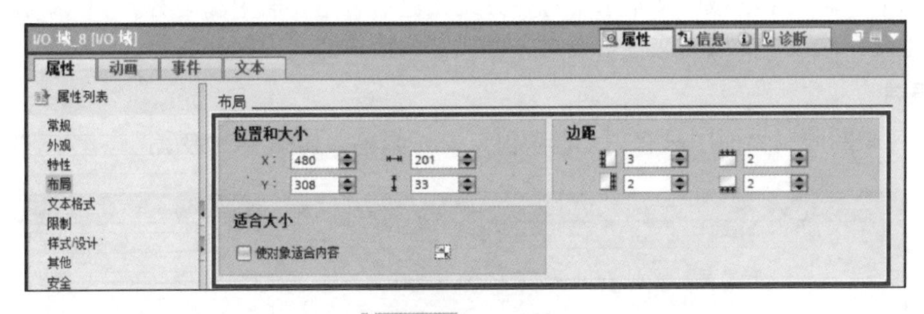

图6-2-6　布局界面

（1）位置和大小

1）X：I/O域的X坐标位置。

2）Y：I/O域的Y坐标位置。

3）（宽度）：修改I/O域的宽度。

4）（高度）：修改I/O域的高度。

（2）适合大小　使对象适合内容：如果该I/O域的数值不希望被看见，可以勾选“隐藏输入”，则数据会以星号进行显示。

（3）边距

1）：I/O域文本与左边界之间的距离。

2）：I/O 域文本与右边界之间的距离。

3）：I/O 域文本与顶部边界之间的距离。

4）：I/O 域文本与底部边界之间的距离。

5. 文本格式

属性列表的文本格式界面中主要包含两个选项窗口，分别为格式和对齐，如图 6-2-7 所示。

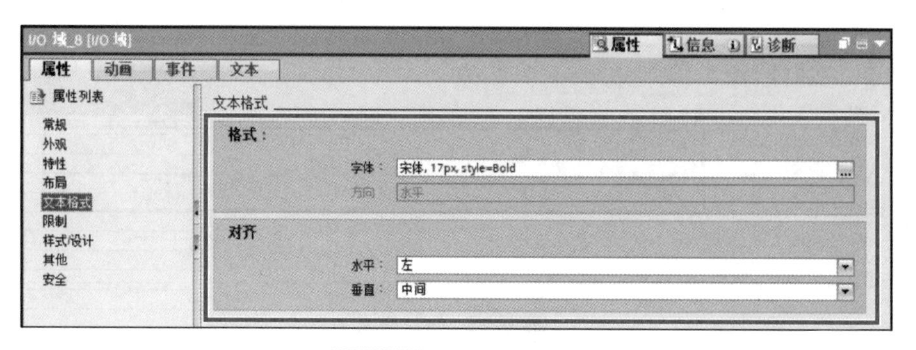

图 6-2-7　文本格式界面

（1）格式

1）字体：修改字体的大小以及是否为粗体。

2）方向：I/O 域中文本字体的排序方式。

（2）对齐

1）水平：修改 I/O 域中文本水平对齐方式，包括居左、居中和居右。

2）垂直：修改 I/O 域中文本垂直对齐方式，包括顶部、中间和底部。

6. 限制

属性列表的限制界面中只有一个选项窗口——颜色，如图 6-2-8 所示。

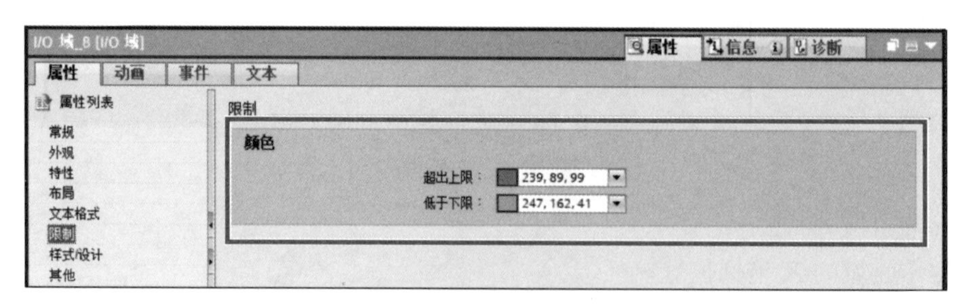

图 6-2-8　限制

1）超出上限：数据超出上限时的 I/O 域文本字体颜色。

2）低于下限：数据低于下限时的 I/O 域文本字体颜色。

7. 安全

属性列表的安全界面中主要包含两个选项窗口，分别为运行系统安全性和操作员控制，如图 6-2-9 所示。

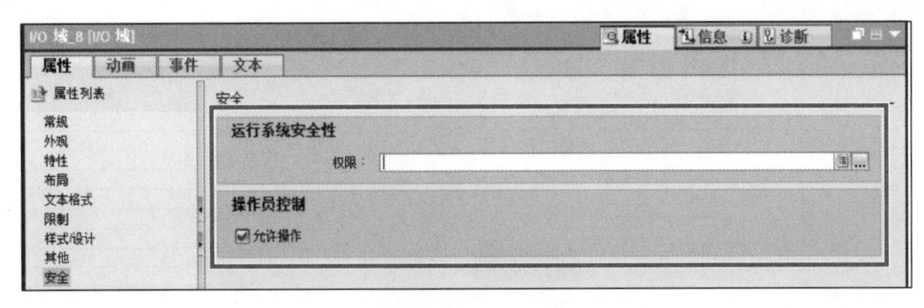

图 6-2-9　限制界面

（1）运行系统安全性　权限：为 I/O 域的操作分配权限。

（2）操作员控制　允许操作：是否允许该 I/O 域操作。

任务实施

一、实训设备

本任务实训设备为 YL-566D 型生产性实训设备（见图 6-2-10），实现西门子触摸屏采集 FANUC 工业机器人 6 个关节坐标的数据。

图 6-2-10　实训设备

二、机器人端设置

步骤 1. 机器人 IP 地址设为 192.168.0.4，参考项目一任务一的任务实施。

步骤 2. 将机器人坐标数据分配至 Modbus 保持寄存器，参考项目四任务二的任务实施。

三、PLC 端设置

步骤 1. 以 KTP1200 Basic PN 型触摸屏和 CPU 1511-1 PN 型 PLC 为例，创建博途项目文件，如图 6-2-11 所示，触摸屏创建方法参考项目二任务二的任务实施，PLC 创建方法参考项目三任务二的任务实施。

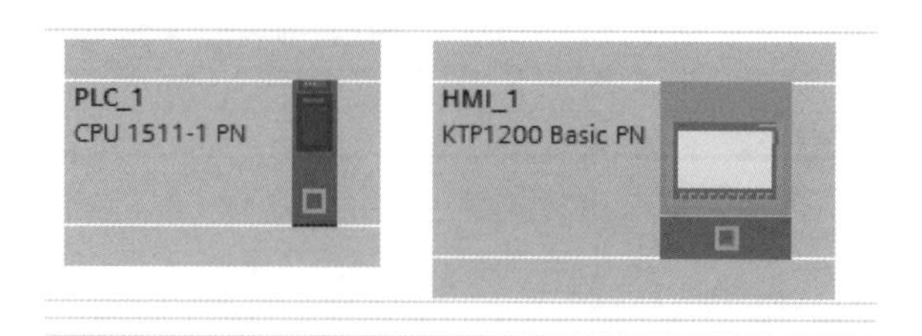

图 6-2-11　项目文件

步骤 2. 修改触摸屏与 PLC 的 IP 地址，触摸屏 IP 地址为 192.168.0.2，PLC IP 地址为 192.168.0.1。触摸屏修改 IP 地址的方法参考项目二任务二的任务实施，PLC 修改 IP 地址的方法参考项目一任务三的任务实施。

四、触摸屏端设置

步骤 1. 进入触摸屏项目文件，在画面中右击“根画面”，单击“属性”，如图 6-2-12 所示。

步骤 2. 将模板文本框中的内容清空，单击“确定”，如图 6-2-13 所示。

步骤 3. 在画面中双击“根画面”，如图 6-2-14 所示。

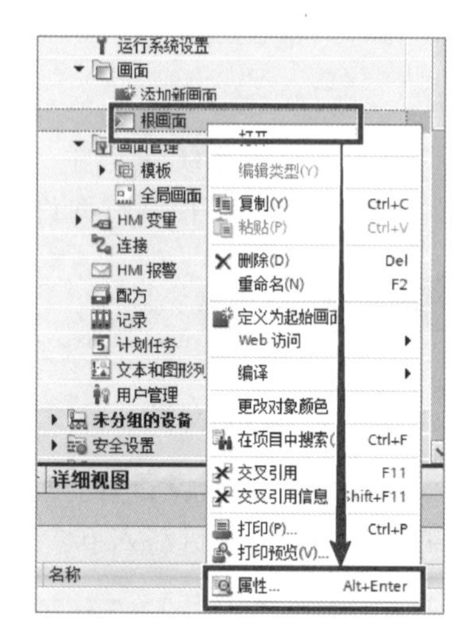

图 6-2-12　进入画面属性

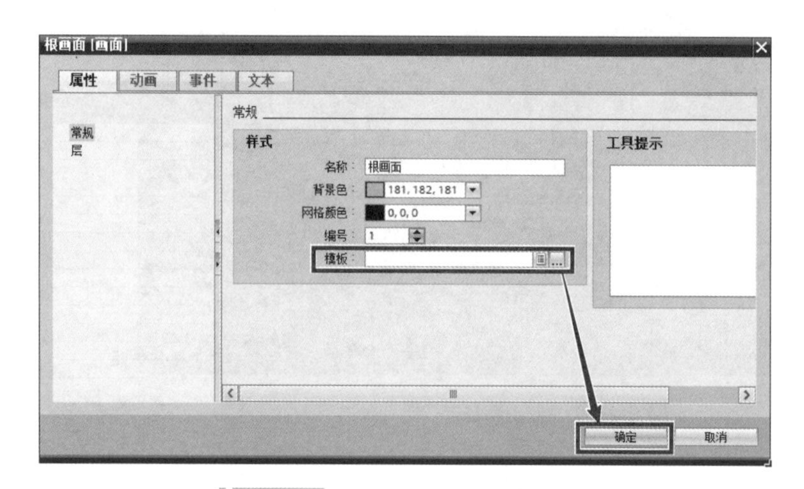

图 6-2-13　删除模板文本框内容

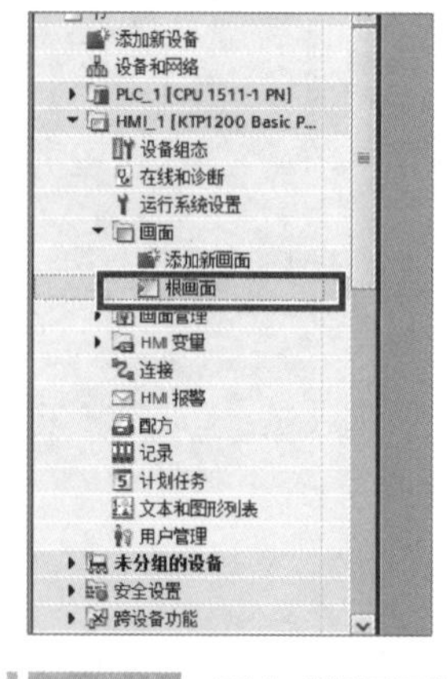

图 6-2-14　双击“根画面”

步骤 4. 再回到 PLC 项目文件中，单击“MODBUS 数据”，在详细视图中，将“转换后坐标”展开，将“转换后坐标［1］”拖入触摸屏中，如图 6-2-15 所示。

步骤 5. 单击拖入的“转换后坐标［1］”，依次单击“属性→常规”，将移动小数点改为“3”，触摸屏会自动将原有的整型数据除以 1000，并保留 3 位小数点，如图 6-2-16 所示（参考项目八任务一的任务实施）。

步骤 6. 适当调整 I/O 域的大小，以便所有的数值都能显示出来，如图 6-2-17 所示。

步骤 7. 将文本域拖入到触摸屏中，双击文本域，将文字改为“X”，代表机器人的 X 轴，如图 6-2-18 所示。

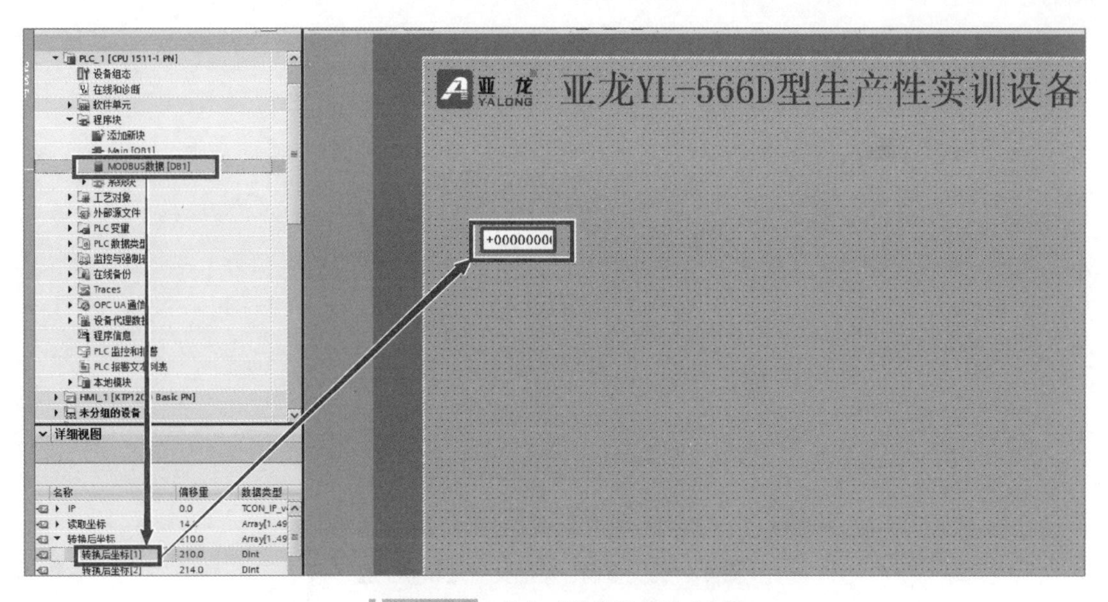

图 6-2-15　拖入“转换后坐标［1］”

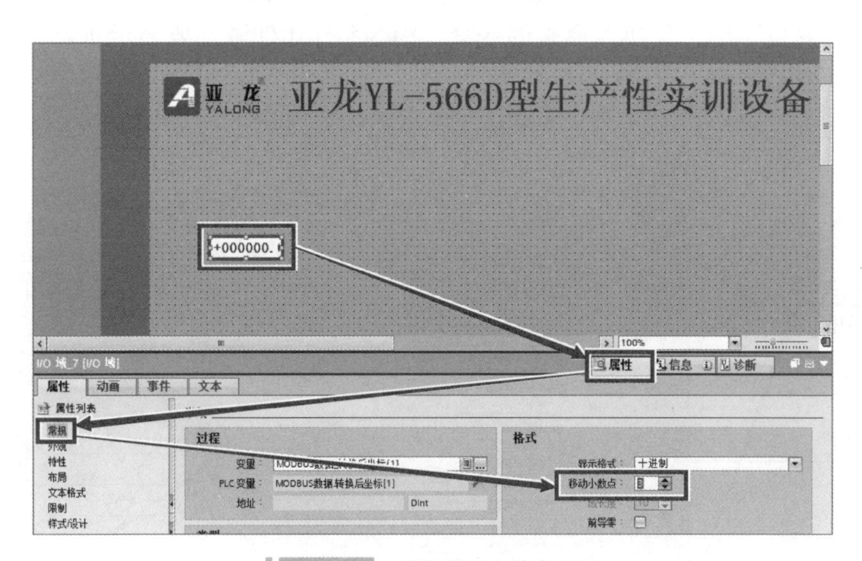

图 6-2-16　将数据以小数点显示

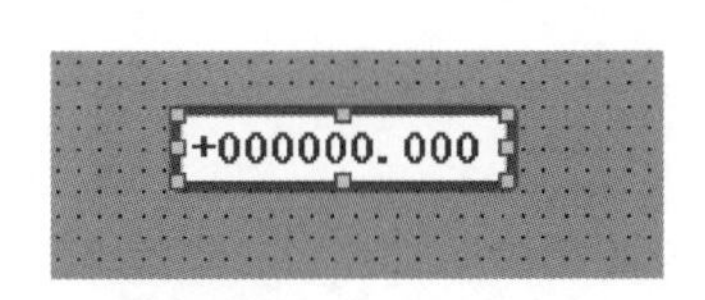

图 6-2-17　调整显示框大小

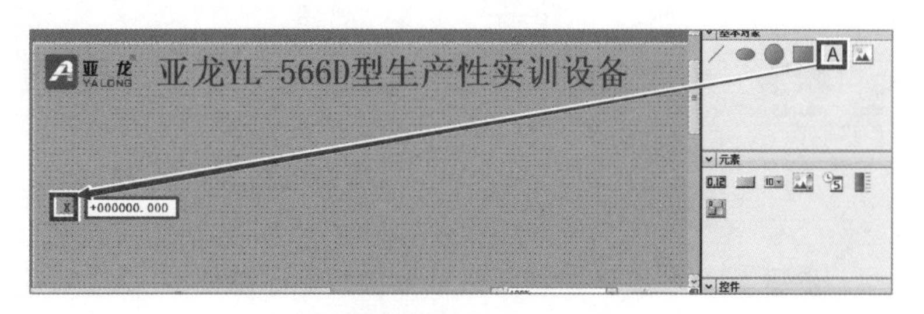

图 6-2-18　添加文本域

步骤 8. 通过键盘 Ctrl+C、Ctrl+V 复制、粘贴文本域和 I/O 域，并修改文本域，如图 6-2-19 所示。

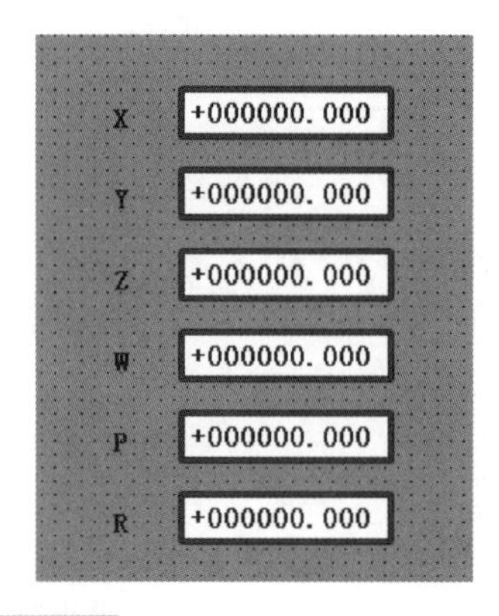

图 6-2-19　复制、粘贴文本域和 I/O 域

步骤 9. 选中 Y 对应的 I/O 域，单击“属性→常规→ MODBUS 数据”，将转换后坐标［2］拖入到“变量”中，替换掉原来的变量，因为每个 I/O 域都要显示机器人不同轴的坐标，如图 6-2-20 所示。

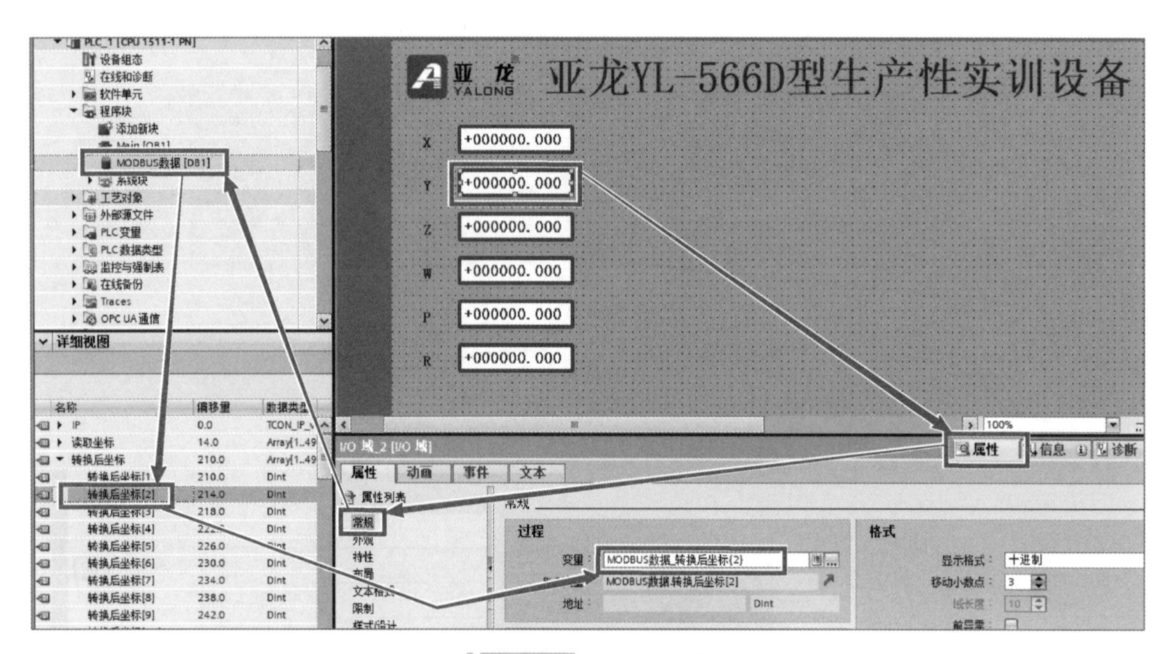

图 6-2-20　替换 I/O 域

步骤 10. 按 **步骤 9** 将其余轴依次按顺序替换，“Z”对应“转换后坐标［3］”，一直替换到“R”对应“转换后坐标［6］”为止，如图 6-2-21 所示。

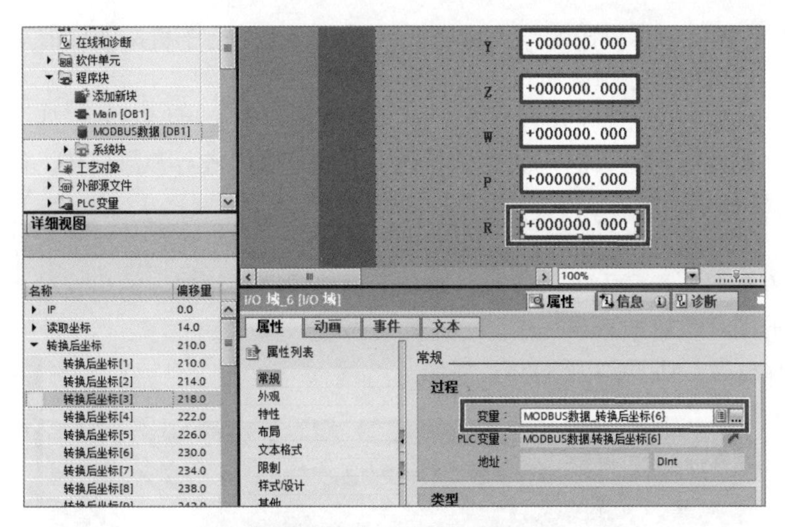

图 6-2-21　替换其余 I/O 域

步骤 11. 下载触摸屏项目文件到实际设备中，并观察触摸屏中机器人坐标值是否与实际机器人一致（参考项目二任务二的任务实施）。

任务三　数控机床二次开发

学习目标

1. 了解 FANUC 数控系统二次开发的方式。
2. 了解 FANUC PICTURE 的运行环境。
3. 掌握 FANUC PICTURE 软件的使用。
4. 掌握 FANUC PICTURE 项目文件的导入。

重点和难点

1. 掌握 FANUC PICTURE 的相关 CNC 参数。
2. 掌握 FANUC PICTURE 控件的应用。

相关知识

一、FANUC 人机界面软件简介

1. 界面开发应用软件

FANUC 控制器人机界面开发应用软件主要有宏执行器、C 语言执行器和 FANUC PICTURE 三种，下面将以 FANUC PICTURE 为例进行介绍。

2. 界面开发的作用

数控系统界面开发的主要目的是为了方便机床操作者使用，主要作用包括：

1）在开发的界面中将机床的输入输出信号罗列出来，便于机床故障时更加简便地查看信号，而不需要查阅电气原理图后再去信号界面搜索。

2）机床参数通常不允许操作者修改，但当某些参数需要根据不同工件进行切换时，则可以在界面中提供相应的输入框，供操作者在可控的范围内进行参数调整，而不需要完全地开放参数修改权限。

3）加工时，某些工艺参数可放置在开发的界面中，操作者只需在一个界面下进行工艺参数修改，而不需要在程序中进行修改，避免了因遗漏而导致加工的出错，而且界面中可以直接添加工件的图片，更加直观。

图 6-3-1 所示为 FANUC PICTURE 界面。

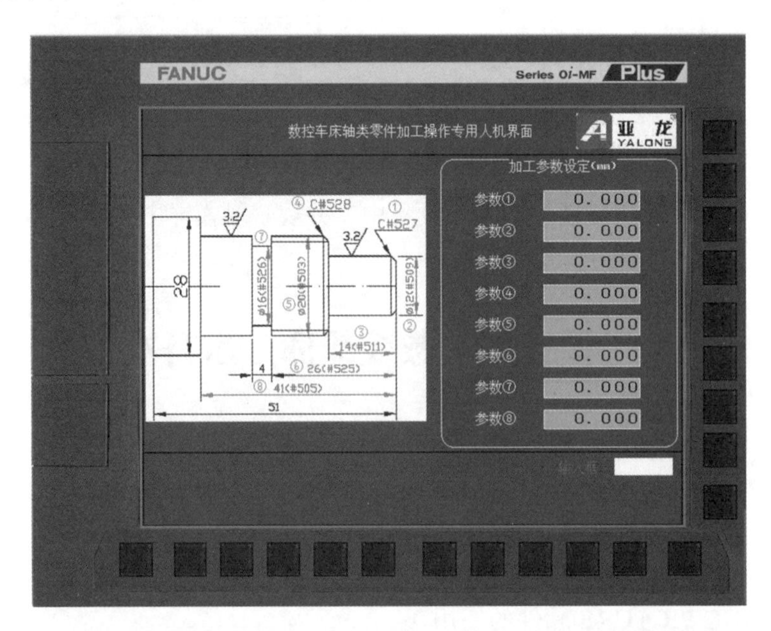

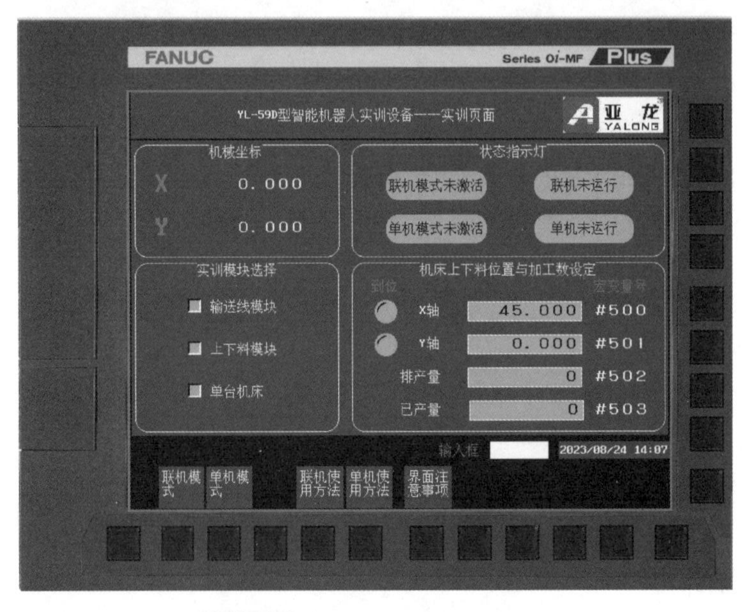

图 6-3-1　FANUC PICTURE 界面

3. 界面开发应用软件适用范围

界面开发应用软件对比见表 6-3-1。

表 6-3-1 界面开发应用软件对比

	宏执行器	C 语言执行器	FANUC PICTURE
适用系统	0*i* –F Plus 30*i*/31*i*/32*i*–B		
开发环境	类似用户宏程序、纯文本编辑器	C 语言	类似 Visual Basic
编译软件	FANUC 宏编译器	WindRiver Compiler v4.4b 或者 v5.6	FANUC PICTURE
界面显示功能	基本绘图、基本文字接口	较多的绘图、文字显示、基本的图形显示	较强的图形显示、具有贴图功能
集成 NC 加工程序	可	无	无
CNC 控制功能	一般	强	一般
计算功能	一般	强	弱
开发周期	较长	长	短
稳定性	高	一般	高

二、FANUC PICTURE 的运行环境

1. 计算机软硬件配置

运行 FANUC PICTURE 软件的计算机推荐配置见表 6-3-2。

表 6-3-2 运行 FANUC PICTURE 软件的计算机推荐配置

类型	具体参数
CPU	Pentium 4 – 2GHz 以上
内存	1 GB 以上（Windows 10）
硬盘空间	50MB 以上
显示器	分辨率 1024 × 768 以上，真彩色 65000 色以上
操作系统	Windows 7、Windows 10、Windows 11
应用软件	Internet Explorer 6.0 sp1 以上
外围设备	16MB 以上的 CF 卡

2. CNC 系统要求

（1）30*i*/31*i*/32*i*–B 系列 对于带有触摸屏的系统，应当选择 FANUC PICTURE function（S879）。对于不带触摸屏的系统，应当选择 FANUC PICTURE function for non–touch panel display（S944）。这两种功能均包含 6MB 的用户自定义软件容量，不用再选择用户软件容量。

如果同时使用 FANUC PICTURE 和 C 语言执行器功能，直接选择 Macro executor + C–language executor（J734）和用户自定义软件容量 Custom software size（J738#6M），其中

6M 表示具体软件容量大小，建议使用 4 ～ 6MB。

（2）0*i*-F Plus 系列　当在带触摸屏的 CNC 上使用 FANUC PICTURE 时，应选择 Touch Panel C（S881）功能，该功能包含 6MB 用户自定义软件容量。对于非触摸屏的 0*i*-F Plus 系统，已标配 FANUC PICTURE Executor（R644）功能，以及用户自定义软件 FANUC PICTURE 的容量 Custom software size（J738#6M）。

3. CNC 运行参数

CNC 中 FANUC PICTURE 的运行参数见表 6-3-3。

表 6-3-3　CNC 中 FANUC PICTURE 的运行参数

参数号	设定值	说明
8661	59	S-RAM 变量存储区大小（59k）
8662	4	S-RAM 文件存储区大小（4k）
8781	根据容量设定	分配给 CPU 的 D-RAM 容量大小，1MB=16，0*i*-F Plus 标配为 6MB，则填入 96

三、FANUC PICTURE 软件简介

当打开 FANUC PICTURE 软件后，主界面如图 6-3-2 所示。

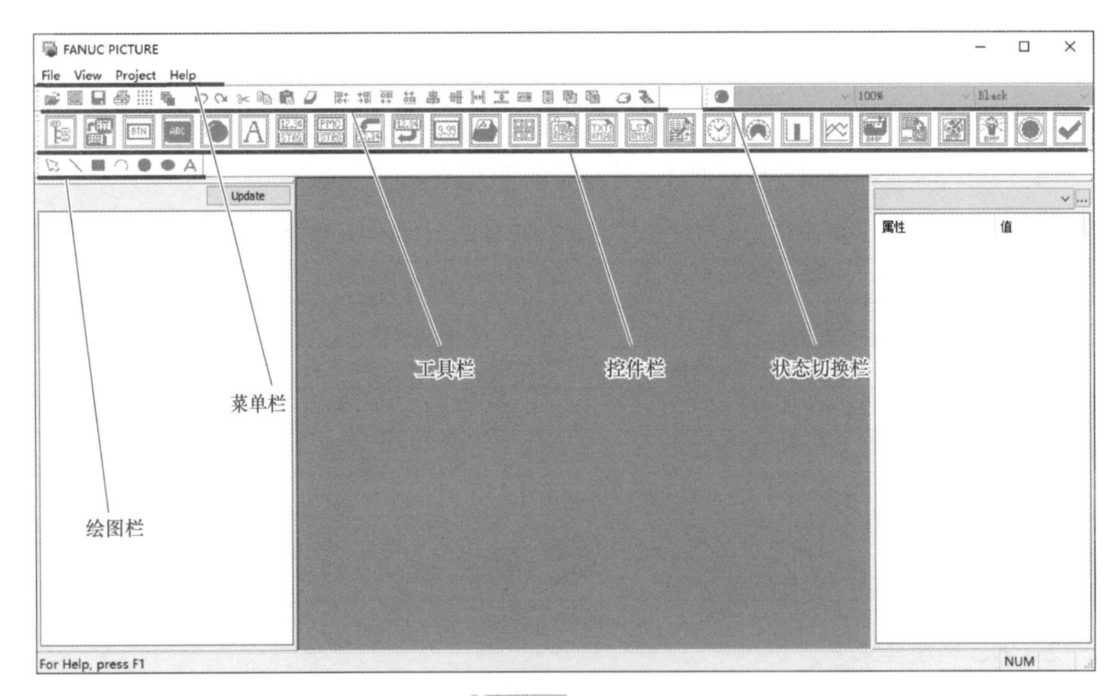

图 6-3-2　主界面

1. 菜单栏

（1）File（文件）　File 菜单如图 6-3-3 所示。

1）Project（项目）：进行项目的新建、打开、保存、关闭、设置等操作。

2）Screen（屏幕）：进行屏幕的新建、打开、关闭、保存、另存为等操作。

3）Save all（全保存）：进行项目全部保存。
4）Symbol（符号）：进行 PMC 地址符号的设定。
5）Edit Mode（全保存）：进行编辑模式的修改。
6）Exit（退出）：进行软件的退出。
（2）View（视图）　View 菜单如图 6-3-4 所示。
1）Toolbar（工具栏）：可修改工具栏是否显示。
2）Status Bar（状态栏）：可修改状态栏是否显示。
3）Control（控件）：可修改控件栏是否显示。
4）Draw（绘图）：可修改绘图栏是否显示。
5）Form（状态）：可修改状态切换栏是否显示。
6）Project Window（项目窗口）：可修改项目窗口是否显示。
7）List Editor（列表编辑器）：可修改列表编辑器是否显示。
8）Grid（网格）：可修改在屏幕中的网格是否显示。
9）Composite View（复合视图）：可修改在屏幕中的复合屏幕是否显示。
10）Zoom（缩放）：可将当前屏幕进行放大或缩小。

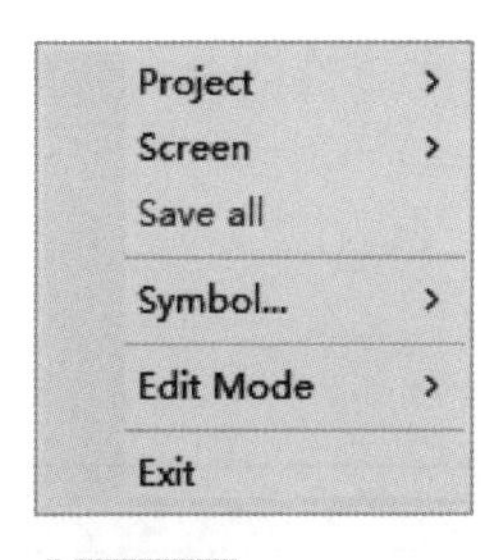

图 6-3-3　File 菜单

图 6-3-4　View 菜单

（3）Window（窗口）　Window 菜单如图 6-3-5 所示。
1）Cascade（级联）：所有已打开的屏幕窗口按单个窗口进行叠放。
2）Tile（平铺）：将已打开的屏幕窗口平铺摆放。
（4）Project（项目）　Project 菜单如图 6-3-6 所示。

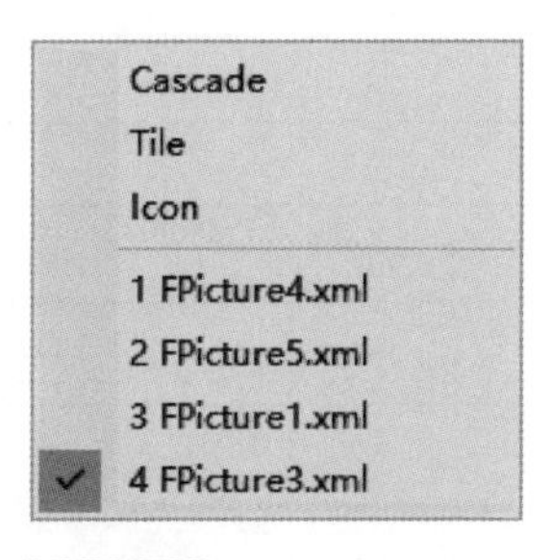

图 6-3-5　Windows 菜单

图 6-3-6　Project 菜单

1）Open Screen（打开屏幕）：进入菜单后可选择屏幕进行打开。

2）Add Screen（添加屏幕）：将已有的屏幕信息文件添加到项目中。

3）Delete Screen（删除屏幕）：将已有的屏幕进行删除。

4）Make MEM Files（生成存储卡文件）：将已创建好的项目进行编译并生成可导入文件。

5）Output MEM Files（输出存储卡文件）：将生成的可导入文件输出到存储卡中。

6）Composite Screens（复合屏幕）：复合并显示父屏幕和指定的子屏幕，构成一个屏幕表单上的自定义屏幕。

7）Output Screen Bitmap（输出屏幕位图）：可将所有屏幕以 bmp 格式进行导出。

8）Overall Editor（整体编辑）：可修改所有控件的参数。

9）Script List（脚本列表）：可以对脚本进行新建、追加、删除、编辑等。

10）Convert to Ruby Script（转换为 Ruby 脚本）：可将已有脚本转换为 Ruby 脚本。

11）MessageBox Setting（消息框设定）：可对消息框进行设定。

12）Image File List（图片文件列表）：可对软件内的图片文件进行新建、追加、删除、编辑等。

13）Option（选项）：对软件的运行环境进行设定。

（5）Help（帮助） Help 菜单如图 6-3-7 所示。

Help Topics
About FANUC PICTURE...

图 6-3-7 Help 菜单

1）Help Topics（帮助主题）：可打开软件的帮助文本。

2）About FANUC PICTURE（关于软件信息）：可查看软件的版本号。

2. 工具栏

工具栏见表 6-3-4。

表 6-3-4 工具栏

图标	名称	功能
	Open（打开）	将已有的屏幕信息文件添加到项目中
	New（创建屏幕）	添加一个新的屏幕
	Save（保存）	保存项目文件
	Print（打印）	打印项目文件
	Grid（网格）	可修改屏幕中的网格是否显示
	Composite View（复合视图）	可修改屏幕中的复合屏幕是否显示
	Undo（撤销）	撤销操作
	Redo（恢复）	返回操作
	Cut（剪切）	剪切文本或控件
	Copy（复制）	复制文本或控件
	Paste（粘贴）	粘贴文本或控件
	Delete（删除）	删除文本或控件
	Left（左对齐）	使控件靠左对齐

（续）

图标	名称	功能
	Right（右对齐）	使控件靠右对齐
	Top（上对齐）	使控件靠上对齐
	Bottom（下对齐）	使控件靠下对齐
	Center（垂直居中）	使控件垂直居中
	Middle（水平居中）	使控件水平居中
	Horizontal（横向等距）	使控件横向的距离相等
	Vertical（竖向等距）	使控件竖向的距离相等
	Width（横向等宽）	使控件横向宽度相等
	Height（竖向等高）	使控件竖向高度相等
	Forward（置于顶层）	使控件置于最上方
	Backward（置于底层）	使控件置于最下方
	Build（构建）	构建可导入的项目文件
	Write to Card（写入存储卡）	将可导入的项目文件写入存储卡中

3. 控件栏

控件栏见表 6-3-5。

表 6-3-5　控件栏

图标	名称	功能
	Structure（结构）	当创建主画面时，必须使用这个控件设定子画面属性以及是否使用弹出画面等内容。该控件在 CNC 上不显示
	Change screen（切换画面）	画面切换按钮，可用于切换主画面和子画面
BTN	Button（按钮）	通用按钮，用于信号输出等
ABC	Framed and Button（框架和按钮）	带有指示灯和边框的信号输出按钮
	Lamp（指示灯）	信号指示灯
A	Label（标签）	固定字符标签
12.34 STRG	Numeral/String（数字 / 字符串）	显示数字和字符串
PMC STRG	PMC string（PMC 字符串）	显示 PMC 中存储的字符串，也可以将 Key Input Buffer 中的字符串写入 PMC
12.34	Value（值）	显示数字，并且可以通过 Key Input Buffer 控件重新写入

（续）

图标	名称	功能
	Key in（输入）	来自 MDI 或者 MDI 相关控件的输入缓冲，可写入输入控件
	Ten-key（10 键）	10 键小键盘。数字输入控件，使用的是可以弹出一个带 10 个按键的小键盘
	MDI key（MDI 键）	一个 MDI 按键，用于输入字母、数字以及功能键，由控件发送键值代码
	Keyboard（键盘）	MDI 按键阵列，单个按键功能同 MDI Key Control
	Message（消息）	简单信息显示。由 PMC 信号 1 个字节中的 8 位定义 8 个不同的信息
	Text（文本）	显示信息列表中的信息，信息列表由 PC 创建
	ComplexMsg（复杂消息）	合成和显示多个信息表中的不同信息。信息表由 PC 创建，单个信息不超过 32 个字符
	History（历史）	显示历史信息（如报警等），可切换概要显示或细节显示
	Clock（时钟）	显示日期和时间的控件
	Meter（仪表）	以饼形或条形仪表形式显示数值信息
	Graph（图表）	以条形图形式显示数值信息
	Line Chart（线图）	显示折线图
	Image（图像）	显示位图或者 JPEG 格式图形（.bmp 或 .jpg）
	ImgChgScreen（图像更改屏幕）	功能和画面切换按钮相同，增加了图形显示
	ImgButton（图像按钮）	控制按钮操作，增加了图形显示
	ImgLamp（图像指示灯）	带有图片的指示灯显示
	RadioBtn（单选按钮）	单选按钮
	CheckBox（复选框）	可勾选的复选框
	ListBox（列表框）	具备可显示多种数据的列表框
	ComboBox（组合框）	组合框，和列表框功能类似，组合框可隐藏
	BarChart（条形框）	柱形图表
	PieChart（饼图）	饼状图

4. 绘图栏

绘图栏见表 6-3-6。

表 6-3-6　绘图栏

图标	名称	功能
	Indicate（指示）	可使用鼠标，不会触发绘图功能
	Line（直线）	绘制直线
	Rectangle（矩形）	绘制矩形
	Arc（弧线）	绘制圆弧线
	Circle（圆）	绘制圆
	Ellipse（椭圆）	绘制椭圆
A	Letter（文字）	可输入字符，整体功能与 Lable 相同

5. 状态切换栏

状态切换栏见表 6-3-7。

表 6-3-7　状态切换栏

图标	名称	功能
	ON/OFF Preview（打开 / 关闭预览）	可模拟按钮灯控件被按下的状态
100%	Display Scale（显示比例）	可放大或缩小屏幕

任务实施

一、实训设备

本任务实训设备为 YL–569 型 0i MF 数控机床装调与技术改造实训装备（见图 6-3-8），实现使用 FANUC PICTURE 软件对 CNC 系统界面的二次开发。

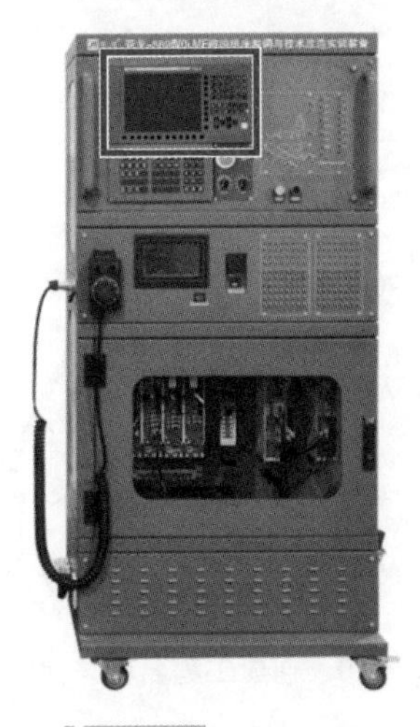

图 6-3-8　实训设备

二、FANUC PICTURE 端设置

步骤 1. 打开 FANUC PICTURE 软件，单击“File → Project → New”，如图 6-3-9 所示。

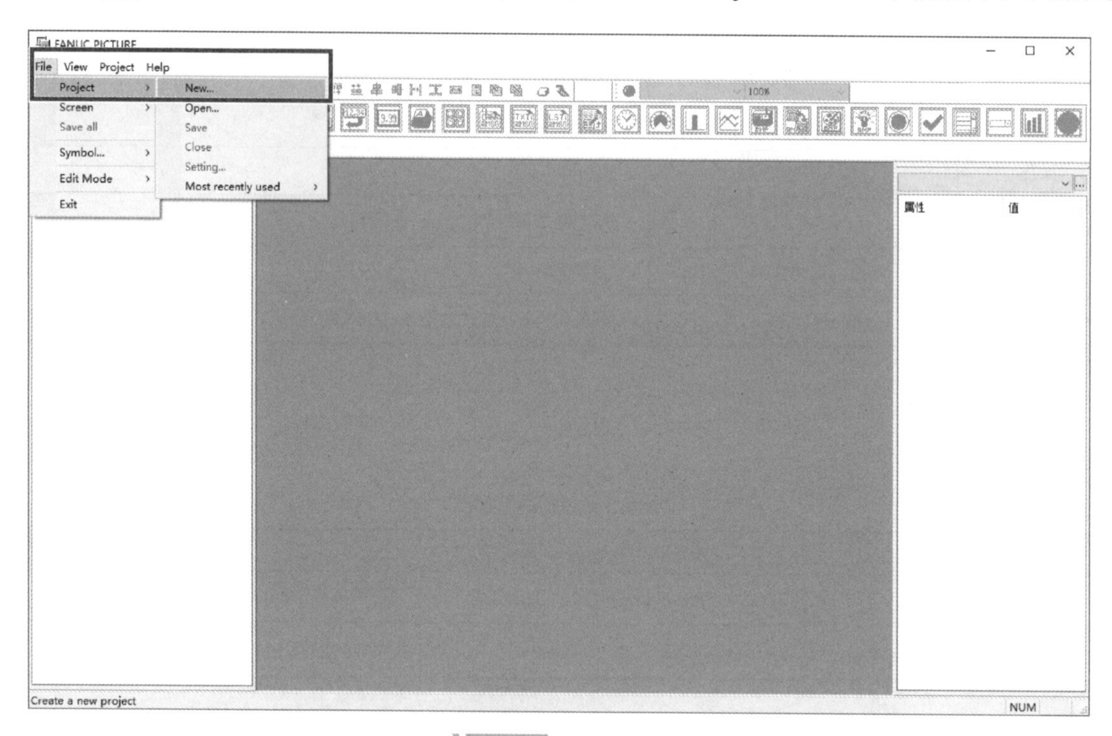

图 6-3-9 创建项目

步骤 2. 工程名称文本框中输入工程的名字，单击目录名称右侧的“...”，选择工程保存的位置，此处选择桌面，单击“确定”，关闭弹窗后，再次单击“确定”，如图 6-3-10 所示。

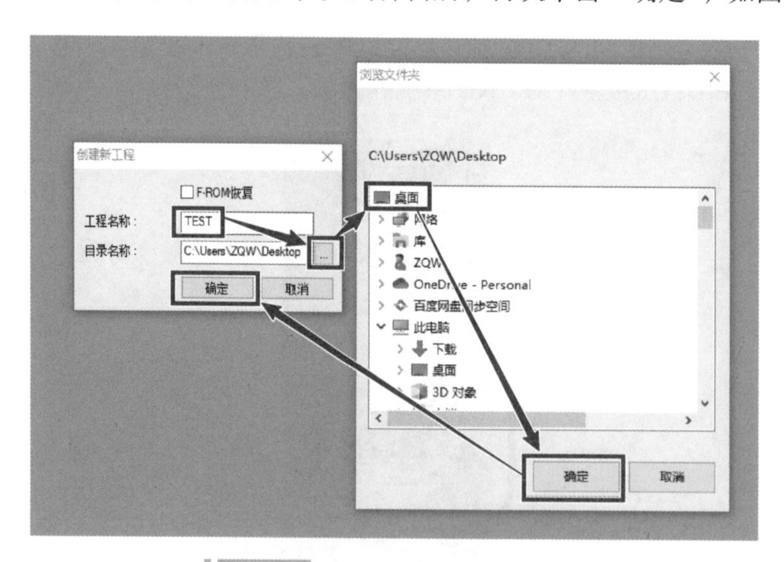

图 6-3-10 创建工程名称与保存路径

步骤 3. 在“CNC 系统设定”选项卡中，将 CNC 系统选择为“0i–F”，单击“确定”，如图 6-3-11 所示。

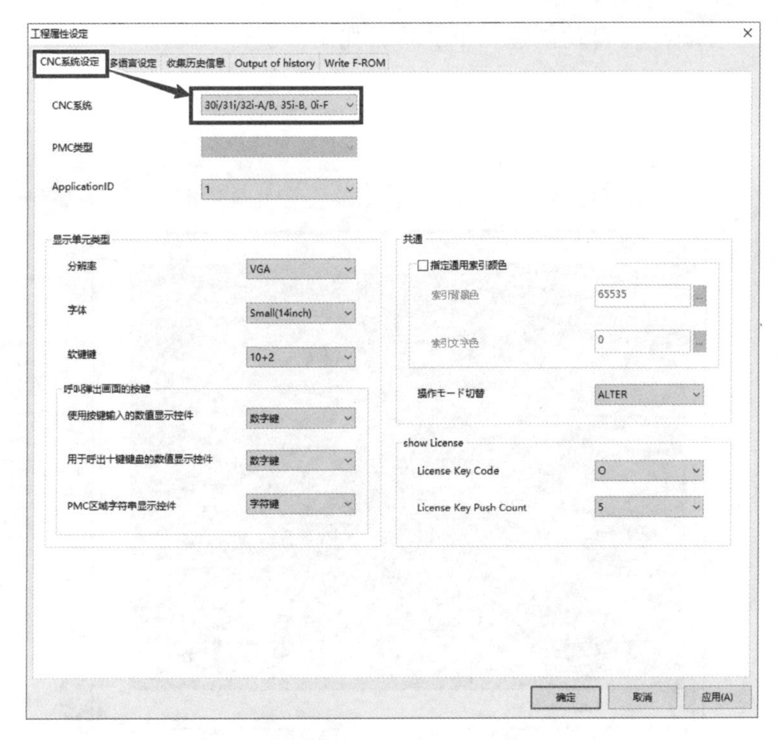

图 6-3-11　选择 CNC 系统

步骤 4. 单击“多语言设定”，将字符集修改为“简体中文”（否则会导致部分简体中文无法显示），单击“确定”，如图 6-3-12 所示。

图 6-3-12　选择语言

步骤 5. 单击“New”，自动创建一个屏幕，如图 6-3-13 所示。

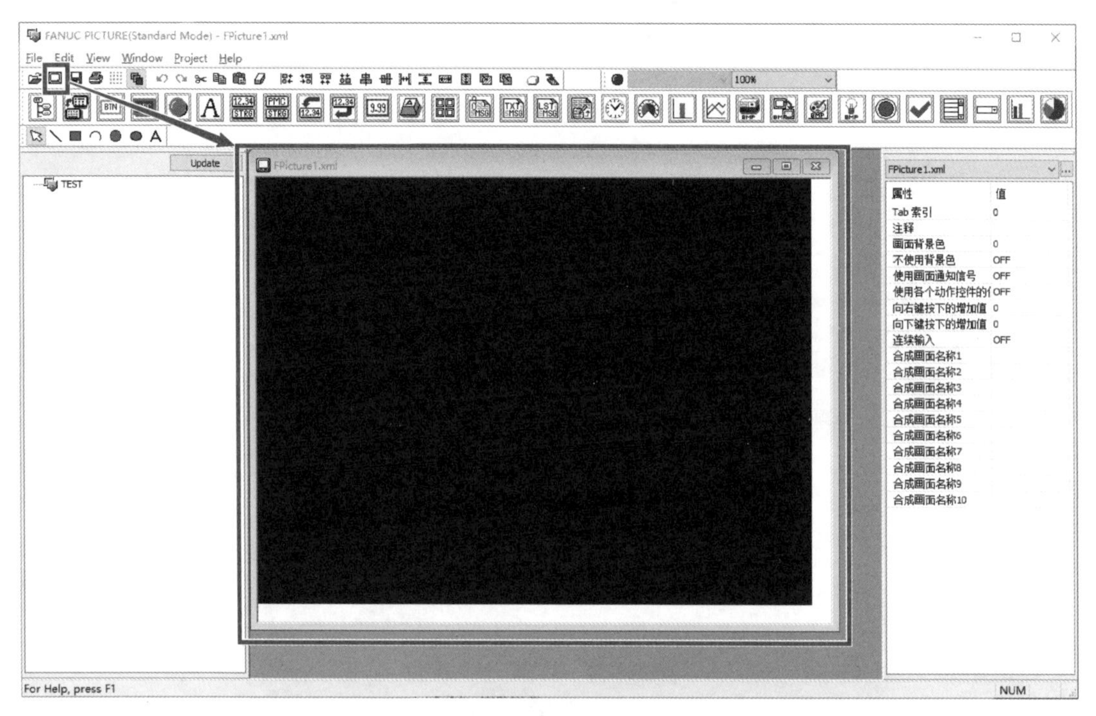

图 6-3-13　创建屏幕

步骤 6. 单击屏幕的“关闭”，并单击“是”，进行屏幕文件的保存，如图 6-3-14 所示。

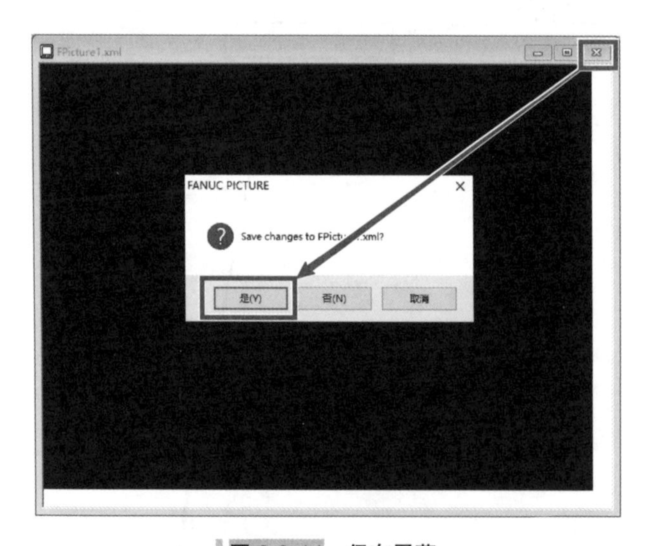

图 6-3-14　保存屏幕

步骤 7. 保存路径为项目文件根目录即可，并单击“保存”，如图 6-3-15 所示。

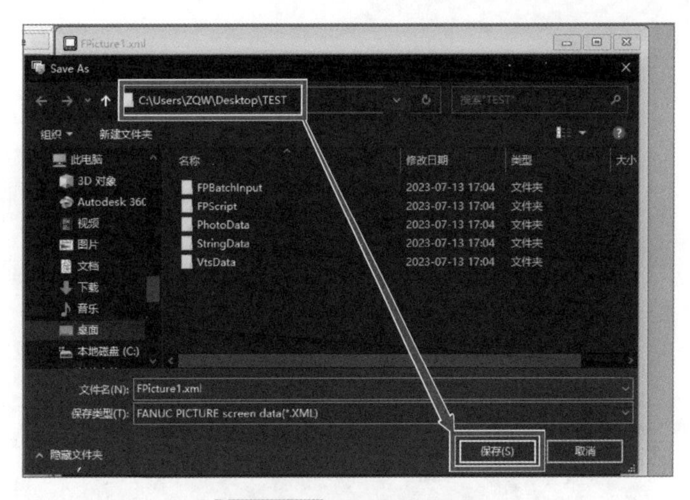

图 6-3-15 选择保存路径

步骤 8. 对话框中提示是否要把屏幕文件登录到工程中，单击“是”，如图 6-3-16 所示。

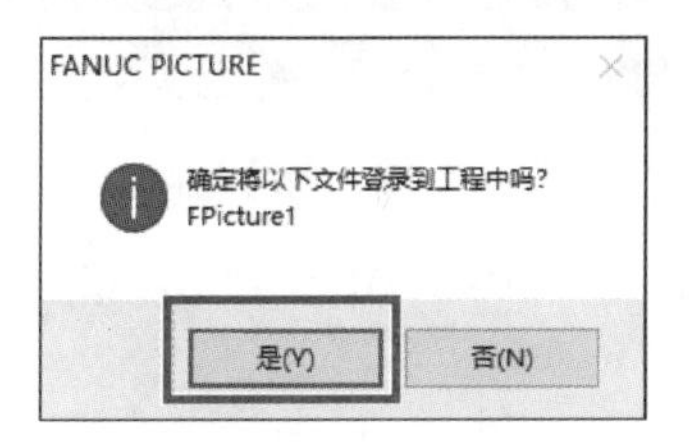

图 6-3-16 登录工程

步骤 9. 屏幕左侧菜单中会出现“FPicture1”，双击该选项，在右侧打开屏幕文件，如图 6-3-17 所示。

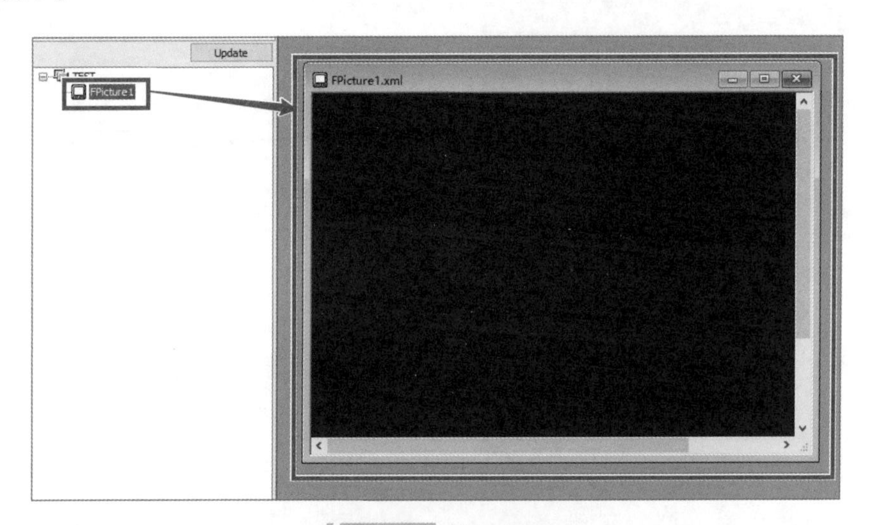

图 6-3-17 打开屏幕

步骤 10. 单击控件栏中的“Image”，然后在屏幕中用鼠标拖出一个界面，如图 6-3-18 所示。

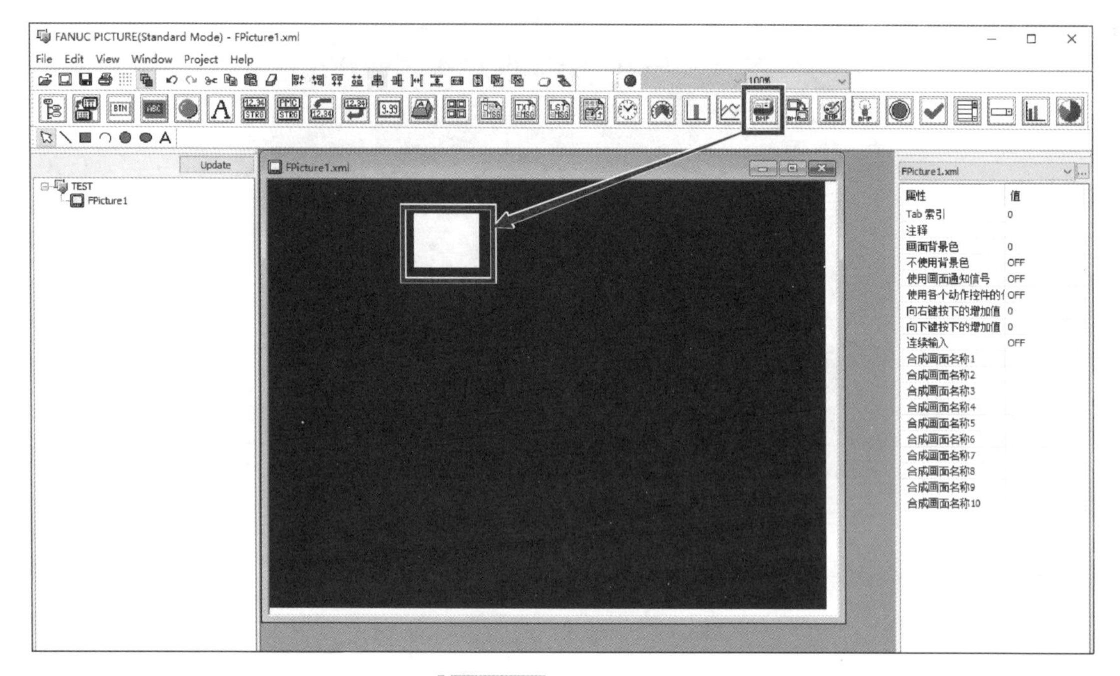

图 6-3-18　创建 Image

步骤 11. 双击创建好的 Image 控件，然后弹出 Image 属性对话框，单击“...”，如图 6-3-19 所示。

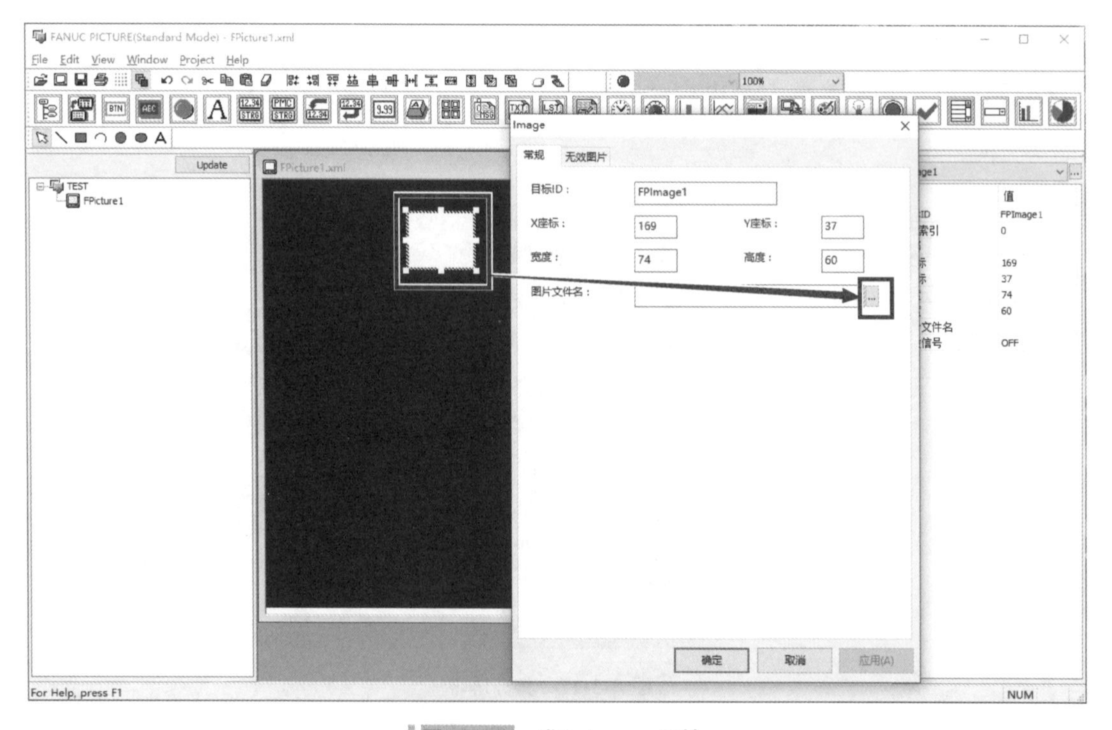

图 6-3-19　进入 Image 属性

步骤 12. 找到合适的图片（图片格式只能是 .bmp 和 .jpg），选中图片后，再单击“打开”，如图 6-3-20 所示。

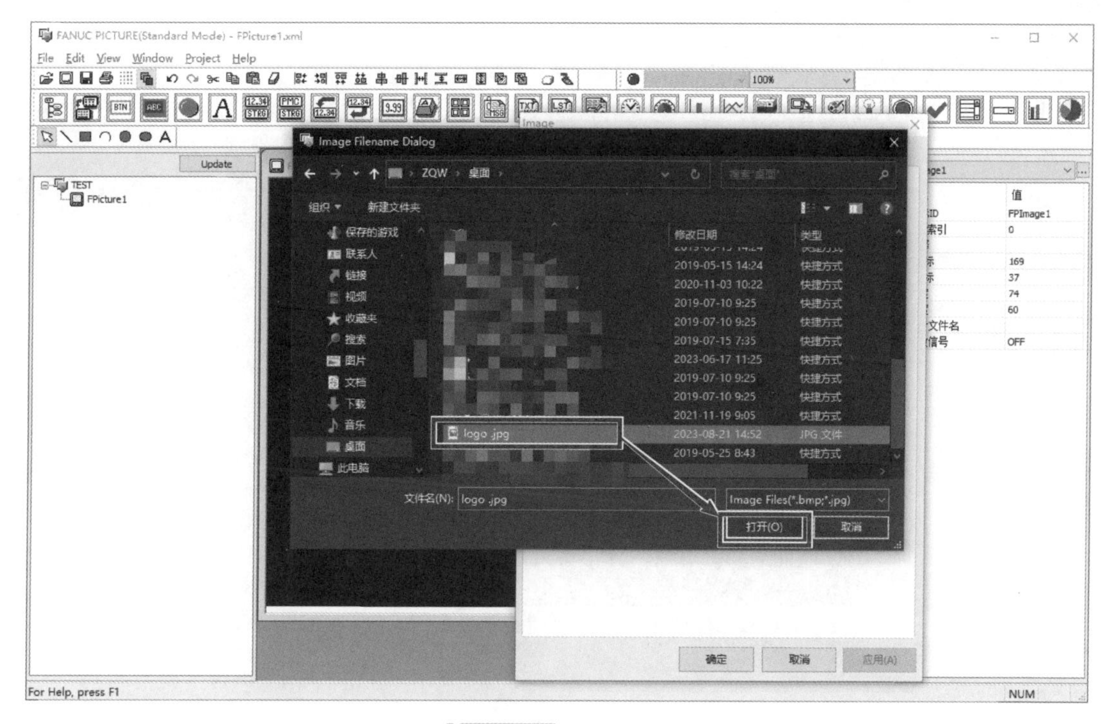

图 6-3-20　选择图片

步骤 13. 单击“确定”，如图 6-3-21 所示。

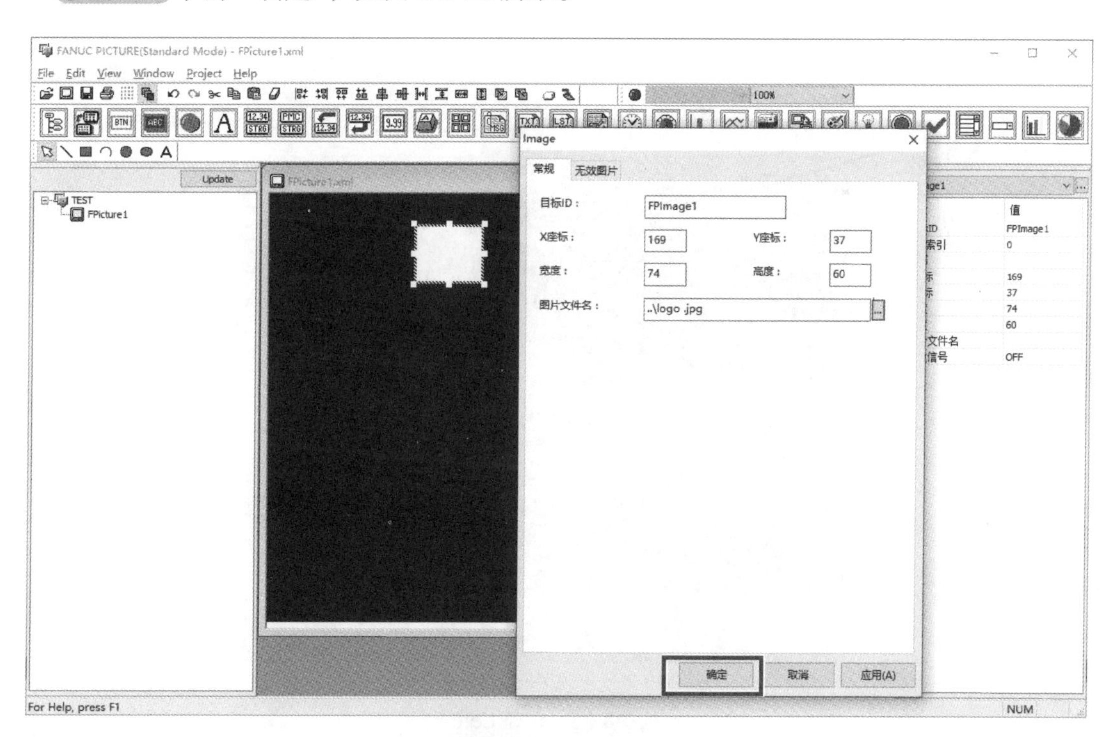

图 6-3-21　确定图片

步骤 14. 对图片的大小和位置进行适当的调整，如图 6-3-22 所示。

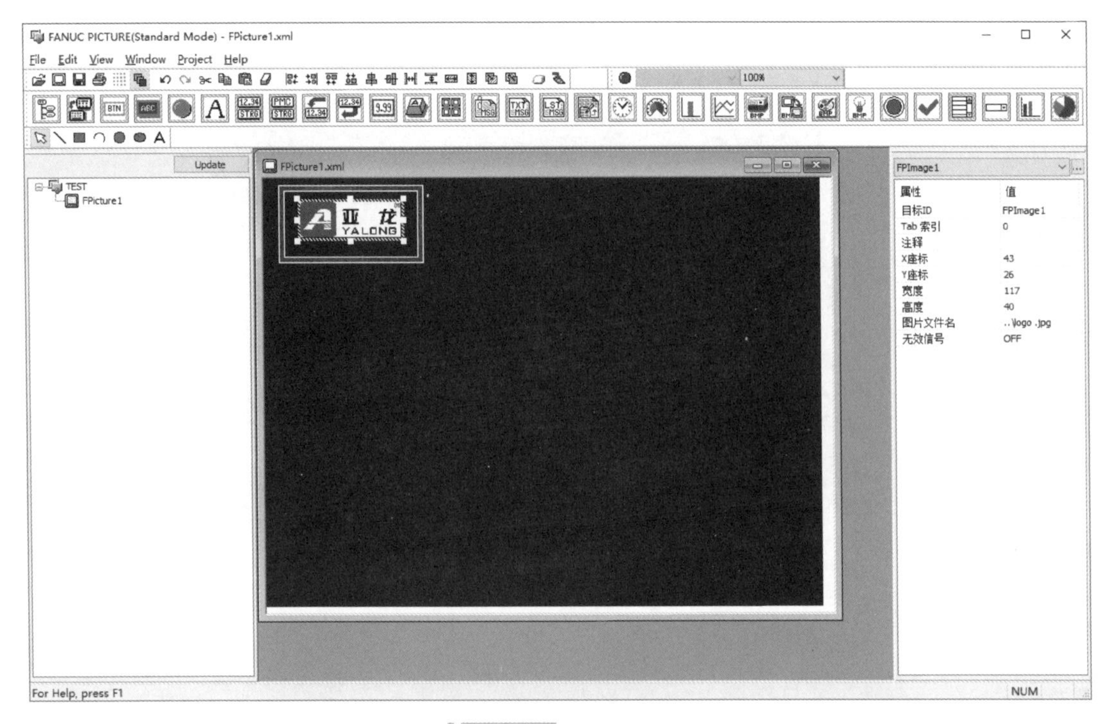

图 6-3-22　调整图片

步骤 15. 单击“Letter”，然后在屏幕中用鼠标拖出一个文本框，如图 6-3-23 所示。

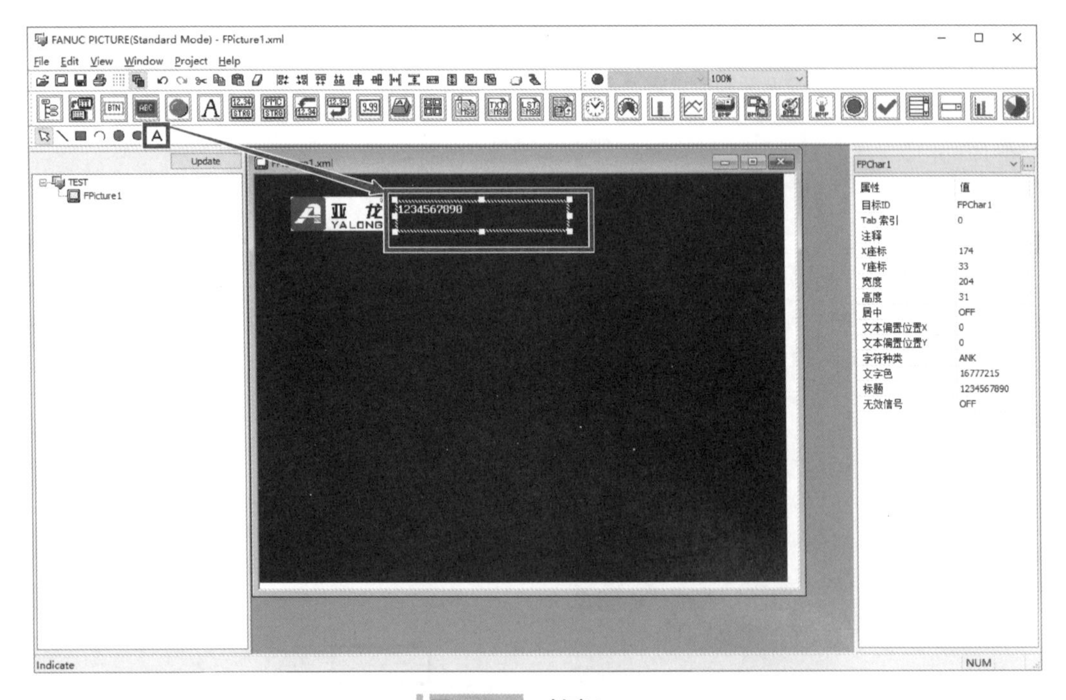

图 6-3-23　创建 Letter

步骤 16. 双击“Letter”，弹出的字符属性对话框后，单击“字符”，将设备名称输入到标题文本框中，单击“确定”，如图 6-3-24 所示。

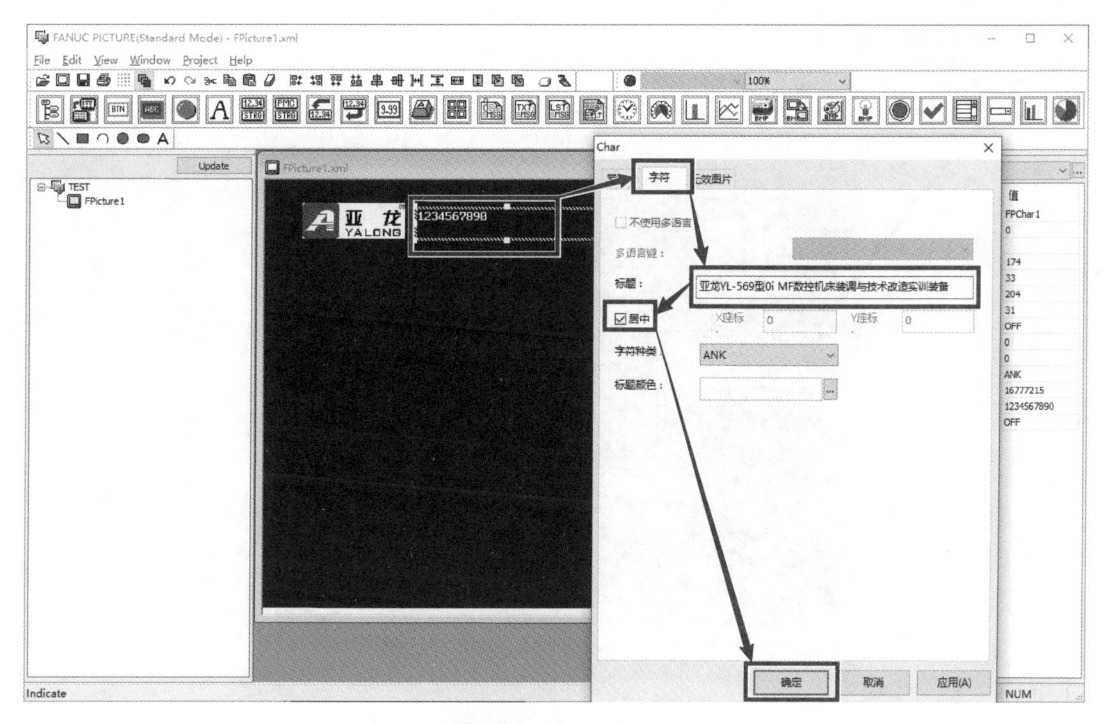

图 6-3-24 输入设备名称

步骤 17. 调整文本框的长度与位置，如图 6-3-25 所示。

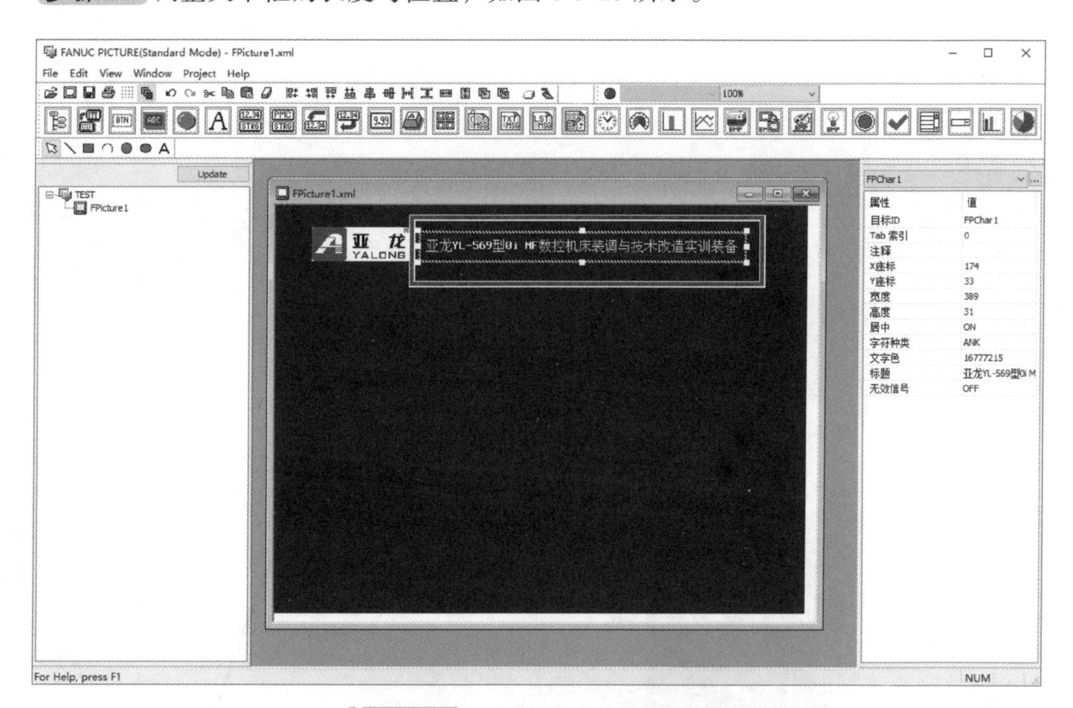

图 6-3-25 调整文本框的长度与位置

步骤 18. 单击控件栏中的 “Button”，然后在屏幕中用鼠标拖出一个按钮，如图 6-3-26 所示。

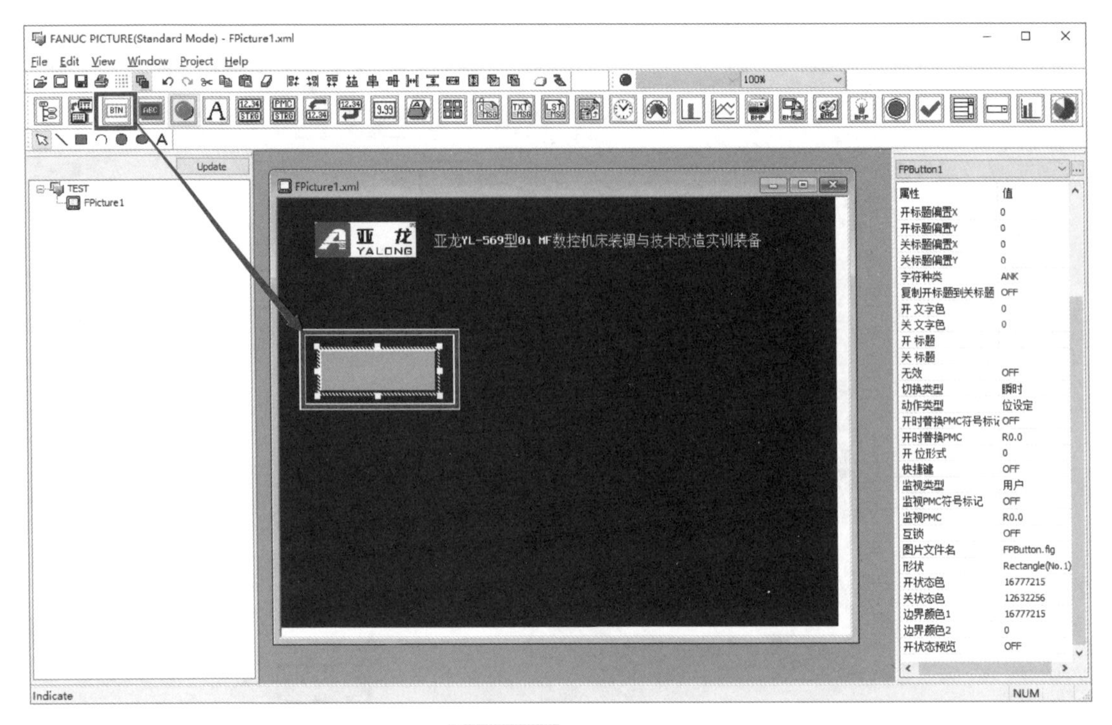

图 6-3-26　创建按钮

步骤 19. 双击创建的按钮，在弹出的对话框中单击“字符”，勾选“居中”和“复制开标题到关标题”，在开标题中输入按钮要显示的名称“Button”，最后单击“应用”，如图 6-3-27 所示。

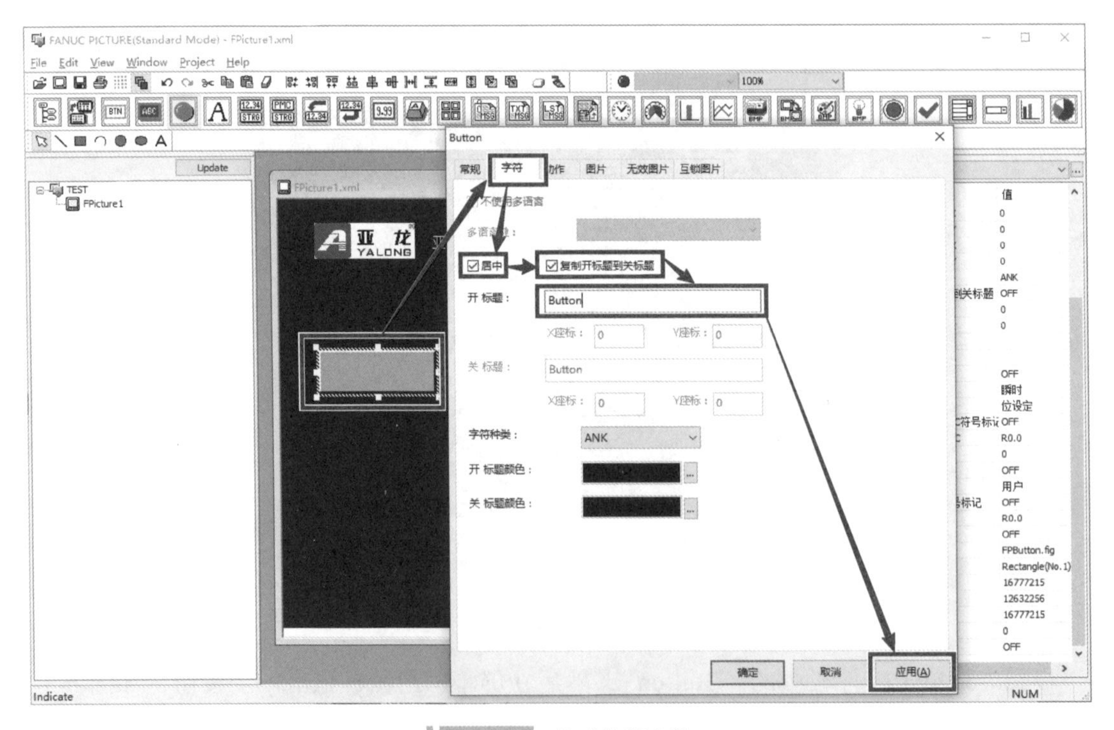

图 6-3-27　修改按钮字符

步骤 20. 单击“动作”，确定切换类型为“瞬时”，动作类型为“位设定”，表示当按钮按下时，某个位的地址会接通；松开时，某个位会复位。最后单击“详细”，如图 6-3-28 所示。

步骤 21. 在 PMC 区域选择按钮可修改的信号类型“R”，“PMC 地址”确定地址的字节，“PMC 位”确定地址字节的哪一位，“位形式”选择“1”，最后单击“OK”。表示当按下按钮时，R700.0 会接通为 1；松开按钮时，R700.0 会断开为 0，如图 6-3-29 所示。

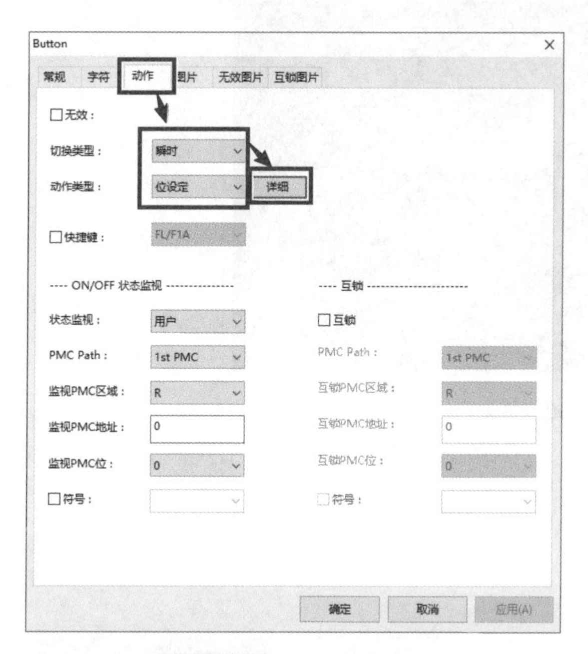

图 6-3-28　修改动作类型

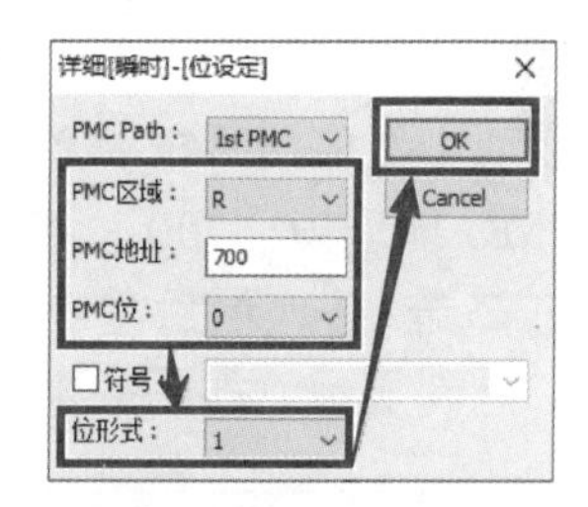

图 6-3-29　确定地址

步骤 22. 单击“确定”，退出按钮属性对话框，如图 6-3-30 所示。

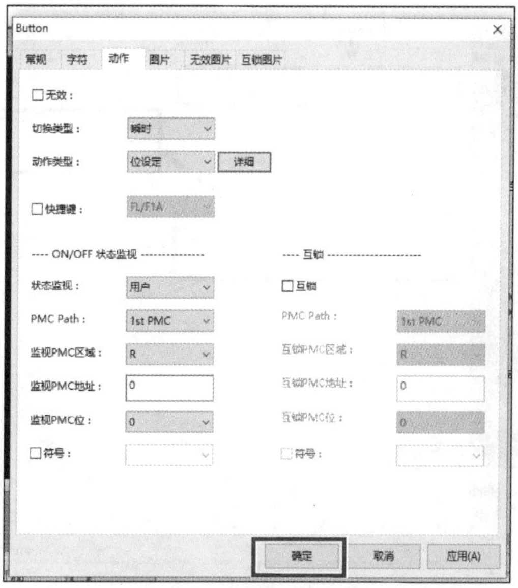

图 6-3-30　退出按钮属性对话框

步骤 23. 为了确定按钮按下时，R700.0 是否真的接通了，需要直接读取 R700 中的数据，单击“Numeral/string”，然后在屏幕中用鼠标拖出一个数值显示框，如图 6-3-31 所示。

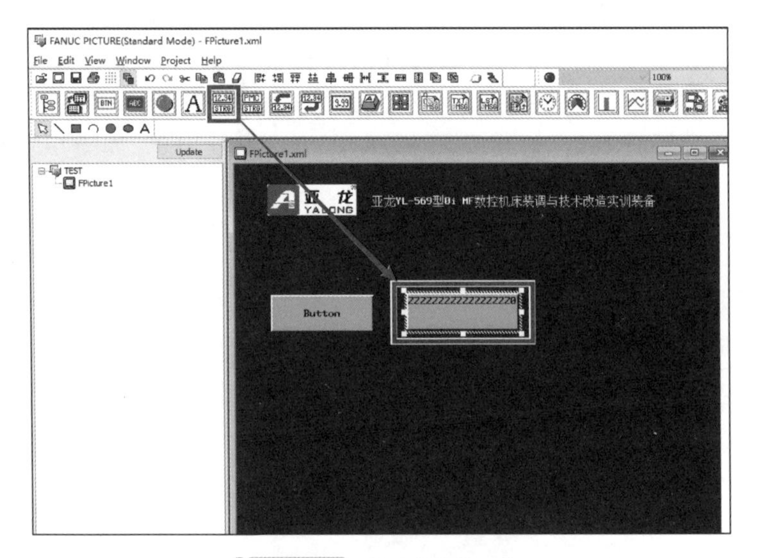

图 6-3-31　创建数值显示框

步骤 24. 双击数值显示框，单击“动作”，确定动作类型为“PMC”，监视 PMC 区域为“R”，监视 PMC 地址为“700”，数据类型为“1 字节（带符号)”（超过 127 后会显示负数)，显示格式为“二进制”，最后单击“确定”。该数值显示框用于监视 R700 这一个字节的数值，数值以二进制显示，如图 6-3-32 所示。

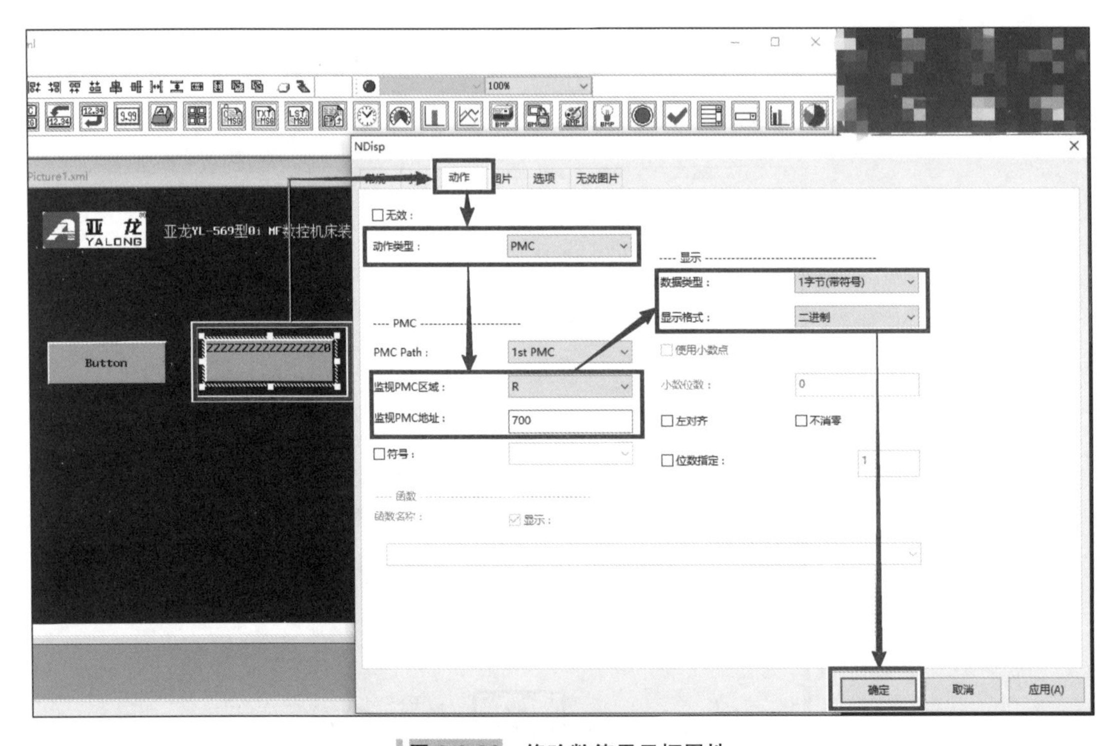

图 6-3-32　修改数值显示框属性

步骤 25. 单击“Structure”，然后在屏幕中用鼠标拖出一个不显示的方框，如果不在屏幕中创建该方框，当创建可导入文件时，不会显示该屏幕，如图 6-3-33 所示。

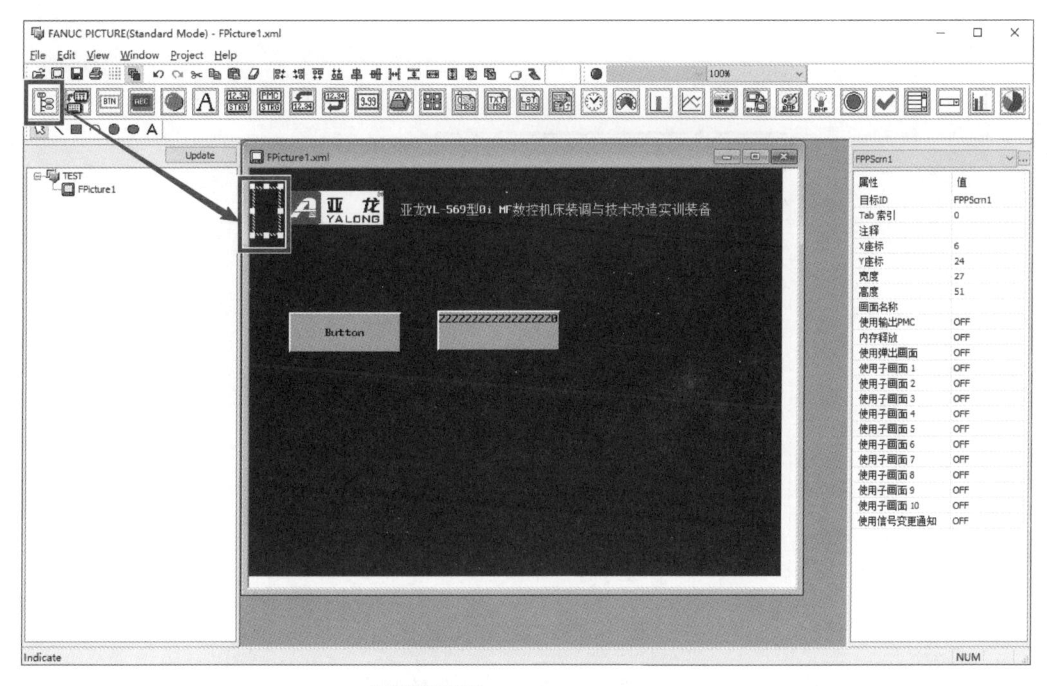

图 6-3-33　创建不显示的方框

步骤 26. 单击“Build”，再单击“是”，如图 6-3-34 所示。

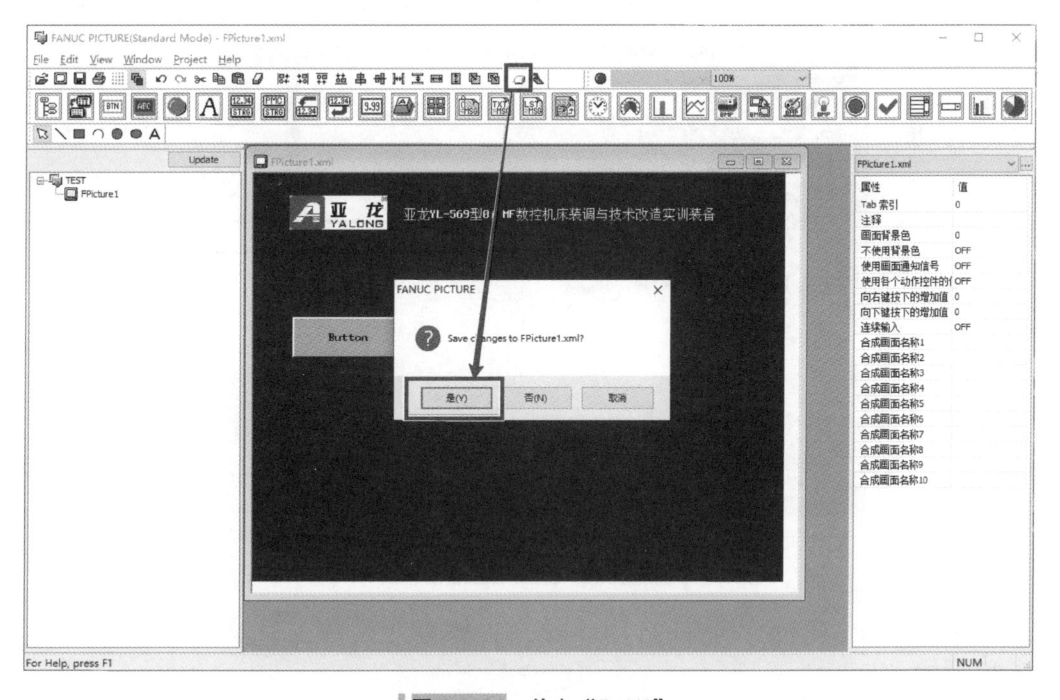

图 6-3-34　单击“Build”

步骤 27. 在启动画面中选择当前唯一创建的“FPictur1”，勾选“CNC Screen”，并在右侧选择“0x3206 CUSTOM1-C Executor 1”。表示将已创建好的 FPictur1 画面作为启动画面，开机时会自动弹出该画面，如图 6-3-35 所示。

图 6-3-35　选择启动画面

步骤 28. 双击“FPicture1”，勾选“选择标志”，软键序号改为“0x3206 CUSTOM1-C Executor 1”，该功能可以实现当数控系统切换到其他画面后，可通过单击 MDI 面板上的(CSTM/GR)，再次返回该画面，如图 6-3-36 所示。

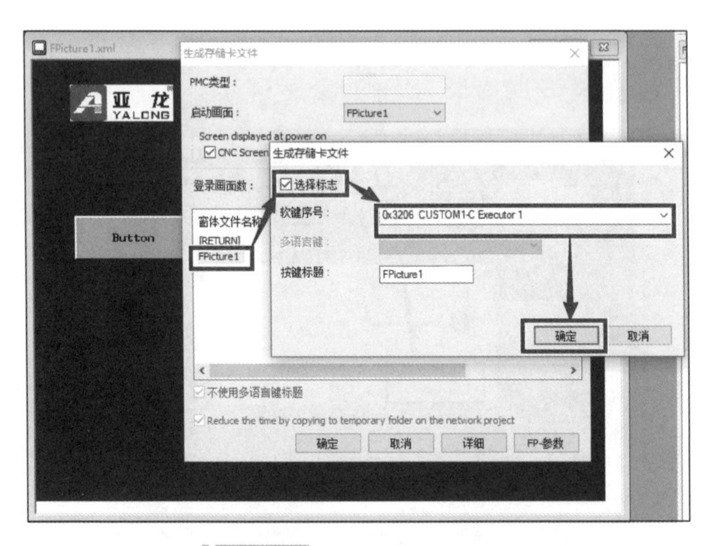

图 6-3-36　定义画面启动软键

步骤 29. 单击“确定”，软件自动编译并生成可导入数控系统的存储卡文件，如图 6-3-37 所示。

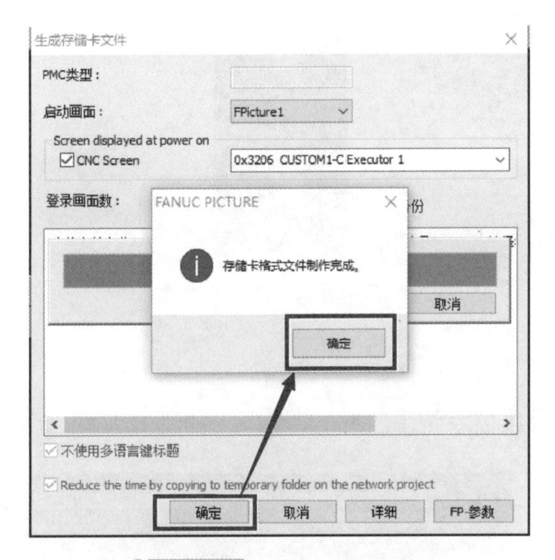

图 6-3-37　生成存储卡文件

步骤 30. 单击“Write to Card”，弹出对话框后，单击“...”，选择另存为的位置为“桌面”，单击“确定”，勾选“The FP driver is transferred”，最后单击“确定”，如图 6-3-38 所示。

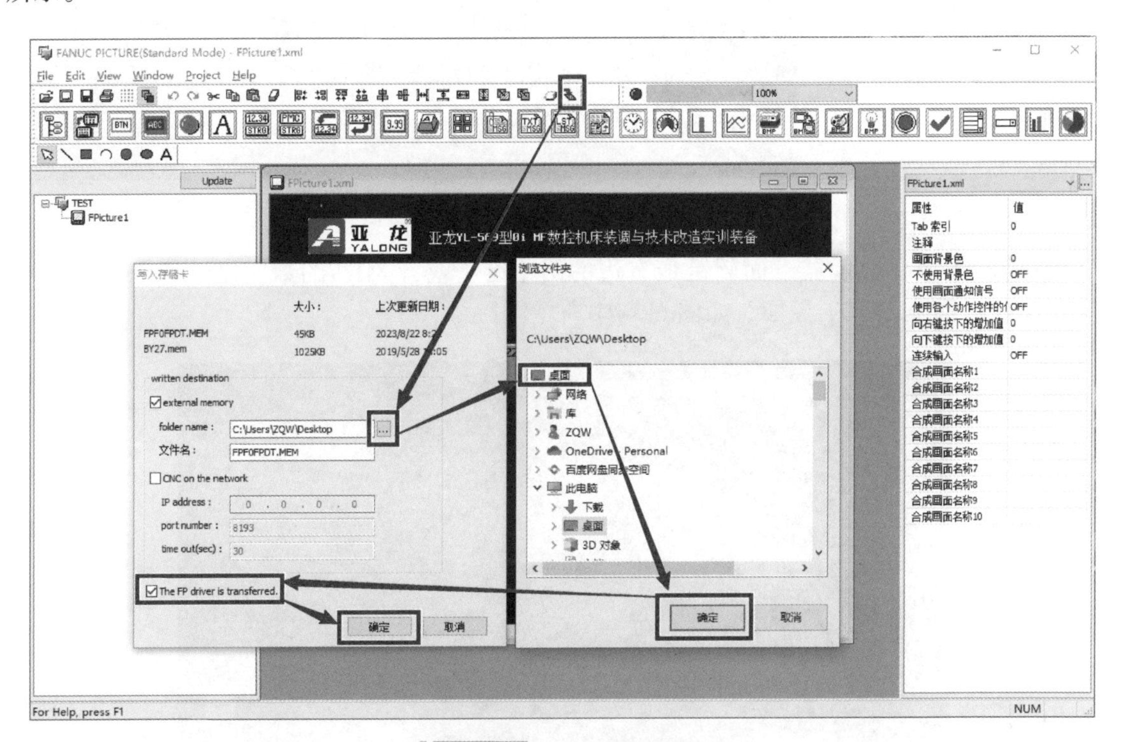

图 6-3-38　导出存储卡文件

步骤 31. 此时桌面生成两个文件，如图 6-3-39 所示。FPF0FPDT.MEM 是可执行的文件，也就是画面的信息都在该文件中；BY27.MEM 是驱动文件，需要导入到数控系统中，否则画面无法运行。将两个文件复制至 U 盘或 CF 卡中。

图 6-3-39　生成的文件

三、CNC 端设置

步骤 1. 将 CF 卡插入数控系统 PCMCIA 接口，如图 6-3-40 所示。

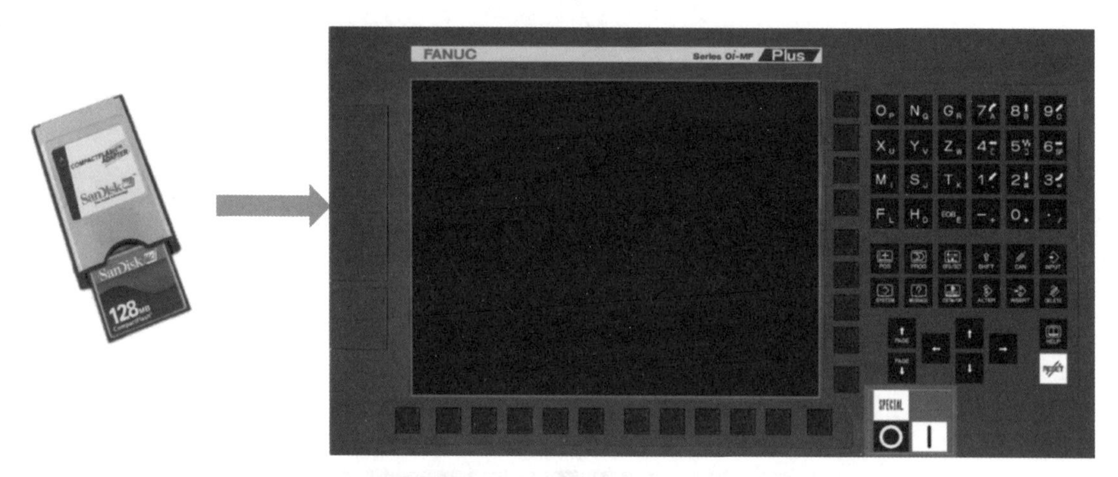

图 6-3-40　将 CF 卡插入 PCMCIA 接口

步骤 2. 先按住显示器下面软键最右边的两个键（或者 MDI 的数字键 6 和 7），再通电进入 FANUC 系统 BOOT 界面，如图 6-3-41 所示。

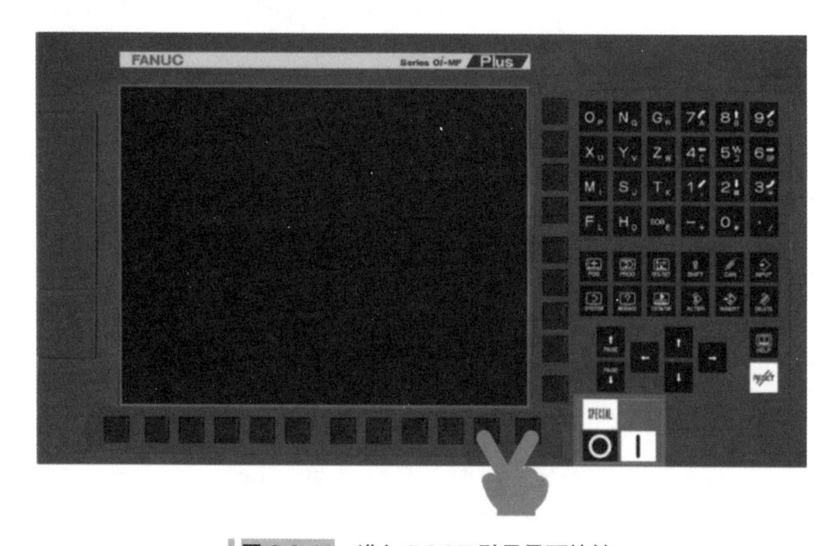

图 6-3-41　进入 BOOT 引导界面按键

步骤 3. BOOT 界面如图 6-3-42 所示。

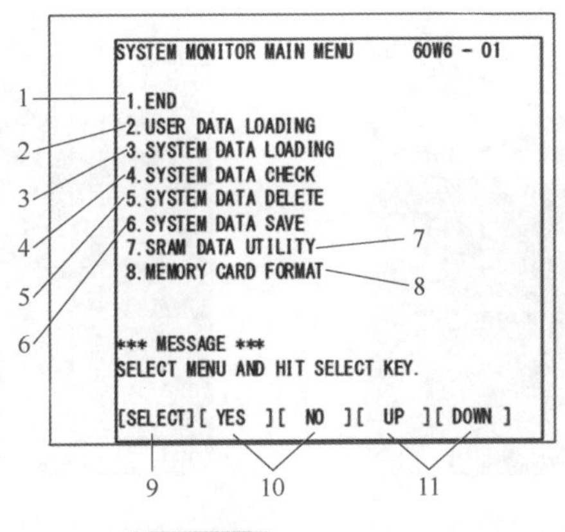

图 6-3-42　BOOT 界面

1—退出 BOOT 界面，启动 CNC　2—用户数据加载，向 FLASH ROM 写入数据
3—系统数据加载，向 FLASH ROM 写入数据　4—系统数据检查　5—删除 FLASH ROM 或存储卡中的文件
6—将 FLASH ROM 中的用户文件写到存储卡上　7—备份 / 恢复 SRAM 区　8—格式化存储卡
9—选择菜单　10—是否确定当前操作　11—上下移动光标

步骤 4. 将光标移到“3 SYSTEM DATA LOADING”，单击“SELECT”进入，如图 6-3-43 所示。

步骤 5. 将光标移到“FPF0FPDT.MEM”，单击“SELECT”，如图 6-3-44 所示。

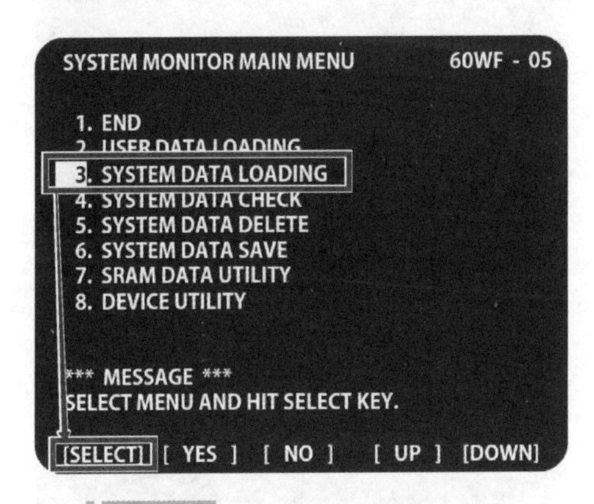

图 6-3-43　进入系统数据导入界面

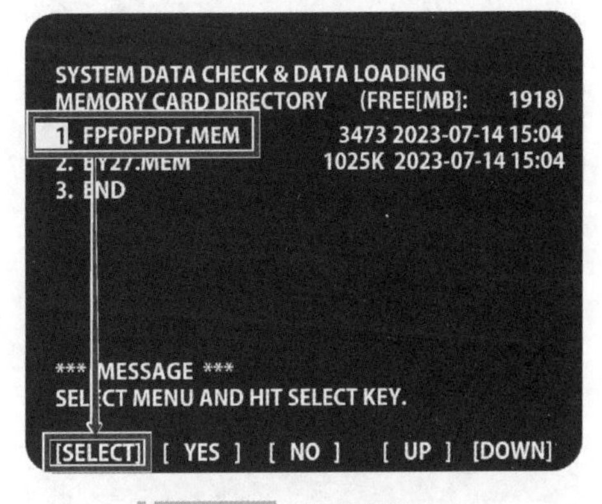

图 6-3-44　选择屏幕文件

步骤 6. 将光标移到“FPF0FPDT.MEM”，单击“SELECT”，如图 6-3-45 所示。

步骤 7. 单击“SELECT”，如图 6-3-46 所示。

步骤 8. 屏幕文件导入完成后，单击“SELECT”退出画面，如图 6-3-47 所示。

步骤 9. 将光标移动到“BY27.MEM”，单击“SELECT”，如图 6-3-48 所示。

步骤 10. 单击“YES”，如图 6-3-49 所示。

步骤 11. 导入完成后，单击“SELECT”退出界面，重启数控系统即可，如图 6-3-50 所示。

步骤 12. 数控系统启动后，自动弹出创建好的界面，按钮和数值显示框都在界面中，如图 6-3-51 所示。

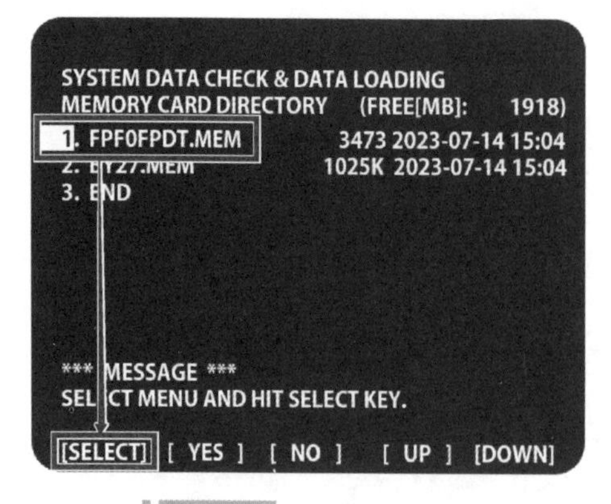

图 6-3-45 选择屏幕文件

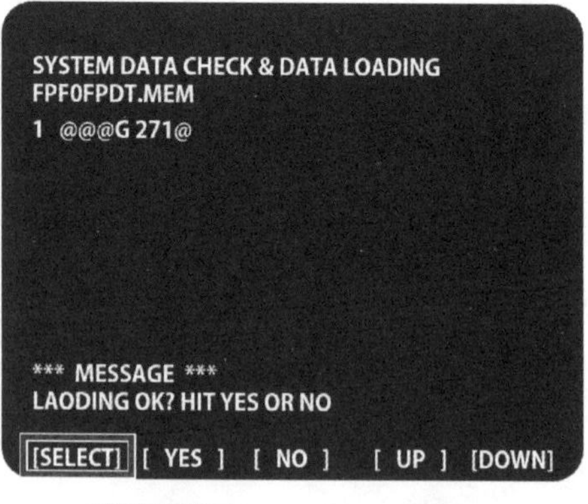

图 6-3-46 选择导入屏幕文件

SYSTEM DATA CHECK & DATA LOADING
FPF0FPDT.MEM
1 @@@G 271@
*** MESSAGE ***
LAODING COMPLETE
HIT SELECT KEY.
[SELECT] [YES] [NO] [UP] [DOWN]

图 6-3-47 退出导入页面

SYSTEM DATA CHECK & DATA LOADING
MEMORY CARD DIRECTORY (FREE[MB]: 1918)
1. FPF0FPDT.MEM 3473 2023-07-14 15:04
2. BY27.MEM 1025K 2023-07-14 15:04
3. END
*** MESSAGE ***
SELECT MENU AND HIT SELECT KEY.
[SELECT] [YES] [NO] [UP] [DOWN]

图 6-3-48 选择驱动文件

SYSTEM DATA CHECK & DATA LOADING
FPF0FPDT.MEM
1 BY27 001A
2 BY27 021A
3 BY27 041A
4 BY27 061A
5 BY27 081A
6 BY27 0A1A
7 BY27 0C1A
8 BY27 0E1A
*** MESSAGE ***
LAODING OK? HIT YES OR NO
[SELECT] [YES] [NO] [UP] [DOWN]

图 6-3-49 选择导入驱动文件

SYSTEM DATA CHECK & DATA LOADING
FPF0FPDT.MEM
1 BY27 001A
2 BY27 021A
3 BY27 041A
4 BY27 061A
5 BY27 081A
6 BY27 0A1A
7 BY27 0C1A
8 BY27 0E1A
*** MESSAGE ***
LAODING COMPLETE
HIT SELECT KEY.
[SELECT] [YES] [NO] [UP] [DOWN]

图 6-3-50 退出导入页面

图 6-3-51 进入屏幕

步骤 13. 按下按钮后，右侧的数值显示框的最低位显示为 19（FAUNC 系统都是低位在前，高位在后），即 R700.0 为 1，如图 6-3-52 所示。

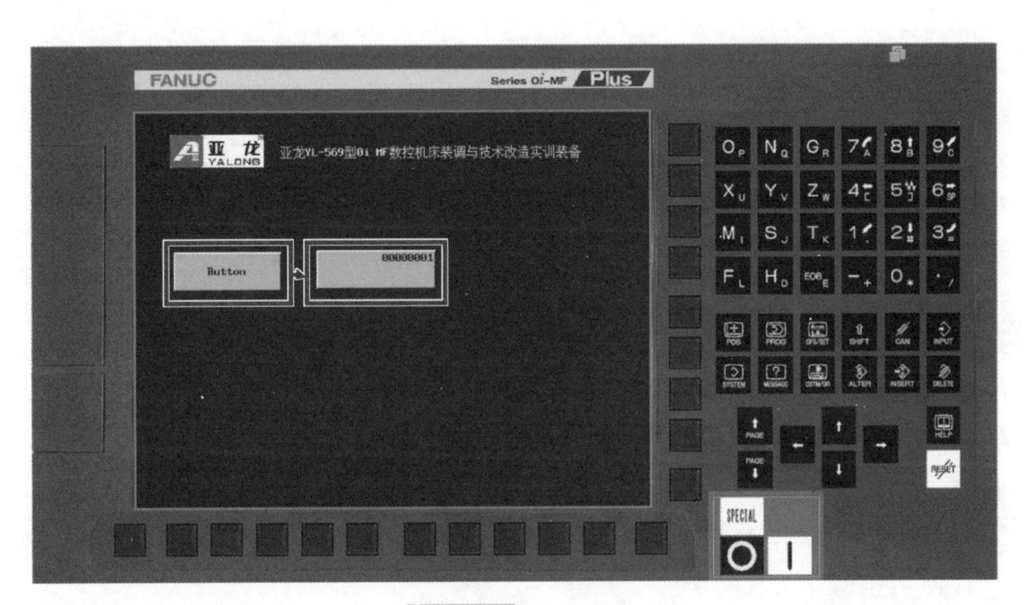

图 6-3-52 按下按钮

步骤 14. 松开按钮后，右侧的数值显示框的最低位显示为 0，即 R700.0 为 0，如图 6-3-53 所示。

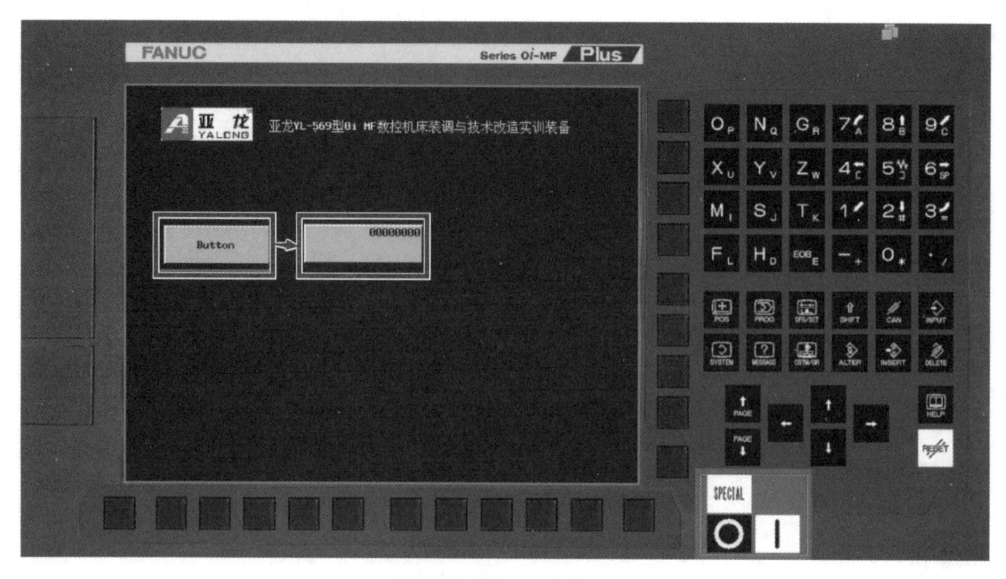

图 6-3-53　松开按钮

任务四　机器人系统规划与调整

学习目标

1. 掌握触摸屏控制机器人远程启动。
2. 掌握机器人状态采集与监测。
3. 掌握机器人安全保护功能。
4. 掌握机器人宏命令的应用。

重点和难点

1. 掌握机器人 I/O 分配。
2. 了解机器人 UI 与 UO 的功能。

相关知识

一、外围设备 I/O

外围设备 I/O（UI/UO）是指在机器人系统中已经确定了其用途的专用信号，简称 UOP。这些信号通过机器人控制柜连接的 I/O 单元或支持的通信设备与外围设备进行连接，进而从外部对机器人进行控制，UI 信号的功能见表 6-4-1，UO 信号的功能见表 6-4-2。

表 6-4-1 UI 信号的功能

输入信号	名称	功能
UI［1］	*IMSTP	瞬时停止信号，信号通常为 ON，当信号为 OFF 时，可断开伺服电源，中断程序的运行，功能类似急停
UI［2］	*HOLD	暂停信号，信号通常为 ON，当信号为 OFF 时，可暂停程序的运行，如果机器人要再次启动应使该信号为 ON
UI［3］	*SFSPD	安全速度信号，信号通常为 ON，当信号为 OFF 时，可暂停机器人的运行或使机器人降低到指定的速度运行，该信号通常连接于安全防护门的安全插销
UI［4］	Cycle stop	循环停止信号，当信号为 ON 时（上升沿即可），可使程序直接中止
UI［5］	Fault reset	错误复位信号，当信号为 ON 时（上升沿即可），可复位机器人的错误或者报警
UI［6］	Start	启动信号，当信号为 ON，然后再为 OFF 时（下降沿即可），可直接启动当前已经选中的程序
UI［7］	Home	原点信号，当信号为 ON 时，表示机器人当前的姿态处于原点，需在“设置”的“参考位置”中进行设定后才有效
UI［8］	Enable	动作允许信号，该信号为 ON 时，允许机器人的动作，因此信号通常为 ON，当信号为 OFF 时，禁止机器人动作并使程序暂停
UI［9］	RSR1/PNS1/STYLE1	程序号码选择信号 1
UI［10］	RSR2/PNS2/STYLE2	程序号码选择信号 2
UI［11］	RSR3/PNS3/STYLE3	程序号码选择信号 3
UI［12］	RSR4/PNS4/STYLE4	程序号码选择信号 4
UI［13］	RSR5/PNS5/STYLE5	程序号码选择信号 5
UI［14］	RSR6/PNS6/STYLE6	程序号码选择信号 6
UI［15］	RSR7/PNS7/STYLE7	程序号码选择信号 7
UI［16］	RSR8/PNS8/STYLE8	程序号码选择信号 8
UI［17］	PNS strobe	PNS 程序选通信号，当使用 PNS 程序选择模式时，程序号码选择信号要先置位 ON，然后接通 UI［17］，程序可自动切换
UI［18］	Prod start	自动运转启动信号，当信号为 ON 然后再为 OFF 时（下降沿即可），从第一行启动当前所选程序，该信号与 UI［6］的不同之处在于程序一旦暂停，便不能再使用 UI［18］启动程序，否则程序会从头运行而不是从暂停处运行

表 6-4-2 UO 信号的功能

输入信号	名称	功能
UO［1］	Cmd enabled	可接收输入信号，该信号为 ON 时，表示机器人允许从外部设备启动程序
UO［2］	System ready	系统准备就绪信号，伺服电源接通后该信号为 ON，即 UI［8］为 ON
UO［3］	Prg running	程序运行中信号，程序在执行时，该信号为 ON；程序在暂停时，该信号为 OFF

（续）

输入信号	名称	功能
UO［4］	Prg paused	暂停中信号，程序处在暂停中而等待再启动时，该信号为 ON
UO［5］	Motion held	保持中信号，当按下示教器 HOLD 以及 UI［2］为 OFF 时，该信号为 ON
UO［6］	Fault	报警信号，系统产生报警时该信号为 ON，需要通过 UI［5］来复位
UO［7］	At perch	参考位置信号，机器人当前的姿态处于原点时，该信号为 ON，需在“设置”的“参考位置”中进行设定后才有效
UO［8］	TP enabled	示教器有效信号，当示教器有效开关处于 ON 时，该信号为 ON
UO［9］	Batt alarm	电池异常信号，当机器人的脉冲编码器电池电压下降时，该信号为 ON
UO［10］	Busy	处理中信号，在程序执行中或通过示教器进行的作业处理中，该信号为 ON
UO［11］	ACK1/SNO1	程序号码接收确认信号 1
UO［12］	ACK2/SNO2	程序号码接收确认信号 2
UO［13］	ACK3/SNO3	程序号码接收确认信号 3
UO［14］	ACK4/SNO4	程序号码接收确认信号 4
UO［15］	ACK5/SNO5	程序号码接收确认信号 5
UO［16］	ACK6/SNO6	程序号码接收确认信号 6
UO［17］	ACK7/SNO7	程序号码接收确认信号 7
UO［18］	ACK8/SNO8	程序号码接收确认信号 8
UO［19］	SNACK	PNS 接收确认信号，在 PNS 功能有效时进行组合使用
UO［20］	Reserved	保留

二、机器人 I/O 分配基础知识

机器人和数控系统一样都具备 I/O 模块，那么机器人也需要进行 I/O 信号的分配，作用是为了让 I/O 模块上的物理号码与逻辑信号关联起来。

1. 物理号码

物理号码指的是 I/O 模块上引脚的号码，数字输入信号通常是 in 加上序号，数字输出信号通常是 out 加上序号。CRMA15 和 CRMA16 中一共有 28 位输入和 24 位输出，输入的物理号码为 in1 ～ in28，输出的物理号码为 out1 ～ out24。分配时需要通过机架、插槽、开始点进行指定。

（1）机架　指要分配的 I/O 模块的种类，机器人支持的机架种类见表 6-4-3。

表 6-4-3　机器人支持的机架种类

机架号	I/O 类型名称
0	处理 I/O 印刷电路板、I/O 连接设备连接单元
1 ～ 15	I/O Unit-MODEL A/B
32	I/O 连接设备从机接口
33	PMC（内部 I/O 分配）
34	标记［F］

（续）

机架号	I/O 类型名称
35	常 ON，使信号永远为 ON
36	DCS 安全 I/O
48	R-30iB Mate 的主板（CRMA15，CRMA16）
66	PROFIBUS-DP（主站）
67	PROFIBUS-DP（从站）
68	FL-net（系统 1）
69	FL-net status（系统 1）
75	FIPIO（从站）
81	DeviceNet（端口 1）
82	DeviceNet（端口 2）
83	DeviceNet（端口 3）
84	DeviceNet（端口 4）
87	RoboWeld
88	Ethernet Global Data
89	EthernetIP
90	Arclink
91	WTC 焊接机
92	CC-Link
93	InterBus（主站）
94	InterBus（从站）
95	InterBus（CMD 模式）
96	Modbus-TCP
98	InterBus 从站专用
99	PROFINET I/O 控制器
100	PROFINET I/O 设备
101	Dual Chanel PROFINET I/O 控制器
102	Dual Chanel PROFINET I/O 设备
103	FL-net（系统 2）
104	FL-net status（系统 2）
105	CC-Link IE Field
106	EtherCAT

（2）插槽　指 I/O 模块的连接顺序。

（3）开始点　指物理号码的起始位置，逻辑信号指定了多少位信号，就从开始点指定多少位的物理号码与逻辑信号进行关联。

2. 逻辑信号

逻辑信号指的是在机器人控制装置内使用 I/O 时的索引号，即将物理号码上的实际 I/O 信号分配一个在机器人中能使用的代号。分配时可自由指定逻辑信号的范围。

例如：将物理号码 out1 ～ out8 和 DO［101］～ DO［108］进行关联，当机器人程序中 DO［101］置于 ON 时，I/O 模块 CRMA15 连接的分线器引脚 33（物理号码为 out1）输出信号，如图 6-4-1 所示。

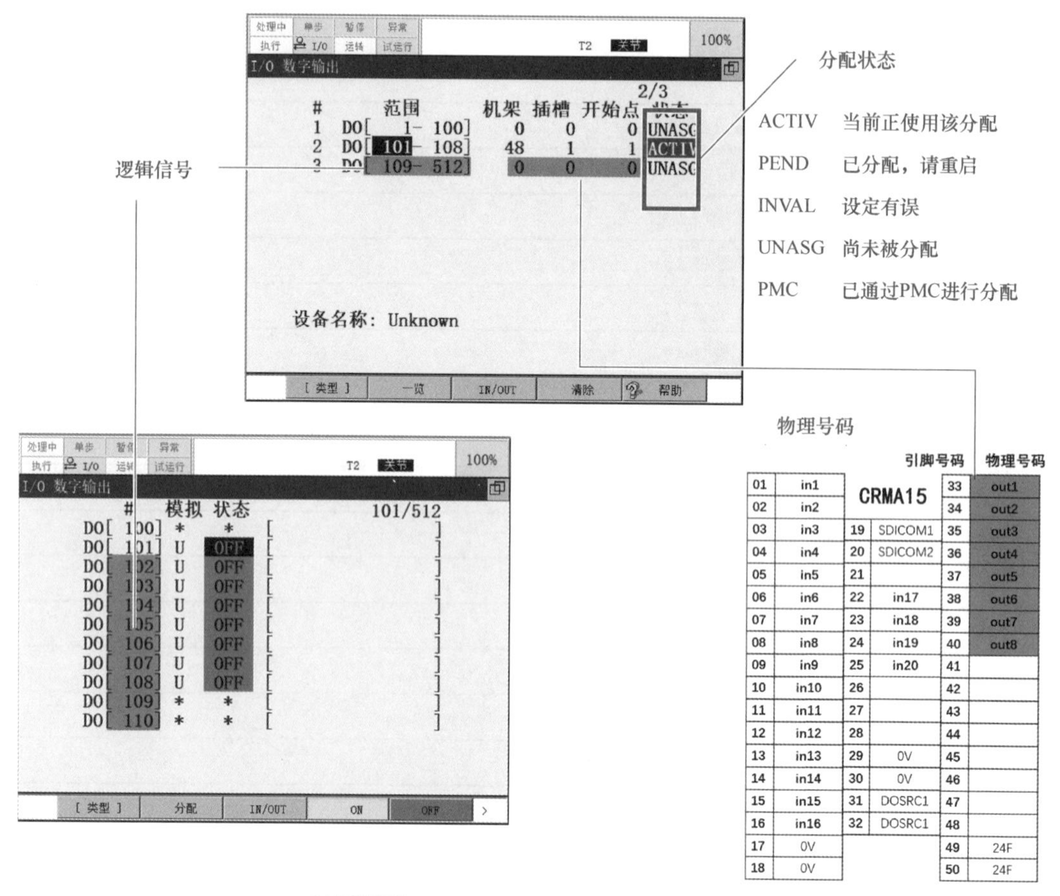

图 6-4-1 逻辑信号与物理号码的分配关系

在自动 I/O 配置下，CRMA15 和 CRMA16 连接分线器后数字输入信号和数字输出信号所对应的物理号码、端子号及逻辑信号的关系见表 6-4-4（此处仅供参考，物理号码和端子号是固定的，逻辑信号可由操作者通过分配改变）。

表 6-4-4 物理号码、端子号及逻辑信号的关系

数字输入信号			数字输出信号		
物理号码	端子号	逻辑信号	物理号码	端子号	逻辑信号
in1	CRMA15-01	DI［101］	out1	CRMA15-33	DO［101］
in2	CRMA15-02	DI［102］	out2	CRMA15-34	DO［102］
in3	CRMA15-03	DI［103］	out3	CRMA15-35	DO［103］

（续）

数字输入信号			数字输出信号		
物理号码	端子号	逻辑信号	物理号码	端子号	逻辑信号
in4	CRMA15-04	DI［104］	out4	CRMA15-36	DO［104］
in5	CRMA15-05	DI［105］	out5	CRMA15-37	DO［105］
in6	CRMA15-06	DI［106］	out6	CRMA15-38	DO［106］
in7	CRMA15-07	DI［107］	out7	CRMA15-39	DO［107］
in8	CRMA15-08	DI［108］	out8	CRMA15-40	DO［108］
in9	CRMA15-09	DI［109］	out9	CRMA16-41	DO［109］
in10	CRMA15-10	DI［110］	out10	CRMA16-42	DO［110］
in11	CRMA15-11	DI［111］	out11	CRMA16-43	DO［111］
in12	CRMA15-12	DI［112］	out12	CRMA16-44	DO［112］
in13	CRMA15-13	DI［113］	out13	CRMA16-45	DO［113］
in14	CRMA15-14	DI［114］	out14	CRMA16-46	DO［114］
in15	CRMA15-15	DI［115］	out15	CRMA16-47	DO［115］
in16	CRMA15-16	DI［116］	out16	CRMA16-48	DO［116］
in17	CRMA15-22	DI［117］	out17	CRMA16-26	DO［117］
in18	CRMA15-23	DI［118］	out18	CRMA16-27	DO［118］
in19	CRMA15-24	DI［119］	out19	CRMA16-28	DO［119］
in20	CRMA15-25	DI［120］	out20	CRMA16-21	DO［120］
in21	CRMA16-01	DI［81］	out21	CRMA16-33	DO［81］
in22	CRMA16-02	DI［82］	out22	CRMA16-34	DO［82］
in23	CRMA16-03	DI［83］	out23	CRMA16-35	DO［83］
in24	CRMA16-04	DI［84］	out24	CRMA16-36	DO［84］
in25	CRMA16-05	DI［85］	—	—	—
in26	CRMA16-06	DI［86］	—	—	—
in27	CRMA16-07	DI［87］	—	—	—
in28	CRMA16-08	DI［88］	—	—	—

三、宏命令

宏命令是将通过几个程序指令记述的程序作为一个指令来记录、调用并执行该指令的功能。宏命令通常具备下列功能：可在程序中对宏命令进行示教且作为程序指令启动；可从示教器的手动操作画面启动宏命令；可通过示教器的用户键来启动宏命令；可通过 DI、RI、UI、F、M 来启动宏命令。

1. 宏命令界面

宏命令界面如图 6-4-2 所示。

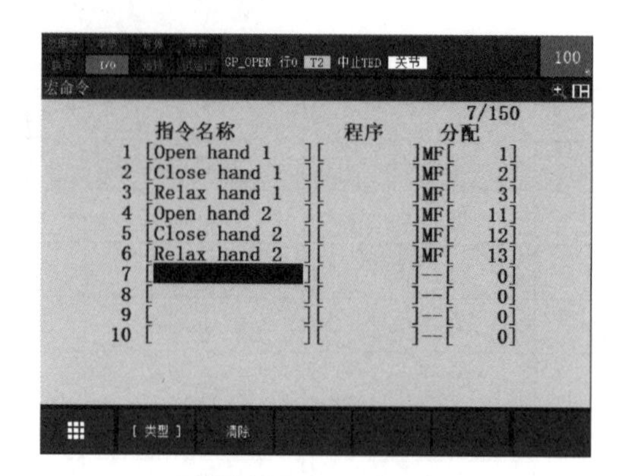

图 6-4-2 宏命令界面

（1）指令名称　用于宏命令的注释，通常在指定程序后，会自动将程序名称写入到指令名称中，需要自行修改。

（2）程序　可选择需要作为宏命令的程序。

（3）分配　分为信号类型和序号两部分，光标移动到对应位置进行选择。

2. 允许分配信号

允许分配给宏命令的信号见表 6-4-5，示教器的用户键如图 6-4-3 所示。

表 6-4-5　允许分配给宏命令的信号

信号类型	说明
MF［1］～ MF［99］	手动操作画面的条目
UK［1］～ UK［7］	示教器的用户键 1 ～ 7（见图 6-4-3）
SU［1］～ SU［7］	示教器的用户键 1 ～ 7+SHIFT 键
DI［1］～ DI［32766］	数字输入信号
RI［1］～ RI［32766］	机器人输入信号
UI［7］	HOME 信号
F［1］～ F［32766］	标志信号
M［1］～ M［32766］	标记信号

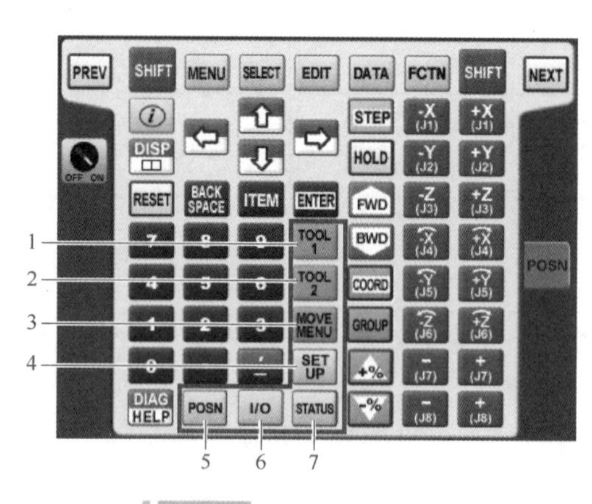

图 6-4-3　示教器的用户键

1—UK［1］或 SU［1］　2—UK［2］或 SU［2］　3—UK［3］或 SU［3］　4—UK［4］或 SU［4］
5—UK［7］或 SU［7］　6—UK［6］或 SU［6］　7—UK［5］或 SU［5］

四、程序详细信息

程序详细信息是指为程序赋予名称并明确其属性的特有信息，在程序管理界面中，光标移动到指定程序后，单击“详细”进行查看。程序详细信息由创建日期、修改日期、复制源、位置数据、大小、程序名等与属性相关的信息构成。程序名包括程序名称、子类型、注释、组掩码、写保护、忽略暂停、堆栈大小、集合等与执行环境相关的信息，如图 6-4-4 所示（若系统软件的版本为 7DC3 及以上，有“集合”项目）。

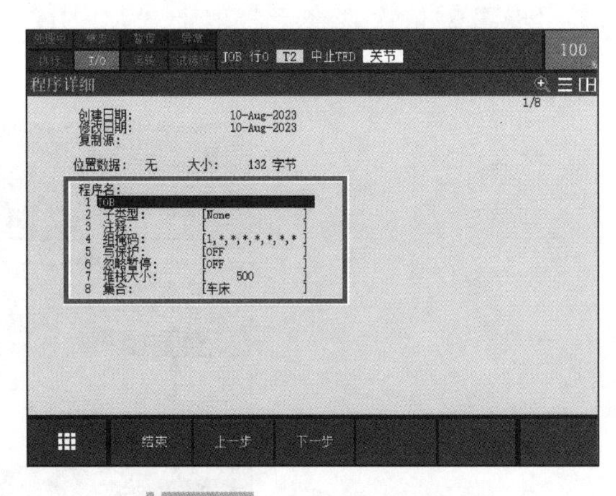

图 6-4-4　程序详细信息界面

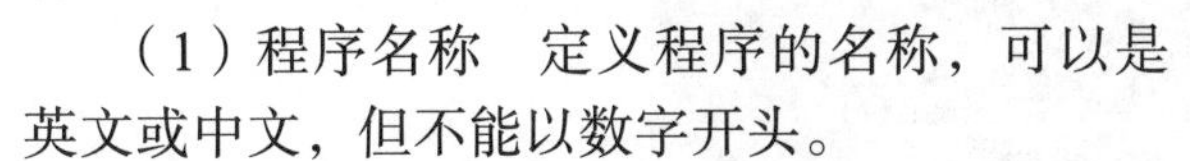

（1）程序名称　定义程序的名称，可以是英文或中文，但不能以数字开头。

（2）子类型　用于修改程序的类型，通常有 None（正常工作程序）、Collection（集合）、Macro（宏程序）和 Cond（条件程序）。

（3）注释　可填写程序的注释，用以对程序的功能进行简述。

（4）组掩码　用于定义程序是否包含机器人的动作，只可设定为 1 或 *，1 代表具备动作组，* 代表无动作组，在一些特定程序（如 RUN 指令、Cond 条件程序）中需要将其修改为无动作组方可运行。

（5）写保护　为 ON 时，程序不允许被修改。

（6）忽略暂停　为 ON 时，该程序可忽略报警、急停、HOLD 而中断程序的运行，因此需要注意。

（7）堆栈大小　对呼叫程序时所使用的存储器容量进行指定，通常默认即可。

（8）集合　可将程序放置在集合中，对多个程序进行归类。

任务实施

一、实训设备

本任务实训设备为 YL-569F 型智能仓储与工业机器人实训设备（见图 6-4-5），通过设备上的触摸屏对工业机器人进行外部启动、数据状态监测，并使用安全信号对工业机器人进行安全保护，再通过一些小技巧使工业机器人在示教的过程中提升示教效率。

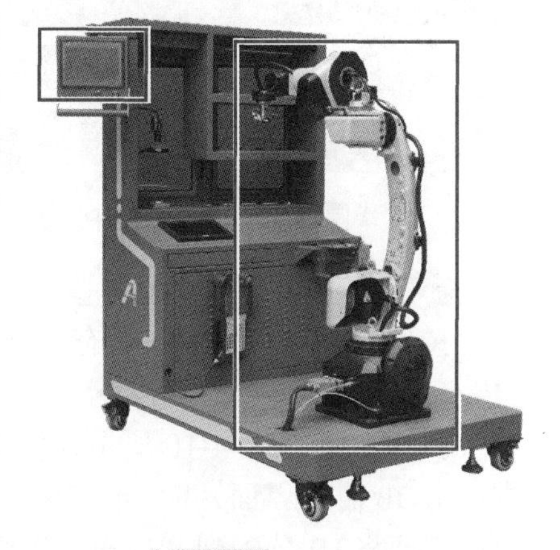

图 6-4-5　实训设备

二、机器人远程启动

1. 机器人端设置

步骤 1. 机器人 IP 地址设为 192.168.0.4，参考项目一任务一的任务实施。

步骤 2. 机器人 MODBUS 端口号，参考项目六任务二的任务实施。

步骤 3. 依次选择示教器上“MENU →下页→系统→变量”，进入系统变量界面，如图 6-4-6 所示。

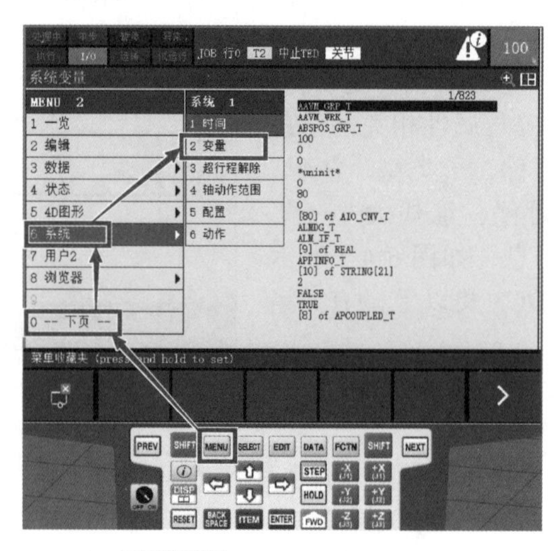

图 6-4-6 进入系统变量界面

步骤 4. 将光标移至“$SNPX_ASG”，按“ENTER”进入，如图 6-4-7 所示。

步骤 5. 将光标移至“SNPX_ASG_T”行 3，按“ENTER”进入，如图 6-4-8 所示。

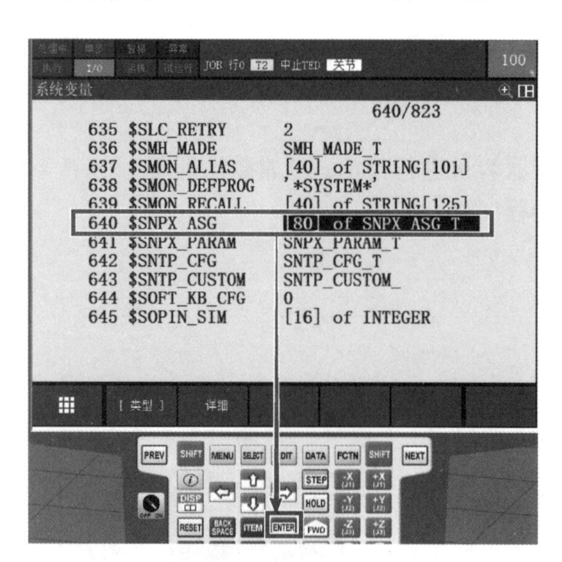

图 6-4-7 进入 $SNPX_ASG

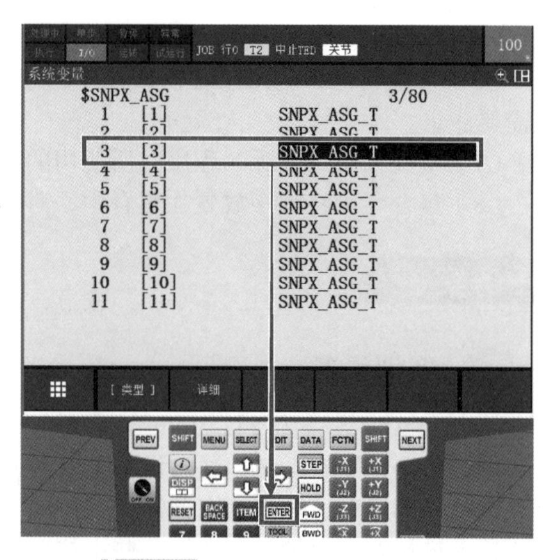

图 6-4-8 进入 $SNPX_ASG 行 3

步骤 6. 按图 6-4-9 所示参数进行设定，将机器人的 UI［1］～ UI［16］的数值写入到保持寄存器 40053，如果有需要的话，$SIZE 可以多添加一个保持寄存器，用以分配 UI［17］～ UI［18］。

步骤 7. 如图 6-4-10 所示，依次选择示教器上的“I/O →类型→ UOP”，按“ENTER”，进入 UOP 输入界面，UI 与 DI 不同之处在于 UI 无法切换为模拟状态，无法实现直接改写，因此需要将 UI 分配到 F 标志，以间接的方式实现。

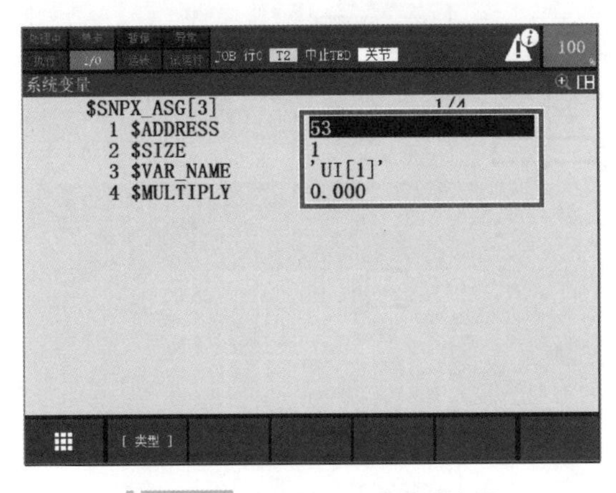

图 6-4-9 分配 UI 至保持寄存器

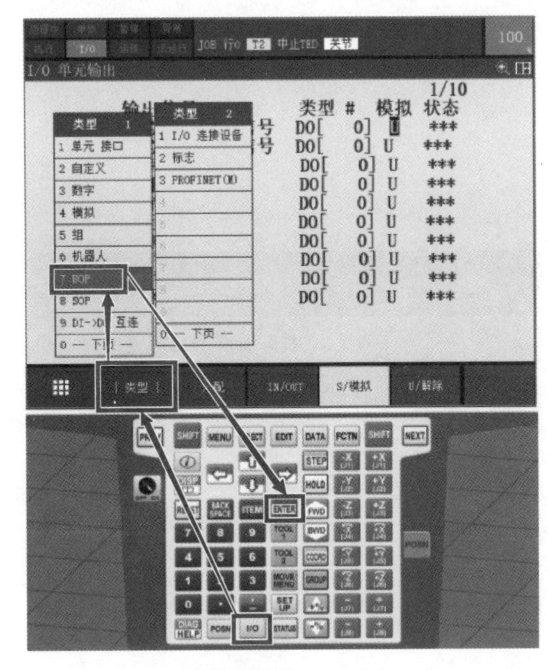

图 6-4-10 UI 界面

步骤 8. 单击“分配”，进入信号分配界面，如图 6-4-11 所示。

步骤 9. 按图 6-4-12 所示参数进行设置，右侧状态显示为“PEND”，将 UI［1］、UI［3］、UI［8］等信号分配为常闭，默认这三个信号始终接通，其余 UI 信号都分配到 F 标志中，本例中只使用 UI［2］暂停 =F［1］、UI［4］程序停止 =F［2］、UI［5］报警复位 =F［3］、UI［6］启动 =F［4］等四个信号实现外部启动，其他信号如有需要可自行设定。

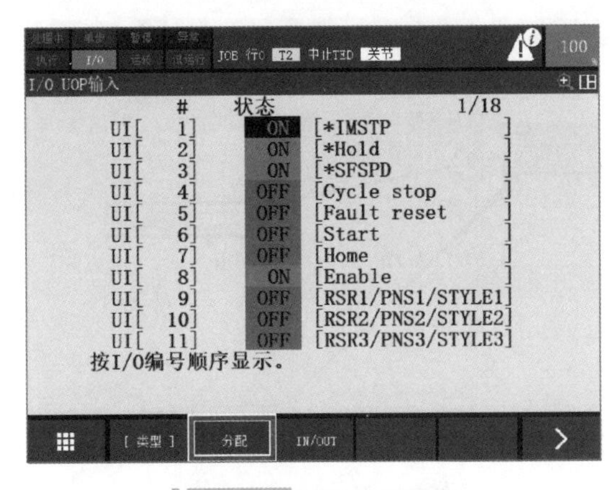

图 6-4-11 单击“分配”

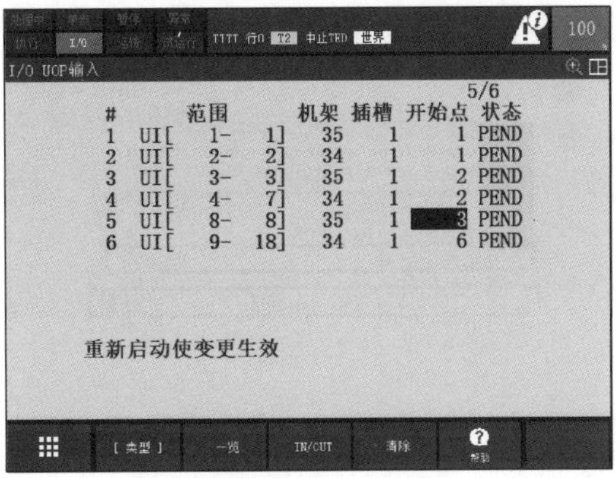

I/O UOP输入 5/6

#	范围	机架	插槽	开始点	状态
1	UI[1- 1]	35	1	1	PEND
2	UI[2- 2]	34	1	1	PEND
3	UI[3- 3]	35	1	2	PEND
4	UI[4- 7]	34	1	2	PEND
5	UI[8- 8]	35	1	3	PEND
6	UI[9- 18]	34	1	6	PEND

重新启动使变更生效

图 6-4-12 分配 UI

步骤 10. 分配完毕后将机器人控制柜重启，此时状态显示为 ACTIV，如图 6-4-13 所示。

步骤 11. 依次选择示教器上“MENU→下页→系统→配置”，进入系统配置界面，如图 6-4-14 所示。

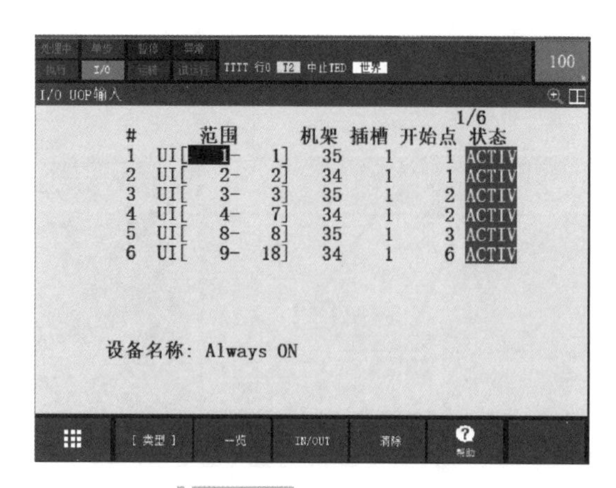

图 6-4-13　UI 分配完毕

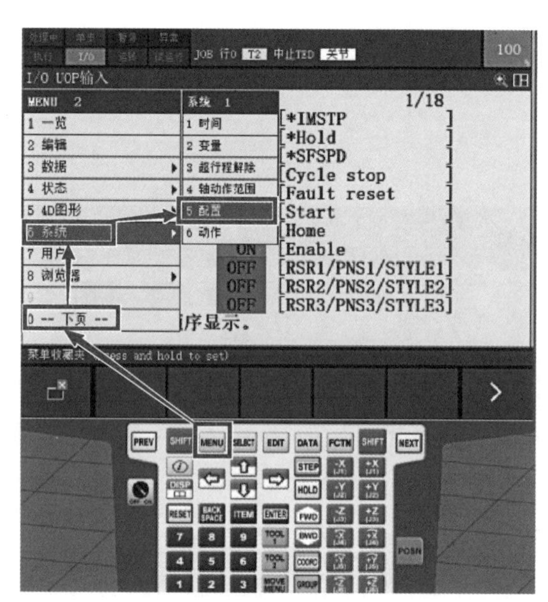

图 6-4-14　进入系统配置

步骤 12. 向下找到第 7 项“专用外部信号”和第 9 项“用 CSTOPI 信号强制中止程序”，单击“启用”（F4），都修改为启用，如图 6-4-15 所示。

步骤 13. 向下找到第 42 项“远程 / 本地设置”，单击“选择”（F4），修改为“远程”，如图 6-4-16 所示。

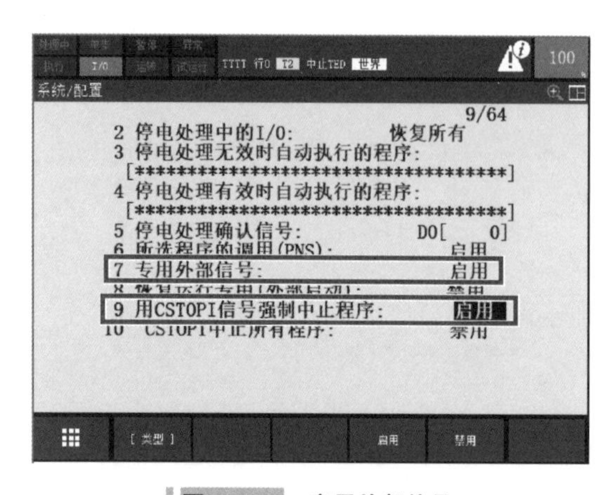

图 6-4-15　启用外部信号

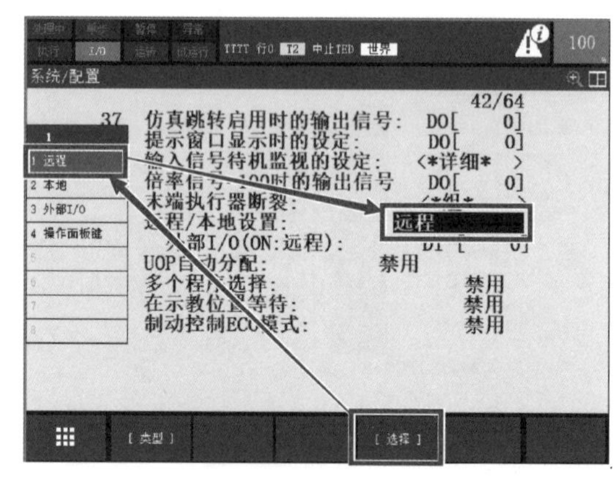

图 6-4-16　设为远程启动

步骤 14. 依次选择示教器上“MENU →下页→系统→变量”，进入系统变量界面，如图 6-4-17 所示。

步骤 15. 将光标移至第 575 项“$RMT_MATSER”，设为“0”，如图 6-4-18 所示。

步骤 16. 将机器人控制柜模式选择切换为“AUTO”，如图 6-4-19 所示；将示教器有效开关转到“OFF”，如图 6-4-20 所示。

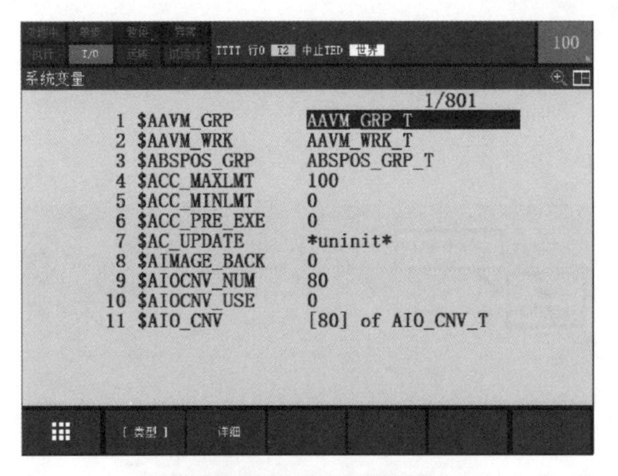

图 6-4-17 进入系统变量页面

```
系统变量                         575/801
570 $RE_EXEC_ENB     FALSE
571 $RGSPD_PREXE     FALSE
572 $RGTDB_PREXE     FALSE
573 $RGTRM_PREXE     FALSE
574 $RI_AIRPURGE     [8] of BOOLEAN
575 $RMT_MASTER      0
576 $ROBOT_ISOLC     [4] of INTEGER
577 $ROBOT_NAME      *uninit*
578 $ROB_ORD_NUM     [8] of STRING[5]
579 $RPC_TIMEOUT     120
580 $RS232_CFG       [4] of RS232_CFG_T
```

图 6-4-18 修改系统变量

图 6-4-19 控制柜

图 6-4-20 示教器

2. 触摸屏端设置

步骤 1. 触摸屏的 IP 地址为 192.168.0.2，参考项目二任务一的任务实施进行设置。

步骤 2. 单击“文件→新建工程”，如图 6-4-21 所示。

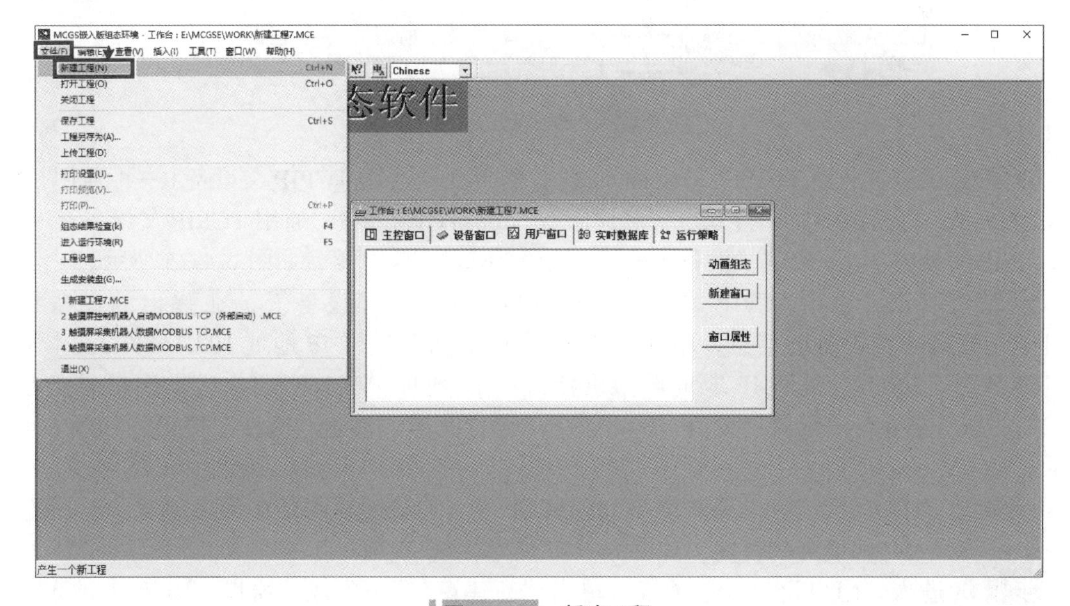

图 6-4-21 新建工程

步骤 3. 将“类型”修改为“TPC1061Ti”，单击“确定”，如图 6-4-22 所示。

步骤 4. 选择“设备窗口”选项卡，双击白框中的“设备窗口”，如图 6-4-23 所示。

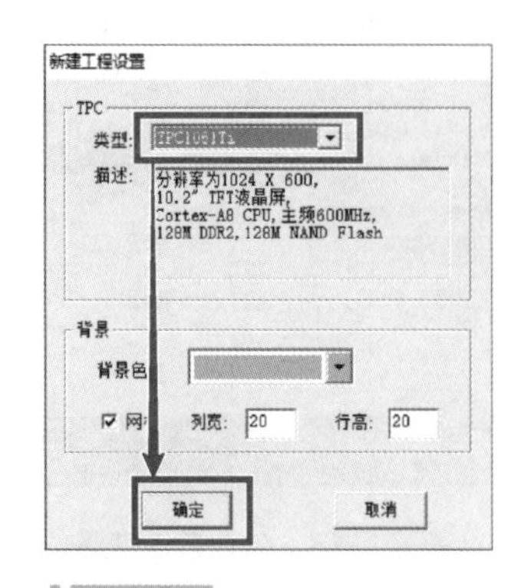

图 6-4-22 选择触摸屏类型

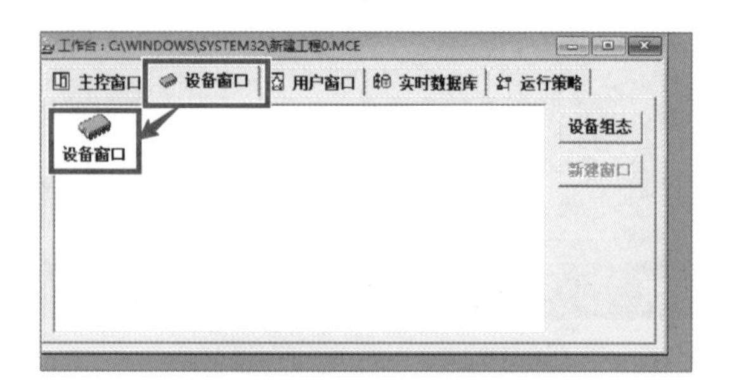

图 6-4-23 进入设备窗口

步骤 5. 单击“设备管理”，在弹出的对话框中，展开“通用设备→ ModbusTCP”，单击“增加”，单击“确认”关闭窗口，如图 6-4-24 所示。

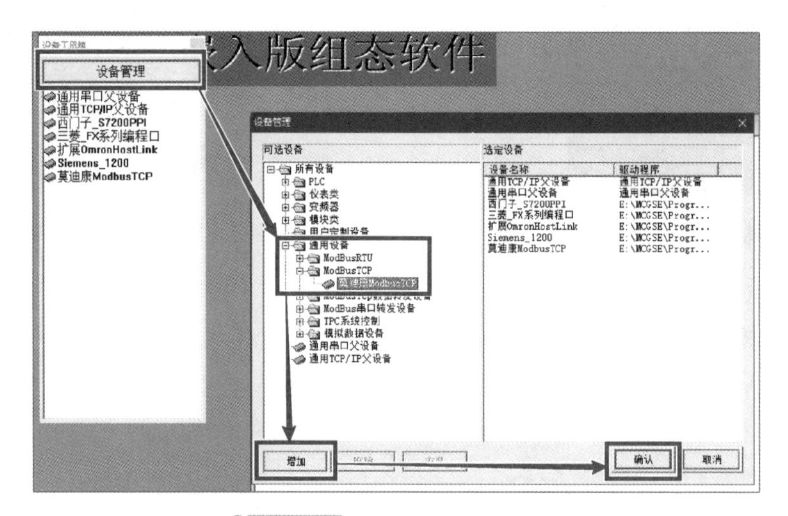

图 6-4-24 增加 Modbus-TCP

步骤 6. 双击“通用 TCP/IP 父设备”，在右侧出现“通用 TCPIP 父设备 0—［通用 TCP/IP 父设备］”，将其选中后，再双击“莫迪康 ModbusTCP”，在“通用 TCPIP 父设备 0—［通用 TCP/IP 父设备］”下出现“设备 1—［莫迪康 ModbusTCP］”，如图 6-4-25 所示。

步骤 7. 双击“通用 TCPIP 父设备 0—［通用 TCP/IP 父设备］”，在弹出的设备编辑窗口中，编辑通信设备的信息，本地 IP 地址设为当前触摸屏 IP 地址 192.168.0.2，本地端口号默认为“3000”，远程 IP 地址设为机器人的 IP 地址 192.168.0.4，远程端口号必须为“502”，“服务器 / 客户设置”设为“0- 客户”，设置完毕，单击“确认”退出，如图 6-4-26 所示。

步骤 8. 双击“设备 1—［莫迪康 ModbusTCP］”，此处建议将最小采集周期（ms）提高，避免影响机器人与触摸屏的性能，如图 6-4-27 所示。

步骤 9. 进入“用户窗口”选项卡，单击“新建窗口”，生成“窗口 0”，双击进入，如图 6-4-28 所示。

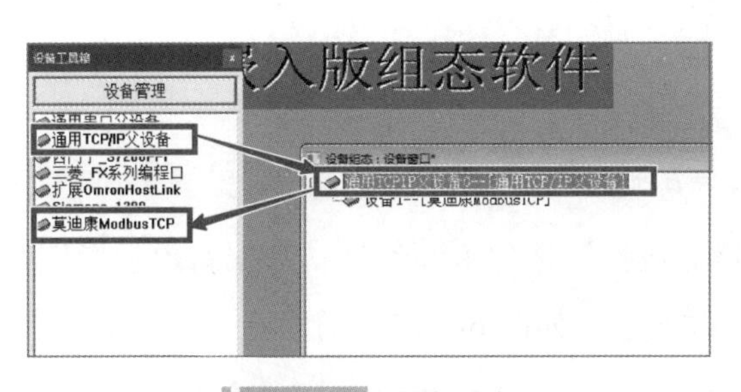

图 6-4-25　添加设备

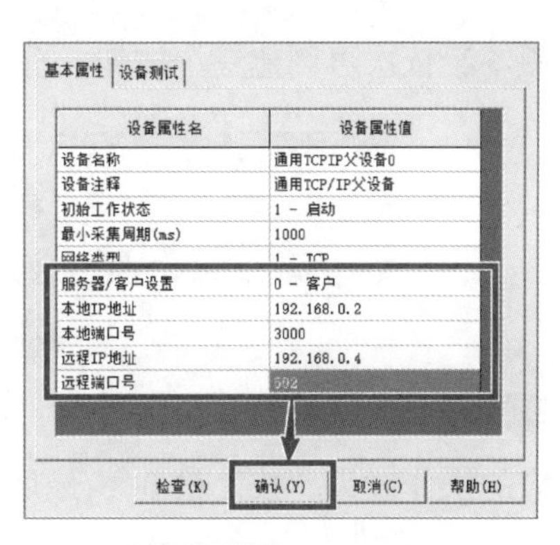

图 6-4-26　修改属性

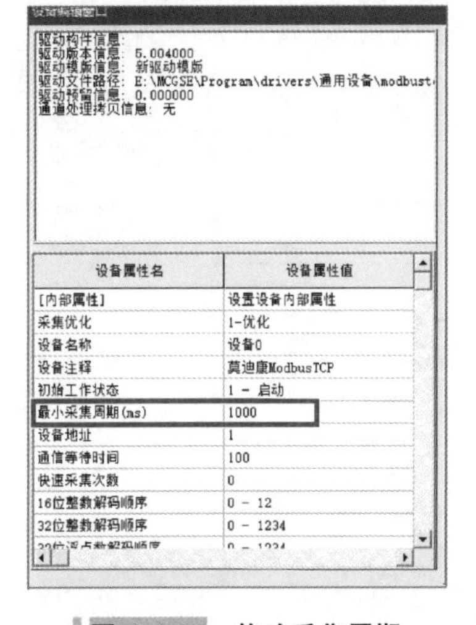

图 6-4-27　修改采集周期

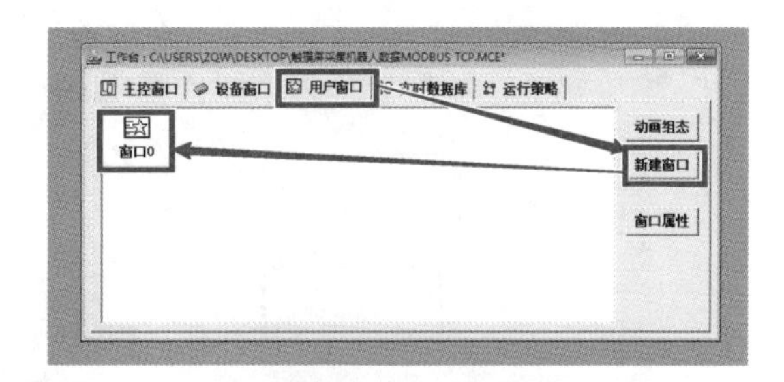

图 6-4-28　添加设备

步骤 10. 在左侧的工具箱中，选择“标准按钮”，在界面添加一个按钮，如图 6-4-29 所示。

步骤 11. 双击该按钮，将文本改为“暂停”，便于分辨，单击“确认”退出，如图 6-4-30 所示。

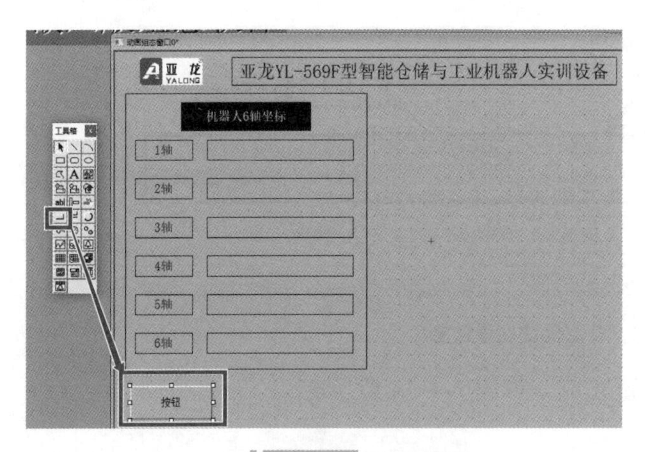

图 6-4-29　添加按钮

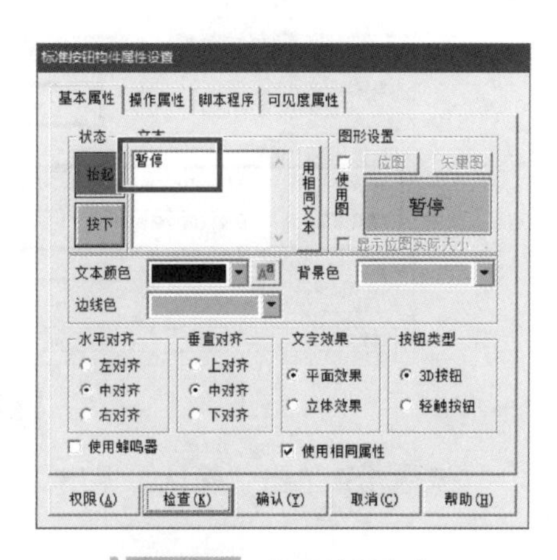

图 6-4-30　修改按钮文本

步骤 12. 依次再创建三个按钮，分别为报警复位、启动、程序停止，如图 6-4-31 所示。

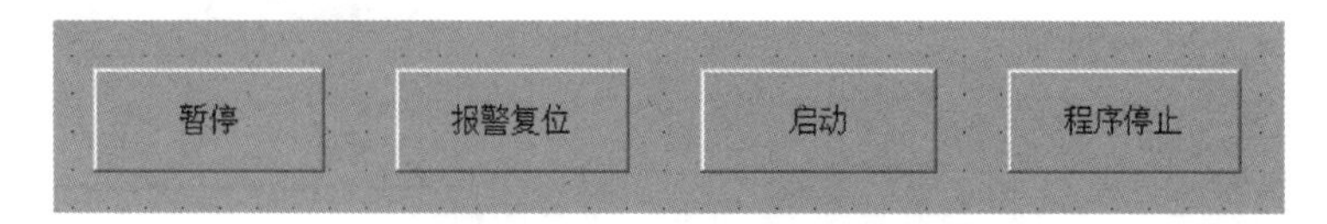

图 6-4-31　创建其他按钮

步骤 13. 双击“报警复位”按钮，进入“操作属性”选项卡，勾选“数据对象值操作”，并将对应的操作改为“按 1 松 0”，最后单击右侧的?，如图 6-4-32 所示。

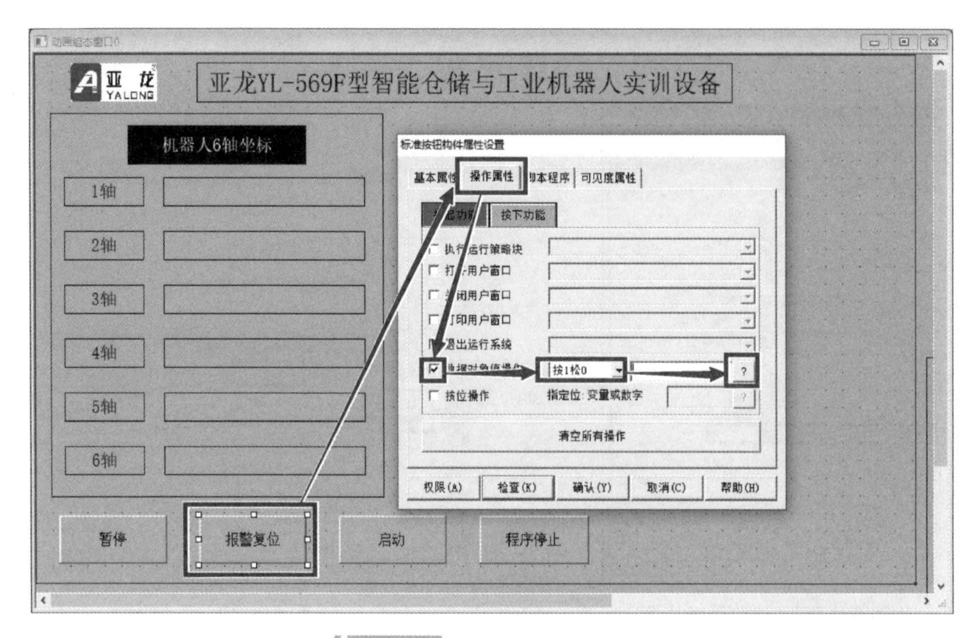

图 6-4-32　进入变量选择页面

步骤 14. “变量选择方式”选择“根据采集信息生成”，将“根据设备信息连接”选项组按图 6-4-33 所示参数进行设置，该按键即可修改 UI［5］这一位的状态，单击“确认”退出。

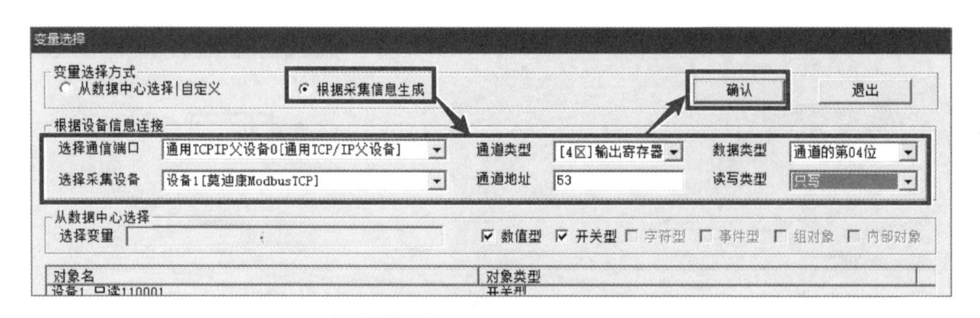

图 6-4-33　设定复位变量信息

步骤 15. 单击“确认”退出，按钮设置完成，如图 6-4-34 所示。

图 6-4-34 按钮设置完成

步骤 16. 根据 **步骤 13**～**步骤 15** 的操作方法将“启动”和“程序停止”按钮也进行设置，“启动”按钮按图 6-4-35a 所示参数设定，“程序停止”按钮按图 6-4-35b 所示参数设定。

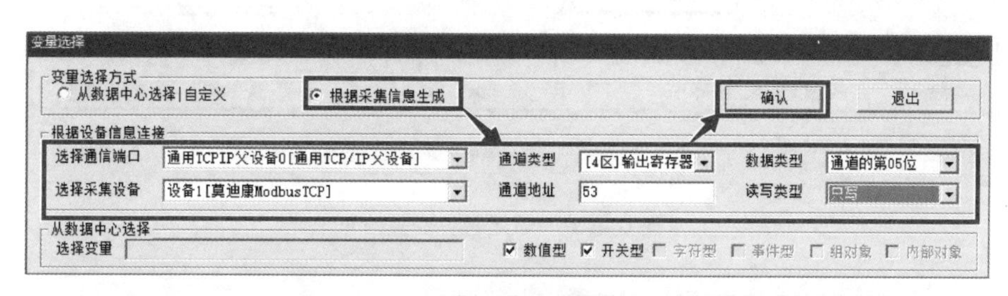

a) “启动”按钮参数

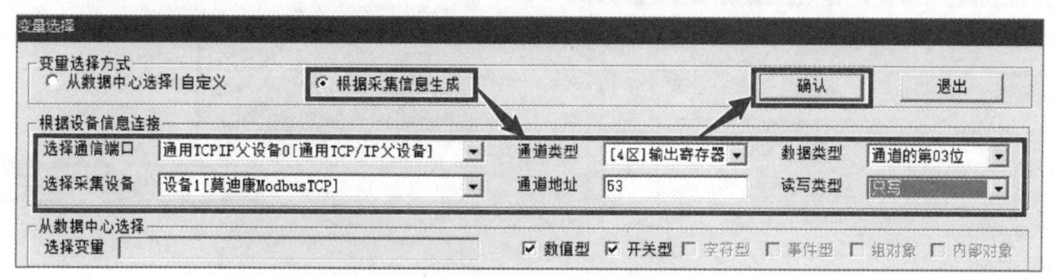

b) “程序停止”按钮参数

图 6-4-35 设定“启动”和“程序停止”按钮参数

步骤 17. 双击“暂停”按钮，进入“操作属性”对话框，勾选“数据对象值操作”，并将对应的操作改为“按 0 松 1”（因为 UI［2］暂停信号默认需要接通，程序需要暂停时才进行断开），最后单击右侧的 ? ，如图 6-4-36 所示。

步骤 18. “变量选择方式”选择“根据采集信息生成”，将“根据设备信息连接”选项组按图 6-4-37 所示参数进行设置，该按键即可修改 UI［2］这一位的状态，单击“确认”退出，如图 6-4-37 所示。

步骤 19. 单击“确认”退出，按钮设置完成，如图 6-4-38 所示。

步骤 20. 单击“工具”，选择“下载配置”，如图 6-4-39 所示。

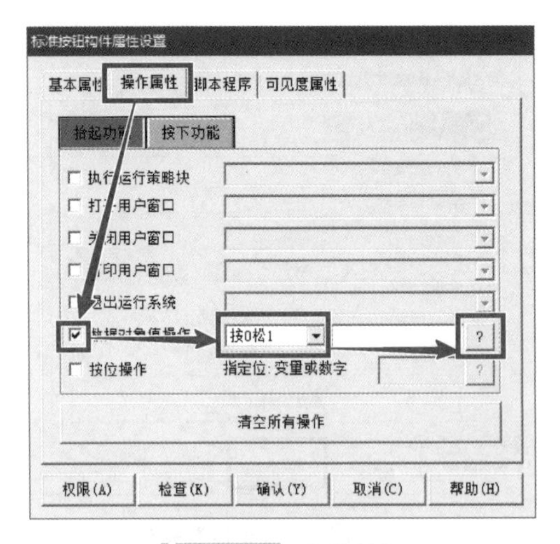

图 6-4-36　暂停按钮

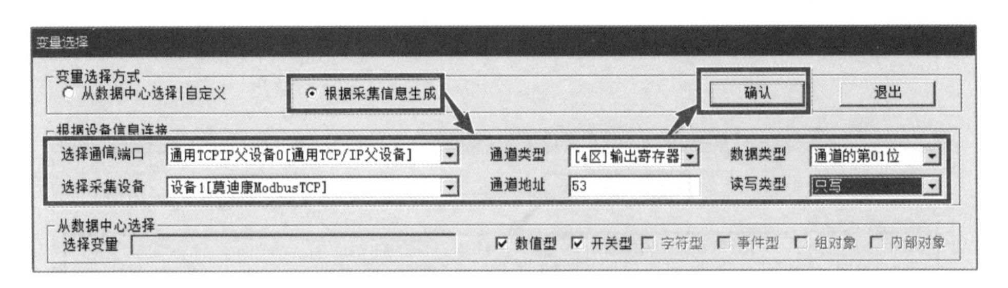

图 6-4-37　设定暂停变量信息

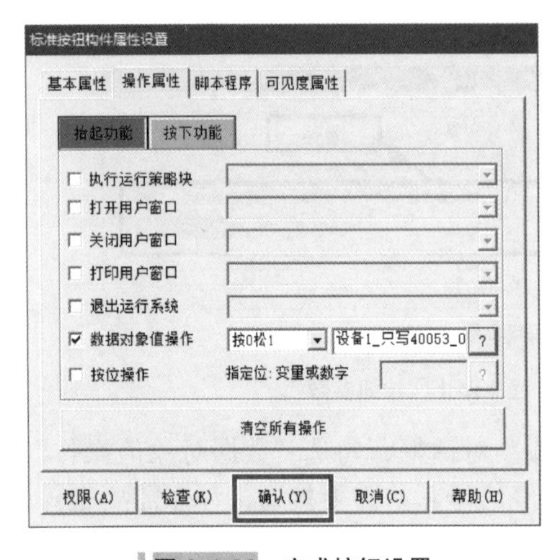

图 6-4-38　完成按钮设置

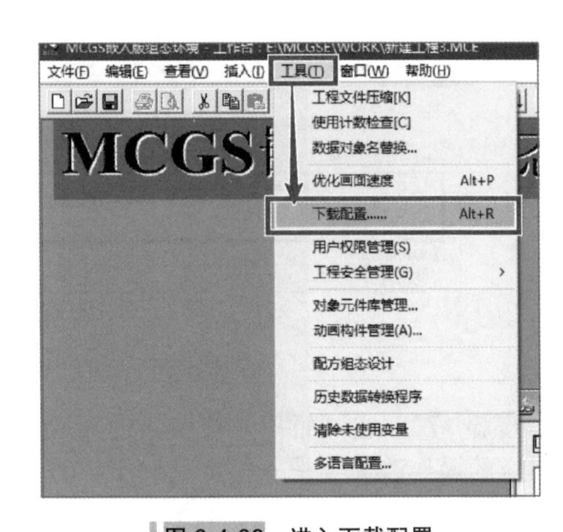

图 6-4-39　进入下载配置

步骤 21. 单击“连机运行”，设定“连接方式”和“目标机名”，也就是通信方式和触摸屏 IP 地址，最后单击“工程下载”，即可下载配置至触摸屏中，如图 6-4-40 所示（**注：**此处必须选中连机运行，如果未模拟运行，则会进行模拟）。

步骤 22. 下载至触摸屏后，将按图 6-4-41 所示界面进行显示。

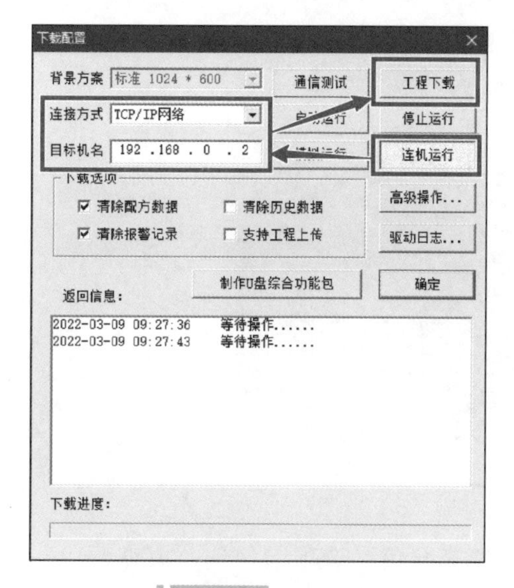

图 6-4-40　下载项目

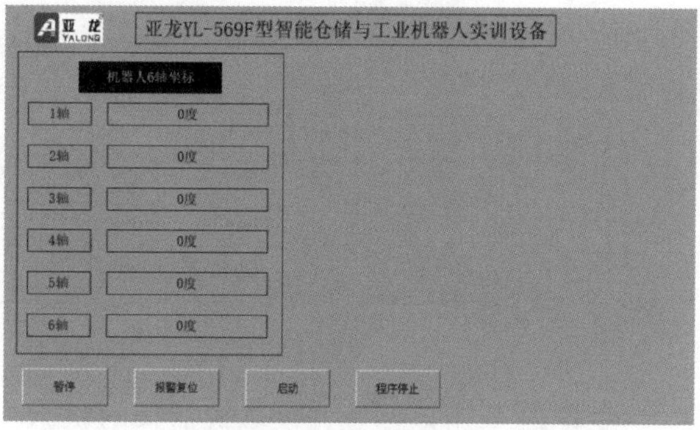

图 6-4-41　项目预览

步骤 23. 按下触摸屏上的“启动程序”按钮，机器人的 UI［6］信号为 ON，程序被启动，如图 6-4-42 所示（**注：**启动程序时，人不要靠近机器人，程序中应注意倍率速度）。

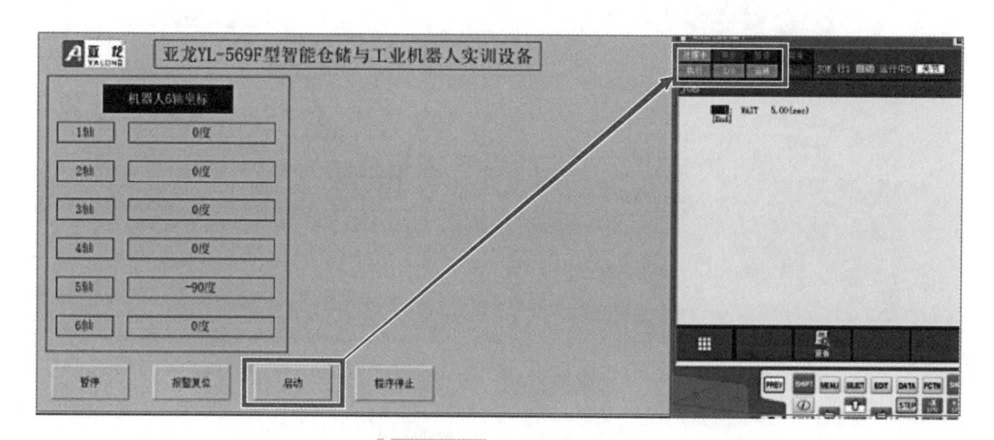

图 6-4-42　启动机器人

三、机器人状态采集与检测

1. 机器人端设置

参考任务实施中机器人远程启动关于“机器人端设置”的内容，如果已经设置完毕，则可跳过。

2. 触摸屏端设置

参考任务实施中机器人远程启动关于“触摸屏端设置”的内容，进行 IP 地址的设置与项目的创建，如果已经设置完毕，则可跳过。

步骤 1. 在工具箱中，单击“标签”，在窗口中创建一个标签，如图 6-4-43 所示。

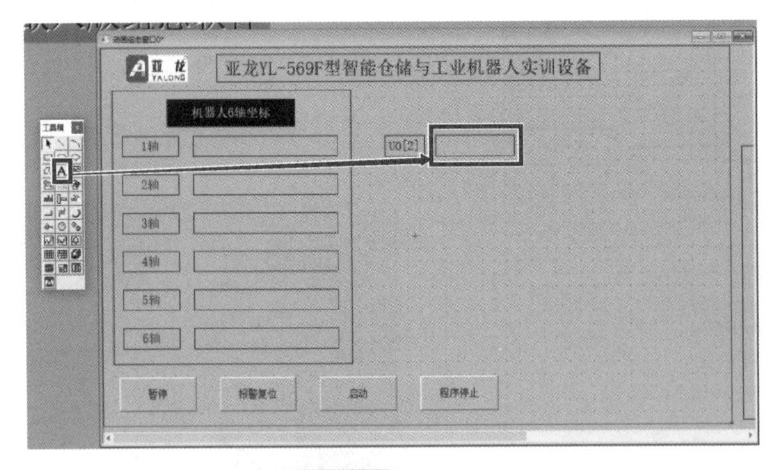

图 6-4-43　创建标签

步骤 2. 双击该标签，读取机器人的状态。选择“填充颜色”选项卡勾选“填充颜色”，如图 6-4-44 所示。

步骤 3. 单击表达式右侧的 ? ，进行变量选择，如图 6-4-45 所示。

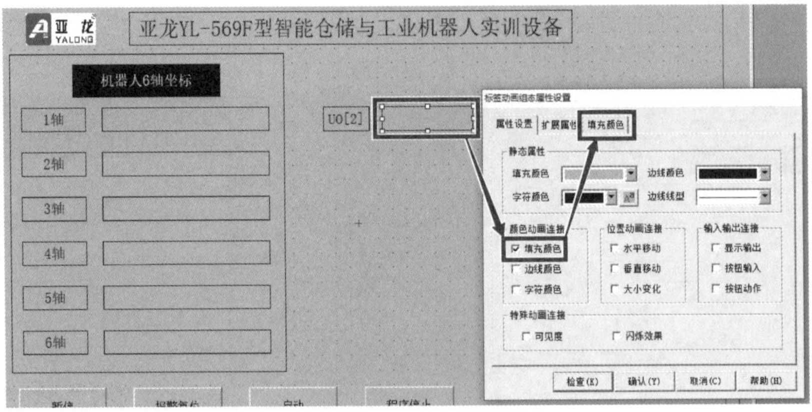

图 6-4-44　填充颜色

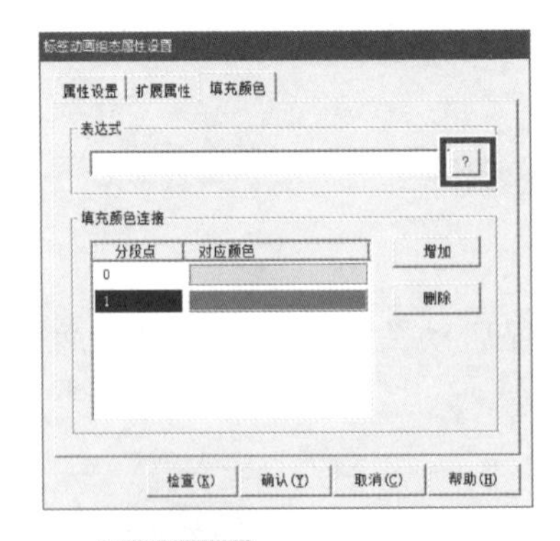

图 6-4-45　进行变量选择

步骤 4. “变量选择方式”改为“根据采集信息生成”，“根据设备信息连接”选项组按图 6-4-46 所示参数进行设置，单击“确认”退出。因为要读取 UO［2］的状态，所以通道

地址为“21002”，UO［1］为“21001”，可参考机器人端设置的 **步骤 4** 。（FANUC 机器人关于信号在 Modbus 寄存器的具体位置参考项目四任务二的表 4-2-7）。

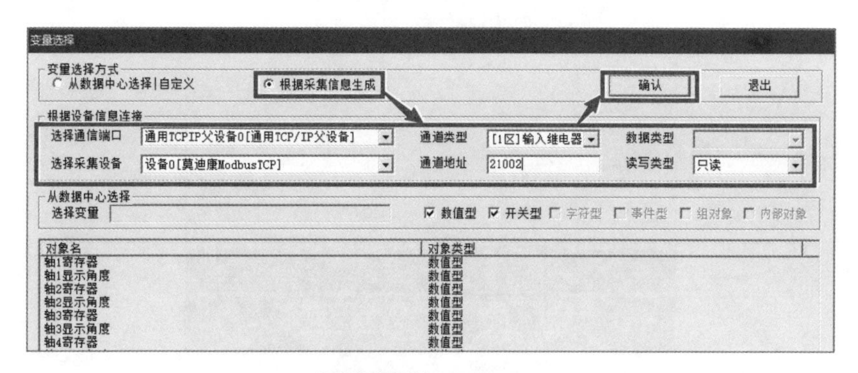

图 6-4-46　变量选择

步骤 5. 双击颜色，将分段点 0 处的颜色改为“红色”，分段点 1 处的颜色改为“绿色”，用于表示当信号为 ON 时，颜色填充为绿色；当信号为 OFF 时，颜色填充为红色，以示区分，如图 6-4-47 所示。

步骤 6. 按图 6-4-48 所示参数对 UO［3］（对应 21003）、UO［4］（对应 21004）、UO［6］（对应 21006）的信号进行添加，分别对机器人的程序运行、程序暂停、报警进行监控。

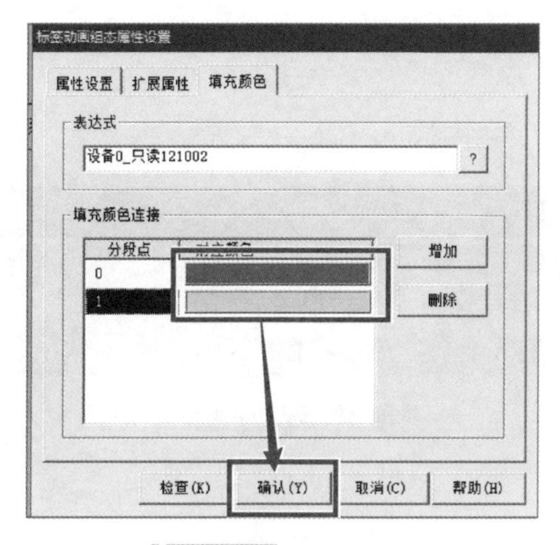

图 6-4-47　颜色修改

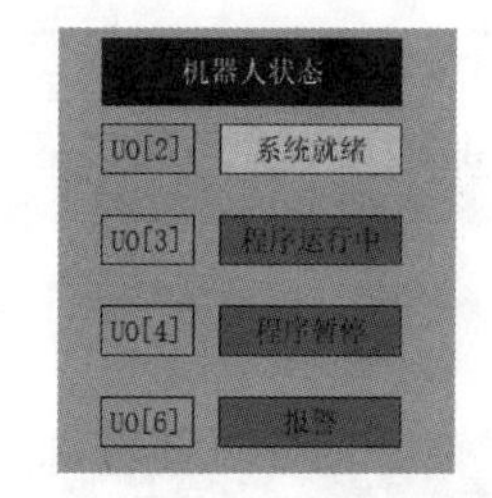

图 6-4-48　配置其他信号

四、机器人安全保护功能

步骤 1. 单击“SELECT”，再单击“创建”，如图 6-4-49 所示。

步骤 2. 将光标移动到“大写”，输入程序名“ JK_ZX”，该程序作为监控信号触发后的执行程序，如图 6-4-50 所示。

步骤 3. 单击两次“ENTER”，完成程序创建，如图 6-4-51 所示。

步骤 4. 单击“SELECT”，再单击“>”进行翻页，单击“详细”，如图 6-4-52 所示。

步骤 5. 将光标移动到“组掩码”，将首位改为“*”，单击“结束”，如图 6-4-53 所示。

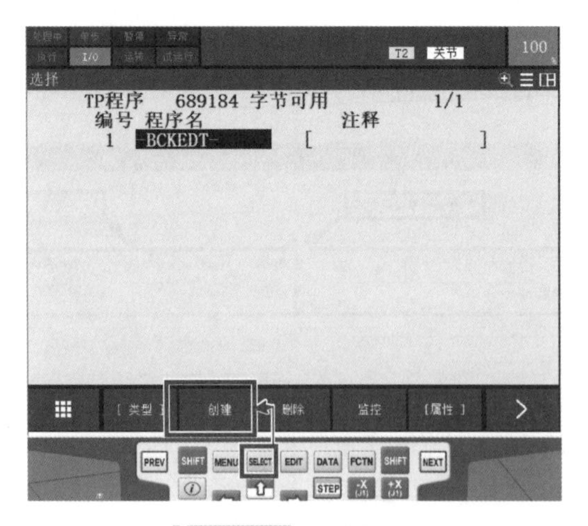

图 6-4-49 创建程序

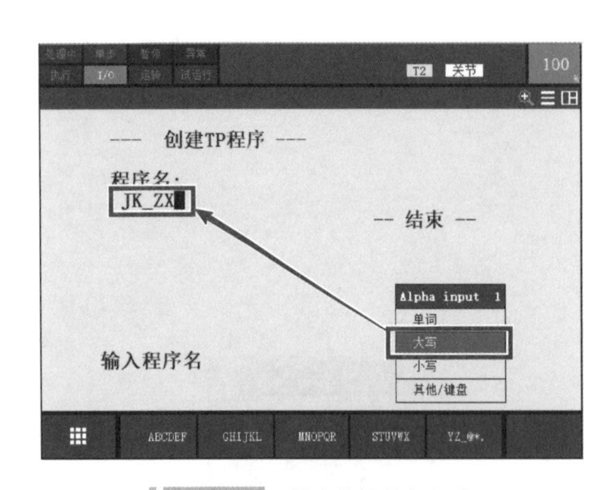

图 6-4-50 创建监控执行程序

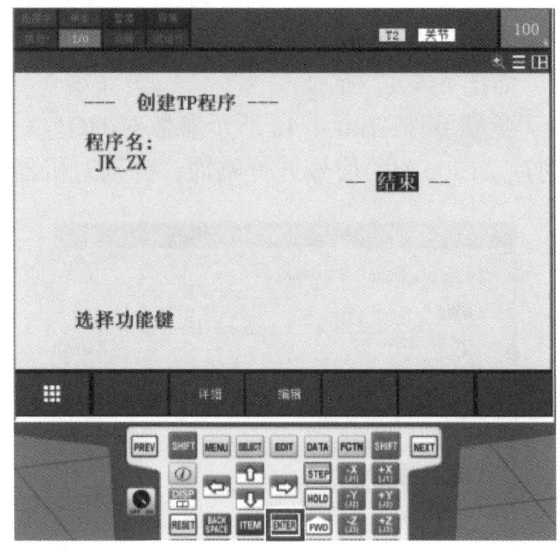

图 6-4-51 创建完成

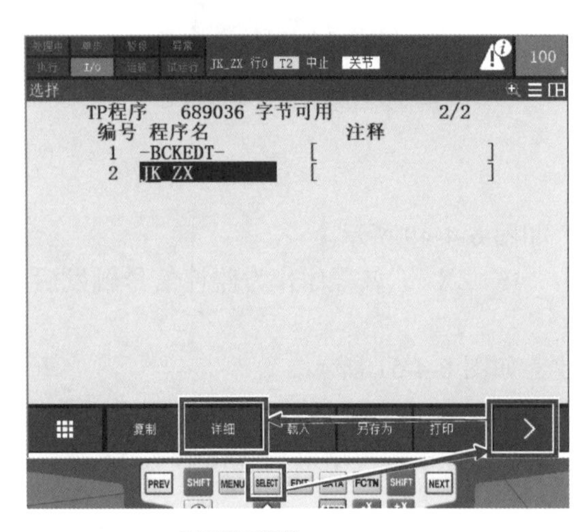

图 6-4-52 进入详细

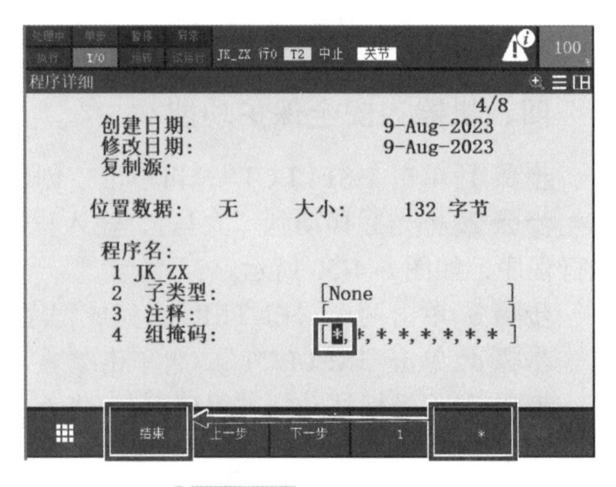

图 6-4-53 修改组掩码

步骤 6. 单击“ENTER”，进入程序，如图 6-4-54 所示。

步骤 7. 单击“指令”，将光标移动到“程序控制”，单击“ENTER”，如图 6-4-55 所示。

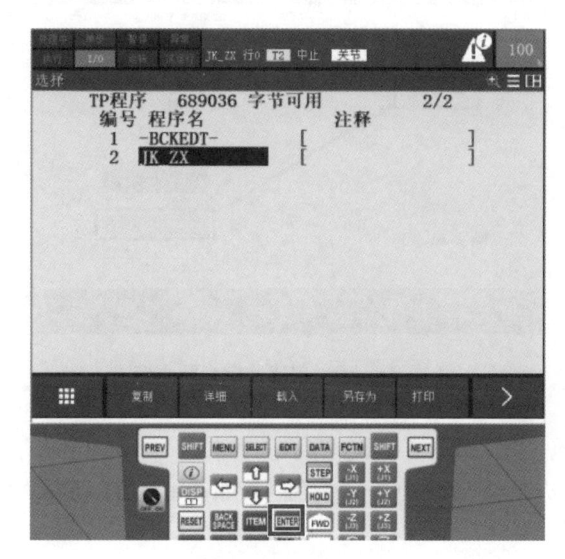

图 6-4-54 进入程序

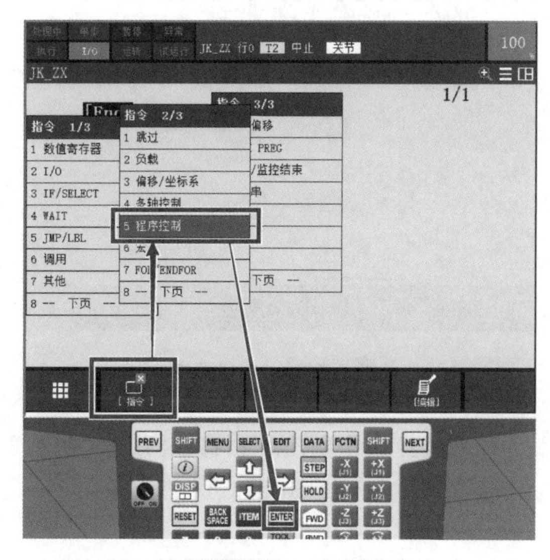

图 6-4-55 创建指令

步骤 8. 将光标移动到“中止”，单击“ENTER”，如图 6-4-56 所示。

步骤 9. 单击“SELECT”，回到程序管理界面，如图 6-4-57 所示。

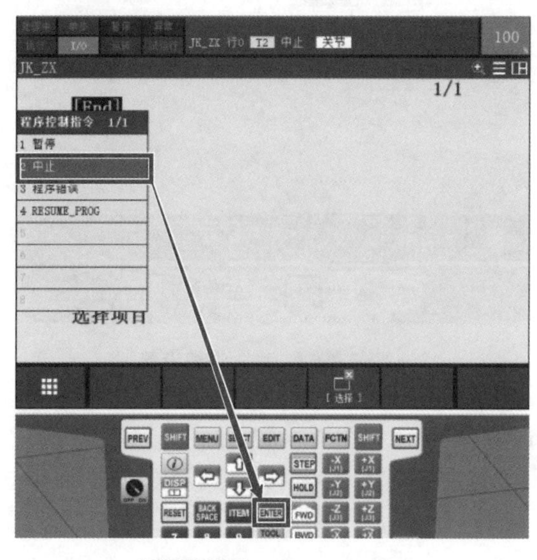

图 6-4-56 使用中止指令

图 6-4-57 返回程序管理界面

步骤 10. 单击“创建”，如图 6-4-58 所示。

步骤 11. 将光标移动到“大写”，输入程序名“JK_PD”，该程序作为监控信号的判断程序，如图 6-4-59 所示。

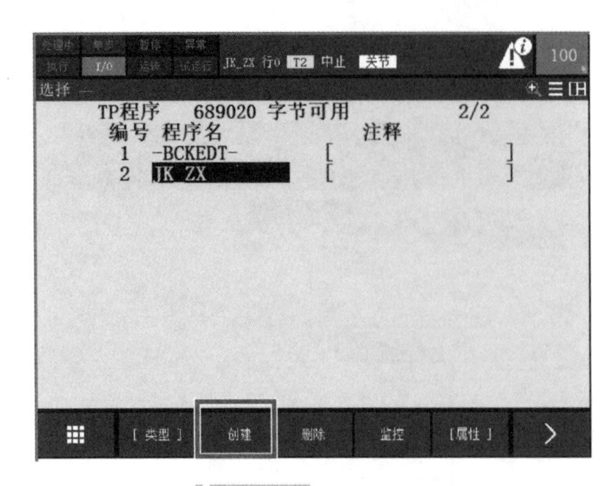

图 6-4-58 创建程序

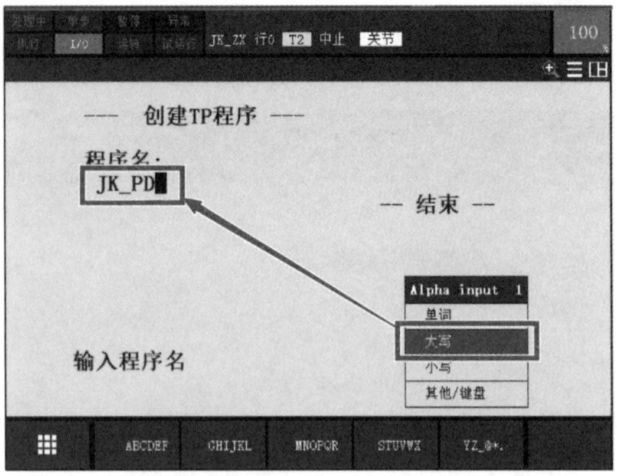

图 6-4-59 创建监控判断程序

步骤 12. 单击两次“ENTER”，完成程序创建，如图 6-4-60 所示。

步骤 13. 单击“SELECT”，再单击“>”进行翻页，单击“详细”，如图 6-4-61 所示。

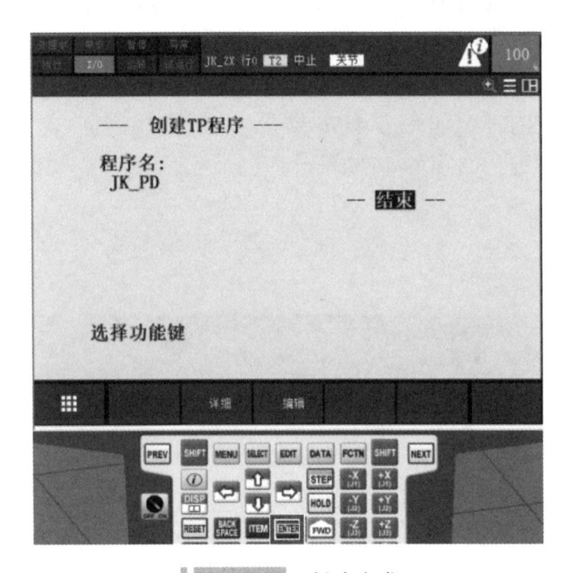

图 6-4-60 创建完成

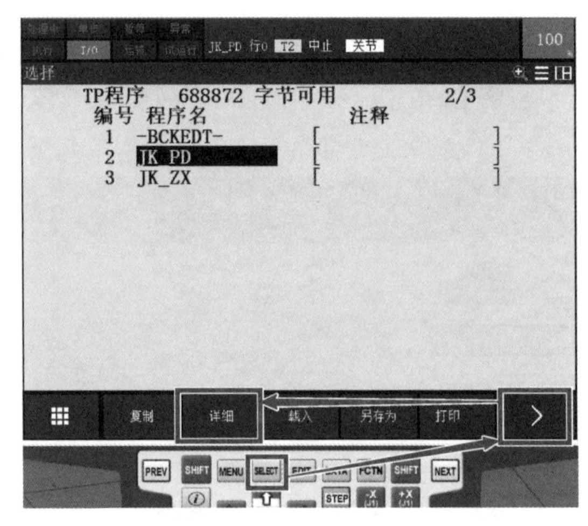

图 6-4-61 进入详细设置

步骤 14. 将光标移动到“组掩码”，将首位改为“*”，如图 6-4-62 所示。

步骤 15. 将光标移动到“子类型”，单击“选择”，将光标移动到“Cond”，单击“ENTER”，如图 6-4-63 所示。

步骤 16. 单击“结束”，退出详细界面，如图 6-4-64 所示。

步骤 17. 单击“类型”，光标移动到“条件”，单击“ENTER”，如图 6-4-65 所示。

步骤 18. 单击“ENTER”，进入程序，如图 6-4-66 所示。

步骤 19. 单击“指令”，如图 6-4-67 所示。

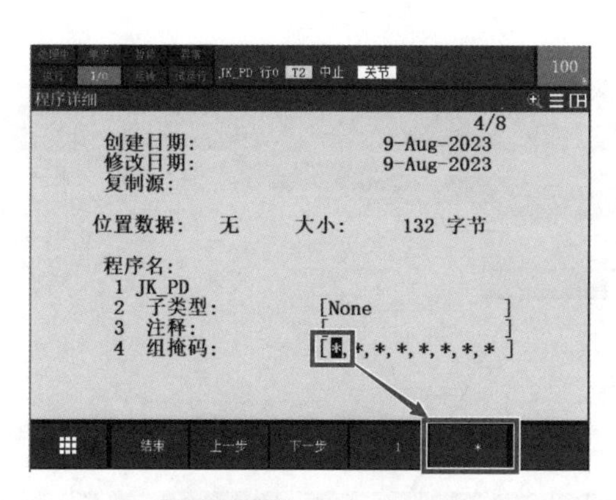

图 6-4-62 修改组掩码

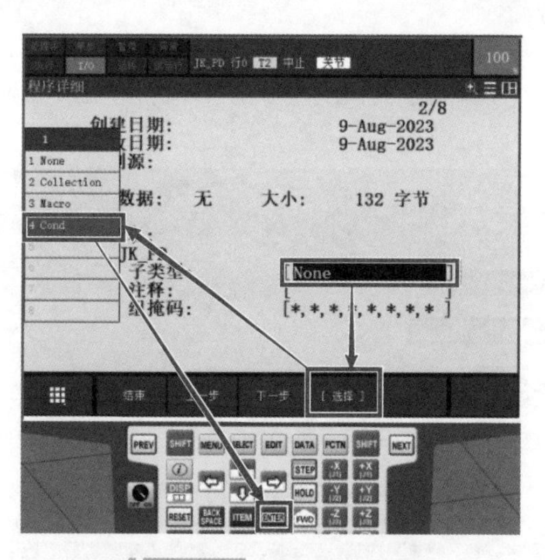

图 6-4-63 修改程序类型

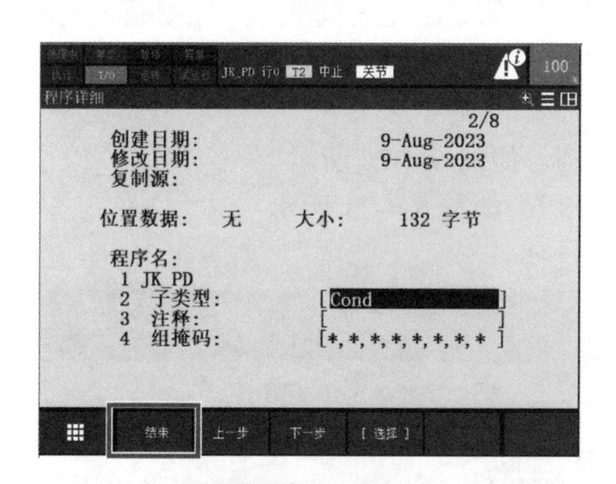

图 6-4-64 修改结束

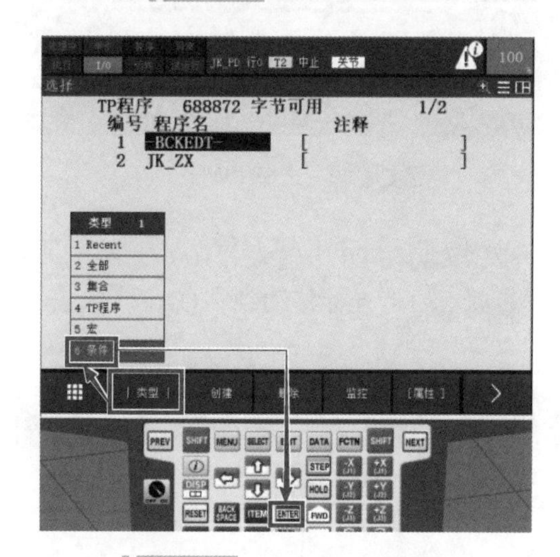

图 6-4-65 修改查看程序类型

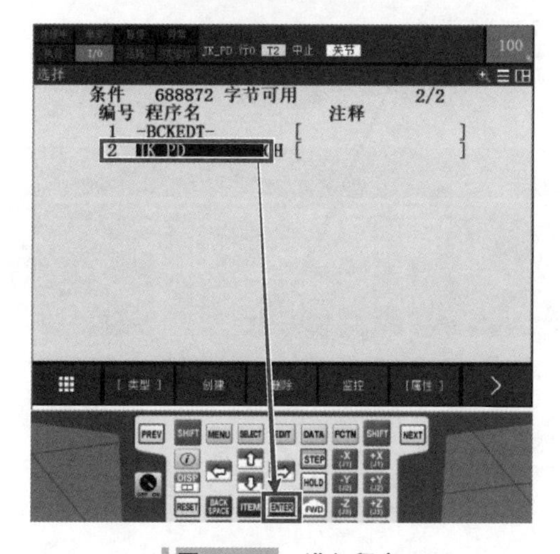

图 6-4-66 进入程序

图 6-4-67 单击“指令”

步骤 20. 将光标移到“WHEN...<>...”，单击“ENTER”，如图 6-4-68 所示。

步骤 21. 将光标移到“DI”，单击“ENTER”，如图 6-4-69 所示。

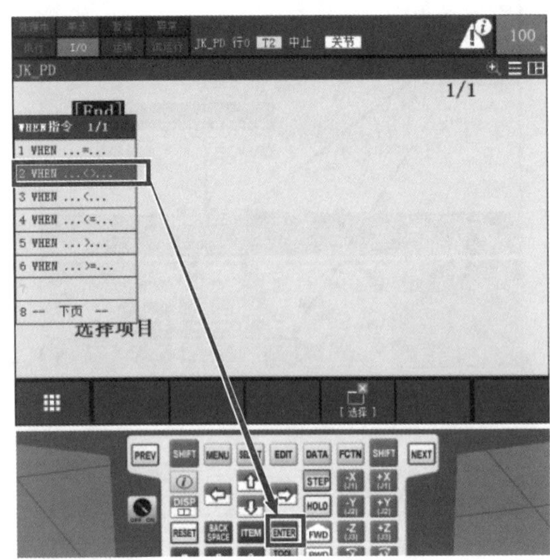

图 6-4-68 选择“WHEN”

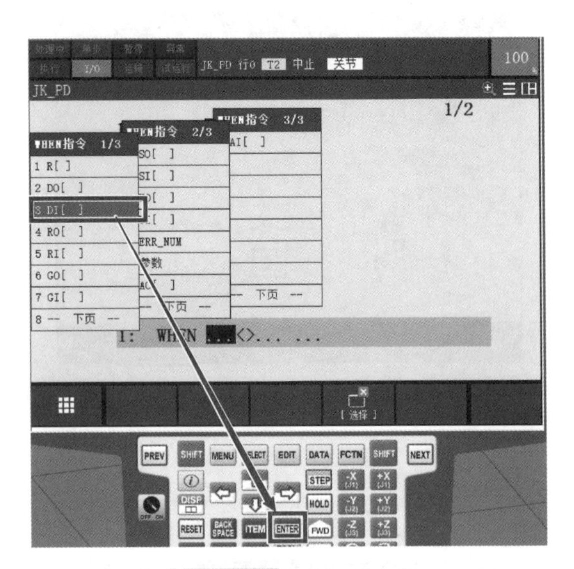

图 6-4-69 选择“DI”

步骤 22. 在 DI 中输入“100”，单击“ENTER”，如图 6-4-70 所示。

步骤 23. 将光标移动到“ON”，单击“ENTER”，如图 6-4-71 所示。

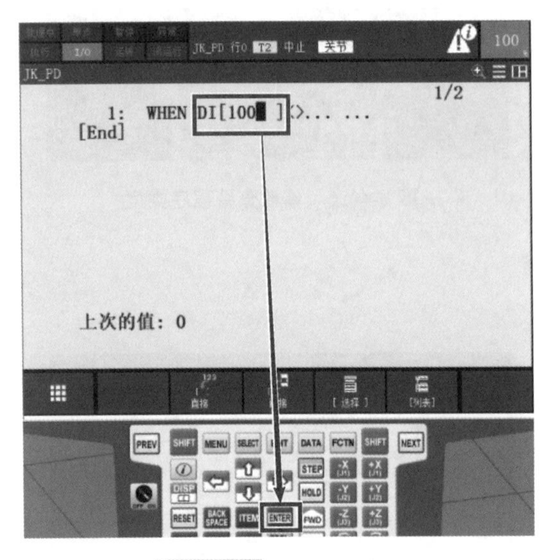

图 6-4-70 输入 DI 参数

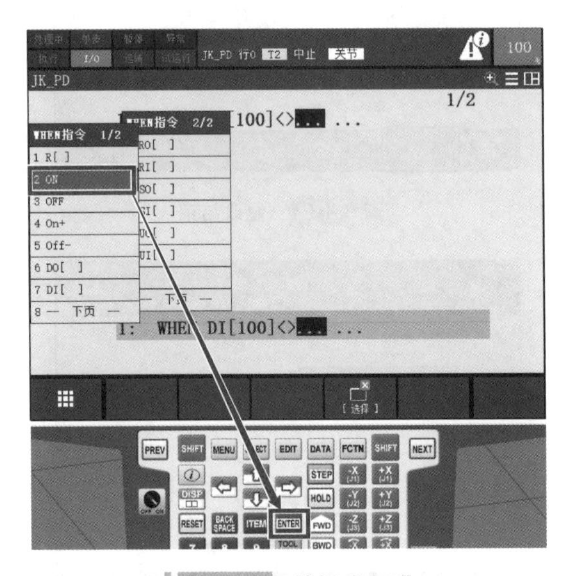

图 6-4-71 选择“ON”

步骤 24. 将光标移动到“调用程序”，单击“ENTER”，如图 6-4-72 所示。

步骤 25. 将光标移动到“JK_ZX”程序上，单击“ENTER”，如图 6-4-73 所示。

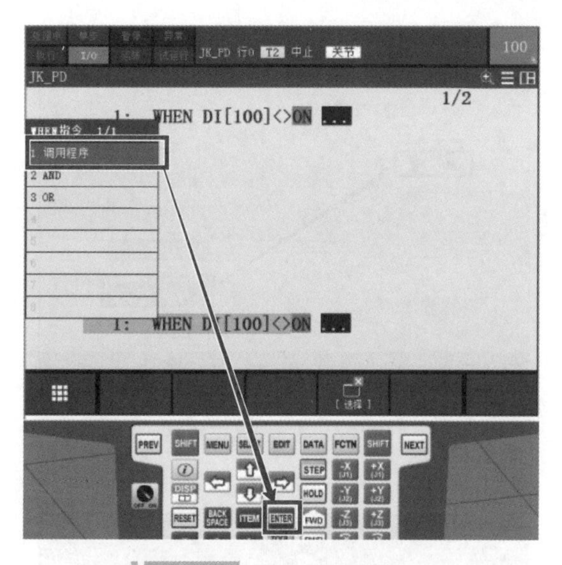

图 6-4-72 选择“调用程序”

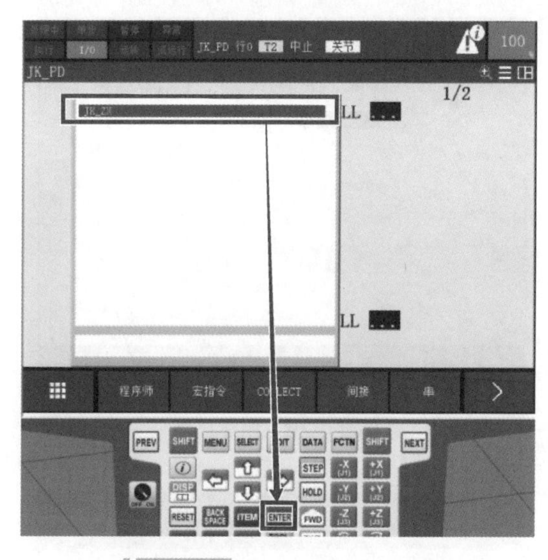

图 6-4-73 选择监控执行程序

步骤 26. 单击“SELECT”，返回程序管理界面，如图 6-4-74 所示。

步骤 27. 单击“类型”，将光标移动到“Recent”，单击“ENTER”，如图 6-4-75 所示。

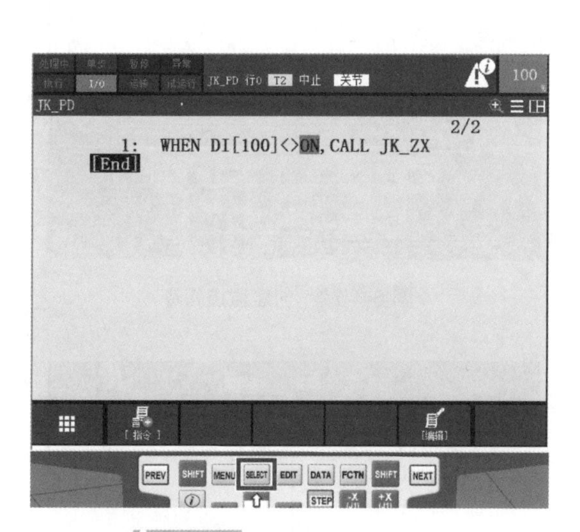

图 6-4-74 返回程序管理界面

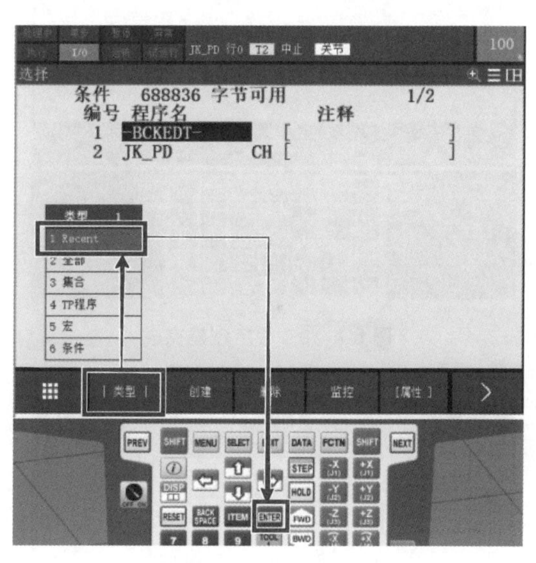

图 6-4-75 查看最近程序

步骤 28. 单击“创建”，如图 6-4-76 所示。

步骤 29. 将光标移动到“大写”，输入程序名“MAIN”，MAIN 程序作为主程序，如图 6-4-77 所示。

步骤 30. 单击两次“ENTER”，完成程序创建，如图 6-4-78 所示。

步骤 31. 单击“>”，单击“指令”，光标移动到“监控 / 监控结束”，单击“ENTER”，如图 6-4-79 所示。

步骤 32. 将光标移动到“监控”，单击“ENTER”，如图 6-4-80 所示。

步骤 33. 将光标移动到“JK_PD”程序，单击“ENTER”，如图 6-4-81 所示。

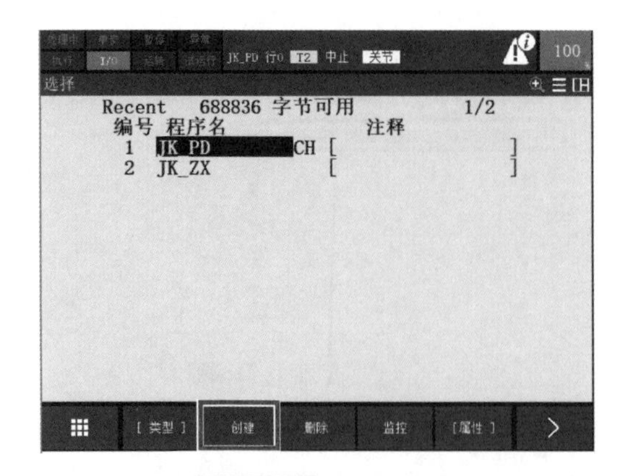
图 6-4-76　创建程序

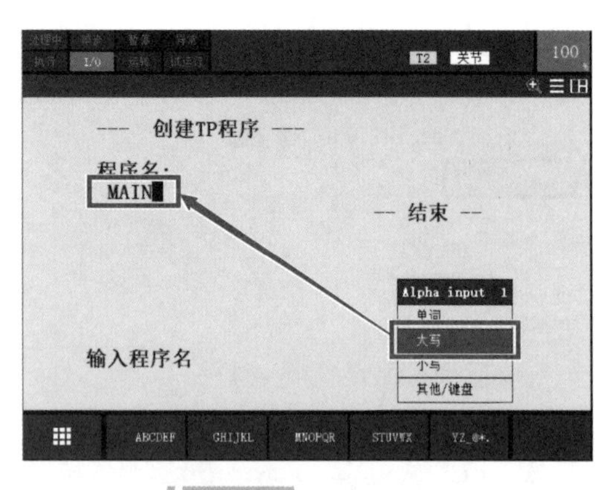
图 6-4-77　创建主程序

图 6-4-78　程序创建完成

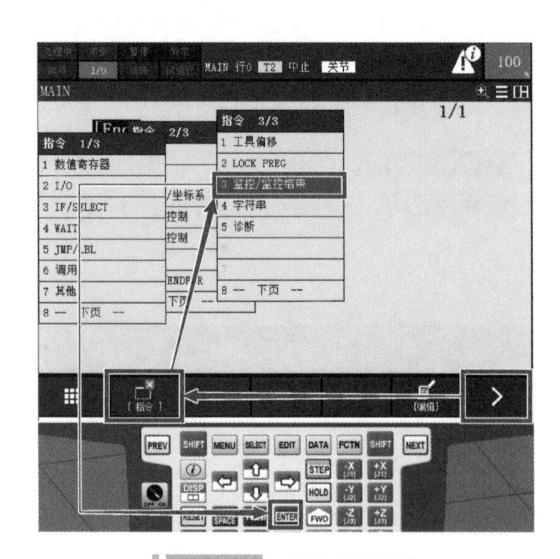
图 6-4-79　创建监控指令

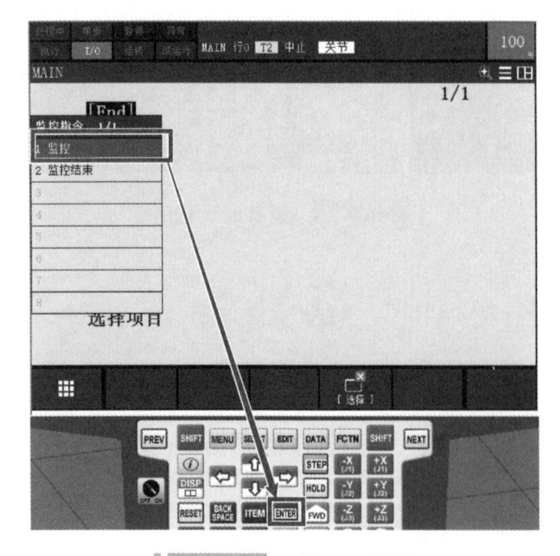
图 6-4-80　选择“监控”

图 6-4-81　选择监控判断程序

步骤 34. 在监控指令后面加入任意程序，如图 6-4-82 所示。

步骤 35. 单击“指令”，将光标移动到“监控 / 监控结束”，单击“ENTER”，如图 6-4-83 所示。

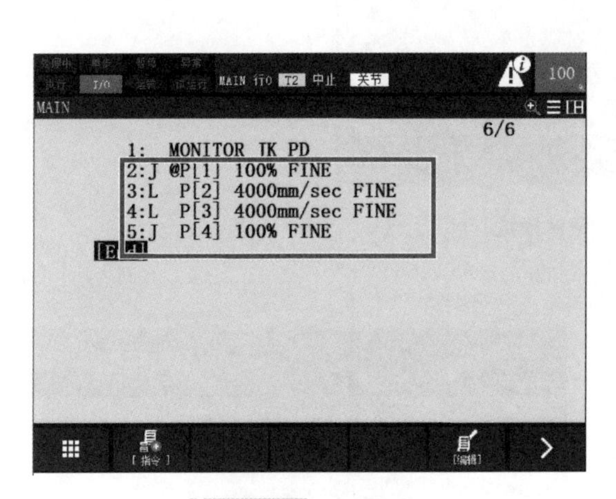

图 6-4-82　添加程序

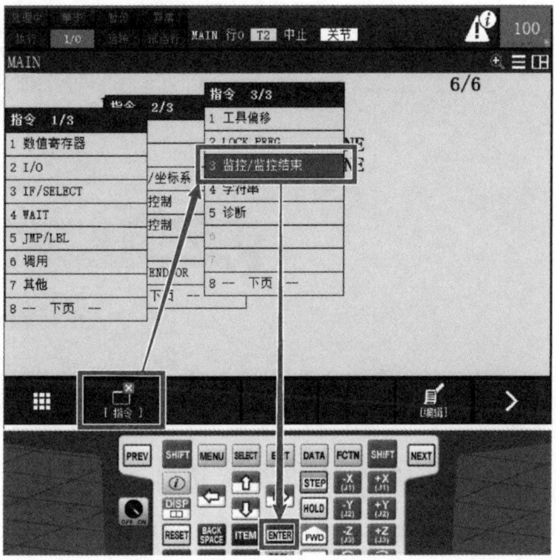

图 6-4-83　创建监控指令

步骤 36. 将光标移动到“监控结束”，单击“ENTER”，如图 6-4-84 所示。

步骤 37. 将光标移动到“JK_PD”程序，单击“ENTER”，如图 6-4-85 所示。

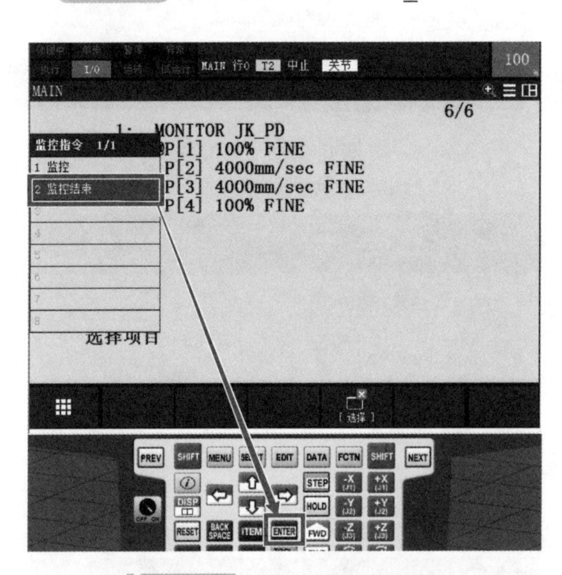

图 6-4-84　选择监控结束指令

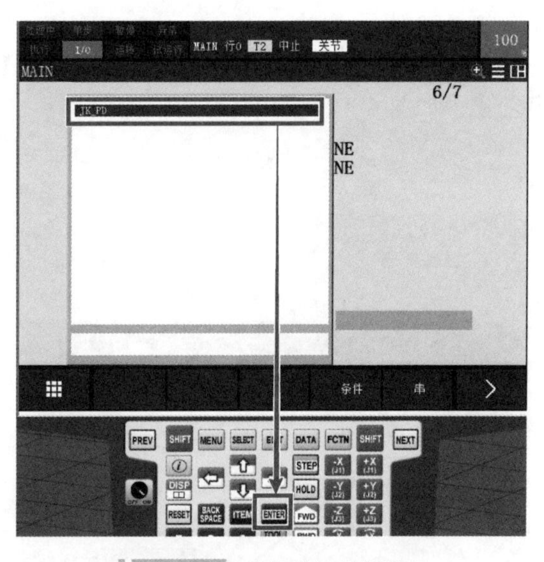

图 6-4-85　选择监控判断程序

步骤 38. 程序创建完毕，运行 MAIN 程序时，只要监控判断程序 JK_PD 中的 DI［101］信号不为 ON，系统会自动跳转至 JK_ZX 程序，将机器人的程序进行中止，以保证机器人的安全，如图 6-4-86 所示。

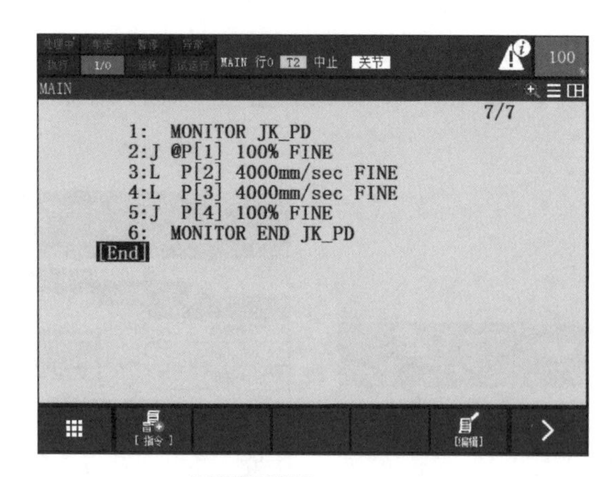

图 6-4-86 程序预览

五、机器人示教效率优化

前提条件：机器人的气爪打开信号为 RO［1］，气爪夹紧信号为 RO［2］。

步骤 1. 单击“创建”，如图 6-4-87 所示。

步骤 2. 将光标移动到“大写”，输入程序名“GP_OPEN”，该程序作为气爪打开程序，如图 6-4-88 所示。

步骤 3. 单击两次“ENTER”键，完成程序创建，如图 6-4-89 所示。

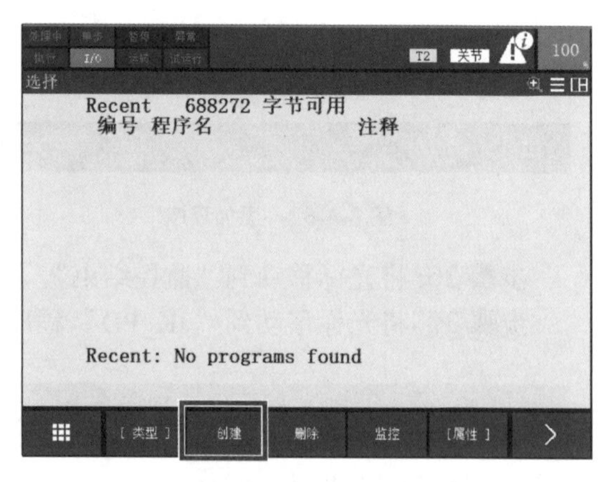

图 6-4-87 创建程序

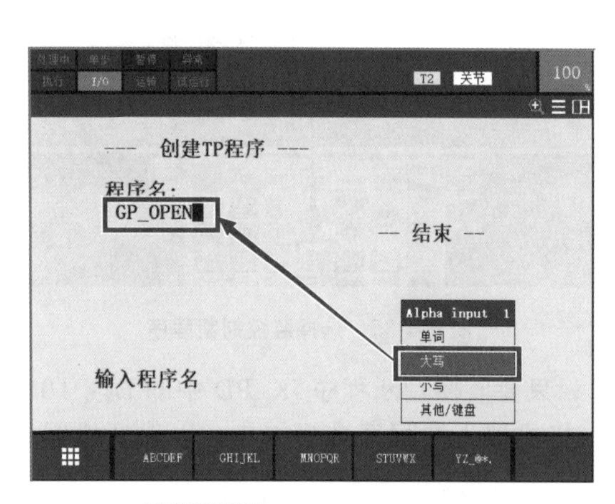

图 6-4-88 创建气爪打开程序

图 6-4-89 程序创建完成

步骤 4. 如图 6-4-90 所示添加气爪打开 I/O 指令，将气爪夹紧信号 RO［2］置位 OFF，再将气爪打开信号 RO［1］置位 ON（该方法仅用于双控式电磁阀），添加完毕后单击“SELECT”。

步骤 5. 再创建一个气爪夹紧程序“GP_CLOSE”，如图 6-4-91 所示。

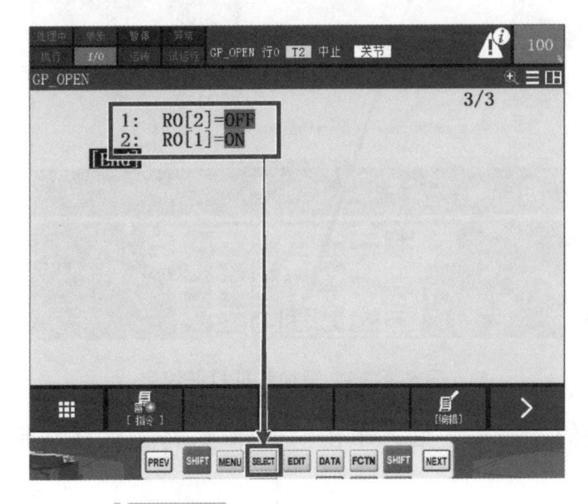

图 6-4-90 添加气爪打开 I/O 指令

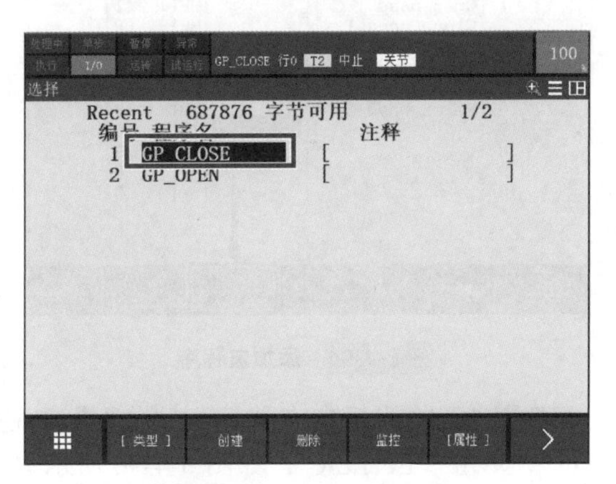

图 6-4-91 创建气爪夹紧程序

步骤 6. 按图 6-4-92 所示添加气爪夹紧 I/O 指令。

步骤 7. 单击“MENU”，依次选择“设置→宏”，单击“ENTER”，如图 6-4-93 所示。

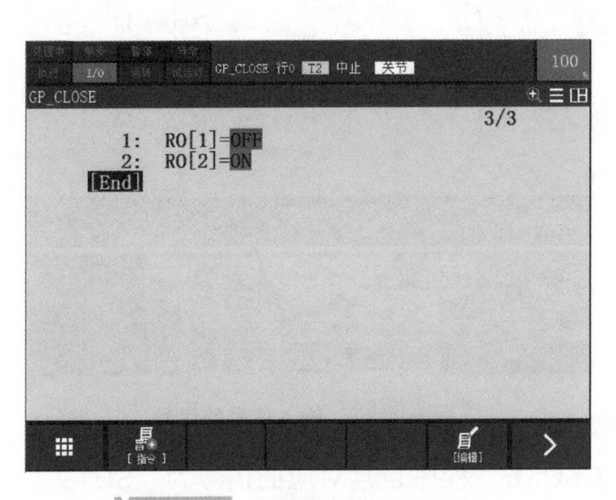

图 6-4-92 添加气爪夹紧 I/O 指令

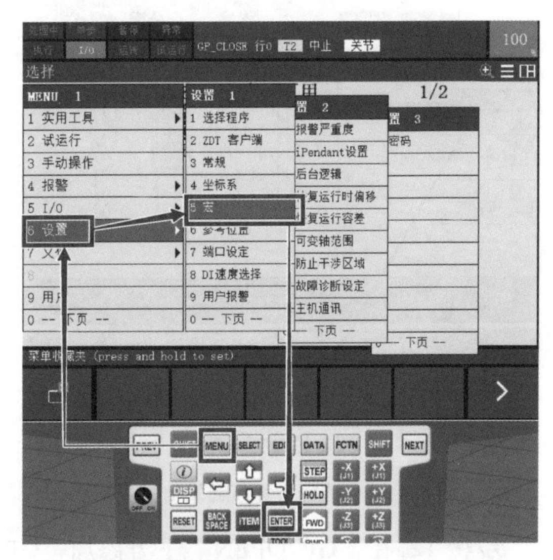

图 6-4-93 进入宏指令界面

步骤 8. 将光标移动到“程序”一栏的空白处，单击“选择”，如图 6-4-94 所示。

步骤 9. 将光标移动到气爪打开程序“GP_OPEN”，单击“ENTER”，如图 6-4-95 所示。

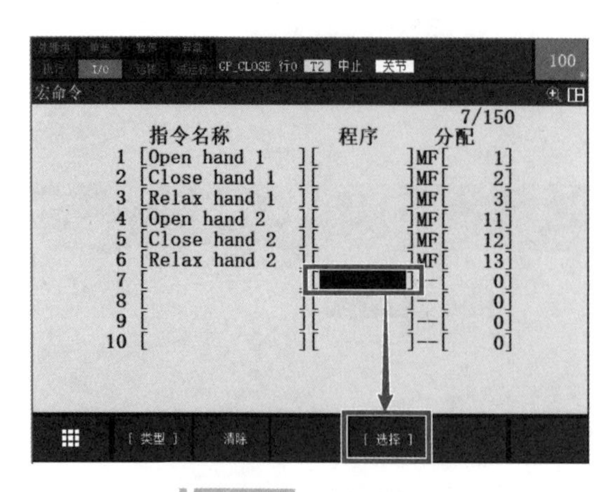

图 6-4-94　添加宏程序

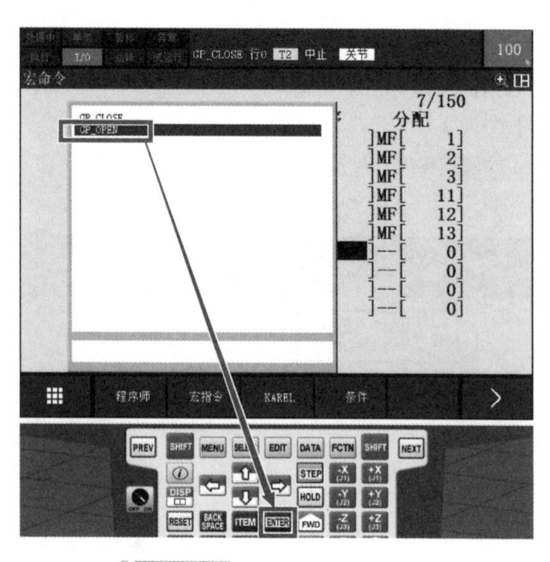

图 6-4-95　添加气爪打开程序

步骤 10. 将光标向右移动到“分配”一栏的“——”处，单击“选择”，将光标移动到“SU”，单击“ENTER”，如图 6-4-96 所示。

步骤 11. 将光标向右移动到“分配”一栏的“[0]”，输入“1”，单击“ ENTER”，如图 6-4-97 所示。

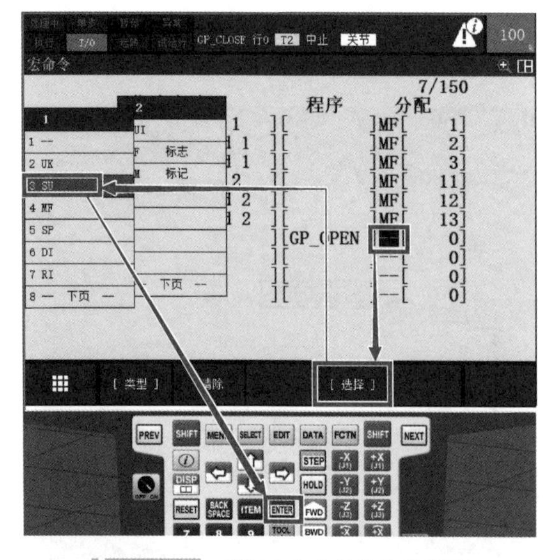

图 6-4-96　选择宏程序触发信号类型

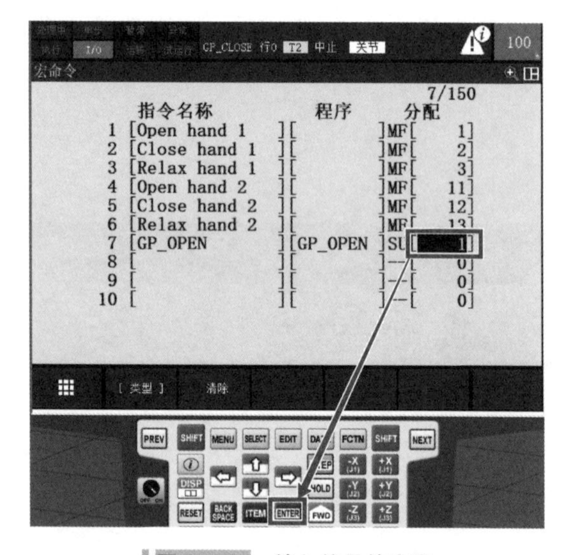

图 6-4-97　输入信号的序号

步骤 12. 在“GP_OPEN”下方添加“GP_CLOSE”程序，且对应的信号为“SU[2]”，如图 6-4-98 所示。

步骤 13. 当按下“ SHIFT+Tool1”时，执行 GP_OPEN 程序，机器人手爪打开；当按下“ SHIFT+Tool2”时，执行 GP_CLOSE 程序，机器人手爪夹紧，使机器人的示教更为简便，如图 6-4-99 所示。

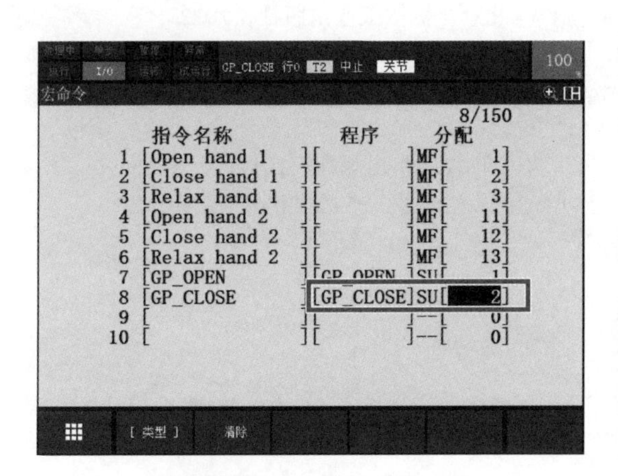

图 6-4-98　添加气爪夹紧程序

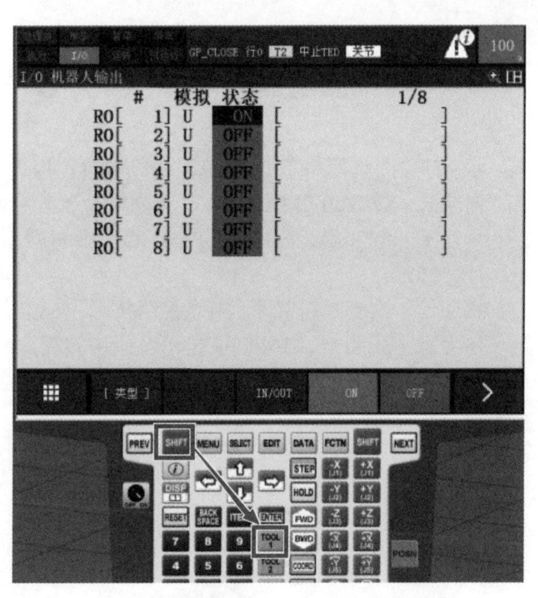

图 6-4-99　执行宏程序

参 考 文 献

[1] 张生琪 . 图解西门子 PLC 编程速成宝典：提高篇 [M] . 北京：机械工业出版社，2022.

[2] 向晓汉 . S7-200 SMART PLC 完全精通教程 [M] . 北京：机械工业出版社，2013.

[3] 卢亚平，刘和剑，职山杰 . FANUC 工业机器人编程操作与仿真 [M] . 西安：西安电子科技大学出版社，2022.

[4] 贾丽仕，唐亮，付晓军 . 组态控制技术 [M] . 武汉：华中科技大学出版社，2019.

[5] 谢力志，张明文 . 智能制造技术及应用教程 [M] . 哈尔滨：哈尔滨工业大学出版社，2021.